KB265036

21세기 국가위기관리체제론
-한국 및 외국의 사례 비교연구-

21세기 국가위기관리체제론
-한국 및 외국의 사례 비교연구-

21세기 국가위기관리체제론
-한국 및 외국의 사례 비교연구-

김열수 지음

서 문

국가의 생존과 번영에 영향을 미치는 위협의 출처가 변하고 있다. 냉전시대는 외부로부터의 군사적 위협이 가장 큰 관심사였다. 그러나 탈냉전이 되면서 외부의 군사적 위협은 현저히 줄어들었다. 그 대신 인간의 삶을 위협하는 새로운 종류의 위협들이 급부상하고 있다. 수천 명의 희생자가 발생한 미국의 9·11테러와 수백 명을 희생시킨 스페인의 3·15테러, 십오만 명의 희생자가 발생한 쓰나미, 사스와 조류독감 등의 전염병, 불법무기 및 마약의 확산, 그리고 사이버 테러 등이 새롭게 인식되고 있는 위협들이다.

선진국들은 이러한 위협들을 사전에 예방하고 효과적으로 대응하기 위해 국가 위기관리체제를 전반적으로 정비하고 있다. 9·11테러가 위기관리체제 정부의 기폭제가 되었다. 미국은 해안경비대, 이민귀화국, 세관, 연방비상사태관리청(FEMA) 등 22개 연방기관을 전부 또는 부분적으로 흡수하여 직원 17만 명에 이르는 국토안보부(DHS)를 창설함으로써 국가위기관리체제를 정비하였다. 러시아도 민방위·재난·방사능 오염·테러·비상사태 등을 총괄할 수 있는 비상사태부(EMERCOM)를 창설하였다. 또한 서구의 많은 국가들도 9·11테러를 전후하여 평시 국가위기를 관리할 수 있는 체제를 정비하였다.

경제력은 중심부에 접근해 있지만 전통적 안보분야는 여전히 주변부에 머물고 있는 한국도 참여정부가 들어서면서 전통적 안보분야의 위협에 대비함과 동시에 재난 및 국가기반체계를 보호하기 위한 국가위기관리체제를 정비하기 시작했다. 참여정부는 국가안전보장회의(NSC)를 확대·개편하였으며, NSC산하에 위기관리센터를 설치하였다. 자연재난과 인위재난에 대처하기 위해 법률을 정비했으며 이러한 재난을 관리할 소방방재청도 창설하였다. 또한 정부 수립 이후 최초로 「국가위기관리 기본지침」도 제정되었다. 외양상 한국의 위기관리체제는 많이 정비된 것처럼 보인다. 그러나 비상사태는 여전히 비상기획위원회의 고유 업무이며, 테러분야는 국가정보원이 주도적인 역할을 수행하고 있고, 국가기반체계 보호는 행정자치부가 관할권을 행사하고 있으며, 재난관리 분야는 소방방채청의 몫이다.

한국도 미국이나 서구 선진국들처럼 비상사태, 자연 및 인위재난, 테러, 그리고 국가기반체계를 보호하기 위한 업무를 전담할 새로운 조직을 창설할 필요가 있다. 새로운 전담부서가 창설된다면, 이 부서는 전·평시의 각종 위협을 효과적으로 관리할 수 있을 뿐만 아니라 인원 및 예산도 절감할 수 있을 것이다. 각종 관계 법령과 계획, 그리고 각종 위원회가 하나로 통합될 수 있기 때문에 중앙정부는 물론 지방자치단체의 업무도 경감될 수 있다. 대테러 관련 업무도 이 부서에서 전담할 수 있기 때문에 4년 이상을 끌어 온 대테러법의 국회통과도 가능할 것이다. "재난관리 시스템을 전시대비 위기관리 시스템과 상호 연계하여 통합하라"는 노무현 대통령의 발언(2003년 3월 11일 행정자치부)도 관련업무의 통합 필요성을 인식한 결과라고 본다.

비상사태에 대비하고 재난에 대비하며 국가기반체계를 보호하기 위해서는 관련 조직을 통폐합한 새로운 정부부서의 창설이 요구된다. 위기관리 4단계 중 가장 중요하면서도 취약한 단계가 예방단계인데, 21세기에 걸맞은 위기관리체제를 정비한다는 것 자체가 바로 이 예방단계에 해당됨과 동시에 위기관리의 시작이라고 본다.

필자의 주장을 대하는 관련부처의 입장은 조금씩 다를 것이다. 같은 부처 내에서도 관점에 따라 입장이 다를 수도 있을 것이다. 많은 비판이 있으리라고 본다. 그러나 부처 이기주의에서 한 발자국씩만 뒤로 물러서서 세계의 위기관리체제 정비방향을 다시 한번 살펴보라고 권하고 싶다.

이 책은 위기관리 업무를 담당하는 중앙 및 지방정부의 관료들뿐만 아니라 새롭게 정립된 '위기관리'에 대해 지적 호기심을 가지고 있는 사람들에게도 유용한 참고서가 되리라고 본다. 오늘날의 위기는 군사분야에서의 위기만을 지칭하지 않는다. 21세기에는 전통적 안보분야뿐만 아니라 재난분야, 테러, 그리고 국가기반체계 분야 등이 모두 위기관리의 대상이다. 따라서 이 책은 이러한 제반분야에 대해 관심을 가지고 있는 분들에게도 흥미있는 지식을 제공하게 될 것이다.

이 책이 발간되기까지 많은 분들의 숨은 노력이 있었다. 특히, 2004년도 조교들이었던 임익성 석사, 이영석 석사, 최구식 석사는 국내외의 각종 위기관리 사례를 직접 작성하기도 했으며 관련 자료를 획득하기 위해 수 없이 관공서를 찾아다니기도 했다. 엄밀한 의미에서 본다면 이 책은 이들과 함께 공동집필한 것이나 다름없다. 이들에게 감사를 표한다. 또한 2005년 석사과정 학생들인 송진현 소령, 유명준 대위, 그리고 정관영 대위는 이 책의 교정에 많은 도움을 주었다. 이들에게도 감사를 표한다.

이 분야에서 선행연구를 주도하셨던 육사의 이동훈 교수, 합동참모대학의 조영갑 박사, 명지대 백영옥 교수, 호서대의 채경석 교수, 선문대의 이연 교수님들에게도 감사드린다. 이 분들의 선행연구가 없었다면 이 책은 탄생되지 못했을 것이다. 이 분들의 아이디어들이 이 책의 곳곳에서 인용되고 있다. 다시 한번 감사드린다.

이 책이 저술되는 과정에서 귀한 시간을 할애하여 면담에 응해 주고 귀중한 자료를 제공해 주었던 국가안전보장회의 사무처, 국무총리 비상기획위원회, 행정자치부, 소방방재청, 서울시청에 근무하는 관계관 여러분들에게도 감사를 드린다. 성함을 일일이 거명함으로써 그 감사를 대신해야 함에도 불구하고, 성함을 밝혔을 경우 오히려 부정적인 상황에 처할 수도 있음을 감안했다. 이해해 주시리라 생각한다.

필자의 첫 저서였던 『국제기구를 통한 분쟁관리: 국제연합의 평화유지활동』, 제2판(서울: 도서출판 오름, 2001)도 오름 출판사에서 출판되었다. 이번에 발간되는 저서도 오름 출판사에서 출판되었다. 이문이 별로 남지 않음에도 불구하고 사회과학 분야의 서적만을 고집스럽게 출판하고 있는 오름 출판사 부성옥 사장과 직원들에게도 감사드린다.

학문적 격려를 아끼지 않으시는 오기평 선생님과 구순에 가까이 가 있는 어머니와 신성한 국방의 의무를 수행하고 있는 아들 동범이와 늘 아름다운 아내 이혜근에게 이 책을 바친다.

2005년 4월
국방대학교 퇴계관에서
김 열 수 쓰

목 차

제2부 한국과 세계의 위기관리체제

제1부

위기관리의 개념 및 개관

제1장

21세기 화두로서의 위기관리

I. 세계적 차원의 위기관리 추세의 변화

세계의 위기관리 추세가 변화되고 있다. 위기관리의 추세가 변화되고 있다는 것은 위기의 추세가 변화되고 있다는 말과 다름 아니다. 과거에는 전통적 안보분야의 위기만이 국가의 주권을 지키는 차원에서의 위기로 간주되어 왔다. 그러나 테러로 인해 수천 명이 사망하고, 지진으로 인해 수십만 명이 사망하며, 새로운 괴질이 발생하여 인류의 생명을 위협하는 사건이 발생하고, 인위재난으로 수백 명의 목숨이 희생되는 사건이 세계적으로 발생하기 시작하자 각 국가들은 이러한 사건들을 국가위기관리의 차원에서 다룰 필요성을 느꼈다. 이런 연유로 각 국가들은 전통적 안보분야에서의 위기만이 위기가 아니라 자연재난과 인위재난 그리고 국가기반체계의 마비로 인해 발생하는 재난도 위기의 개념에 포함하기 시작했다. 따라서 세계는 위기의 개념을 확대하기 시작했고 이에 따라 위기관리의 개념도 확대되기 시작했다.

위기관리 특히, 비상대비 개념은 20세기 초 민방위가 가장 발달했던 영국을 중심으로 체계화되었고 전쟁을 대비하기 위한 인적·물적 자원의 동원이 그 핵심 요소였다. 미·소 양극에 의한 냉전체제가 지속되는 동안 위기관리의 핵심 대상은 전시대비업무 위주였다. 그러나 1970년 중반 이후 이러한 개념이 조금씩 변화되기 시작했다. 즉, 전시대비가 아닌 평시의 재난대비로 위기관리의 중심이 점차 이동하기 시작한 것이다. 과거의 재난은 빈도수가 매우 적었으며 또 그 피해도 심각한 것이 많지 않아 대부분 지방정부의 책임 아래 단계적으로 처리할 수 있는 정도였다. 그러나 산업이 고도화되고 거대 도시화가 급속히 진행되면서 인위적인 대형 재난이 발생하기 시작했고, 지구 온난화 등 환경문제로 대규모 자연 재난이 빈발하기 시작했다. 이에 따른 인명 피해와 재산상의 손실도 대형화되었다. 피해 수습도 지방정부 차원이 아닌 범국가적인 대응이 요청되는 상황이었으므로 정부는 국민들의 삶의 질 향상을 위한 안전기능 강화대책을 위해 적극적으로 개입하지 않으면 안 되게 되었다.

인간의 삶을 위협하는 요소는 국내에만 존재하는 것이 아니다. 세계화의 영향으로 국제범죄조직이 국경을 넘나들고 있으며 해적행위, 마약거래, 각종 무기의 밀매, 불법이민, 환경오염, 전염병 등 각종 초국가적 위협이 증가하고 있다.

이러한 시점에서 2001년에 발생한 9·11 테러는 기존의 안보개념에 커다란 변화를 주었다. 뉴 테러리즘(New Terrorism)이라고 명명되는 새로운 유형의 전쟁은 보이지 않는 적에 의해 비예측적이고 동시다발적인 공격이 무차별적으로 감행되기 때문에 국가차원에서 정보수집단계부터 사전예방, 사후처리 및 평가에 이르기까지 일관성 있게 적극적으로 대응하는 것이 중요해졌다. 따라서 선진국들은 새로운 유형의 위협과 재난에 동시에 대비하기 위해 기존의 위기관리조직과 제도 등 위기관리체제 전반을 다시 검토해야 할 필요성에 직면했다.[1]

위기관리체제 전반에 대한 검토결과는 곧 미국을 필두로 한 세계 각국의 위기관리기구 정비로 이어졌다. 먼저, 미국과 영국, 러시아 등의 국가들은 독립된 중앙행정부서를 창설하여 전쟁과 같은 전통적 안보위협을 포함한 재난 및 국가기반체계 붕괴 등 현대의 다양한 위협에 대응하기 시작했다. 미국의 「국토안보부」(DHS: Dept. of Homeland Security)와 영국의 「민간비상대비사무처」(CCS: Cabinet Office's Civil Contingencies Secretariat) 그리고 러시아의 「비상사태부」(EMERCOM: The Ministry of Russian Federation for Civil Defence, Emergencies and Elimination of Consequences of Natural Disasters) 는 전통적인 안보위협뿐만 아니라 테러, 재난 등 현대의 사회적 안전보호에도 중점을 두도록 조직된 기구들이다. 한편, 스웨덴, 노르웨이, 스위스 등과 같은 국가들도 위기관리 기구들을 정비했다. 스웨덴의 「비상관리처」(SEMA: the Swedish Emergency Managment Agency)와 노르웨이의 「민방위 및 비상기획위원회」(DCDEP: Directorate for Civil Defence and Emergency Planning), 그리고 스위스의 「국가비상상황실」(NEOC: National Emergency Operation Center)은 보다 폭넓은 사회적 안전 및 IT대란, 대규모 정전사태 등에 대비하는 정상적 사회기능의 보호에 초점을 맞추고 있다. 이처럼 세계의 주요 국가들은 전·평시에 동시에 대비하고, 전통적 안보 및 재난 등에 동시에 대비할 수 있도록 위기관리체제를 정비하고 있다.

탈냉전이 되면서 주변부에서의 분쟁은 계속 되고 있으나 중심부에

---

1) 최재경, "세계의 非常對備變化趨勢 分析과 우리의 對應," 『비상기획보』 통권 61호(2002년 여름호), pp. 31-46.

서의 전통적 안보위기는 상당히 줄어들었다. 이와 반대로 자연재난과 인위재난 등은 상대적으로 늘어났다. 세계의 많은 국가들, 특히 중심부에 위치한 선진국들이 위기의 개념과 위기관리의 개념을 확대할 수 있었던 이유는 자연재난과 인위재난의 빈번화와 대형화에 대응한다는 차원도 있다. 그러나 이보다 더 중요한 이유는 탈냉전으로 인해 중심부 국가들이 전통적 안보위기에서 어느 정도 자유로울 수 있었기 때문이라고 본다. 또한 국가주권 및 가치 수호와 국가이익 보호 및 확충 등과 같은 전통적인 안보과제 못지않게 인권, 복지, 평화 등 인류의 보편적인 가치를 보호하고자 하는 안보관의 변화와 비상관리 기능의 통합성을 극대화시켜서 국민편익증진과 서비스의 질을 향상시키려는 경제적 관점과 복지적 관점의 변화에서도 그 원인을 찾아 볼 수 있다. 이와 같은 연유로 중심부는 전통적 안보위기보다는 새로운 위협에 대처하는 방향으로 위기관리의 중심을 옮기고 있는 중이다. 물론 주변부는 전통적 안보위기와 재난을 동시에 대처해야 하는 어려움을 가지고 있다. 따라서 전통적 안보위기로부터 어느 정도 자유로운 국가들은 비상대비 관련기관을 통폐합하여 평시의 재난관리 위주의 기관으로 재편하고 있는 중이다.

주변부에서 발생하고 있는 전통적 안보분야의 위기는 차치하더라도 세계는 각종 자연재난과 인위재난의 위기 앞에 놓여있다. 그렇다면 국내외적으로 어떤 재난들이 발생하고 있는가를 먼저 살펴 볼 필요가 있다.

II. 국내외의 재난 발생 사례 및 유형

2004년 네 차례의 허리케인이 미국 플로리다주 등 멕시코만 일대를 연이어 강타했다. 이로 인해 최소 76명이 목숨을 잃었으며, 200만 명 정도가 정전 및 통신 두절로 고통을 받았고 재산피해액은 250억 달러에 달했다. 허리케인의 길목에 있는 아이티도 1,500명의 사망자와 900명에 달하는 실종자가 발생하는 피해를 입었다.2) 베트남에서는 조류독감으로 사망한 사람이 모두 20명으로 늘어났고, 아르헨티나에서는 학교 총기 난사 사고로 4명이 사망하고 5명이 다쳤다. 중국에서는 여객선이 뒤집혀 21명이 사망하고 47명이 실종되었다.3) 러시아의 북 오세티야 공화국 학교에서 인질극이 발생하여 민간인 331명과 테러범 31명이 숨졌다.4) 이는 2004년 9월 29일 하루 동안 발표된 해외 주요재난 속보 중에서 몇 가지 간추린 내용이다. 이처럼 전 세계에서는 단 하루 동안에도 다양한 유형의 자연 및 인위 재난이 발생하여 귀중한 인명과 재산이 손실되고 있다.

재난은 일개 국가에 한정될 수도 있지만 재난의 유형에 따라 그 재난은 동시에 수개 국가에 엄청난 인명피해와 재산손실을 입힐 수도 있다. 태풍이나 지진, 또는 전염병에 의한 재난 등이 그러하다. 그 대표적인 예가 2004년 12월 26일, 인도네시아 수마트라 섬 인근 해역에서 발생한 리히터 규모 9.0의 강진이다. 이로 인해 발생한 지진해일(Tsunami: 津波)은 최고속도 800㎞로 퍼져나가 2시간 30분 만에 1,600㎞ 떨어진 스리랑카 해변을 덮쳤으며, 14시간 뒤에는 4,800㎞

---

2) 김명곤, "네번째 허리케인…'이젠 지쳐 버렸다'," 『오마이뉴스』, 2004.9.29; 김민구, "中美 석유시설 허리케인 덮치고," 『조선일보』, 2004.9.29(검색일: 2004.9.30).

3) 소방방재청(www.nema.go.kr) 해외재난 속보 발표 내용: "베트남, 어린이 조류독감 감염," 『연합뉴스』, 2004.9.29; "중국 여객선 뒤집혀 21명 사망," 『YTN 뉴스』, 2004.9.29; "아르헨티나, 학교 총기난사," 『YTN 뉴스』, 2004.9.29(검색일: 2004.9.30).

4) 한상옥, "베슬란 인질극 민간인 사망 331명," 『YTN』, 2004.9.29; "꺼지지 않는 테러의 불꽃," 『AFP』, 2004.9.29(검색일: 2004.9.29).

떨어진 아프리카 케냐에까지 영향을 미쳤다. 쓰나미로 인해 인도네시아, 태국, 스리랑카, 인도, 몰디브, 미얀마, 말레이시아, 그리고 방글라데시 등이 큰 피해를 입었으며, 사망자만 28만 명에 이른다.[5] 특히, 이 지역의 해변들은 국제적 휴양지로서 지진 당시 휴양 중이었던 세계 각국의 사람들이 큰 피해를 입었다.[6] 이러한 엄청난 규모의 재난은 재난 자체로부터 유발되는 일차적인 피해뿐만 아니라 폐허지역의 위생상태와 식수오염 등으로 인한 전염병 발생 등으로 인해 생존자들에게도 제2의 대재앙을 유발할 수 있다.[7]

세계는 자연재난과 인위재난, 그리고 신종 전염병의 창궐 등으로 하루하루가 비상상태에 놓여있다고 해도 과언이 아니다.

한국도 예외는 아니다. 하루를 안전하게 보낸다는 것은 이제 큰 행운에 속하고 하루를 불편함 없이 보내는 것도 큰 복이다. 하루가 멀다 하고 터지는 각종 사고와 공공분야의 파업 등 다양한 위험 요소가 우리의 삶을 억누르고 있기 때문이다. 태풍과 집중 호우, 지하철 화재사

---

5) 2005년 1월 25일 현재 사망 및 실종자는 인도네시아가 22만 8천 명, 스리랑카 3만 천 명, 인도 1만 6천 명, 태국 5,300명 순이다. 이에 대해서는 『중앙일보』 2005년 1월 26일자를 참고할 것.

6) 최초 지진이 일어나고 사망자를 7,000여 명으로 추정했는데, 지진이 발생하고 5일 후에는 진앙지에서 가장 가까운 인도네시아 수마트리섬에서 하루 2만 8,000여 구의 시신이 발굴되는 등 인도네시아에서만 8만 명, 스리랑카에서 2만 7,000명, 인도에서 1만 1,000여 명, 태국에서 2,400명, 미얀마에서 90명, 몰디브에서 7,500명 등 총 사망자만 12만 명이 넘고 있으며, 수색 및 복구 작업이 진행되는 동안 추가적인 사망자가 나올 것으로 전망. 박현영, "사망자 12만명 넘어,"『중앙일보』, 2004.12.31, p. 5; 한국인의 최종 희생자는 2004년 12월 31일 현재 8명으로 확인되고 있고, 영국인 43명, 미국인 20명, 노르웨이인 18명, 일본인 11명, 중국인 11명, 북한인 1명이 피해를 입은 것으로 확인되고 있다. 남정호·박신홍·박현영, "한국인 사망자 36명으로,"『중앙일보』, 2004.12.30, p. 1.

7) 김정안, "동남아 지진·해일: "수일내 전염병" 2차 대재앙 경고,"『동아일보』, 2004.12.28(검색일: 2004.12.30).

고와 가스 폭발사고, 사스(SARS)와 조류독감, 물류연대 파업과 지하철 파업, 사이버 대란 등 시민의 안전과 행복을 저해하는 요소가 매일 아침의 지면을 장식하고 있다.

　우선 최근에 발생한 자연재난부터 살펴보자. 산업화의 영향으로 오존층의 구멍은 넓어지고 있고 지구의 기상은 예측 불변의 상태를 맞이하고 있다. 엘리뇨[8] 와 라니냐[9] 현상은 이제 자연스럽게 받아들여지고 있으며 한반도가 아열대화 되어간다는 보도도 전혀 이상한 것으로 받아들여지지 않고 있다. 1998년 8월 1일, 약 30분간 내린 310㎜의 집중호우로 지리산 야영객 57명이 사망하고 59명이 실종된 지리산 참사가 발생했고,[10] 1998년 8월 5일부터 7일까지 서울과 경기북부 지역을 기습한 집중폭우로 최고 620㎜까지 비가 내려 사망 135명, 실종 70명 등 200여명의 인명피해와 지하철 1호, 3호, 7호선의 침수로 수도권 교통이 마비되기도 했다.[11] 또한 2002년 8월 말에 발생한 태풍 루사(RUSA)는 강원·충청 지역을 중심으로 하루 최고 1,000㎜에 가

---

8) 열대 태평양 적도부근의 남미해안으로부터 중태평양에 이르는 넓은 범위에서 해면 온도가 지속적으로 높아지는 현상으로, 2~6년마다 한 번씩 불규칙적으로 주로 9월에서 다음에 3월 사이에 발생한다. 크리스마스 전후로 발생하기 때문에 스페인어로 "아기예수" 또는 "사내아이"라는 뜻을 가지고 있다.

9) 적도 무역풍이 평년보다 강해지면 서태평양의 해수면과 수온은 평년보다 상승하게 되고, 찬 해수의 용승현상 때문에 적도 동태평양에서 저수온 현상이 강화되어 엘리뇨의 반대현상이 나타난다. 이런 현상을 라니냐(스페인어로 여자아이라는 뜻)라고 한다. 여기에 대해서는 서울특별시, 『2004 재난사례집』(서울: 서울시 경인인쇄정보산업협동조합, 2004), pp. 32-37을 참조할 것.

10) 지리산 내 3개의 국립공원관리사무소는 8월 31일 자정쯤 기상청으로부터 호우주의보 발령상황을 팩스로 통보받았으나 국립공원 사무소는 이런 통보를 받은 뒤 2시간이나 지난 후인 새벽 2시경에 대피방송을 했다. 그러나 집중호우는 8월 1일 0시 30분부터 약 30분간 대원사계곡을 휩쓸었다. 국립관리공단 측의 통제에도 불구하고 아무 곳에서나 야영하는 야영객들의 안전 불감증도 피해를 키우는 원인이 되었다.

11) 이　연, 『위기관리와 커뮤니케이션』(서울: 학문사, 2003), pp. 404-408.

까운 기록적인 폭우를 가져와 사망 213명, 실종 33명 등의 인명피해를 냈으며 이재민은 9만여 명에 달했다. 재산피해는 5조 4,696억 원에 달했다. 2003년 여름에 발생한 태풍 매미도 100여 명이 넘는 사상자와 4조 7,000여억 원이 넘는 재산피해를 기록했다.[12] 2004년 3월 초에 충청도 일대에 내린 100년 만의 폭설로 막혀버린 고속도로, 태풍 매미(최대 순간 풍속은 초속 60m)로 넘어져 버린 부산 항만의 크레인, 지난 100년 동안 전 세계의 평균기온이 0.6도 상승한 데 비해 한국에서는 1.5도나 상승한 결과로 발생한 2004년 여름의 폭염,[13] 그리고 2004년 1월부터 5월까지 한반도에서 22번이나 발생한 지진 등 한국에서 발생하는 자연재난은 점차 대형화, 빈번화되어 가고 있는 추세이다.[14]

자연재난만 이런 추세를 띠고 있는 것은 아니다. 인위재난도 이런 추세를 띠고 있다. 1994년 10월에 발생한 성수대교 붕괴사건,[15] 1995년 4월에 발생한 대구 지하철 공사장에서 발생한 가스 폭발 사고,[16] 1995년 6월에 발생한 삼풍백화점 붕괴사건,[17] 1995년 7월 14만 톤급 유조선인 "씨 프린스"호의 좌초로 인한 반경 100㎞에 이르는 남해 청정해역의 벙커 C유 오염, 1997년 8월에 발생한 대한항공 801기의 괌 공항 추락사고,[18] 1999년 6월에 발생한 화성 "씨 랜드"

---

12) 채경석, 『위기관리정책론』(서울: 대왕사, 2004), pp. 261-262.
13) 정예모, "기상이변도 체계적 대비를," 『중앙일보』, 2004.8.14.
14) 2004년 5월 29일 발생한 울진 앞바다의 지진 강도는 5.2로써 1978년 계기관측이 시작된 이래 한국에서 발생한 지진 가운데 가장 강력한 것이었다. 2000년까지 우리나라의 연평균 지진 발생건수가 20여 건인 데 비해 발생빈도가 점차 늘어나고 있음을 보여주고 있다. 『세계일보』, 2004.5.31.
15) 이 사고로 32명이 사망하고 17명이 중경상을 입었다. 이 다리는 건설된 지 15년밖에 되지 않았다.
16) 이 사고로 98명이 사망하고 150여 명이 부상당했다.
17) 이 사고로 502명이 사망하고 6명이 실종되었으며 937명이 부상당했다. 완공된 지 불과 6년 만에 지상 5층, 지하 4층 건물이 불과 30초 만에 붕괴되었다.

화재 사고,[19] 1999년 10월에 발생한 인천 호프집 화재사고,[20] 1999년 10월 경주 월성 원자력발전소 제3호기에서 감속재 중수의 누수로 한전직원 등 작업자 22명이 피폭되는 국내최초의 방사능 안전사고, 그리고 2003년 2월에 발생한 대구 지하철 1호선에서 발생한 지하철 방화참사사건[21] 등이 1990년대 중반 이후 발생한 대표적인 인위재난들이다. 한국의 인위재난은 하늘과 바다에서, 그리고 지상과 지하에서 발생하고 있으며 그 유형도 화재, 붕괴, 폭발, 교통사고, 화생방 사고, 그리고 환경오염 사고 등 다양하다.

국가핵심기반 분야의 마비와 신종 전염병의 확산도 증가추세에 있다. 지하철이나 버스업체들이 파업을 하면 교통대란이 발생하고, 금융회사들이 파업하면 금융대란이 발생하며, 의료기관이 파업하면 의료대란이 발생한다. 또한 물류를 수송하는 업체가 파업을 하면 물류대란이 발생한다. 한국은 이미 이러한 분야에 종사하는 노동자들의 빈번한 파업으로 국가적 위기를 경험한 바 있다. 국민의 직접적인 생명선(life-line)인 에너지, 의료, 수도 등은 말할 것도 없고 교통, 금융, 통신 등은 국가의 기반체계로서 국가의 기본 기능에 심각한 영향을 미

---

18) 이 사고로 탑승자 254명 중 229명이 사망하고 25명이 부상당했다.
19) 이 사고로 유치원생 19명과 교사 등 어른 4명이 숨졌다. 유치원생들은 문을 열지 못해 모두 사망했다. 화성군 건축물 대장에는 콘크리이트와 철골조로 정상적인 건축물로 기록되어 있으나 실제로는 컨테이너를 2단으로 쌓아올린 가건물이었음에도 불구하고 화성군은 서류심사만으로 건물 사용승인과 운영허가를 내주었다.
20) 이 사고로 57명이 사망하고 79명이 부상당했다. 사상자 중 대다수가 인천시내 32개 중·고교 학생들이었다. 이 사건은 우리 사회의 문제점을 그대로 보여주었다. 그 이유는 첫째, 문제의 호프집은 무허가 영업소이며, 둘째, 당국으로부터 폐쇄명령을 받고도 버젓이 영업을 해 왔으며, 셋째, 무허가 업소임에도 불구하고 소방점검에서 '이상없음'의 판정을 받았고, 넷째, 술집임에도 불구하고 고교생들의 출입을 묵과했다는 점 때문이다.
21) 이 사고로 192명이 사망하고 148명이 부상당했다.

친다.

기술 발전과 환경변화로 사이버테러, 생물학적 재난 등 과거에 경험
하지 못했던 새로운 유형의 재난도 발생한다. 2000년에 발생한 해커
의 웜 바이러스 유포[22) 등을 통한 다양한 컴퓨터 시스템 접속 오류와
2003년에 발생한 KT 혜화전화국 붕괴[23) 등과 같은 국가의 주요기반

---

22) 1999년부터 발생한 인터넷 피해 현황과 규모를 살펴보면, 1999년 3월 멜리사
(Melissa)가 출현해서 MS 워드 97 및 2000이 깔린 전 세계 수만 대의 컴퓨터
보안시스템을 약화시켜 문서가 다른 바이러스에 쉽게 감염되는 피해를 입었으
며, 전 세계적으로 수만 대의 컴퓨터가 감염되었다. 2000년 5월 러브 바이러
스(Love Bug)가 출현 e-mail 시스템의 과부하를 초래하는 사랑해(I LOVE
YOU)란 제목의 e-mail을 발송하여 확산시킴으로써 전 세계에 100억 달러의
피해를 입혔다. 2000년 11월 나비다드(Navidad)가 출현했다. 이는 크리스마
스를 주제로 한 메일로 전파되는 바이러스로 전 세계 대기업 10여 곳 이상과
국내 다수의 공공기간, 대학, 기업, 심지어 보안업체의 많은 사용자들을 감염시
켰다. 2001년 3월 네이키드 와이프(FW: Naked Wife)의 출현으로 컴퓨터의
중요 시스템 파일을 삭제했으며, e-mail 주소록을 통해 확산되었다. 이로 인해
미국에 있는 최소 30개의 기관과 연방정부기관 1곳을 공격했다. 2001년 4월
CIH 바이러스 사건으로 국내에서만 1,000억 이상의 금전적 손실을 입었다.
2001년 7월 코드 레드(Code Red)가 출현해서 활동시작 후 불과 몇 시간만에
국내외 컴퓨터 30여만 대를 감염시켰다. 2002년 8월 웰치아(Welchia)의 출현
으로 조작된 데이터를 대량 발송하고 네트워크에 과부하를 유발했다. 이 웜
(Worm) 바이러스로 미국 해군 및 해병대 컴퓨터의 75%를 마비시켰다. 그리
고 2003년 1·25 인터넷 대란 이후인 2004년 7월 트로이 목마형 변종 해킹
프로그램 피프(Peep)와 리벡(Revacc)을 이용한 중국 해커가 국내 10여 개 정
부기관의 전산망에 침입하여 정보를 유출하는 피해를 입혔다. "세계는 지금 미
사일 대신 전자 폭탄 쏜다."『인터넷 부산일보』, 2004.7. 22; "주요바이러스
발생일지,"『인터넷 연합뉴스』, 2001.7.31(검색일: 2004.12.2).
23) 2003.1.25 발생한 유·무선인터넷 접속이 전국적으로 마비되는 사상 초유의
인터넷 대란을 말한다. 국내 인터넷 기간망의 중심인 KT 혜화전화국 및 구로
전화국에 있는 국내 최상위 DNS 서버 2개에 문제가 생기자 그 여파가 타 사업
자들로 확산되면서 인터넷 대란으로 이어져 마비상태에 빠졌다. 이 1·25 인
터넷 대란으로 인한 피해는 온라인 쇼핑몰 분야에서는 인터넷 거래 중단으로
업체당 2~5억 가량 매출 피해와 일일 매출 13억 원인 삼성 쇼핑몰의 경우 매
출이 50% 이하로 감소되었다. 항공 및 여행 분야에서는 스케줄 조회가 불가능
했으며, 예약 취소로 매출이 감소되고 전화예약 폭주로 전화불통사태가 발생했

시설인 전력, 에너지, 도로교통, 통신, 상하수도의 통제·조정 시스템
에서부터 행정서비스, 전자거래, 기업의 내부 시스템, 개인 컴퓨터 활
용에 이르기까지 다양한 분야에서 사이버공간을 대상으로 한 재난
과24) 사스(SARS), 구제역, 광우병, 조류독감 등 환경변화로 새로운
전염병과 유전자 조작으로 인한 생물학적 재난의 발생가능성이 증가
하고 있다.25)

　지구환경의 변화, 도시화, 시설의 고밀도·고층화, 생활 기반체계의
편리화·첨단화, 이해 계층의 갈등, 신종 전염병의 출현과 신속한 전
파경로, 안전 불감증 등이 어우러져 만들어 내고 있는 재난은 점차 다
양화, 대형화되면서 그 빈도수가 늘어나고 있는 추세에 있다. 국민의
생명과 재산을 보호할 책임이 있는 중앙 및 지방 정부가 이를 소홀히
하고 또 국민들이 반복되는 학습 효과에도 불구하고 안전 불감증에서
벗어나지 못한다면, 재난은 재난으로만 그치는 것이 아니라 심각한 국
가위기를 불러올 수도 있다.

III. 참여정부의 대응

　세계 유일의 분단국가로 존재하고 있는 한국의 전통적 안보 위기상
황은 다양한 위기관리 중에서 가장 중요한 부분이다. 북한은 분단이후

다. 은행 및 증권 분야에서는 일일 300만 건 거래되는 인터넷 뱅킹이 마비되었
　고, 전자정부는 일일 393종의 민원을 처리하는 업무가 마비되는 피해를 입었
　다. 국가정보원, 『2003 국가정보보호 백서』(서울: 국가정보원, 2003), p. 8.
24) 이철원, "정보화의 진전과 사이버 위협," 『정보보호 발전 세미나 논문집』(서울:
　국군 기무사령부, 2003), p. 8.
25) 김찬오, "국가재난관리 종합대책," 『재난·안전심포지엄』, 주제발표(2003.10.
　9), p. 149.

민간인, 어선 등의 납치로부터 1·21사태, 울진·삼척 그리고 강릉 무장공비 사건, 아웅산 및 KAL기 폭파 등의 테러, 그리고 푸에블로호 와 판문점 도끼 만행사건 등을 자행해 왔다. 특히, 1999년 6월 15일 과 2002년 6월 29일 북한의 NLL 침범으로 남·북한 간 교전이 벌어져 전사 6명과 부상 25명, 그리고 고속정과 초계정 등이 피해를 입었다. 이처럼 북한은 아직도 NLL을 무력화하기 위한 시도와 남한의 적화를 위해 끊임없는 군사적 위기상황을 조성하고 있다. 더욱이 북한의 핵문제는 한반도 위기해소에 결정적인 걸림돌로 작동되고 있다.

또한 한국의 국력신장과 함께 한국의 기업들과 회사원들이 세계로 진출하고 있고, 수백만 명에 달하는 한국인들이 해외를 여행하고 있으며, 자이툰 부대가 이라크의 재건을 위해 현지에서 활동을 전개하고 있다. 이러한 연유로 해외에서의 국민의 생명과 재산을 보호해야 할 정부의 책임은 날로 증가되고 있다. 김선일씨 피살사건이 그 대표적인 사례이다.

한국은 북한으로부터의 위협이나 해외에서의 국민보호라는 위협에만 직면하고 있는 것은 아니다. 주변국으로부터 발생하는 위협에도 직면하고 있다. 일본의 계속된 독도 영유권 주장과 역사왜곡 문제, 중국의 고구려사 왜곡 문제 등은 한국의 대응에 따라 한국이 언제든지 국제분쟁의 위기에 휩싸일 수도 있다는 것을 가정하고 있다. 한국의 경제력은 중심부에 접근해 있지만 전통적 안보분야에서는 여전히 주변부에 머물고 있다. 따라서 한국의 입장에서는 전통적 안보분야에서의 위기관리를 강화하면서도 재난 및 국가기반체계 보호를 위한 노력을 동시에 기울이지 않을 수 없다. 이러한 인식을 바탕으로 참여정부는 출범과 함께 대대적인 국가위기관리 체제를 정비하기 시작했다.

참여 정부는 1990년대 중반이후 빈번히 발생하고 있는 한국의 전통적 안보 위기, 재난 그리고 국가핵심기반 분야의 마비와 전염병의 확산 등으로 인한 피해가 국가적 위기를 가져올 수도 있다는 점을 인식하고 이에 대한 대응책을 마련했다. 정부는 국가안전보장회의(NSC)를 확대·개편하였으며, NSC 산하에 위기관리센터를 설치하였고, 재난관련법을 정비하여 2004년 6월 1일부로 자연재난과 인위재난을 총책임질 소방방재청을 신설하기도 했다.[26] 또한 2004년 7월 정부수립 이후 최초로 국가 위기 발생시 이를 효율적으로 관리하기 위한「국가위기관리 기본지침」을 제정했다.[27] 이 기본지침에는 전통적인 안보개념이 아닌 포괄적 안보개념을 적용했으며 재난과 국가핵심기반 분야를 위기관리의 대상에 포함시켰다.「국가위기관리 기본지침」에는 국가 위기의 개념 및 분야, 분야별 중점 활동, 그리고 위기관리 의사결정 기구 등이 포함되어있다.

NSC의 위기관리센터는「국가위기관리 기본지침」에 의하여, 전통적 안보분야 12개, 재난관리분야 11개, 그리고 국가기반체계 보호 분야 9개 등 총 32개에 달하는 유형별 위기관리 표준매뉴얼을 제정(2004. 9)하였으며, 국가 사이버 안전체계를 구축하기도 하였다. 또한 NSC 위기관리센터는 국가 핵심 기반분야에 대한 범정부 위기관리체계를 구축하였으며, 각종 위기 발생시 핵심적인 의사결정을 보좌하는 역할을 수행하고 있다.

참여정부가 위기관리체제의 법령과 조직을 획기적으로 개선한 것만은 사실이다. 또한 위기의 개념을 포괄적으로 정의함으로써 전통적 안보와 재난, 그리고 국가핵심기반 분야 위기에 대응할 수 있도록 21세기형 국가위기관리체제의 기반을 마련한 것도 참여정부의 업적 중의

---

26) 자연재난과 인위재난에 공통적으로 대처할 수 있는「재난 및 안전관리기본법」(법률 제7188호)과「재난 및 안전관리기본법 시행령」(대통령령 제18407호)의 제정이 그것이다.

27) 국가안전보장회의 사무처,「국가위기관리 기본지침」, 대통령훈령 제124호(2004.7.12).

하나이다. 그러나 아직도 현재의 법령과 조직으로는 전·평시와 군사적·비군사적 분야를 동시에 아울러 다양한 위기에 적시적절하게 대처하기에는 미흡한 면이 적지 않다.

IV. 집필 목적 및 구성

9·11테러 이후 전 세계는 전·평시와 군사적·비군사적 분야의 위기에 동시에 대처하기 위해 법령과 조직을 정비하여 새로운 위기관리체제를 구축하였다. 이들 국가의 위기관리체제와 한국의 위기관리체제가 같을 수는 없으나, 이 국가들의 장점을 취할 수는 있다. 이것이 후발국가가 가지는 이점이다.

『21세기 국가 위기관리체제론』은 이러한 인식의 바탕 위에 저술되었다. 현재 한국의 위기관리체제는 어떻게 되어 있는가? 외국은 9·11테러를 전후하여 어떤 형태로 위기관리체제를 변경 및 발전시켰는가? 한국은 어떻게 과거 위기사례에 대처했으며, 외국은 어떻게 대처했는가? 한국 위기관리체제의 문제점은 무엇인가? 국외의 위기관리체제와 위기관리사례 그리고 한국 위기관리체제의 문제점 분석을 종합해서 한국은 어떤 방향으로 위기관리체제를 구축해야 할 것인가? 이러한 의문을 풀어보는 것이 본 저서의 목적이다.

본 저서에서 다루고자 하는 위기관리는 전통적 안보 위기상황, 자연·인위재난, 그리고 국가핵심기반 분야의 마비와 전염병 확산 등으로 인해 발생할 수 있는 모든 국가위기관련 사태를 포함한다. 따라서 제2장에서는 위기관리에 대한 이론적 검토를 포함하여 위기관리를 개관할 것이다. 제3장에서는 한국 위기관리체제의 현황 및 특징을 분석할 것이다. 제 4~6장에서는 미국과 일본을 비롯한 선진국들의 위기관리체제를 분석할 것이다. 제7~8장에서는 한국과 외국에서의 군사적 · 비군사적 위기사례를 위기관리 4단계를 적용하여 분석해 보고 그 교훈을 도출할 것이다. 제9장에서는 한국 위기관리체제의 문제점을 분석하고 그 대안을 제시하고자 한다. 위기관리체제의 문제점 분석도 위기관리의 4단계를 적용하여 분석할 것이다. 제2장~8장은 제9장을 위한 훌륭한 배경지식을 제공할 것이며, 그런 의미에서 제9장이 본 저서의 핵심내용이 될 것이다.

보론(補論)으로 통합방위체제를 서술하였으며, 부록으로 위기관리체제의 발전과정과 위기관리와 관련된 법령 등을 실었다. 본 연구에서는 국가기반체계의 보호와 관련된 분야는 별도의 항목으로 설정하지 않았다. 그 이유는 총체적인 재난관리 분야에서 이를 서술할 수 있다고 판단했기 때문이다. 또한 대부분의 국가들도 재난관리 체제 속에서 국가기반 체계 보호 문제를 다루고 있다는 점도 염두에 두었다.

연구 방법은 문헌연구가 중심이다. 위기관리에 대한 이론적 검토를 위해 국내외에서 발간된 문헌을 검토하였으며, 국내외에서 발간된 위기관련 법률과 시행령, 위기 관련 기관의 각종 보고서를 수집하여 이를 토대로 한국의 위기관리체제를 분석하였다. 또한 위기 관련 신문기사와 국가기관에서 발간한 통계자료를 인용하였으며, 행정자치부, NSC, 비상기획위원회, 소방방재청, 그리고 서울시 재난 관련 공무원들과의 면담을 통하여 문헌연구만을 통해 발생할 수 있는 문제점과 실수를 줄이려 노력하였다. 또한 미국과 일본, 그리고 기타 국가들의 위기관리체제에 대해서는 해당국가의 위기관리 담당부서에서 발간한 문헌과 인터넷을 통해 자료를 수집하였다.

제2장

위기관리의 개관

I. 위기관리의 이론적 배경

1. 위　　기

1) 위기의 개념

한국 위기관리의 문제점 및 개선방향을 제시하기에 앞서 위기가 무엇인가에 대한 개념을 설정하는 것이 먼저 요구된다. 우선 위기[1]의 사전적 의미는 '위험한 고비, 위급한 시기'[2]라고 정의된다. 국제정치

---

1) 위기는 원래 그리스어의 Krinein(분리하다)에 어원을 둔 의학적 용어로서 환자의 상태가 좋아지거나 변화되는 분기점을 의미한다. 일반적으로 환자의 고열이 떨어져 정상적인 체온으로 돌아와 심한 통증이 줄어들면서 호전되는 전환점을 의미한다.
2) 우리말사전편찬회, 『우리말 대사전』 (서울: 삼성문화사, 1997), p. 1259.

학에서는 이러한 국가적 위기상황을 평화와 전쟁의 전환점으로 파악하고 국가간의 상충된 이해관계가 표출되어 갈등이 극도로 고조된 전쟁발발 직전의 급박한 상황을 지칭한다.[3]

또한 위기는 의사결정 단위의 최우선 목표가 위협받고 있고(high threat), 반응을 취하는데 소요되는 시간이 제한되어 있으며(short time), 정책 결정자들이 전혀 예기치 못한 상황(surprise)에서 일어난 사건이라고 정의되기도 한다.[4] 미 국무성은 위기를 ① 미국의 역할관계를 포함하며, ② 대체로 세계의 불안정한 지역에서 발생하고, ③ 대개 불법행위와 정치적인 불안정성의 요소를 포함하며, ④ 지속기간이 비교적 짧고, ⑤ 대응기간이 단기간이며, ⑥ 불확실성이 있고, ⑦ 여러 가지 근원에 의해서 야기되는 상황이라고 정의하고 있다.[5] 또한 윌리엄스(Phill Williams)는 이러한 위기의 본질은 국가들간의 적대적 대결이 짧은 기간의 상황에서 급속히 전개되는 즉, 전쟁발발 가능성의 고조상태로 보았고, 스나이더(Glenn Snyder)도 역시 같은 맥락에서 냉전적 갈등 현상이 극대화되어 비록 전쟁의 발발은 아니더라도 흡사 전쟁 상황과 같은 긴장국면이 급격하게 전개되는 것을 위기라고 정의하였다.[6]

결국 위기란, 주로 국제정치관계에서 국가라는 행위자를 중심으로

---

3) 이동훈, 『위기관리의 사회학』(서울: 집문당, 1999), p. 42.

4) Charles F. Herman, "International Crisis as a Situational Variable," James N. Rosenau, (ed.), *Internationa Politics and Foreign Policy*(New York: The Free Press, 1969), p. 414: 이민룡, "잠수함침투사건에서의 한국의 위기관리"(서울: 육군사관학교 화랑대연구소, 1998), p. 4에서 재인용.

5) 조영갑, "전환기 국가 위기관리정책," 제20회 비상대비세미나, pp. 5-6.

6) Phill Williams et al., *Crisis Management* (London: Groom Helm, 1978), pp. 3-5: Glenn H. Snyder and Paul Diesing, *Conflict among Nations: Bargaining Decision Making and System Structure in International Crisis* (Princeton University Press, 1977), p. 6: 남주홍, "한국의 위기관리체제 발전방향," 제20회 비상대비세미나,2003, pp. 100-101에서 재인용.

국가간의 어떤 사건의 발생으로 인한 위험한 시기의 도래로 전쟁과 평화를 구분 짓는 절박한 시점이란 개념으로 이해된다.

그러나 이러한 정의들은 전통적 안보개념에 의한 정의이다. 전통적 개념의 위기는 점차 포괄적 개념으로 변하고 있다. 1962년 미국과 구소련의 쿠바미사일 위기사태 이래로 일상생활 속에서 사용되어진 '위기'라는 용어는 오늘날에는 군사적 위기뿐만 아니라 비군사적 위기를 위기 속에 포함하는 경향이 늘어나고 있다. 비군사적 위기는 정치·경제·사회·문화적 위기와 대형 재난의 위기 등을 포함한다.[7] 따라서 위기는 군사적·비군사적 위기를 아우르는 개념이 되어야 한다.

본 저서에서는 국가안전보장회의(NSC) 사무처가 2004년 9월 8일 발표한 국가 위기관리 기본지침에서 규정한 위기의 정의를 적용할 것이다. 「국가 위기관리 지침서」에서는 국가 위기를 "국가주권 또는 국가를 구성하는 정치, 경제, 사회, 문화체계 등 국가의 핵심요소나 가치에 중대한 위해가 가해질 가능성이 있거나 가해지고 있는 상태"라고 정의하고 있다.[8]

2) 위기의 유형과 발생원인

국가 위기의 종류는 여러 가지 기준에 따라 다양하게 분류해 볼 수 있다. 위협에 사용된 폭력성의 정도에 따라 고강도 또는 저강도 위기, 지속정도에 따라 단기적 또는 장기적 위기, 위협내용의 성격에 따라 군사적 혹은 비군사적 위기, 위협요소의 발생소재에 따라 인위적 또는 자연적 위기, 유발원인의 종류와 개수에 따라 단일적 또는 복합적 위기, 발생빈도에 따라 일회적 또는 반복적 위기 등으로 나누어 볼 수 있다.[9]

---

7) 조영갑, "전환기 국가 위기관리정책," p. 6.
8) "자연재해·대형사고·사이버테러 등 국가위기 규정,"『국민일보』, 2004.9.9.

국가안전보장회의는 포괄적 안보개념을 적용해 국가위기를 위기유형별로 전통적 안보분야에서의 위기, 국가핵심기반 분야에서의 위기, 그리고 재난분야에서의 위기로 분류하고 있다. 먼저 전통적 안보개념에서의 위기란 '분쟁과 관련된 분야에서의 위기'이다. 이는 외교와 군사와 관련된 분야에서의 위기상황으로 흔히 전쟁이나 무력충돌로 상승될 수 있는 가능성을 가진 위기를 일컫는다.

국가 핵심기반 분야에서의 위기는 국민의 생명·재산·안전보호, 국가경제와 정부의 기본기능 유지에 중대한 영향을 미치는 인적·물적 기능 체계 분야의 위기를 일컬으며 10개 분야로 구분된다.10)

재난은 위에서 기술한 전통적 안보개념 하에서의 위기와 국가 핵심기반 분야에서의 위기로 분류된 것 이외의 자연적, 인위적, 사회적 재난을 총괄한다. 일반적으로 재난과 재해에 대한 명확한 경계와 구분은 모호하다. 그러나 우리나라에서 지난 3월에 국회에서 통과된 「재난안전관리 기본법」에서 재난의 정의와 유형을 구분하고 있다.11) 자연 재난은 인간의 의지와는 상관없이 발생하는 비정상적인 자연현상에 의해 발생하는 가뭄, 홍수, 태풍, 폭설, 지진 등을 들 수 있다.12) 인위

---

9) 이동훈, 『위기관리의 사회학』, p. 42.
10) 에너지, 식·용수, 의료·보건, 정보·통신, 사이버, 금융, 수송, 원자력, 주요 산업단지, 정부 중요시설 분야에서의 위기상태를 말한다.
11) 「재난안전관리 기본법」(법률 제7188호) 제3조 1항에서는 재난을 "국민의 생명·신체 및 재산과 국가에 피해를 주거나 줄 수 있는 것"으로 규정하고 재난의 종류를 크게 3가지로 구분하였다. 첫째, 태풍·홍수·호우·폭풍·해일·폭설·가뭄·지진·황사·적조 및 그 밖에 이에 준하는 자연현상으로 발생하는 재해, 둘째, 화재·붕괴·폭발·교통사고·화생방사고·환경오염사고 및 그 밖에 이와 유사한 사고로 대통령이 정하는 규모 이상의 피해, 셋째, 에너지·통신·교통·금융·의료·수도 등 국가기반체계의 마비와 전염병 확산 등으로 인한 피해 등으로 재난의 유형을 구분하고 있다.
12) 백영옥, "전·평시 비상대비 및 재난재해의 효율적인 관리방안 연구," 비상기획위원회 정책연구과제, 2001.12, p. 5.

재난은 인간의 무관심, 부주의, 실수 등으로 발생하는 화재, 폭발, 방사능 오염, 통신망 마비, 건물 붕괴 등을 들 수 있다. 사회 재난은 종교적·정치적·이념적인 목적달성을 위하여 개인이나 집단이 인간의 생명과 재산을 위협하거나 사회질서를 파괴하기 위한 의도적·고의적인 범죄일 뿐만 아니라 인종적·종교적·지역적 이익을 위한 집단행동으로 발생하는 재난상황을 말한다.13)

위기의 유형별 분류는 〈표 2-1〉과 같다.

<표 2-1> 국가위기관리 유형

전통적 안보분야에서의 위기	국가핵심기반 분야에서의 위기	재난분야에서의 위기
국가 외교관계에 따른 위기상황, 북한의 군사적 위협, 전쟁, 폭동, 쿠데타. 테러 등	파업 및 태업, 원자력 사고, 해킹/사이버 테러, 전산망 파괴, 통신망 파괴, 주요 국가시설 화재/폭발, 주요산업시설 화재/폭발, 주요, 금융위기, 주요시설에 대한 테러 공격 등	가뭄, 지진, 화산폭발, 해일, 산사태, 냉해, 폭설/폭우, 뇌해, 태풍, 이상기온, 황사, 적조, 각종 공해, 생태계 파괴 행위, 건물 붕괴, 식량위기, 대형 교통사고, 산불 등

각 위기 유형의 발생 원인을 살펴보면 다음과 같다.

전통적 안보개념하에서의 위기는 외교·군사·통일 문제와 관련되는 분야에서 국가의 이익에 영향을 미칠 수 있는 상황이 발생하여 신속하고 중대한 국가정책결정을 내려야 할 때 발생할 수 있다. 이러한 국가적 정책결정이 전쟁의 길로 접어드느냐 또는 평화의 길로 가느냐의 전환점이 된다.

국가 핵심기반 분야에서의 위기는 정치적·조직적·경제적 이익 등

---

13) 백영옥, "전·평시 비상대비 및 재난재해의 효율적인 관리방안 연구," pp. 5-6.

이나 기타의 목적으로 고의적이고 의도적인 방법으로 국가 핵심기반 시설에 대한 위협이 발생할 때와 비의도적인 사고나 부주의 등에 의한 국가 핵심 및 주요시설 등이 제 기능을 발휘할 수 없을 때 발생한다. 예를 들면, 화물 수송 연대의 운송료 인상 협상을 위한 파업행위로 인한 물류대란의 발생, 불순분자에 의한 정수시설 및 식·용수 시설에 대한 독극물 투입 등의 태업, 인터넷 서버에 대한 바이러스 공격으로 국가 정보통신기능에 마비를 유발하여 국가 주요 기능을 일시 혹은 장기적으로 혼란 및 와해시키는 행위, 원자력 발전소 및 시험소에서의 피폭사고, 발전소 화재 사고, 그리고 사스(SARS) 등의 발생으로 기본적인 국가의 기능수행이 제한받는 상황 등이 이에 해당된다.

재난 분야는 국가 핵심기반분야에서 언급되었던 위기 외의 자연적·인위적 재난을 통틀어 분류할 수 있으며 발생원인은 각종 공해에 의한 자연파괴, 생태계 파괴, 자연 현상에 의한 대량 피해 발생, 혹은 인간의 부주의와 무관심, 규정 미준수, 실수 등에 의한 화재, 붕괴 등의 사고를 원인으로 들 수 있다.

3) 위기의 특성

위기는 다음과 같은 공통적인 특징을 지닌다.[14]

첫째, 위기는 체계의 일상적인 능력으로 해결하기 어려운 상황을 유발하기 때문에 관련된 사람들의 협조와 노력이 필요하다.

둘째, 위기는 사회구성원 어느 누구도 원치 않는 상황으로 돌발 사건적 성격과 사회 제반가치와 규범·문화 그리고 관계들을 변화시키는 역할을 한다. 그러나 동일한 위기라 할지라도 위기의 긴급성을 인지하는 사람들의 차이에 의해 위기의 결과는 긍정적이거나 혹은 부정

---

14) 백영옥, "전·평시 비상대비 및 재난재해의 효율적인 관리방안 연구," p. 7을 일부 수정하였다.

적으로 나타날 수 있다.

셋째, 어떤 개인이나 조직도 위기로부터 자유로울 수는 없다. 위기의 대상은 한정되어 있지 않고 어떤 국가나 사회, 조직, 가정, 그리고 개인에 이르기까지 위기는 발생할 수 있다. 특히 오늘날의 세계가 점차 세계화, 도시화, 정보화됨에 따라 다양한 위기가 다양한 집단을 대상으로 발생할 수 있다.

넷째, 위기는 반복적으로 발생한다는 점을 특징으로 한다. 과거에 발생했던 위기에 대한 학습과 관리가 미흡할 경우 동일 유형의 위기가 발생할 가능성이 높다는 것이다.

다섯째, 위기는 언제, 어디서 발생할 것인지를 예측할 수 없으며 발생요건만 갖추면 시간과 장소에 관계없이 발생한다. 이러한 특성은 위기의 발생요건을 잘 인지하고 관리하면 사전에 예방하거나 적절한 조치가 가능하다는 반대의 긍정적 결과를 가져올 수도 있다.

여섯째, 위기는 발생원인이 복잡하고 다양하다. 단편적인 원인으로 위기가 발생할 수도 있으나 대부분의 위기 원인은 복합적이고 다양하다는 것을 의미한다. 따라서 효과적인 위기관리를 위해서는 복합적이고 총체적인 관리가 요구된다.

2. 위기 관리

1) 위기관리의 개념

원래 위기(危機)라는 글자는 위태롭다는 말(危: danger)과 기회라는 말(機: chance)이 합쳐져서 만들어진 것이다. 위기란 위태롭기는 하지만 사태를 정확히 파악하고 옳게 대처해 가기만 한다면 좋은 기회가 올 수 있을 것이라는 뜻으로 대비와 응전이 매우 중요함을 시사해 주는 말이다.15) 따라서 위기라는 뜻 자체에 기회가 있다는 의미에서 위기란 위기관리와 일맥상통하는 면이 있음을 알 수 있다.

국가적 차원에서의 위기관리(crisis management)란 위기로부터 국민의 생명과 재산을 보호해 주고 위험을 극복하기 위해 사업계획을 집행하는 일련의 과정이라고 볼 수 있다.16) 과거의 위기관리의 개념은 전통적인 안보개념하의 위기상황에서 국가의 이익과 안보를 보호하기 위한 일련의 활동들로 이해할 수 있다. 즉, 양국간 또는 다수 국가간의 국가이익이 상충되는 것에서 발생하는 갈등과 분쟁상태가 더욱 커져서 전쟁으로 돌입하느냐 아니면 평화 회복으로 향하느냐를 결정하는 분수령으로서, 이때에 위기에 처한 당사국들이 국가의 존립이나 체제를 위협하는 위기가 전쟁으로 확대되는 것을 방지하려는 모든 노력이라고 정의할 수 있다.17)

그러나 앞에서도 서술했듯이 위기의 개념이 확대됨에 따라 위기관리의 개념도 확대되고 있다. 국가위기관리 기본지침에서는 국가위기관리를 "국가위기를 사전에 예방하고 발생에 대비하며 위기 발생시에는 효과적인 대응 및 복구를 통하여 그 피해와 영향을 최소화함으로써 조기에 위기 이전 상태로 복귀시키고자 하는 제반활동"으로 정의하고 있다. 그러나 이 정의는 위기관리의 4단계를 풀어서 서술한 것에 불과한 기능적 정의이다. 그리고 위기의 정의와 조응되지도 않는다. 따라서 위기관리에 대한 정의는 위기의 정의와 조화를 이루는 가운데 정의되어져야 한다. 앞에서 정의된 위기를 기초로 위기관리를 정의해 보면, 위기관리란 '국가주권에 대한 위기나 정치, 경제, 사회, 문화체계 등 국가의 핵심요소나 가치에 대한 위해로부터 국가와 국민을 보호하기 위한 종합적이고 총체적인 제반 대응책과 보완책을 체계적으로 강

---

15) 이극찬, 『정치학』(서울: 법문사, 1999), p. 69.
16) 이동훈, 『위기관리의 사회학』, p. 7.
17) 조영갑, "전환기 국가 위기관리정책," p. 10.

구하는 것'이다.

2) 위기관리의 범위

위에서 구분한 위기의 유형과 이를 위한 위기관리의 범위는 아래 〈그림 2-1〉과 같다. 위기관리의 범위를 세 가지분야의 위기를 관리하는 것으로 범위를 지정하였으나 행위자, 상황이나 목적, 고의성 등의

〈그림 2-1 위기관리의 범위〉

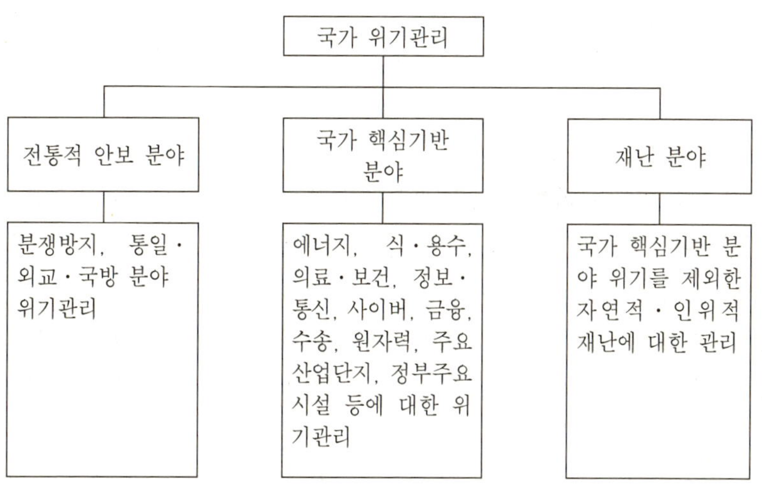

북한의 군사적 도발, 역사분쟁, 영유권분쟁, 대테러 및 반테러, 소요·폭동 등

파업사태, 원자력발전소 피폭사고/ 대규모 방사능 유출사고, 해킹 및 사이버 공격, 전염병 분야, 가축질병분야(사스, 조류독감, 광우병 등) 등

태풍, 지진, 산불, 고속철도대형사고, 다중이용시설 대형사고, 대규모 환경오염, 화학유해물질 유출사고, 지하철대형화재사고, 공동구 화재 사고 등

변수로 인해 중복되는 분야가 발생할 수도 있다. 예를 들면, 테러리즘 같은 것은 전통적 안보분야에도 포함될 수 있고 국가 핵심기반 분야의 위기에도 포함될 수 있다. 또한 재난 분야에도 포함될 수 있다. 그러나 중복되는 부분들은 발생한 위기의 정치적 환경과 목적, 의도성이나 고의성, 피해의 심각성 및 규모 등을 면밀하게 고려한다면 어느 분야에 속할지를 알 수 있다.

3) 위기관리체제의 구조적 속성

국가위기관리체제가 갖추어야 할 구조적 속성은18)로 크게 네 가지로 요약된다. 각각의 속성을 간략히 기술하면 아래와 같다.

(1) 통합적 구조(Coherent Structure)

위기에 대한 관리는 분산형 관리와 통합형 관리의 두 가지 방식으로 구분된다. '분산형 관리'는 위기의 유형별 특징을 강조하는 것으로, 1930년대 전통적인 조직이론의 등장과 함께, 합리성과 전문화의 원리를 강조하는 이론적 분위기에서 나온 것이다. 그러나 분산형 관리방식은 위기시 유사기관 간의 중복대응과 과잉대응, 또는 무대응의 문제를 야기하였고 비체계적이며 의미가 없는 계획서의 과잉 생산과 다수기관 간의 조정, 통제에 대해 반복되는 문제도 심각한 것으로 드러났다. 이러한 분산형 관리의 문제점을 보완하고자 제시된 것이 '통합적 접근법'이다. 이는 위기유형의 차이에도 불구하고, 전통적 위기, 심각한 인위적 재난, 그리고 주요 자연재난에서 수행해야 할 과업들이 크게 다르지 않다고 보는 관점이다.

특히 재난분야를 살펴보면 한국과 미국의 재난관리체제가 다르다.

---

18) 이 내용은 백영옥, "전·평시 비상대비 및 재난재해의 효율적인 관리방안 연구," pp. 23-31의 내용을 재구성한 것임.

미국은 연방비상사태관리청(FEMA)에서 모든 위기관리를 전담하는 데 반해 한국은 재난유형별 관리방식인 분산형 구조였다. 소방방재청의 신설로 혼합형 구조로 재난관리체제가 일부 변경되긴 하였지만 여전히 문제점은 존재한다. 이 부분은 제5장에서 상세히 다룰 것이다.

(2) 유기적 구조 (Organic Structure)

번즈와 스토커(Burns & Stalker)는 공식화된 규범이나 중앙 집중적 의사체계 및 위계구조를 지닌 보다 관료적인 특성을 지니는 조직을 기계적(mechanic) 조직으로, 중앙 집중도나 공식화의 정도가 낮고 구성원의 활발한 참여가 이루어지는 특성의 조직을 유기적(organic) 조직으로 구분했다. 유기적 조직에 있어서 과제들의 수행방식, 임무 또는 권위관계 등의 공식적 규정은 매우 약하며, 결국 과제를 수행하는 과정은 다른 사람들과의 밀접한 상호작용에 의해 끊임없이 재설정된다. 상호작용은 수직적으로 뿐만 아니라 수평적으로 활발히 이루어지며, 상이한 위계구조상의 구성원들 간의 의사소통도 위에서 아래로 일방적으로 지시가 하달되기 보다는 수평적 자문과 유사한 방식으로 이루어진다.

유기적 조직화는 크게 중첩성과 분권성의 실현으로 나누어서 살펴보면 다음과 같다.

가) 중첩성

'중첩적 구조'란 전통적인 의미에서의 단일하고 명확한 계서제(階序制)의 원리에 입각한 조직구조가 아니라 조직의 구성요소를 의도적으로 중첩시켜 외부환경에 대한 대응을 중첩적으로 수행할 수 있도록 고안한 것을 의미한다.

나) 분권성

'분권화'란 조직원들의 의사결정에의 참여를 증진시키고 권한의 위임을 확대하는 것을 의미한다. 분권화된 조직의 구성원들은 의사결정과정에 참여해 상황에 대한 정보를 가지고 있기 때문에 자기 책임하에 현장 중심적으로 신속하게 대응할 수 있게 된다. 또한 책임감을 가지고 급변하는 상황 속에서 적극적으로 업무에 몰입할 가능성이 높다. 그러나 분권화가 낮은 조직의 구성원들은 의사결정과정에서 소외되어 정보를 가지고 있지 못해 불확실한 상황에서 능동적으로 대처하기 어려우며 권한과 자유재량권이 제한되어 있어 현장중심의 대처능력이 낮을 수밖에 없다.

통합적 구조와 유기적 구조는 일견 상반되는 것으로 이해될 수 있다. 그러나 통합적 구조는 위기를 전반적으로 관리·조정·통제하는 조직이 있어야 한다는 의미이고 유기적 구조란 통합적 구조 속에서 구성원의 참여와 의사소통의 유기적 교환을 의미한다. 따라서 통합적 구조와 유기적 구조는 배타적인 개념이 아니다.

(3) 협력적 구조(Cooperative Structure)

위기관리조직은 위기 도래 시 즉각적인 대응이 요구되므로 어떤 하나의 조직이나 단일 기관으로서는 해결하기 힘들다. 따라서 효과적인 위기대응을 위해서 위기관리를 담당하는 조직과 중앙 및 지방 정부, 그리고 다수의 유관기관들 사이에 위기와 관련된 정확하고 시기적절한 정보의 교환이 활발히 이루어져야 한다. 이러한 구조를 협력적 구조라고 한다.

(4) 학습적 구조(Learning Structure)

국가위기관리체계는 하나의 경직되고 폐쇄적인 행정체계가 아니라 현장과 경험이 축적되는 가운데 계속해서 체계가 발전되어 가야 한다. 즉, 학습을 통해 새롭게 펼쳐지는 환경에 적응하며 환경을 제어해 나가는 능력을 구비할 수 있도록 조직의 구조를 변화시켜야 하는 것을 의미한다.

위기관리가 제대로 이루어지려면 위기관리체제가 제대로 작동해야 한다. 위기관리체제는 통합성과 유기성, 협력성과 학습성을 지니고 계속 발전해 나가야 한다. 한국의 위기관리체제는 이 네 가지 속성에 의해 평가되어 질 수 있을 것이다. 제9장에서 한국 위기관리체제의 발전 방향을 위의 4가지 속성을 대입하여 평가할 것이다.

4) 위기관리의 특성[19]

(1) 공공재로서의 성격

국가나 사회의 안전은 어느 하나의 가치로서 평가할 수 있는 것이 아니라 전 사회구성원이 공유하는 공공재에 해당하기 때문에 공공적 가치로서 다루어져야 한다. 효과적인 위기관리란 각종 위기로부터 국민의 생명과 재산을 보호하고 국가의 기능을 유지할 수 있는 여건을 보장한다는 것을 의미한다. 따라서 위기관리는 우리의 안전 및 이익과 밀접한 공공재의 특성을 가지고 있고 이러한 이유로 위기관리는 사회 구성원 모두에게 중요한 사회적 자산이 된다.

(2) 경계성(警戒性) · 가외성(加外性)의 원리

위기를 관리하는 것은 불확실하고 복합적인 위기상황에 대비하고 조치하기 위한 일련의 과정이므로 많은 양의 자산과 막대한 자금이 투

---

19) 이 내용은 백영옥, "전 · 평시 비상대비 및 재난재해의 효율적인 관리방안 연구," pp. 8-9의 내용을 필자가 재구성한 것임.

입될 수 있다. 그러나 이러한 자산들은 위기 발생시 활용하는 것보다 사용하지 않는 방향으로 유도하는 노력이 요구된다. 이러한 위기관리의 특성을 경계성의 원리(principle of alertness)라고 한다.

또한 위기 관리업무는 임무의 일상화, 표준화가 불가능할 뿐만 아니라 소관업무에 서로 중첩성이 있어야만 각종 위기 사태에 적절히 대응할 수 있다. 따라서 예상치 못한 우발상황에 대비한 상당한 양의 여분과 잉여량을 보유하여야 하는 필요성이 요구된다. 이것을 가외성(redundancy)의 원리라고 한다.

(3) 결과위주 운영의 필요성

위기관리는 신속한 반응시간을 요구한다. 즉, 현장에서 신속한 대응방향의 결정이 피해를 축소시킬 수도 있고 그렇지 못한 경우에는 피해를 더 확대시킬 수도 있다. 그러나 한국은 급박한 위기 상황에서 담당 위기관리자의 신속한 결정을 보장할 수 있는 법체계와 환경이 마련되어 있지 못한 실정이다. 이것의 결과로 담당자는 책임을 지지 않으려고 소극적인 방법으로 대응할 수 있는 우려가 있다. 따라서 위기관리조직은 과정위주로 운영되는 일상적인 관료조직과는 달리 결과위주로 운영되는 것이 바람직하다.

(4) 현장위주의 관리

위기관리는 바라보는 시각에 따라 그 심각성의 차이가 있을 수 있다. 즉 현장에서 업무를 담당하는 사람과 책상에 앉아 업무를 담당하는 자는 위기의 심각성의 인식에서 괴리가 있을 수 있다는 것을 의미한다.

현장에 위치한 관리자가 긴박한 상황의 변화에 적절히 대응하기가 유리할 것이다. 그러나 우리나라의 경우 관할 소방서장, 소방본부장 등이 현장을 지휘하다가 시장 등의 상급 지휘관이 현장에 도착하면 지휘권을 이양하고 책임에서 물러나는 경향이 있어 기존의 과업을 수행하던 자산들을 통제·조정하는 것에 대해 문제가 발생할 수 있다. 따라서 위기관리의 현장지휘관에게 최종적인 권한을 부여하여 시시각각으로 변하는 재난의 추이에 따라 적합한 대응을 할 수 있는 여건을 보장해 주어야 한다.

(5) 불확실성의 관리

현대의 다양하고 복잡한 유형의 위기관리를 위한 조직은 위기의 불확실성에 의해 조직면에서 상당히 방대하고 예산면에서도 규모가 클 수밖에 없다.

그러나 적절한 위기관리의 미흡으로 발생한 피해에 대한 복구비용보다 위기를 사전에 예방한다면 그 비용은 훨씬 적게 소요될 것이다. 이는 근래에 발생한 대표적인 재난의 사례에서 발생한 천문학적인 피해액과 이를 복구하기 위한 비용을 살펴보면 쉽게 알 수 있다. 그러나 위기는 언제, 어디서, 어떻게 발생할 것인지에 대한 예측이 매우 어려우므로 위기관리는 이러한 불확실성을 관리해야 하는 특성을 가지고 있다. 따라서 위기관리란 불확실성 속에서 만족스러운 결과를 도출해야 한다는 어려움이 있다.

II. 위기관리의 단계

위기를 관리하는 과정은 위기의 시간대별 진행과정을 중심으로 대략 4단계로 나뉘어 진다. 위기발생 전의 예방단계와 대비단계, 위기발생 후의 대응단계와 복구단계가 그것이다.

1. 예방과 완화단계

이 단계는 과거 경험 및 다른 위기 사례에 대한 정보분석을 바탕으로 위기요인을 사전에 제거하거나 감소시킴으로써 위기발생 자체를 억제하거나 방지하기 위한 일련의 활동이 전개되는 단계이다. 따라서 위기관리 단계 중에서 예방단계가 가장 중요하다. 전통적 안보 위기뿐만 아니라 재난분야에서도 위기발생 가능성 자체를 제거하거나 혹은 감소시킴으로써 위기로부터 발생하는 피해를 사전에 예방할 수 있기 때문이다.

이 단계에서의 활동은 위기 유형별로 취약요인을 분석하여 피해감소 대책 등 관련된 계획을 수립하고 시행할 준비를 하는 것과 예방을 위한 구조적·제도적·운용적 사항들을 사전에 개선하고 이를 전문적으로 연구하는 것들이 대표적인 활동들이다. 최근의 위기관리의 추세는 예방단계에서의 활동에 중점을 두는 경향이 크다. 2004년 12월에 발생한 해일에 의한 대규모 재난도 해일 경보시스템 및 전파체계가 구축되어 있었다면 인명피해를 많이 줄일 수 있었을 것이다. 예상되는 위기와 취약요인의 분석을 바탕으로 이루어지는 준비와 노력은 피해를 예방하고 감소시키는 데 결정적인 역할을 한다.

2. 대비단계

이 단계는 예상되는 위기상황을 가정하여 위기상황하에서 수행해야 할 제반사항을 사전에 계획, 준비, 교육, 훈련함으로써 위기대응능력을 제고시키고 위기발생 시 즉각적으로 대응할 수 있도록 대비태세를 강화시키는 활동이 전개되는 단계이다. 위기를 억제하거나 감소시키지 못하여 위기가 발생했을 때를 가정한다는 점에서 예방단계에서의

활동과 차이가 있다. 이 단계에서는 위기 상황에 대비한 각종 계획을
교육, 전파, 훈련하는 활동 등이 핵심이다. 따라서 각 유형별 위기에
대응할 수 있는 매뉴얼 등을 제작하여 이를 숙달함으로써 대비태세를
강화할 수 있다. 또한 대응에 필요한 자산을 사전에 확보 및 비축하거
나 동원할 수 있는 계획과 실행준비도 이 단계에서 중요한 활동 중의
하나이다.

3. 대응단계

이 단계는 위기발생 시에 가용한 모든 자산을 효율적으로 활용하여
대처함으로써 피해의 확산을 방지하고 2차 위기발생 가능성을 감소시
키는 일련의 활동이 전개되는 단계이다. 신속하고 효율적인 초동조치
는 불필요한 피해와 부수적인 위기발생의 가능성을 감소시키는데 매
우 중요하다. 또한 위기현장에 지휘소를 설치하여 효율적인 지휘체계
를 확립하고 정보를 공유하는 현장대응체계를 유지하는 활동 등이 포
함된다.
이러한 일련의 활동들이 효율적이고 체계적으로 전개되기 위해서는
대비단계에서의 대응계획수립과 교육, 훈련을 통해 대응태세가 유지
되고 역량이 확보되어 있어야 한다.

4. 복구단계

이 단계는 위기로 인해 발생한 피해를 위기 이전의 단계로 원상회복
시키기 위한 제반활동과 발생한 위기의 문제점과 제도 등의 취약요인
을 분석하여 발전시킴으로써 동일한 유형의 위기재발을 방지하고 위
기관리능력을 보완하는 일련의 활동들이 전개되는 단계이다. 이 단계

는 응급복구와 단기복구, 그리고 재발방지와 위기에 취약한 구조적·
근원적 원인을 제거하는 장기적인 복구로 구분될 수 있다.

응급복구는 발생한 피해를 신속히 복구하여 기본적 기능의 회복을
유도하여 모든 체계의 정상화를 위한 일련의 노력과 활동 등을 말한
다. 단기복구는 정상화된 기능을 점차 향상시키기 위한 활동들을 들
수 있다. 장기적인 복구는 발생한 위기의 원인과 취약점을 면밀하게
분석하여 위기의 재발을 방지하고 위기관리능력을 향상시키기 위한
근본적인 조치 등이 포함되는 일련의 노력과 활동이다. 따라서 응급복
구와 단기복구도 결국 장기적 복구와 연관되어 노력의 통합과 복구의
효율성을 높일 수 있도록 시행되어야 한다.

제2부

한국과 세계의 위기관리체제

제3장

한국의 위기관리체제

I. 개요

한국의 위기관리는 명시된 구분은 없지만 대략 전시 대비체제와 평시 위기관리체제로 구분되어 운영되고 있다. 전시대비체제는 다시 군사분야와 비군사정부분야로 나뉘어 군사분야는 한미연합방위체제를 중심으로 국방부에서, 비군사정부분야는 국가동원체제를 중심으로 비상기획위원회에서 주요업무를 담당하고 있다. 그리고 평시 위기관리는 민방위체제와 재난관리체제를 중심으로 행정자치부(소방방재청)에서 그 업무를 담당하고 있다. 군사분야를 제외한 위기관리체제의 법률구조는 「민방위 기본법」과 「비상대비 자원관리법」, 「재난 및 안전관리 기본법」의 3원적 법체제로 이루어져 있으며, 현재까지도 이 법적인 체제는 유지되고 있다.

국방부와 합참이 핵심역할을 수행하는 군사분야(여기에는 통합방위

체제도 포함된다)를 제외한 한국의 위기관리체제를 전통적 안보위기
관리체제와 재난관리체제로 구분하여 살펴보자. 전자는 다시 민방위
체제와 비상대비체제로 구분될 수 있다.

II. 전통적 안보 위기관리체제

1. 민방위체제

1) 민방위체제의 조직/기능

한국의 중앙민방위업무는 최초 민방위 본부에서 시작하여 민방위재
난통제본부를 거쳐 2004년 현재는 소방방재청과 행정자치부 민방위
안전정책담당관실에서 담당하고 있다. 그러나 민방위에 관한 지휘·
감독, 검열, 훈련 및 동원 등에 관한 실질적 권한은 소방방재청장이 가
지고 있고 민방위안전정책담당관실은 법령 및 제도에 관한 지원업무
만을 담당한다.[1] 소방방재청과 행정자치부 민방위안전정책담당관실
의 조직과 기능은 재난관리체제에서 상세히 다루어지기 때문에 여기
서는 실질적인 행동 및 대응기구인 민방위대의 조직과 기능에 대해서
만 살펴보고자 한다.

국무총리는 전국의 안녕질서를 위태롭게 하는 적의 침공이 있을 경
우, 중앙협의회의 심의를 거쳐 민방위대를 조직할 수 있다. 민방위대
는 20세가 되는 해의 1월 1일부터 45세가 되는 해의 12월 31일까지
의 대한민국 국민인 남자로 조직한다.[2]

---

1) 「민방위 기본법」 제20조, 제21조, 제22조와 행정자치부 민방위안전정책담당관
   실 공무원 인터뷰 내용을 정리하였다.
2) 다만, 국회의원·지방의회의원·교육위원회의 교육위원·경찰공무원·소방공무
   원·교정직공무원·소년보호직공무원·군인·군무원·향토예비군·등대원·청

민방위대는 평상시에는 거동수상자 및 민방위 사태 등의 신고망 관리·운영, 경보망관리와 경보체제 확립, 공동지하양수시설·대피소·대피지역 및 통제소의 설치·관리, 민방위를 위하여 필요한 물자의 비축, 등화·음향관제의 훈련, 자체시설의 보호, 소방 및 화생방오염방지장비의 설치·관리, 민방위교육훈련, 기타 민방위사태 예방에 관한 사항 등의 임무를 수행하고, 민방위사태가 발생하였거나 발생할 우려가 있는 경우는 경보 및 대피, 주민통제 및 소산, 교통통제 및 등화관제, 소화활동, 인명구조 및 의료활동, 불발탄 등 위험물 사전점검 및 경고, 파손된 중요시설물의 응급복구, 민심안정을 위한 계몽 및 승전의식의 고취를 위한 주민 지도, 적의 침공시 군사작전에 필요한 물자의 운반 등 노력지원, 기타 민방위사태를 수습하기 위하여 필요한 사항 등의 임무를 수행한다.

민방위대는 주소지를 단위로 하는 「지역민방위대」와 직장을 단위로 하는 「직장민방위대」로 나뉜다. 지역민방위대는 다시 통·리를 단위로 하는 「통·리 민방위대」와 시·군·구를 단위로 하는 「시·군·구 민방위기술지원대」(이하 "민방위기술지원대"라 한다)로 구분된다. 통·리 민방위대는 당해 통·리에 거주하는 민방위대원으로 편성하며, 민방위기술지원대는 수방·방공·의료·전기·통신·토목·건축·화생방 등 기술을 가진 민방위대원 중에서 읍·면·동장 또는 직장민방위대장의 추천을 받아 시장·군수·구청장이 선발한 자로 편성한다. 직장민방위대는 대통령령으로 정하는 국가 및 지방자치단체의 기

원경찰·의용소방대원·주한외국군부대의 고용원·원양어선 또는 외항선의 선원으로서 연 6개월 이상 승선하는 자, 도서·벽지교육진흥법 제2조의 규정에 의한 도서벽지에서 근무하는 교원·현역병입영대상자(공익근무요원소집대상자를 포함한다) 기타 대통령령이 정하는 학생·공공직업능력개발훈련생·심신장애인과 만성허약자를 제외한다 〈개정 1979.12.28, 1981.3.27, 1988.12.31, 1995. 8.4, 2000.1.12〉.

관과 대통령령이 정하는 공공기관 및 업체의 직장에 편성한다.[3]

　　민방위대의 편제는 대장 밑에 부대장 1인 또는 2인과 필요한 단위
대를 둘 수 있다. 단위대는 당해 민방위대의 규모에 따라 대대·중
대·소대·분대로 편성하되, 통·리 민방위대는 지역특성에 따라 연
령별 또는 자연마을단위별로 구분하여 편성하고, 민방위기술지원대는
기술지원분야에 따라 필요한 대(隊)를 두되, 기술자의 보유현황·지
역특성 등을 감안하여 적정규모로 편성한다. 직장민방위대는 직장의
특성을 감안하여 본부·의료·구호·소방·방호·복구·화생 등의 필
요한 대(隊)로 편성한다.

<그림 3-1> 민방위대의 편성

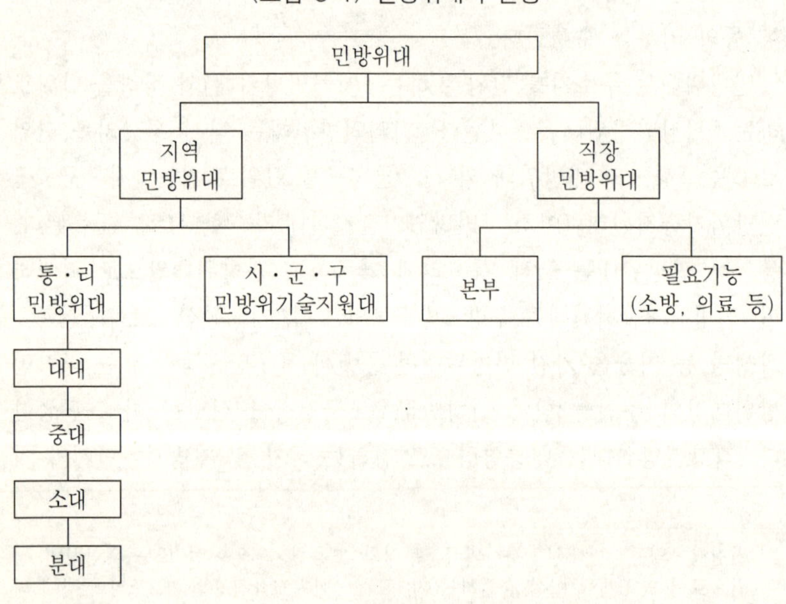

---

3) 민방위 대원이 20인 미만인 통·리 민방위대와 직장민방위대 등의 소규모 민방
　위대는 인근 통·리 민방위대와 상위직장 또는 유사한 직종의 민방위대와 통합,
　편성한다. 「민방위 기본법 시행령」 제17조.

민방위대의 편성은 〈그림 3-1〉과 같다.

2) 민방위업무 수행체계

(1) 민방위협의회

민방위협의회는 중앙민방위협의회와 지방민방위협의회로 대별된다. 중앙민방위협의회(이하 중앙협의회로 표기)는 국무총리 소속으로 민방위에 관한 국가의 중요정책을 심의하며, 국무총리를 위원장으로 하고 부위원장 3명을 포함한 위원 20인 이상 30인 이내로 구성한다.[4]

중앙협의회의 주요기능은 민방위기본계획의 심의, 민방위에 관한 각 중앙관서의 업무조정, 민방위대 조직대상 연령 연장의 심의 등이다. 회의는 위원장이 필요하다고 인정할 때 소집되며, 중앙협의회의 의안 정리 및 기타 일반사무는 소방방재청에서 관장한다.

또한 중앙협의회 업무의 효율적 운영을 위해 분과위원회를 두는데, 분과위원회는 소관 기본계획안 및 민방위 집행계획안을 심사하며, 기타 당해 분과위원장이 부의하는 사항을 심의한다. 분과위원회 및 분과위원장은 〈표 3-1〉과 같다.

지역민방위협의회(이하 지역협의회로 표기)는 특별시장·광역시장·도지사(이하 "시·도지사"라 한다) 소속하에 특별시·광역시·도 민방위협의회(이하 "시·도협의회"라 표기)와 시장·군수·구청장 소

---

4) 부위원장은 재정경제부장관·교육인적자원부장관 및 행정자치부장관이고, 위원은 외교통상부장관·국방부장관·과학기술부장관·문화관광부장관·농림부장관·산업자원부장관·정보통신부장관·보건복지부장관·환경부장관·노동부장관·건설교통부장관·해양수산부장관·기획예산처장관·국정홍보처장 및 국가보훈처장, 비상기획위원회위원장, 국가정보원 제2차장 , 기타 민방위에 관한 학식과 경험이 풍부한 자 중에서 위원장이 임명 또는 위촉한 자 등이다.

<표 3-1> 분과위원회 구성 및 분과 위원장[5]

위원회 명칭	위원장
민방위기획위원회	소방방재청장
재난대책위원회	소방방재청장
재난구호대책위원회	보건복지부장관
농업재난대책위원회	농림부장관
방사능재난대책위원회	과학기술부장관

속하에 시·군·구민방위협의회(이하 "시·군·구협의회"라 표기),
읍·면·동장 소속하에 읍·면·동민방위협의회(이하 "읍·면·동협
의회"라 표기)로 나뉜다.

지역협의회는 시·도협의회는 위원장과 부위원장 각 1인을 포함한
위원 10인 이상 15인 이내로, 시·군·구협의회는 위원장과 부위원장
각 1인을 포함한 위원 7인 이상 12인 이내로, 읍·면·동협의회는 위
원장과 부위원장 각 1인을 포함한 위원 5인 이상 8인 이내로 구성한
다. 시·도협의회의 위원장은 당해 특별시장·광역시장·도지사가,
시·군·구협의회의 위원장은 당해 시장·군수·구청장이, 읍·면·
동협의회의 위원장은 당해 읍·면·동장이 되며, 각급 지역민방위협
의회의 부위원장은 위원 중에서 호선한다.[6]

지역위원회의 기능을 살펴보면, 시·도협의회 및 시·군·구협의회
는 시·도 또는 시·군·구민방위계획의 심의, 민방위에 관한 각 기관
및 단체간의 업무조정과 협조, 기타 민방위에 관한 중요사항과 위원장
이 부의하는 사항을, 읍·면·동협의회는 시·도협의회 및 시·군·

---

5) 「민방위 기본법 시행령」 제8조 1항을 재구성한 것이다.
6) 각급 지역민방위협의회의 위원은 「민방위 기본법 시행규칙」 제2조 3항을 참조할
   것.

구협의회에서 조정된 업무와 민방위대편성 제외대상자에 대한 심사 등의 기능을 한다.

　민방위협의회를 요약하면 〈그림 3-2〉와 같다.

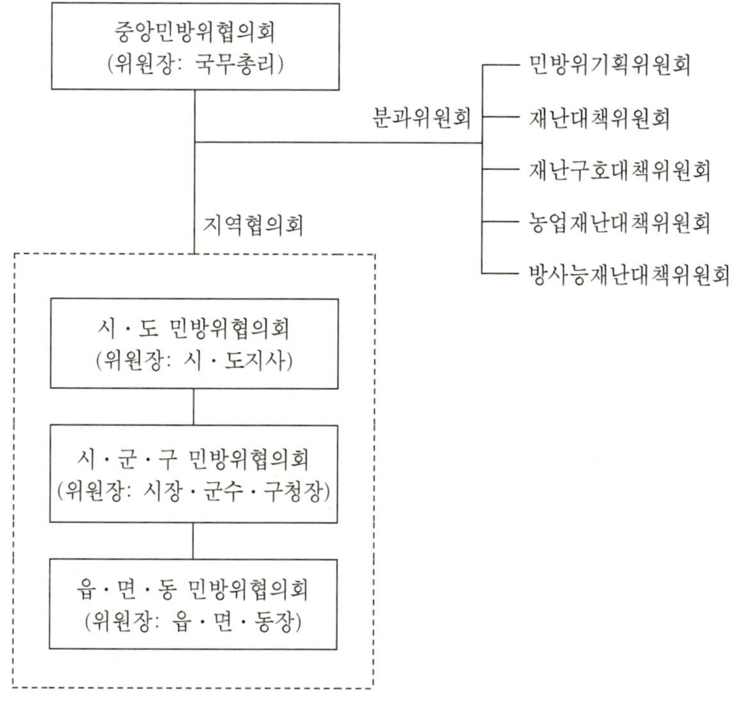

〈그림 3-2〉 민방위협의회

(2) 민방위 계획

　민방위업무에 관한 계획은 「기본계획」, 「집행계획」, 「특별시·광역시·도계획」(이하 "시·도계획"이라 한다) 및 「시·군·구계획」으로 구분된다.

　기본계획의 작성절차는 다음과 같다. 먼저 국무총리는 대통령령이 정하는 바에 따라 민방위에 관한 기본계획지침을 작성하여 이를 관계 중앙관서의 장에게 시달한다. 그 다음 관계 중앙관서의 장은 기본계획 지침에 따라 그 소관 민방위업무에 관한 기본계획안을 작성하여 소방 방재청장과 협의한 후 국무총리에게 제출한다. 그러면 국무총리는 관계중앙관서의 장이 제출한 기본계획안을 종합하여 중앙협의회의 심의를 거쳐 기본계획을 작성하고 국무회의의 심의를 거쳐 대통령의 승인을 얻어 이를 확정한다. 이때 국무총리는 확정된 기본계획을 관계중앙관서의 장에게 시달하여야 한다.[7]

집행계획의 작성을 살펴보면, 먼저 중앙관서의 장은 시달받은 기본계획에 따라 그 소관 민방위업무에 관한 집행계획을 작성하여 소방방재청장과 협의한 후 국무총리의 승인을 얻어 이를 확정하고, 그 다음 중앙관서의 장은 확정된 집행계획을 시·도지사 및 대통령령이 정하는 소속지방행정기관·공공단체 또는 사회단체의 장이나 민방위계획상 중요한 시설의 관리자(이하 "지정 행정기관의 장"이라 한다)에게 시달한다. 지정 행정기관의 장은 시달받은 집행계획에 따라 세부집행계획을 작성하여 관할 시·도지사와 협의한 후 소속 중앙관서의 장의 승인을 얻어 이를 확정한다.

시·도계획의 작성절차는 먼저 시·도지사가 시달받은 집행계획에 따라 그 소관민방위업무에 관한 시·도계획을 작성하여 시·도협의회의 심의를 거쳐 확정하고, 소방방재청장에게 이를 보고하여야 한다. 그 다음 시·도지사는 확정된 시·도계획을 시장·군수·구청장에게 시달한다.

---

7) 기본계획은 아래 사항에 대하여 주민의 생명과 재산을 보호하기 위한 예방·통제·보호 및 복구 등을 포함하여 작성한다. 1) 적의 침공 2) 풍·수·설해, 지진 등 자연재해 3) 화재 등 인위적 재난 4) 한해·병충해 등 농업재해 5) 화학재난 6) 전염병 등 생물학재난 7) 방사능재난 8) 공업재난 9) 산림재해 10) 기타 민방위를 위하여 필요한 사항.

시·군·구계획의 작성절차를 살펴보면, 먼저 시장·군수·구청장은 시달받은 시·도계획에 따라 그 소관 민방위업무에 관한 시·군·구계획을 작성하여 시·군·구협의회의 심의를 거쳐 확정하고, 시·도지사에게 이를 보고한다.

민방위계획체계를 요약해 보면 〈표 3-2〉와 같다.

〈표 3-2〉 민방위계획체계

계획명	작성자	승인권자	배포기관
기본계획지침	국무총리	대 통 령	부·처·청
기본계획	국무총리	대 통 령	부·처·청
집행계획	관계중앙부서장관	국무총리	시·도, 1차특별행정기관
시·도 계 획	시·도지사	주무부장관	시·군·구, 2차특별행정기관
시·군·구 계 획	시·군·구청장	시·도지사	관 련 부 서

(3) 민방위체제의 특징

민방위제도의 연혁을 통해 본 한국 민방위제도의 첫 번째 특징은 「민방위 기본법」이 민방위의 개념을 포괄적으로 규정함으로써 각종 재난관리가 민방위체제 속에서 이루어지고 있다는 점이다. 그러나 한국의 민방위제도는 그 개념상 재난을 포함한 전·평시 국가적 위기사태를 관리하는 기본체제이나 미국·프랑스·독일의 민방위제도처럼 국가방위와 재난을 통합하는 실질적인 제도로 성장하지 못했다. 왜냐하면 한국의 민방위제도는 안보분야와 재난관련 분야가 통합적으로 운영되지 못하고 개별법에 의해 운영되었기 때문이다. 즉, 민방위는 실질적으로 전시사태에 대한 역할에 비중을 두었고(사실, 이 역할마저

도 그다지 고유하지 못했는데 그 이유는 동원과 같은 실질적인 비상대
비업무는 비상기획위원회에서 담당했기 때문이다), 재난은 「자연재해
대책법」과 「재난관리법」 등 개별법에 의한 재난 유형별 관리체제에 따
라 관리되었기 때문이다.

한국 민방위제도의 두 번째 특징은 '민방위의 안보기능은 축소되고
재난관리 기능이 점점 강화되는 경향'을 보이고 있다는 것이다. 민방
위제도는 최초 적의 항공기 내습에 대응하기 위한 안보적 목적에서 출
발하였다. 그러다가 1970년대 대규모 재난이 빈번히 발생하여 사회·
경제적 손실이 심해지자 재난관리의 중요성이 부각되어 기존의 민방
위 기능에 재난관리 분야가 추가되었다. 이후 평화 상태가 장기화되고
국가안보에 있어 사회·경제적인 요소의 중요성이 확대되자 민방위는
안보기능보다는 재난관리 위주로 발전하게 되었다. 이러한 재난관리
위주의 제도적 발전 경향은 결국 2004년 「재난 및 안전관리 기본법」
의 제정으로 이어졌는데, 현재의 민방위제도는 이 법에 의해 「민방위
기본법」이 수정되고 조직이 일부 개편되는 등 많은 변화를 겪게 되었
다. 그 대표적인 변화가 민방위와 관련된 주요 업무가 행정자치부에서
신설된 소방방재청으로 이관되었다는 것이다.

즉, 정부는 기존의 행자부 민방위재난관리국을 확대·개편하여 소
방방재청을 신설하였고, 행자부내에는 민방위안전정책담당관실을 두
었다. 민방위안전정책담당관실은 소방방재청을 법률적, 제도적으로
지원하는 임무만을 담당하며 민방위제도의 지휘·감독, 검열, 훈련 등
실질적인 민방위업무의 총괄·조정은 소방방재청이 담당하고 있다.
그러나 소방방재청이 민방위와 재난을 포괄적으로 담당하는 종합기
관으로서 그 역할을 다하기 위해서는 '민방위와 재난 개념의 상하관계
정립', '민방위와 재난관리의 총괄책임기관의 적절성', '소방방재청의
독자적인 업무수행을 위한 제도적 독립' 등 다수의 문제점이 해결되어

야 한다.[8]

민방위의 역할이 재난관리로 치우치는 경향은 민방위 훈련에서도 잘 나타나고 있다. 현재 민방위 훈련은 연 10회를 실시하는 데, 경보 전파·주민대피 및 교통통제 등을 하는 민방공 훈련은 연 3회(4·8·10월, 불시훈련(8월) 1회 포함), 풍수해, 지진, 화재, 산불, 설해, 유독가스 등(자연재난·인위재난)에 대비하는 방재훈련은 연 6회(3, 5, 6, 7, 9, 11월), 민방위 대원의 응소능력점검, 임무고지 등을 하는 비상소집훈련은 연 1회 실시하는 데 이중 방재훈련이 가장 많은 비중을 차지하고 있다.[9]

2. 비상대비 체제

1) 비상대비 체제의 조직/기능

(1) 국가안전보장회의의 기구와 기능

현 국가안전보장회의의 조직은 2003년 3월 「국가안전보장회의 운영 등에 관한 규정」(대통령령 제 17944호)의 개정을 통해 이루어졌다. 국가안전보장회의는 국가안전보장에 관련되는 대외정책·군사정책과 국내정책의 수립에 관하여 대통령의 자문에 응하기 위해 조직되었다. 회의는 대통령·국무총리·통일부장관·외교통상부장관·국방부장관 및 국가정보원장과 대통령령이 정하는 약간의 위원(대통령비서실장, 사무처장, 사무차장)으로 구성되어 있으며 의장은 대통령이다. 의장은 필요시 관계부처의 장, 비상기획위원회 위원장, 합동참모회의의장 기타의 관계자를 회의에 출석하여 발언하게 할 수 있다. 또

---

8) 문제점에 대해서는 제5장에서 상세히 살펴볼 것이다.
9) www.nema.go.kr

한 국가안전보장회의는 회의에서 위임한 사항을 처리하기 위하여 「상임위원회」와 회의의 사무를 처리하기 위한 「국가안전보장회의 사무처」(이하 "사무처")를 두고 있다.

국가안전보장회의의 기구표는 〈그림 3-3〉과 같다.

〈그림 3-3〉 국가안전보장회의(NSC)

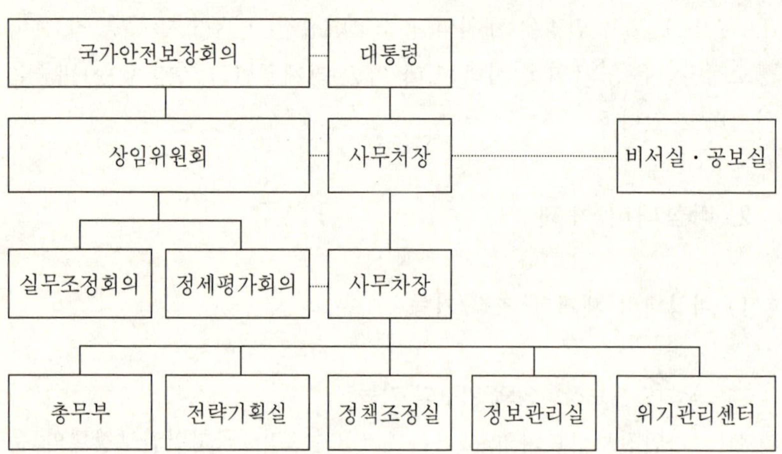

국가안전보장회의의 실질적인 행정조직인 사무처는 국가안전보장 전략의 기획 및 수립, 국가안전보장관련 중장기 정책의 수립 및 조정, 국가안전보장 관련 현안정책 및 업무의 조정, 국가안전보장 관련 정보의 종합 및 처리체계 관리, 국가위기 예방·관리 대책의 기획 및 조정, 안보회의 및 상임위원회 심의사항에 대한 이행사항의 점검, 그 밖에 안보회의·상임위원회·실무조정회의 및 정세평가회의의 운영에 관한 사항을 처리한다. 사무처의 주요 조직과 기능은 〈표 3-3〉과 같다.

<표 3-3> 사무처 주요 조직의 기능[10]

구분	업무분장
전략기획실	• 국가안보전략의 기획 및 수립 • 한반도 평화체제 및 군비통제에 관한 정책 기획 • 타 국가 및 국제기구와의 안보협력 정책 기획 • 군사력 건설방향 등 중장기 안보정책 기획 • 자문기구 운영, 지원 및 중요사안 기획관련 임시조직의 구성
정책조정실	• 상호 연계된 통일·외교·국방분야 현안업무의 조정 • 안보회의·상임위원회·실무조정회의의 운영 및 지원 • 안보관련 주요 대외현안에 대한 부처간 협의체 운영 • 안보회의/상임위원회 심의사항에 대한 이행상황 점검·평가 • 정상외교 관련 기획 및 조정
정보관리실	• 안보관련 국가정보능력의 개선에 관한 사항 • 안보관련 정보의 종합 및 판단 • 안보관련 정보의 전파·공유 등 운영 전반에 관한 사항 • 정세평가회의 운영
위기관리센터	• 각종 위기의 예방 및 관리체계에 관한 기획·조정 • 전시 국가지도에 관한 사항 • 긴급사태 발생시 상황전파 등의 초기 조치 • 국가 재난관리체제의 종합 조정 • 상황실 운영 및 유지

※ 총무과는 사무처내의 예산 및 인사, 운영에 관한 행정업무를 지원한다.

(2) 비상기획위원회의 기구와 기능

비상기획위원회는 최초 국가안전보장회의의 산하기구로서 전시·
사변, 기타 이에 준하는 국가비상사태에 대비하기 위하여 국가안전보
장에 관련되는 제반 기획, 통제 및 조정에 관한 사항을 조사/연구하고
확인하는 업무를 수행하였다. 그 후 여러 차례 조직개편과 기능 조정

---

10) 「국가안전보장회의 운영 등에 관한 규정」 제15조~21조.

을 거쳐 현재는 국가 비상대비업무의 기본정책을 수립, 비상대비업무의 총괄·조정·확인, 비상대비계획 수립 및 추진, 비상대비교육 및 훈련, 동원자원의 조사, 국가 종합상황실 운영, 전시 전쟁수행의 지원 등 크게 정부기능유지와 군사작전 지원, 국민생활안정도모에 관한 업무를 수행하고 있다.11)

현재와 같은 비상기획위원회의 조직은 1999년 개정된 규정에 의해 형성되었는데 비상기획위원회의 하부조직을 실·부 및 담당관에서 사무처·국·과 및 담당관으로 개편하고, 사무처장은 상근위원 1인이 겸직하도록 하며, 사무처에 총무과·동원기획국 및 비상관리국을 두고 사무처장 밑에 기획평가관을 두도록 하였다. 또한 기획평가관 밑에 혁신기획담당관·평가관리담당관 및 정보화담당관을, 동원기획국에 동원정책과·산업동원과·인력재정동원과 및 시설장비동원담당관을, 비상관리국에 정부기능과·비상대비훈련담당관 및 비상대비운영담당관을 각각 두도록 하였다.

비상기획위원회의 기구표는 〈그림 3-4〉와 같다.

비상기획위원회의 주요 국(局)·과(課)별 기능을 요약하면 다음과 같다.12)

첫째, 기획평가관실의 업무를 살펴보면, 혁신기획담당관은 혁신업무총괄과 기획종합업무 등을 수행하고, 평가업무담당관은 비상대비평가에 대한 종합업무 등을 담당하며, 정보화담당관은 전산기획업무 등을 담당한다.

둘째, 동원기획국의 각과는 다음과 같은 업무를 수행한다. 동원정책과는 국가동원업무의 종합 및 조정, 비상대비계획지침의 작성·종합·조정·시달과 비상대비기본계획의 수립·종합·조정·시달 그리

---

11) www.epc.go.kr
12) 세부 내용은 부록 2를 참조할 것.

〈그림 3-4〉 비상기획위원회의 기구표[13]

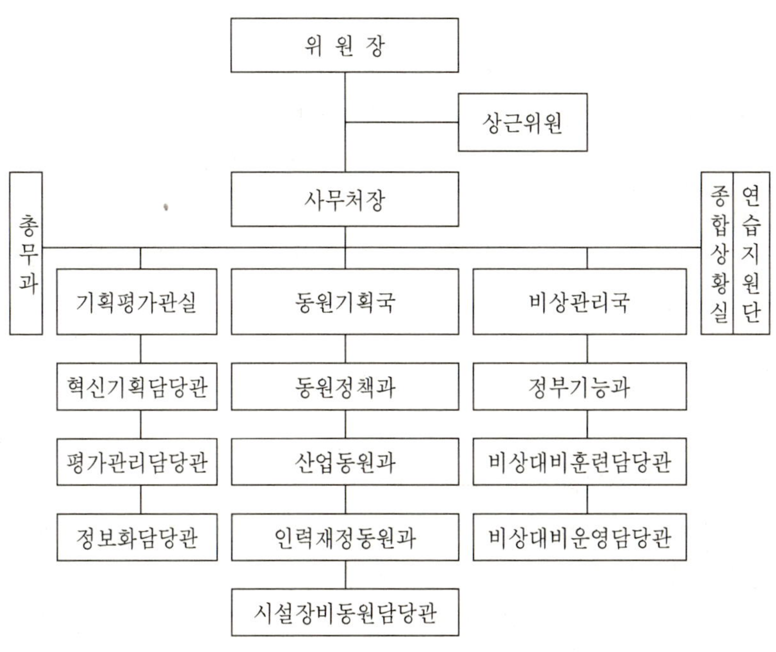

고 비상대비집행계획의 승인·종합·조정 등의 업무를 수행하며, 산
업동원과는 산업자원의 동원에 관한 업무 등을 담당한다. 또한 인력재
정동원과는 병력 및 인력동원에 관한 사항과 전시예산편성 협의 등을
담당하고, 시설장비동원담당관은 전시 긴급복구에 관한 사항의 총
괄·조정 등의 업무를 수행한다.

셋째, 비상관리국의 각 과는 다음과 같은 업무를 수행한다. 정부기
능과는 수도권 대비태세 등과 관련사항의 총괄·조정과 전시전환체제
유지 등에 관한 사항을, 비상대비운영담당관은 비상대비교육지침의
작성과 비상대비교육계획의 수립 및 실시 등을 담당하고, 비상대비훈

---

13) www.epc.go.kr

련담당관은 비상대비훈련지침의 작성과 전쟁지원업무의 종합 등의 업
무를 수행한다.

넷째, 종합상황실은 국가비상사태에 관련되는 제반상황의 접수·기
록유지·보고 및 전파에 관한 사항을 처리한다.

다섯째, 연습지원단은 을지연습 각본 작성과 정부-군사연습의 상호
연계업무 등을 담당한다.

마지막으로 총무과는 위원회의 행정 및 인사, 사무, 예산 등에 관한
지원업무를 수행한다.

2) 비상대비업무의 수행체계

(1) 국가안전보장회의의 운영체계

국가안보 및 비상대비의 최고 의사결정기구인 국가안전보장회의는
산하에 상임위원회를 두고 총괄적 사무 관장을 위해 사무처를 설치·
운영하고 있다. 국가안보회의의 의장은 대통령이 되고 국무총리와 통
일부장관·외교통상부장관·국방부장관·국가정보원장 그리고 기타
지정 인원이 참석한다. 물론 필요한 경우에는 경제부처 장관이나 합장
의장 등도 참석할 수 있다. 그러나 평상시의 실질적인 안보정책 수립
및 결정은 통일부장관·외교통상부장관·국방부장관과 국가정보원장,
사무처장(외교안보보좌관)이 고정 멤버로 참석하는(국무조정실장은
출석하여 발언할 수 있으며, 국방보좌관은 배석할 수 있다) 상임위원
회에서 이루어진다. 상임위원회 역시 필요한 경우 다른 부처 장관을
출석하게 하여 그 의견을 들을 수 있다.

상임위원회의 위원장은 대통령이 상임위원회 위원 중에서 임명하는
데 현재는 통일부장관이 그 역할을 수행한다. 상임위원회의 회의는 정
기회의와 임시회의로 구분하며 위원장이 소집한다. 정기회의는 원칙

적으로 주 1회 소집하는데, 여기서는 통일·외교·안보 현안에 관한 정책을 조율하고 있으며 여기서 상정된 의안은 합의될 경우 곧바로 대통령에게 보고 되며, 합의가 이뤄지지 않은 문제나 국가 차원의 중대 안보 사안은 최고 기구인 국가안보회의에 상정된다. 임시회의는 국가안전보장과 관련된 긴급사태의 발생시 기타 필요에 따라 소집한다.

상임위원회는 실무조정위원회와 정세평가위원회 등 두개의 실무기구를 운영하고 있다. 실무조정위원회는 상임위원회 구성 기관의 차관보급이나 이에 상당하는 공무원으로 구성되며, 상임위원회에 상정할 안건들을 실무차원에서 사전 조율하는 기능을 한다. 정세평가위원회는 국가정보원, 국방정보본부, 경찰, 기무사령부 등 국가정보관련 기관 및 기구들의 실·국장이 참석하여 북한정세를 포함한 국제정세 전반에 관해 종합적으로 분석·평가하는 임무를 수행한다. 이는 정부 각 부처가 통일된 정세평가를 토대로 안보정책을 개발·발전시키기 위함이다. 사무차장이 이 두 실무기구를 소집·운영하며, 사무처와 상임위원회가 유기적인 관계를 유지하도록 하고 있다.

(2) 비상기획위원회의 운영체계

한국의 비상대비는 대통령이 국가비상사태를 선포하고, 국가 동원령 및 계엄령을 선포하면, 국무총리가 비상대비업무를 총괄·조정하고, 중앙행정기관 및 지방자치단체는 소관분야 비상대비업무를 집행하는 체제로 되어있다. 비상기획위원회는 비상대비 업무에 관하여 국무총리를 보좌한다.

비상대비업무는 비상기획위원회가 총괄·조정을 하고 중앙행정기관에는 비상계획관이, 시·도는 민방위 비상대책과가, 시·군·구는 민방위업무 관할 부서가 담당한다. 이때 각급 기관의 비상대비 담당부서는 해당기관의 비상대비업무에 대한 종합·조정 기능을 수행하고,

기관내 각국·과별 비상대비업무는 소관 부서별로 업무를 담당한다.

비상대비계획14)의 수립체계는 「기본계획」, 「집행계획」, 「시행계획」 등의 3단계로 구분된다. 먼저 기본계획의 작성절차를 살펴보면, 국무총리는 「비상대비자원 관리법」 제4조 제1항의 규정에 의해 비상대비업무에 관한 기본계획지침15)을 작성하여 대통령의 승인을 얻어 이를 주무부장관에게 시달하여야 한다. 그러면 주무부장관은 기본계획지침에 따라 그 소관업무에 관한 기본계획안을 작성하여 국무총리에게 제출한다. 국무총리는 주무부장관이 제출한 기본계획안을 종합하여 기본계획을 작성하고 국무회의의 심의를 거쳐 대통령의 승인을 얻어 이를 관계주무부장관에게 시달한다. 이때 국무총리는 확정된 기본계획을 지체없이 국회에 통고하여야 한다.

집행계획의 작성절차는 다음과 같다. 먼저 주무부장관은 시달된 기본계획에 따라 그 소관업무에 관한 집행계획을 작성하여 국무총리의 승인을 얻어 이를 확정한다. 또한 주무부장관은 확정된 집행계획을 관계 중앙행정기관의 장·특별시장·광역시장·도지사·소속지방행정기관의 장·관계공공단체 및 중요업체의 장에게 통보 또는 시달한다.

집행계획을 하달 받은 특별시장·광역시장·도지사·소속지방행정기관의 장·관계공공단체 및 중요업체의 장은 집행계획에 따라 그 시행계획을 작성한다. 계획체계를 요약하면 〈표 3-4〉와 같다.

정부는 비상대비업무를 효율적으로 수행하기 위하여 필요하다고 인정하는 경우에는 대통령령이 정하는 바에 의하여 전국 또는 지역이나

---

14) 부록 3 참조.

15) 기본계획지침에는 다음 사항이 포함되어야 한다. 1) 목표 및 방침에 관한 사항, 2) 비상대비계획의 순기에 관한 사항, 3) 전시전환에 관한 사항, 4) 자원소요의 산정기준에 관한 사항, 5) 관리대상자원의 배분우선순위·보충 및 통제방법에 관한 사항, 6) 자원관리능력의 확장사업에 관한 사항, 7) 기타 비상대비계획의 수립에 필요한 사항. 「비상대비 자원관리법 시행령」 제3조.

<표 3-4> 비상대비계획체계

계획명		작성자	승인권자	배포기관
기본계획지침		국무총리	대 통 령	부·처·청
기본계획		국무총리	대 통 령	부·처·청
집행계획		주무부장관	국무총리	시·도, 1차특별행정기관
시행계획		시·도지사	주무부장관	시·군·구, 2차특별행정기관
실시 계획	시·군·구	시·군·구청장	시·도지사	관련부서
	중점관리지정 업체	업체의 장	중앙부처 및 시·도의 지정권자	관련부서

부문별로 훈련을 실시할 수 있다. 2개 부처 이상의 부문에 관련되는 전국 또는 지역별 훈련의 실시명령은 국무총리가 그 훈련의 방법, 기간 등에 대하여 대통령의 승인을 얻어 발한다. 1개 부처의 부문에 관련되는 전국 또는 지역의 훈련실시 명령은 관계주무부 장관이 국무총리의 승인을 얻어 발한다.

훈련은 실제훈련과 문서에 의한 도상훈련으로 구분하며, 전자를 「충무훈련」(종합훈련)이라 칭하고, 후자를 「을지훈련」(정부연습)이라 부른다. 을지연습은 1968년에 최초 「태극훈련」(도상)으로 실시되었는데 충무계획의 실효성 검토 및 전쟁수행 절차 숙달을 목표로 전국 규모로 실시하는 도상연습(圖上演習)위주의 총체적 전시대비 연습이다. 충무훈련(종합훈련)은 지역단위의 안보 취약요인 및 특수성을 검토하기 위하여 유관기관 참여하에 특정 시·도 단위 규모로 실시하는 실제훈련 위주의 지역별 통합훈련으로 1992년 이전에는 국방부 장관이 주관하였고, 1993년 이후부터는 비상기획위원회에서 주관하여 실시한다. 이 외에도 훈련은 각 중앙행정기관과 지방자치단체가 전시대비계획을 검토하고, 정부연습에서 도출된 문제점을 보완하기 위하여 각 기관장 책임하에 실시하는 자체훈련이 있다.[16]

3) 비상대비체제의 특징

과거 한국 비상대비체제의 특징은 국가안전보장회의가 대통령 자문 기구라는 구조적인 한계로 인해 집권 대통령의 판단에 따라 그 기능과 역할의 중요성이 크게 좌우되었고, 국가안전보장회의의 집행기구가 또한 고정적이지 못하고 사무처와 비상기획위원회가 번갈아 그 역할을 수행함으로써 종합적이고 일관된 업무체계가 수립되기 어려웠다는 점이다. 그러나 이러한 과거의 특징이자 문제점은 지난 2003년 '국가안전보장회의 운영 등에 관한 규정'이 수정되면서 많이 개선되었는데 여기서는 현재의 비상대비체제가 과거와 다른 몇 가지 특징을 언급하고자 한다.

먼저 국가안전보장회의가 국가 위기관리와 범정부차원의 국가안전보장 총괄 조정으로 그 기능이 대폭 확대되고 강화되었다는 점이다. 이를 세부적으로 살펴보면 첫째, 국가안전보장회의 상임위원회 위원장을 기존의 통일부장관에서 대통령이 임명하는 상임위원으로 변경하였다. 이는 변화하는 안보환경에 맞춰 국가 안보 및 위기에 대한 무게중심을 기존의 전통적인 안보에서 포괄적 안보로 옮기기 위함으로 해석된다. 따라서 통일부장관에게 위원장직을 고정하기 보다는 위기 현안에 따라 주무관을 임명함으로써 안보 및 위기관리의 효율성과 능률성을 기대할 수 있게 되었다. 현재, 통일부장관이 상임위원장을 수행하는 것은 고정된 것이 아니라 유동적이다.

둘째, 현 국가안전보장회의는 통일·외교·국방분야 정책현안을 국가전략 및 범정부차원에서 기획·조정·통합함으로써 국가안보정책의

---

16) www.epc.go.kr/miss/miss3_01.html

방향과 일관성을 확보하고 대형 재난재해에서부터 테러, 군사적 충돌 등 국가위기관리능력을 제고하기 위해 집행실무기구인 사무처를 획기적으로 보강하였다. 특히, 위기관리센터 신설은 전국적인 자연재난 등 국가적 재난이 발생할 경우 국가안전보장회의가 정부부처의 대책과 군·경 동원 등을 총괄할 수 있는 근거가 되었다.

다음으로 비상기획위원회의 특징을 살펴보자. 현재의 비상기획위원회가 과거와 구별되는 특징을 한마디로 정리하면 그것은 비상기획운영회의 기능 및 역할이 대폭 축소되었다는 점이다. 이를 세부적으로 살펴보면, 과거에는 비상기획위원회가 NSC 기능을 포함하여 안보문제전반을 담당하였으나 현재는 전시 정부기능 유지, 군사작전 지원, 국민생활 안정도모 등 전시대비 임무만을 담당하고 있다. 그러나 이러한 전시대비 임무도 실제로는 동원업무가 주를 이루고 있는데 동원업무마저도 각 관련부처가 동원책임을 지고 있으며 비상기획위원회는 이를 총괄·조정하는 임무만을 수행하고 있다.

두 번째는 비상기획위원회의 지위에 관한 것으로 현 비상대비자원관리법에는 비상기획위원회가 계선기관이 아닌 국무총리의 참모기관으로 명시되어 있다. 이것은 계선기관이 갖는 명령 및 시정조치권, 예산편성권 등의 고유권한 행사가 곤란하고 지방행정기관에 대한 지휘·감독권 행사도 어려워 인력·물자 등 자원을 관장하는 주무기관의 평시준비에 대한 조정·통제가 협조수준에 머무르는 등 비상대비업무의 효율성과 실효성을 기대하기 어렵다.

이상에서 언급한 비상대비체제의 특징은 현 체제가 가지고 있는 문제점이 되기도 하는데 문제점에 관해서는 제9장 1절에서 자세히 살펴볼 것이다.

III. 재난관리체제[17)]

1. 재난관리체제의 조직/기능

2004년 3월 「정부조직법 개정안」 및 「재난 및 안전관리 기본법」이 통과됨으로써 재난관련 업무체제의 일원화를 통한 정책심의 및 총괄 조정 기능을 강화하고, 재난예방에 대한 인식제고 및 예방투자를 강화하며, 구조·구급 및 현장 수습 등 현장대응체제를 강화하고, 자치단체의 재난관리기능 및 민관 협조체제를 강화하며, 안전의식 제고를 위한 대국민 홍보 등 예방체제를 확립할 목적[18)]으로 1실 3국, 17개과로 확대 개편된 소방방재청이 창설되었고, 중앙소방학교, 국립방재연구소, 중앙119구조대, 민방위교육관이 소방방재청 소속의 기관이 되었다. 그러나 자연재난 및 인위재난은 소방방재청이 재난관련 업무를 수행하나 사회재난, 특히 국가기반체계 마비에 대한 업무는 행자부에서 담당한다. 특히, 행자부는 소방방재청의 상급 중앙부서로서 재난관리에 대한 전반적인 책임을 진다. 소방방재청의 기구와 기능을 살펴본 뒤 행자부의 재난관리 기능을 살펴보자.

1) 소방방재청의 기구와 기능

소방방재청의 기구표는 다음 〈그림 3-5〉와 같다.

소방방재청의 중요한 국(局)·과(課)별 기능을 요약해 보면, 예방기획국은 주로 민방위와 인위재난 업무를 담당하고 복구지원국은 주로 자연재난 업무를 담당하는 한편, 대응관리국은 소방업무를 중심으

---

17) 이 부분은 김열수, "국가 재난관리의 문제점과 개선방안," 국방대학교 안보문제
    연구소, 안보연구시리즈 제5집, 『자주국방과 한반도 안보』(서울: 국방대학교
    안보문제연구소, 2004), pp. 271-303을 참조할 것.

18) www.nema.go.kr/index.html

〈그림 3-5〉 소방방재청 기구표[19]

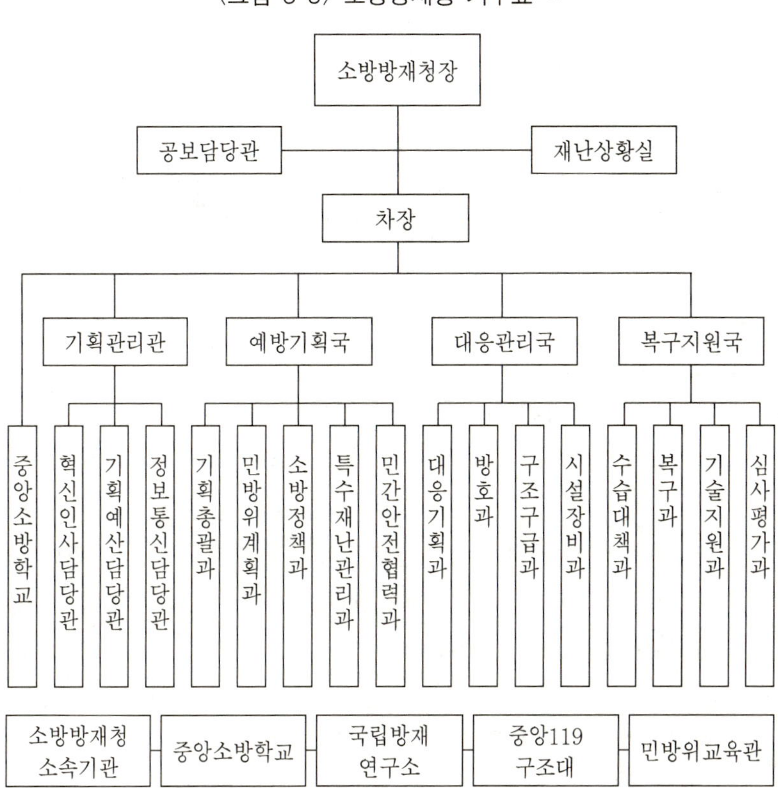

로 재난 발생시 현장업무를 담당한다.[20]

예방기획국의 각 과별 업무를 살펴보면, 기획총괄과는 민방위 · 재난관련 예방정책의 기획 · 운영 총괄 등의 업무를, 민방위계획과는 민방위계획의 수립/지도 및 종합 등의 업무를, 소방정책과는 소방안전종합대책의 수립 및 운영지도 등의 업무를 수행한다. 또한 특수재난관리

---

19) www.nema.go.kr/index.html
20) 세부 내용은 부록 4를 참조할 것.

과는 특정관리대상시설의 지정·관리·정비 등의 업무를, 민간안전협
력과는 재난예방에 관한 교육훈련 및 홍보프로그램 개발/보급 등의 업
무를 수행한다.

　다음으로 대응관리국의 각 과의 업무를 살펴보면, 대응기획과는 긴
급재난대응계획의 수립 종합 및 조정 등의 업무를, 방호과는 화재진압
기본계획의 수립/운영 등의 업무를 담당한다. 또한 구조구급과는 중앙
긴급구조통제단의 구성·운영과 지역긴급구조통제단의 운영지원 등의
업무를, 시설장비과는 소방시설의 설계·감리 및 공사업체의 운영지
도 등의 업무를 수행한다.

　마지막으로 복구지원국의 각 과별 업무를 살펴보면, 수습대책과는
자연재난 관리계획의 수립·종합 및 조정 등의 업무를, 복구과는 재난
복구계획의 수립 및 복구예산에 관한 사항 등의 업무를 수행한다. 또
한 기술지원과는 재난 및 안전관련 기술개발 종합계획 수립에 관한 사
항 등의 업무를, 심사평가과는 재난관리 심사평가계획의 수립·종합
및 조정 등의 업무를 수행한다.

2) 행정자치부 재난관리 기구 및 기능

　행정자치부 안전정책관실은 재난관리에 대한 전반적인 기능과 국가
기반체계의 마비로 인한 사회적 재난과 관련된 업무를 수행한다. 전자
의 기능은 민방위안전정책담당관실에서 수행하며, 후자의 기능은 기
반체계보호담당관실에서 수행한다. 이들의 기능을 살펴보면 다음 〈표
3-5〉와 같다.

　민방위안전정책담당관실은 소방방재청 상위기관으로서의 업무와
안전관리위원회 운영지원, 정부합동중앙수습지원단 구성 및 운영, 재
난사태 선포와 특별재난지역 선포의 건의 등의 기능을 수행하고 기반
체계보호담당관실은 사회적 재난을 담당한다.

〈표 3-5〉 행정자치부 안전정책담당관실 및 기반체계보호담당관실의 기능[21]

부서명	기능
민방위 안전정책 담당관실	민방위법령/제도의 연구/개선에 관한 사항, 재난관련 법령/제도의 연구/개선에 관한 사항, 중앙민방위협의회의 운영에 관한 사항, 민방위업무에 관한 각 중앙행정기관의 업무조정에 관한 사항, 통합방위업무 지원에 관한 사항, 중앙안전관리위원회 및 조정위원회/분과위원회의 운영지원, 정부합동중앙수습지원단 및 해외재난대책지원단의 구성/운영에 관한 사항, 재난사태 선포 및 특별재난지역 선포의 건의와 예/경보에 관한 사항, 자연/인적재난 및 국가기반체계 보호 등과 관련한 동원명령, 물자 및 지정된 장비/인력의 지원요청 등에 대한 데이터베이스 구축, 비상기획위원회등 관련부처 협의/지원 등에 관한 사항, 국가안전관리기본계획/집행계획 및 시·도 안전관리계획 등 안전관리 집행계획의 보고/취합/관리, 의료/공중보건 재난 등 공공서비스 안전관리 협조/지원, 중앙재난안전대책본부 운영 등 소방방재청 소관 업무 협조/지원에 관한 사항, 테러대비에 관한 사항 등
기반체계 보호 담당관실	국가기반체계(이하 기반체계로 표기)보호에 관한 통합지원계획의 수립/시행, 기반체계보호에 관한 안전관리 집행계획의 협의/조정, 기반체계보호에 관한 국가안전관리 기본계획 및 시·도안전관리계획의 조정, 기반체계보호에 관한 시·도 안전관리계획의 수립 및 지침의 제정과 운영, 중앙행정기관 및 재난관리 책임기관의 기반체계보호 안전관리 집행계획의 보고/수리/관리, 기반체계보호 중앙안전관리위원회 분과위원회의 구성/운영, 기반체계보호에 관한 중앙재난안전대책본부의 구성/운영 및 지역대책본부장의 지휘지원, 기반체계마비시 대응/수습/복구를 위한 중앙행정기관간 협의, 기반체계보호관련 재난사태 선포 및 특별재난지역 선포의 건의에 관한 사항, 국가기반체계보호 예/경보발령에 관한 사항, 기반체계보호에 관한 정부합동 중앙수습지원단의 구성/운영에 관한 사항, 재난수습을 위한 행정/재정상의 조치요구에 관한 사항, 분야별/단계별 대응안내서의 종합작성/유지 및 관리, 기반체계보호 관리시스템에 대한 단계별 주기적 점검/평가/보완, 기반체계 재난상황실 운영

---

21) www.mogaha.go.kr/warp/kr/ministry/constitution/function/04.html

2. 재난관리업무의 수행체계

1) 안전관리위원회

안전관리위원회는 중앙안전관리위원회와 지역위원회로 대별된다. 중앙안전관리위원회(이하 중앙위원회로 표기)는 안전관리에 관한 중요정책의 심의 및 총괄·조정, 안전관리를 위한 관계 부처 간의 협의·조정 등 안전관리에 필요한 사항을 시행하기 위하여 국무총리 소속하에 중앙위원회를 둔다. 중앙위원회 위원장은 국무총리가 되고 위원은 관련 중앙행정기관 또는 관계기관·단체의 장22)이 된다.

재난의 대비·대응·복구를 위한 관계부처간의 경미한 사항에 대한 협의·조정 등을 위하여 행정자치부장관을 위원장으로 하는 조정위원회23)를 둔다. 중앙위원회 및 조정위원회의 간사는 소방방재청장이 된다.

중앙위원회 업무의 효율적 운영을 위해 분과위원회를 두는데 분과위원회와 분과위원장은 다음 〈표 3-6〉과 같다.

중앙위원회의 기능은 안전관리에 관한 중요정책의 심의 및 총괄·조정, 국가안전관리기본계획안 및 집행계획안의 심의, 중앙행정기관이 수행하는 재난 및 안전관리업무의 협의·조정, 재난사태선포 건의 사항과 특별재난지역선포 건의 사항의 심의 등이다.

지역위원회는 시·도지사를 위원장으로 하는 시·도안전관리위원회(이하 시·도위원회로 표기)와 시장·군수·구청장을 위원장으로 하는 시·군·구 안전관리위원회(이하 시·군·구위원회로 표기)가 있다. 지역위원회의 기능은, 당해 지역에 있어서의 안전관리정책의

---

22) 관련 중앙행정기관 및 관계기관은 재정경제부 장관 등 18개 부·처 장관과 국가정보원장, 국가안전보장회의 사무처장, 비상기획위원회위원장, 방송위원회 위원장 등이다.
23) 이 회의에는 중앙행정기관의 차관, 1급 공무원 등이 참여한다.

〈표 3-6〉 분과위원회 구성 및 위원장[24]

위원회 명칭	분과 위원장
풍수해대책위원회	행정자치부장관
화재·폭발사고 대책위원회	행정자치부장관
국가기반체계보호대책위원회	행정자치부장관
교통안전대책위원회	건설교통부장관
시설물재난대책위원회	건설교통부장관
전기·유류·가스사고대책위원회	산업자원부장관
환경오염사고대책위원회	환경부장관
방사능사고대책위원회	과학기술부장관

심의 및 총괄·조정, 당해 지역에 있어서의 안전관리계획안의 심의, 당해지역에 소재하는 재난관리책임기관[25]이 수행하는 안전관리업무의 협의·조정 등이다.

안전관리위원회를 요약해보면 다음 그림 〈그림 3-6〉과 같다.

중앙위원회가 국가안전관리기본계획안 및 집행계획안을 심의하게 되어 있는데 안전관리계획의 종류와 작성 책임 및 작성절차를 살펴보면 다음과 같다.

안전관리에 대한 계획은 5년 단위로 작성되는 기본계획과 매년 작성되는 집행계획으로 구분된다. 기본계획이 확정되는 과정을 살펴보면, 국무총리가 국가안전관리업무에 대한 기본계획(이하 국가안전관리기본계획)의 수립지침을 하달하면 각 중앙행정기관은 이 지침에 따라 기관별 기본계획을 작성하여 국무총리에게 제출한다. 국무총리는

---

24) 「재난 및 안전관리 기본법 시행령」 제10조 1항을 재구성한 것임.
25) 재난관리책임기관이란 중앙행정기관 및 지방자치단체, 지방행정기관·공공기관·공공단체 및 재난관리의 대상이 되는 중요 시설의 관리기관 등이다.

〈그림 3-6〉 안전관리위원회

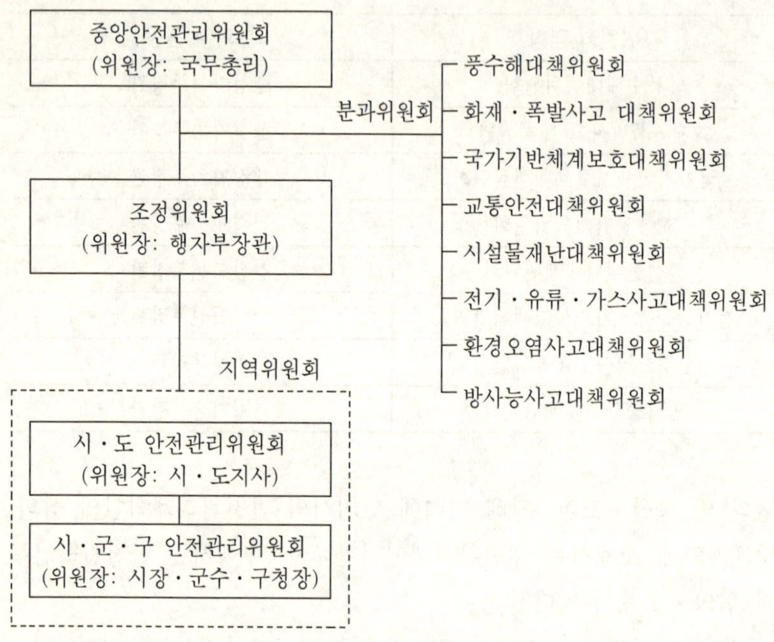

중앙행정기관의 장이 제출한 기본계획을 종합하여 중앙위원회의 심의
를 거쳐 확정한 후 이를 관계 중앙행정기관의 장에게 시달한다. 중앙
행정기관의 장은 확정된 국가안전관리기본계획26) 중 그 소관에 관한

---

26) 기본계획은 총칙과 풍수해대책, 설해대책, 가뭄재난대책, 지진재난대책, 해일
대책, 항공재난대책, 철도재난대책, 도로재난대책, 해상재난대책, 방사능방재
대책, 전기·유류·가스재난대책, 폭발·대형화재대책, 건축물·통신 등 시설
물재난대책, 독극물·환경오염사고대책, 국가기반체계 보호대책, 산업재해대
책 등으로 구성되며, 각 대책은 중장기 기본계획(재난관리체제, 중장기 재난대
책사업, 재난정보관리체제, 재난관리 과학기술의 연구발전, 재난관리체제의 전
산화계획, 재난대책에 관한 기본적인 계획, 재난관리의 평가 및 개선)과 지역
안전관리계획의 지침에 관한 사항(자재의 비축·수급과 장비 및 시설의 확보,
재난관리교육훈련 및 홍보, 특정관리대상시설의 관리, 재난응급복구대책, 주민
대피계획, 재난예보 및 경보요령, 재난정보의 수집 및 전달체계, 재난구조 및

사항을 관계 재난관리책임기관(중앙행정기관 및 지방자치단체는 제
외)의 장에게 시달한다(〈표 3-7〉 참고).

　중앙행정기관의 장은 국가안전관리기본계획에 따라 그 소관업무에
대한 집행계획을 작성하여 행자부장관과 협의한 후 국무총리의 승인
을 얻어 이를 확정한다. 중앙행정기관의 장은 확정된 집행계획을 행자
부장관에게 통보하고 시·도지사 및 지방행정기관·공공기관·공공단
체 및 중요시설의 관리기관의 장에게 시달하면, 이들은 세부집행계획
을 작성하여 관할 시·도지사와 협의한 후 소속 중앙행정기관의 장의
승인을 얻어 이를 확정하고, 이를 행자부장관에게 통보한다.

　행자부장관은 소방방재청장의 의견을 들어 시·도안전관리업무에
관한 계획(이하 시·도안전관리계획)의 수립지침을 작성하여 이를

〈표 3-7〉 국가안전관리 계획체계

계획명	작성자	승인권자	배포기관
기본계획지침	국무총리	·	부·처·청
기본계획	국무총리	중앙위원회 심의	부·처·청
집행계획	중앙행정기관의 장	국무총리	시·도, 1차특별행정기관
세부집행계획	시·도지사	중앙행정기관의 장	시·군·구, 2차특별행정기관
시·도 계획수립지침	행정자치부장관	·	시·도
시·도 계획	시·도지사	시·도위원회 심의	지역내 재난관리 책임기관
시·군·구 계획	시·군·구청장	시·군·구 위원회 심의	

　응급구호장비·시설의 확보, 방역 등 보건위생 및 부상자 치료대책, 전기통신
의 긴급소통계획 및 교통수송대책, 군장비 및 병력의 지원협조, 재난복구, 재
난예방 사업계획 및 관리대책 등)이 포함된다.

〈그림 3-7〉 안전관리계획 작성절차

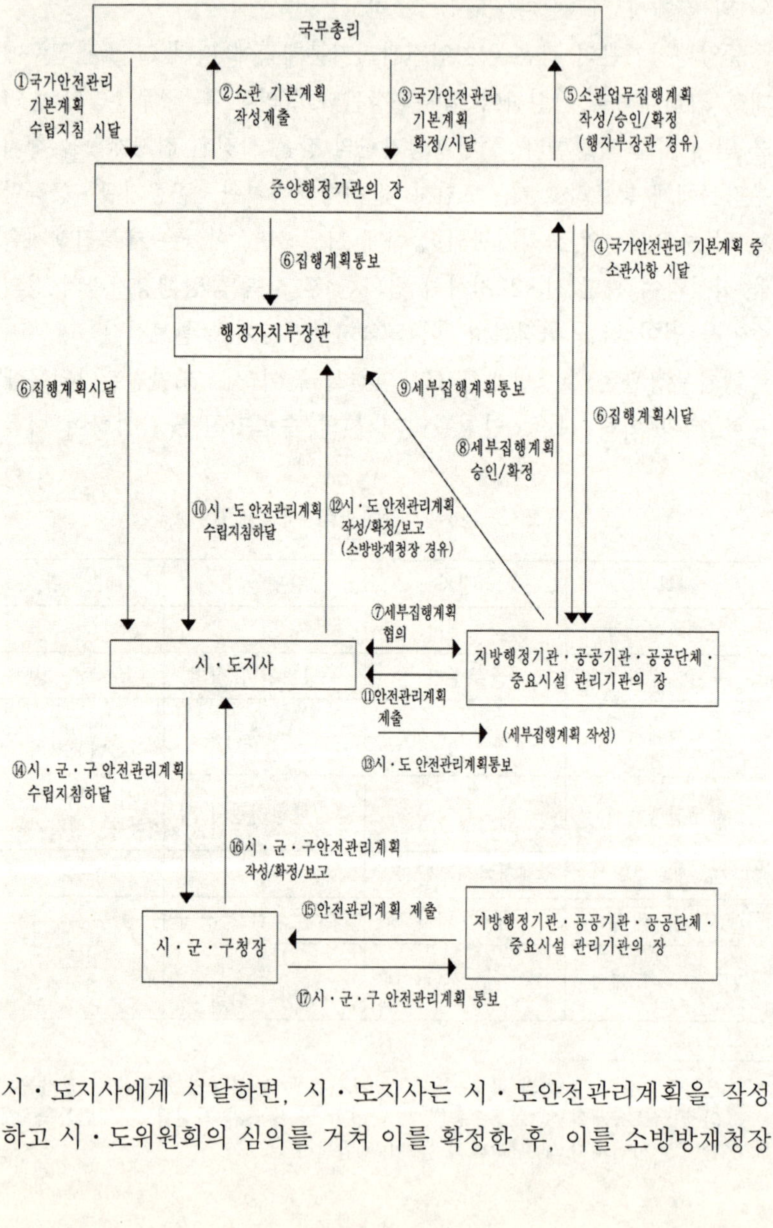

시·도지사에게 시달하면, 시·도지사는 시·도안전관리계획을 작성
하고 시·도위원회의 심의를 거쳐 이를 확정한 후, 이를 소방방재청장

을 경유하여 행정부장관에게 보고하고 지역 내 재난관리책임기관(지방행정기관·공공기관·공공단체 및 중요시설의 관리기관)의 장에게 통보한다. 시·군·구안전관리계획도 시·도안전관리계획의 수립절차가 그대로 적용된다.

이를 요약해 보면, 국무총리실은 국가안전관리기본계획의 수립지침을 작성하여 시달하고, 중앙행정기관의 장은 소관분야의 기본계획과 집행계획을 작성한다. 지방자치단체의 장은 시·도안전관리계획과 시·군·구안전관리계획을 작성하며, 시·도 관할하의 지방행정기관·공공기관·공공단체 및 중요시설의 관리기관의 장은 세부집행계획을 작성하고 시·군·구 관할하의 지방행정기관·공공기관·공공단체 및 중요시설 관리기관의 장은 소관 안전관리계획을 작성한다.

안전관리계획에 대한 작성절차를 표시해 보면 앞의 〈그림 3-7〉과 같다.

2) 대규모 재난 발생시 대응기구

대규모 재난에 대한 예방·대비·대응·복구 등에 관한 사항을 총괄·조정하고 필요한 조치를 하기 위하여 행자부장관을 본부장으로 하는 중앙재난안전대책본부(이하 중앙대책본부로 표기)를 행자부에 두고 필요시 회의를 소집한다. 시·도지사는 시·도재난안전대책본부(이하 시·도대책본부로 표기)를, 시장·군수·구청장은 시·군·구 재난안전대책본부(이하 시·군·구대책본부로 표기)를 두는데 이때, 지역대책본부의 본부장은 시·도지사 또는 시장·군수·구청장이다.

중앙대책본부의 구성은 차장, 총괄조정관, 통제관, 담당관, 실무반 등으로 편성되는데, 차장은 소방방재청장이 되고 총괄조정관은 소방방채청의 차장이 되며, 통제관 및 담당관은 각각 소방방재청 소속 공무원 중 해당 재난관련업무를 담당하는 부서의 국장 및 과장이 된다.

실무반은 소방방재청 소속의 공무원과 관계 재난관리 책임기관에서 파견한 자로 구성된다. 중앙대책본부회의는 재난복구계획에 관한 사항을 심의·확정하는 것 외에도 재난예방대책, 재난응급대책, 국고지원 및 예비비 사용에 관한 사항 등에 대해 협의한다.

대규모 재난이 발생하여 중앙대책본부를 가동할 때에는 관련부서는 주무부처의 장 소속하에 중앙사고수습본부(이하 "수습본부"로 표기)를 둔다. 중앙본부장은 재난의 효율적인 수습을 위하여 중앙수습지원단을 구성하고 필요시 이를 현지에 파견할 수 있다. 중앙수습지원단은 재난 유형별로 관계 재난관리 책임기관의 전문가 및 민간전문가로 구성된다. 중앙수습지원단은 재난발생지역의 책임자인 지역본부장에게 사태수습에 필요한 기술자문·권고 또는 조언을 해주고, 행정·재정적으로 조치할 사항, 재난현장상황, 그리고 재난의 발생원인 및 진행전망 등에 대해 중앙본부장에게 보고하는 업무 등을 수행한다. 중앙대책본부가 설치되지 않는 재난의 경우에는 주무부처장이 중앙본부장의

〈그림 3-8〉 대규모 재난발생시 대응기구

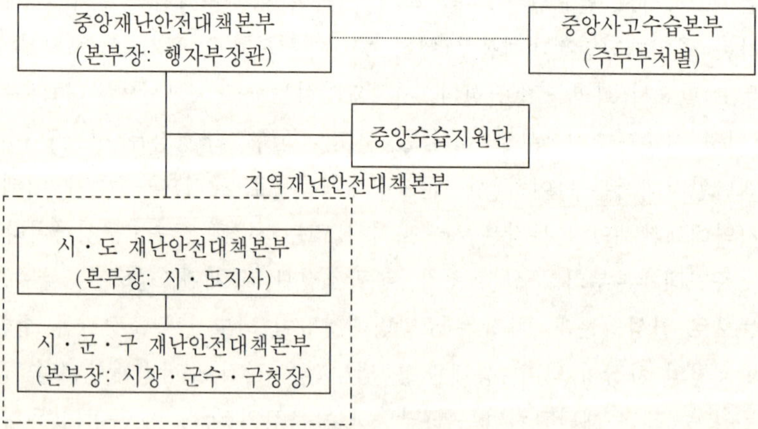

중앙재난안전대책본부 (본부장: 행자부장관)	┈┈┈	중앙사고수습본부 (주무부처별)

중앙수습지원단

지역재난안전대책본부

시·도 재난안전대책본부 (본부장: 시·도지사)
시·군·구 재난안전대책본부 (본부장: 시장·군수·구청장)

권한을 행사한다.

대규모 재난 발생시 대응기구를 요약해 보면 〈그림 3-8〉과 같다.

3) 재난관리 단계

(1) 재난의 예방과 대비

재난관리책임기관의 장은 소관분야에 대하여, 재난에 대응할 조직의 구성 및 정비, 재난의 예측과 정보전달체계의 구축, 재난발생에 대비한 교육훈련과 재난관리예방에 관한 홍보, 재난발생 위험이 높은 분야에 대한 안전관리체계의 구축 및 안전관리규정 제정·정비·보완, 특정관리대상시설의 지정, 관리 및 정비, 물자 및 자재의 비축, 재난방지시설의 정비와 장비 및 인력의 지정 등의 조치를 취하고 그 결과를 소방방재청장에게 보고 또는 통보해야 한다. 소방방재청장은 관계 재난관리책임기관의 장에게 시정조치나 보완을 요구할 수 있으며, 지방자치단체에 대해 예방에 필요한 조치를 위해 지원과 지도를 할 수 있다.

소방방재청장은 대규모의 재난 발생에 대비한 단계별 예방·대응·복구과정과 재난관리책임기관의 재난대응조직의 구성 및 정비실태, 그리고 안전관리체계 및 안전관리규정을 평가할 수 있다. 또한 소방방재청장과 재난관리 책임기관의 장은 긴급안전점검을 실시하여 시설 및 지역의 소유자·관리자·점유자에게 필요한 안전조치를 취할 것을 명할 수 있으며, 재난예방을 위해 긴급하다고 판단될 경우 사용을 제한하거나 금지시킬 수 있다.

또한 소방방재청장은 안전관리 전문기관에 대해 주요시설물의 설계도 등 필요한 자료를 요구할 수 있으며, 재난예방을 위한 교육훈련과 홍보를 실시하도록 규정되어 있다.

(2) 재난 대응

중앙본부장은 중앙위원회 심의를 거쳐 재난사태 선포 대상지역이 3개 시·도 이상인 경우에는 국무총리에게 재난사태를 선포할 것을 건의하고, 대상지역이 2개 시·도이하인 경우에는 직접 선포할 수 있다.

재난사태가 선포되면 중앙본부장 및 지역본부장은 재난경보의 발령, 인력·장비 및 물자의 동원, 위험구역 설정, 대피명령, 응원 등 응급조치와 당해지역에 소재하는 행정기관 소속 공무원의 비상소집, 당해지역에 대한 여행 자제 권고 등의 조치를 취할 수 있다.

소방본부장 또는 소방서장 등 지역통제단장(시·도긴급구조통제단 및 시·군·구긴급구조통제단) 과 시장·군수·구청장은 수방(水防)·진화·구조·구난을 위해 ①경보의 발령 또는 전달이나 피난의 권고 또는 지시, ②수방·지진방재 및 그 밖의 응급조치와 구호, ③피해시설의 응급복구 및 방역과 방범, 그 밖의 질서유지, ④긴급수송 및 구조수단의 확보, ⑤급수 수단의 확보, 긴급피난처 및 구호품의 확보, ⑥현장지휘통신체계의 확보 등의 조치를 취한다. 단, 지역통제단장은 ②항 중 진화에 관한 조치와 ④항, ⑥항의 응급조치만 할 수 있다.

중앙본부장 및 지역본부장은 재난에 관한 예보·경보·통지나 응급조치를 실시하기 위해 필요한 경우에는 전기통신시설의 우선사용을 요청하거나 방송사업자에 대해 필요한 정보의 신속한 방송을 요청할 수 있다.

긴급구조에 관한 사항의 총괄·조정, 긴급구조기관[27] 및 긴급구조지원기관[28]이 행하는 긴급구조활동의 역할 분담 및 지휘통제를 위하

---

27) 긴급구조기관은 소방방재청, 소방본부, 소방서를 말하며, 해양에서의 재난일 경우에는 해양경찰청 및 해양경찰서를 말한다.
28) 긴급구조지원기관은 ①국방부, 과학기술부, 산업자원부, 정보통신부, 보건복지부, 환경부, 건설교통부, 경찰청, 기상청, 산림청 및 해양경찰청, ②탐색구조부대와 국방부장관이 긴급구조지원기관으로 지정하는 군부대, ③적십자사, ④ 종

여 소방방재청에 중앙긴급구조통제단(이하 중앙통제단으로 표기)을
두고, 지역별 긴급구조에 관한 사항의 총괄·조정, 해당 지역에 소재
하는 긴급구조기관 및 긴급구조지원기관 간의 역할 분담과 재난현장
에서의 지휘·통제를 위하여 시·도의 소방본부에는 시·도긴급구조
통제단, 시·군·구의 소방서에는 시·군·구 긴급구조통제단을 둔
다. 소방방재청장, 소방본부장, 그리고 소방서장이 각 통제단의 단장
이 된다.

지역통제단장은 긴급구조를 위해 긴급구조지원기관 간의 공조체제
를 유지하기 위해 관계기관·단체의 장에게 소속직원의 파견을 요청
할 수 있으며, 긴급구조지원기관의 장에게 소속 긴급구조지원요원을
현장에 출동시켜 줄 것을 요청할 수 있다. 민간긴급구조지원기관이 참
여할 경우에는 경비의 전부 또는 일부를 지원할 수 있다.

재난현장에서의 긴급구조활동의 지휘는 시·군·구 긴급구조통제
단장이 행한다. 현장지휘는 ①재난현장에서의 인명구조, ②긴급구조
기관 및 긴급구조지원기관의 인력 및 장비의 배치와 운용, ③추가 재
난의 방지를 위한 응급조치, ④긴급구조지원기관 및 자원봉사자 등에
대한 임무의 부여, ⑤사상자의 응급처치 및 의료기관으로의 이송, ⑥
긴급구조에 필요한 물자의 관리, ⑦현장접근통제, 현장주변의 교통정
리 등이다. 필요시에는 시·도긴급구조통제단장이나 중앙통제단장이
현장지휘를 할 수도 있다. 통제단장은 재난현장에 현장지휘소를 설
치·운영할 수 있으며 긴급구조지원기관은 연락관을 파견해야 한다.

긴급구조기관의 장은 재난이 발생할 경우 긴급구조기관 및 긴급구
조지원기관이 신속하고 효율적으로 긴급구조를 실시할 수 있도록 재

합병원과 응급의료기관, ⑤전국재해구호협회. ⑥긴급구조기관과 긴급구조활동
에 관한 응원협정을 체결한 기관 및 단체, ⑦그 밖에 긴급구조에 필요한 인력
과 장비를 갖춘 기관 및 단체로서 행자부령이 정하는 기관 및 단체 등이다.

난의 규모 및 유형에 따른 긴급구조대응계획을 수립·시행해야 한다.

재난대응은 대규모 재난 발생시 설치되는 중앙재난안전대책본부(본부장: 행자부 장관)−시·도재난안전대책본부(본부장: 시·도지사)−시·군·구재난안전대책본부(본부장: 시장·군수·구청장)의 지휘계통을 따라 이루어지나 시장·군수·구청장의 역할과 지역통제단의 역할이 강조된다. 특히, 긴급구조는 시·군·구긴급구조통제단−시·도긴급구조통제단−중앙긴급구조통제단에 의해서 이루어진다. 이를 도식해보면 〈그림 3-9〉와 같다.

<그림 3-9> 긴급구조체계

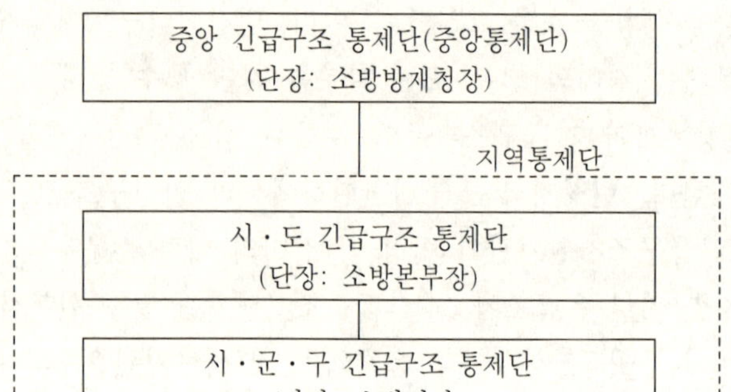

(3) 재난복구

중앙본부장은 중앙위원회의 심의를 거쳐 특별재난지역으로 선포할 것을 대통령에게 건의하고 대통령은 당해 지역을 특별재난지역으로 선포할 수 있다. 특별재난지역으로 선포되면 응급대책 및 재난구호와 복구에 필요한 행정·재정·금융·의료상의 특별지원을 받을 수 있다.

국가는 복구비용의 전부 또는 일부를 국고에서 부담하거나 지방자치단체와 그 밖의 재난관리책임자에게 보조할 수 있다. 재난복구비용의 재원은 국고부담금 또는 보조금과 지방자치단체의 부담금·의연금 등으로 충당한다. 국가 및 지방자치단체는 이재민의 생계안정을 위하여 이재민 구호, 중·고등학생 학자금 면제, 농림어업자금의 상환기간 연기 및 그 이자의 면제, 정부양곡의 무상지급 등의 지원을 한다. 지방자치단체는 재난관리에 소요되는 비용을 조성하기 위해 최근 3년 동안의 지방세법에 의한 보통세의 수입결산액의 평균연액의 100분의 1에 해당하는 금액을 적립한다.[29]

3. 재난관리체제의 특징

2004년 제정된 「재난 및 안전관리 기본법」은 과거의 재해·재난관리 법과 차별성[30]이 있는데 이를 토대로 한국의 재난관리체제의 특징을 살펴보면 다음과 같다.

첫째, 재난의 개념을 새롭게 정립했다는 점이다. 기존의 자연재해 개념과 기존의 인적재난 개념, 그리고 국가기반체계 마비 등 사회적 재난을 아울러 새로운 재난의 개념을 정립했다.

둘째, 국가안전관리체계를 개편했다는 점이다. 국가재난관리체계를 일원화하기 위해 기존의 재난관리법에 의한 중앙안전대책위원회와 자연재해대책법에 의한 재해대책위원회를 통합하여 중앙안전관리위원회로 통합했으며 기존의 중앙재해대책본부와 중앙사고대책본부를 통합하여 중앙안전대책본부로 일원화했다. 또한 소방방재청장을 단장으로 하는 중앙긴급구조통제단을 설치함으로써 긴급구조를 위한 일사분란한 지휘가 가능하게 되었다.

---

29) 예로써 경상남도의 2003년도 지방세 총액은 1조 5,022억 3,700만 원이다. 이 중 재난관리에 소요되는 비용을 위한 비축액은 150억 2,237만 원이 될 것이다.

30) 행정자치부 국가재난관리시스템기획단에서 작성한 「재난 및 안전관리 기본법」 설명자료(2003년 11월)를 참고할 것.

셋째, 중앙수습지원단을 구성할 수 있는 법적 근거를 마련했다는 점이다. 대규모 사고의 신속한 수습과 대구 지하철 사고처럼 사고수습에 경험이 적은 일선 지방자치단체의 초동대처가 미흡하여 오히려 유가족과 대책본부 간의 갈등을 증폭킬 수 있는 문제가 있었다. 그러나 2004년 새로운 법이 제정됨으로써 중앙수습지원단을 구성해서 운영할 수 있는 법적 근거를 마련했다.

넷째, 소방방재청이 재난관리전문기관과의 연계성을 확보했다는 점이다. 재난관리전문기관은 소속 중앙부처의 지도감독을 받고 있으나 소방방재청장은 재난관리 주무기관으로서 우리나라 안전분야에 대한 총체적인 안전대책을 추진해야 하므로 관련 재난관리전문기관에 대해 자료협조를 요청할 수 있고 긴급안전점검을 실시할 수도 있으며 재난관리책임기관의 장에게 긴급안전점검을 실시하도록 요구할 수 있게 되었다.

다섯째, 국가안전관리계획을 수립할 수 있는 근거를 마련했다는 점이다. 기존의 자연재해대책법의 의한 방재기본계획과 재난관리법에 의한 재난관리계획 등 자연재해와 인적재난 분야로 이원화되었던 것을 안전관리계획으로 통합, 일원화시켰다.

여섯째, 재난관리책임기관의 장으로 하여금 재난발생위험이 높은 시설의 재난예방에 대한 지속적인 관심을 유도했다는 점이다. 재난관리책임기관의 장에게 안전관리체계 및 안전관리규정을 정비, 보완하도록 의무화 했고 소방방재청장이 이를 평가하도록 규정함으로써 재난관리책임기관의 장이 재난예방을 위해 지속적인 관심을 갖게 만들었다.

일곱째, 재난사태를 선포할 수 있게 되었다. 재난사태가 선포된 지역에 대해서는 재난경보발령, 인력·장비 및 물자의 동원, 위험구역 설정, 대피명령, 응원 등의 응급조치와 행정기관 소속 공무원의 비상소집 등 재난대비 및 대응을 위한 조치를 통하여 재난으로부터 사전관리에 최선을 다함으로써 인명과 재산피해가 최소화되도록 하였다.

여덟째, 피해경감을 위한 인력, 장비 및 물자의 동원을 가능하게 했다는 점이다. 중앙본부장 및 지역본부장은 민방위대의 동원과 재난관리기관의 장에게 응급조치를 위한 물자 및 장비 등을 동원할 수 있도록 요청하고 군부대 지원을 요청할 수 있는 권한을 부여하였다.

아홉째, 긴급구조를 위한 현장지휘권의 일원화를 기했다는 점이다. 지역긴급통제단장이 실질적인 통제권을 행사하고 재난현장에 현장지휘소를 설치 운영할 수 있도록 하고 긴급구조에 참여한 민간기구들에 대해서는 경비를 보상할 수 있도록 함으로써 현장대응 기능을 강화했다.

열째, 재난관리기금을 통합했다는 점이다. 재해대책기금과 재난관리기금으로 이원화되어있던 기금을 일원화했다.

열한째, 재난관련 보험 등의 개발·보급을 명시했다는 점이다. 국가는 국민과 지방자치단체가 자기의 책임과 노력으로 재난에 대비할 수 있도록 재난관련 보험·공제의 개발과 보급을 위해 노력하고 예산의 범위 안에서 필요한 비용의 일부를 지원할 수 있도록 규정하였다.

열두째, 상시 종합상황실을 설치·운영하게 했다는 점이다. 소방방재청장, 시·도지사, 시장·군수·구청장 및 소방서장은 재난정보의 수집·전파, 신속한 지휘 및 상황관리를 위하여 상시 종합상황실을 설치·운영하도록 하고, 행자부장관은 사회재난에 관하여 재난상황실을 설치·운영하도록 규정함으로써 24시간 재난관리체제를 구축했다.

열셋째, 시장·군수·구청장에게 지역재난관리의 책임을 명확하게 명시했다는 점이다. 시장·군수·구청장은 시·군·구 안전관리위원회의 위원장이며 시·군·구 재난안전대책본부의 본부장 역할을 수행한다.

제4장

미국의 위기관리체제

I. 개요

　전통적 안보위협과 자연재난, 그리고 인위재난에 대해 가장 모범적인 시스템을 갖춘 국가는 미국이다. 또한 자연재난의 천국으로 불리우는 일본은 여기에 대비한 방재조직을 비교적 잘 정비하고 있으며, 전통적 안보위기에 대한 대응시스템과 인위재난에 대한 대응시스템을 강화시키고 있는 중이다.

　따라서 위기관리체제의 선진국인 미국과 위기관리의 선진화를 위해 현재 위기관리체제를 강화하고 있는 일본의 사례는 한국의 위기관리 체제의 정비에 적절한 교훈이 될 수 있을 것이다. 특히, 미국의 경우 기존의 전통적 안보위협과 자연 및 인위재난에 부가하여 국내 기반체계를 목표로 하는 테러와 이것에 의한 인위재난 등 심각한 국내적 안보위협에 직면하고 있어 이런 문제를 해결하기 위한 미국의 노력에서 많은 교훈을 얻을 수 있다고 본다.

미국의 위기관리체제는 전통적 안보위기관리체제, 재난관리체제, 국내적 안보위기관리체제로 나누어 살펴볼 필요가 있다. 미국의 위기관리체제는 국가안전보장회의(NSC: National Security Council)와 국토안보부(DHS: Department of Homeland Security), 그리고 연방비상사태관리청(FEMA: Federal Emergency Management Agency)으로 이루어져 있다.

이중 NSC는 국외의 전통적 안보위협을 담당하고, DHS는 테러·마약 등 국내적인 안보위협을 담당하며, DHS에 소속되어 있는 FEMA는 국내의 자연 및 인위재난을 담당하고 있다.

9·11 테러 이전까지 미국이 연방정부차원에서 관심을 경주해 온 위기상황은 크게 두 가지였다. 하나는, 국내적인 것으로 수많은 인명과 재산피해, 그리고 국가기간시설의 파괴를 가져오는 지진, 허리케인, 토네이도 등과 같은 재난에 의한 위기상황이었다. 다른 하나는 국외적인 것으로 미국의 가치와 패권, 국익에 대한 군사적·비군사적 도전이 야기하는 위기상황에 대비하는 것이었다. 2001년 9월 11일까지 미국 연방정부는 FEMA를 통해 국내적인 위기상황에 대처했으며, 또, 국외에서의 위기는 NSC를 통해서 대처해 왔다.

그러나 미국은 2001년 9월 11일 성역(聖域)이라고 생각했던 본토에서 전혀 경험해보지 못한 새로운 위기를 경험하였다. 이에 미국은 국내에서 자연 및 인위재난에 의한 위기뿐만 아니라 테러에 의한 대량 인명손실과 재산피해, 국가기간체계 파괴라는 위기상황에 대처해야 하는 새로운 시대를 맞았다. 새로운 위기상황에 대응하기 위해 미 행정부는 DHS라는 조직을 신설하였고, DHS는 미 본토의 국가기반체계 방호를 위해 자연 및 인위적 재난에 대한 '예방 및 대응' 임무뿐 아니라 테러와 마약, 이민 업무 등을 담당하게 되었다. 또 DHS는 각종 재난에 대응하기 위해 FEMA를 예하조직으로 편입하였다.

위에서 언급한 미국의 안보위기관리체제와 재난관리체제[1]를 다음 절에서 구체적으로 살펴보자.

II. 전통적 안보위기관리체제(국외)

1. 조 직

미국은 제2차 세계대전 수행기간 동안 안보·군사적 문제를 국가적 차원에서 종합적으로 조정·통제할 수 있는 체계와 제도발전의 필요성을 인식하여, 1947년 국가안보법(National Security Act)에 의거 국가안전보장회의(NSC: National Security Council)를 설치하였다. 미국은 9·11 테러와 이라크전에서 본 것처럼, NSC를 통하여 위기관리를 위한 전략개념을 설정하고 관련 정책을 토의·결정하고 그 실행을 지도하고 있다.[2] 매년 발간되는 국가안보전략 문서도 국가안전보장회의에서 작성된다. 뿐만 아니라 정부 부처·기관들 간에 공통적으로 걸려있거나 입장이 상충되는 안보 현안들도 이 기구를 통해

---

1) 미국의 위기관리체제와, 5장의 일본 및 6장의 기타 국가들의 위기관리체제는 김열수, "세계 위기관리 추세변화와 한국 위기관리체제 발전방향,"『비상대비연구논총』제31집(2004), pp. 13-30의 내용을 일부 수정하여 기술하였음을 밝혀둔다.
2) 9·11테러가 발생하자 부시 대통령은 테러에 대한 응징 방안을 모색하게 될 전시내각을 본인을 포함한 고위급 국가안전보장회의 위원으로 구성하였다. 전시내각의 구성원은 부통령, 국무장관, 국방장관, 국가안보담당 대통령 보좌관, 법무장관, 연방수사국 국장, 중앙정보부장, 합참의장이었다. "부시, 전시내각 구성,"『연합뉴스』, 2001년 9월 19일.

총체적 관점에서 조정·협조되고 있다.

미국의 NSC는 행정부가 교체될 때마다 조직이 개편되어 왔기 때문에 전형적인 구조와 기능을 하나로 설명하기는 어렵다. 실제로 국가안전보장회의의 설치근거를 제공하고 있는 「국가안보법」에는 안보회의의 설치목적, 구성원, 운영절차, 사무처장에 관련된 4가지 항목만을 간략히 규정하고 있다. 불과 4개항에 불과한 국가안전보장회의의 관련규정은 동 회의체의 역할과 운영절차를 '최소한'으로 규정한 것으로서, 의회가 대통령의 NSC 운영에 대한 자율성을 '최대한' 배려한 것으로 해석된다.[3)]

실제적으로 NSC는 발족 이후, 정권교체 때마다 신임 대통령의 국정운영방침과 통치 스타일에 맞추어 대폭 개편되어 왔다. 그러나 미국의 국가안전보장회의는 통치스타일에 따른 자율적인 개편과정에서도 근본적인 조직과 기능은 그대로 유지되어 온 것으로 평가되고 있다. 최근의 변화로는 2001년 부시대통령은 취임후 NSC의 시스템의 검토를 지시하여 NSPD(National Security Presidential Directives)-1호로 일부 기구를 개편한 것이 있는데(2001.3.1), 이 NSPD는 미국의 국가안보정책에 관한 대통령 결정을 의사소통 시키는 도구로서(an instrument for communicating) 기존의 PDD(Presidential Decision Directives)와 PRD(Presidential Review Directives)를 대치한 것이다.

현재 미국의 NSC는 법적·제도적으로 최고의 의사결정기구로서 대통령이 국가안보와 대외정책문제 등을 국가안보와 관련된 고위직 고문들과 내각관료들과 함께 고려하는 주요 포럼으로서 역할을 한다.[4)] 즉, NSC는 ①정책협조, ②대통령에 대한 정책자문, ③정책의

---

3) 길정일, "미국 국가안보회의(NSC) 운영사례 연구," pp. 101-102.
4) www.white.gov(검색일: 2004.9.5)

합법화, ④위기관리 의사결정, ⑤정책에 대한 공감대 형성 및 정보교류·의사소통 등의 주요역할을 수행하고 있다.

NSC의 주요구성은 국가안전보장회의 본회의, 각료급위원회(NSC/PC: NSC Principals Committee), 차관급위원회(NSC/DC: NSC Deputies Committee), 정책조정위원회(NSC/PCCs: NSC Policy Coordination Committees), 그리고 상설 참모조직(NSC Staff)으로 나뉘어지며, 이것은 〈그림 4-1〉으로 간략하게 나타내 볼 수 있다.

국가안전보장회의 본회의는 정책조정과 조언을 통하여 대통령의 안

〈그림 4-1〉 미국의 NSC 조직도

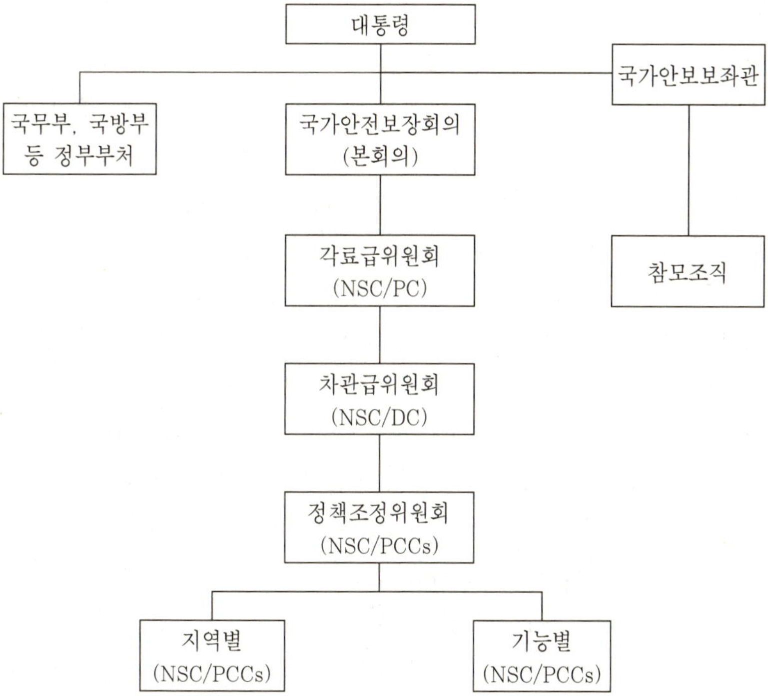

출처: 정춘일 외, "국가위기관리체계 정비방안 연구"(서울: KIDA, 1998), p. 53.

보정책 결심을 지원하는 기능을 수행하며, 대통령이 회의를 주재하고
불참시에는 부통령이 주재하게 된다. 정규 참석자(Regular Attendees)
로는 대통령, 부통령, 국무장관, 재무장관, 국방장관, 대통령 국가안보
담당보좌관(안보보좌관) 6명이며, CIA국장, 합참의장은 법정 자문자
(statutory advisor)로서 회의에 참석한다. 또한 대통령 비서실장과
대통령 경제정책담당보좌관(경제보좌관)은 어느 회의든 참석하도록
초청되며, 관련업무시 참석자는 법무장관, 예산편성국장, 기타 부서장
또는 고위관료 등이다. 대통령 고문은 본인이 안보문제에 대해 대통령
에게 자문을 할 필요가 있다고 판단하면 언제든 참가할 수 있다. 본회
의에서 안보보좌관의 역할은 의제(agenda) 결정, 필요서류 준비 확
인, 국가안전보장회의 조치 및 대통령결심내용 정리 등이며, 만일 국
제경제분야의 문제가 발생시는 경제정책보좌관과 협조하여 처리하게
된다. 한편 클린턴 대통령 시절에는 당연직 4명과 재무장관, 경제담당
보좌관, 유엔대사를 포함 7인을 정규 참석자(Regular Attendees)로
구성하고, 자문위원은 합참의장, CIA국장, 군비통제/군축국장 등으로
하여 필요시 비상임위원을 추가하기도 하였다.

각료급위원회(NSC/PC: NSC Principals Committee)는 국가안
보에 영향을 주는 정책이슈를 고찰하기 위한 고위관계기관회의(senior
interagency forum)로서 대통령 정책보고에 ·선행하여 주요 각료급
인사들이 정책사안을 토론하고 해결책을 모색하는 협의기구이다. 정
규 참석자(Regular Attendees)는 국무장관, 재무장관, 국방장관, 비
서실장, 안보보좌관이며, 필요시 CIA국장, 합참의장, 법무장관, 예산
편성국장이 참석하여 관련분야를 논의할 수 있다. 안보보좌관은 이 회
의의 의장으로서 참가자들과 협의하여 의제(agenda)를 결정하고, 서
류준비를 확인하며, 회의 소집을 담당하게 된다. 단, 국가안전보장회
의의 의제가 국제적 경제문제에 관한 것일 경우, 농림부장관, 비서실

장, 부통령 안보보좌관, 대통령 안보부보좌관 등이 추가로 참석하며, 이때 의장은 경제정책담당보좌관(경제보좌관)이 되고 사무국장은 대통령 안보부보좌관이 담당한다. 동회의에서도 본회의와 동일하게 국제경제분야의 문제가 발생시는 경제정책보좌관과 안보보좌관이 상호 협조하여 처리할 것을 강조하고 있다.

차관급위원회(NSC/DC: NSC Deputies Committee)는 고위차관급 관계기관회의(senior sub-cabinet interagency forum)로서 NSC/DC 는 국가안전보장회의의 관계기관그룹(interagency group)들의 업무 내용을 지시 및 검토할 수 있고, 각료급위원회(NSC/PC)나 국가안전 보장회의 본회의 개최이전에 상정된 안건들이 결심을 위하여 적절히 분석되고 준비되었는지를 확인하는데 도움을 줄 수 있다. 회의의 의장은 국가안보부보좌관(Deputy Advisor)이고, 국제경제가 주 의제일 경우는 대통령 국제경제담당부보좌관이 회의를 주재한다. 회의는 의장이 정규 참석자들과 협의하여 소집할 수 있고 정규 참석자[5]는 누구라도 위기관리 증진을 위해 회의의 소집을 요구할 수 있다.

정책조정위원회(NSC/PCCs: Policy Coordination Committees) 는 미국정부의 여러 기관(multiple agencies)에 의해 국가안보정책이

---

5) 정규참석자: the Deputy Secretary of State or Under Secretary of the Treasury or Under Secretary of the Treasury for International Affairs, the Deputy Secretary of Defense or Under Secretary of Defense for Policy, the Deputy Attorney General, the Deputy Director of the Office of Management and Budget, the Deputy Director of Central Intelligence, the Vice Chairman of the Joint Chiefs of Staff, the Deputy Chief of Staff to the President for Policy, the Chief of Staff and National Security Adviser to the Vice President, the Deputy Assistant to the President for International Economic Affairs, and the Assistant to the President and Deputy National Security Advisor. 필요시 참석자: the Deputy Secretary of Commerce, a Deputy United States Trade Representative, the Deputy Secretary of Agriculture.

발전되고 시행되는 것을 관리한다. 정책조정위원회(NSC/PCCs)는 안보정책에 관한 부서 간의 조정을 위한 일일 주요회의(fora)로서, 국가안전보장회의 체제(system)의 많은 고위위원(senior committee)들이 연구검토(consideration)에 필요한 정책분석을 제공하고, 대통령이 결심해야 할 사항에 대한 시기적절한 대응을 마련한다. 각 정책조정위원회(NSC/PCCs)는 차관급위원회(NSC/DC)에 참석하는 각 행정부처 및 제 기관의 대표자들로 구성된다.

이러한 정책조정위원회(NSC/PCCs)는 다시 지역별 위원회와 기능별 위원회로 나뉘는데, 지역별 정책조정위원회는 동아시아를 포함하여 6개 위원회[6]로 나뉘고 각 정책조정위원회는 국무성이 지정하는 차관이나 차관보급이 회의를 주재한다. 기능별 정책조정위원회는 민주주의와 인권분야 등 기능별로 11개의 정책조정위원회[7]로 나뉘며, 담당 차관이나 차관보급이 회의를 주재한다. 각 정책조정위원회에는 안보보좌관이 참모조직에서 지정한 사무국장이 있는데, 사무국장은 회의소집을 위한 계획수립 및 의제설정, 사무기록 면에서 의장을 지원하며, 또 의장이 NSC 체제의 중앙정책결정위원회에 적시적인 반응하도록 보좌한다. 안보보좌관은 대통령의 지시나 부통령, 국무, 재무, 국방장관과 협의하여 추가적인 정책조정위원회를 설치할 수 있다.

참모조직(NSC Staff)의 법률상 대표자는 사무처장이나 실질적으로 안보보좌관이 조직을 지휘/통솔한다. 참모부 소속 직원은 180명 정도

---

6) 지역별 정책조정위원회(NSC/PPCs): Europe and Eurasia, Western Hemisphere, East Asia, South Asia, Near East and North Africa, Africa.
7) 기능별 정책조정위원회(NSC/PPCs): International Finance, Transnational Economic Issues, Counter-Terrorism and National Preparedness, Defense Strategy, Force Structure, and Planning, Arms Control, Proliferation, Counterproliferation, and Homeland Defense, Intelligence and Counterintelligence, Records Access and Information Security.

로 이 중 정책전문가는 50명선이고 이들은 연방행정부처, 비정부기관으로부터 파견된 사람들이다. 주요 기능은 행정업무·참모지원 및 정보제공, 정책의 개발, 정책집행의 감독·조정·통제, 정책자문, 위기관리, 공개 및 비밀 안보외교 추진 등이다. 참모조직의 조직도는 〈그림 4-2〉에서 보는 바와 같다.[8]

　이러한 제반회의 및 위원회 기능을 포함하여 NSC의 실질적 운영은 상설되어 있는 참모조직에 의해 이루어진다. 참모진은 전문참모(Professional Staff)와 지원참모(Support Staff)로 크게 구분된다. 전문참모는 군비통제와 같은 안보관련 주요이슈와 지역문제별로 임명된다. 지원참모는 전문참모의 업무를 지원하는 역할을 수행한다. 이러한 참모진들은 국무부와 국방부 등 관련 정부 부처·기관으로부터 발탁되기도 하고 정부부처 밖에서 국제정치 및 안보문제 전문가로 충원

〈그림 4-2〉 미 NSC 참모조직의 조직도

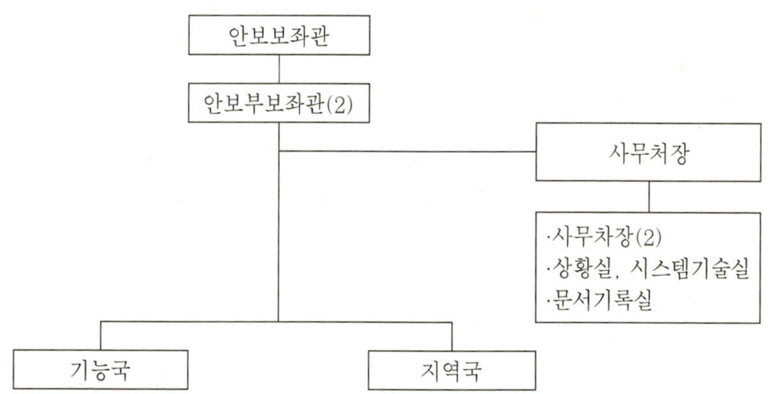

출처: 문장렬, "국가안전보장회의의 발전방안," pp. 375-376.

---

8) 문장렬, "국가안전보장회의의 발전방안," 『안보정책총서』(서울: 국방대학교, 2004), pp. 375-376.

하기도 한다. 참모조직은 대체로 대통령의 NSC에 대한 태도와 정책 결정 스타일에 따라 기능과 규모면에서 상이하게 운영되어 왔다.NSC 의 참모조직은 정책결정 그 자체가 아니라 안보보좌관이 대통령에게 제공하는 조언의 내용을 전문적 입장에서 검토하는 기능을 수행하여 왔으며, 그 구체적 기능은 1) 행정기능, 2) 정책의 조정·통합기능, 3) 정책 집행의 감독기능, 4)정책의 해석 및 판단기능, 5) 위기관리 기능, 6) 정책옹호 기능, 7) 국가안보전략 개발·작성기능 등을 수행 한다. 이 기능들을 구체적으로 살펴보면 다음과 같다.

첫째. 행정기능이다. 이 기능은 정책결정의 과정을 관리하는 기능이 며, 특히 정책결정을 지원하는 기능을 말한다. 가장 통상적인 기능으 로서 문서를 타이핑하고 배부하는 기능으로부터 NSC의 비망록을 취 합하고 문서를 요약하는 기능까지 다양한 행정적 기능을 수행한다.

둘째, 정책의 조정 및 통합기능이다. 조정기능은 안보정책과 관련된 개념과 제안 및 정책을 NSC의 각 회의 및 위원회 또는 대통령에게 제 출하기에 앞서 모든 관련기관들과 같이 진단하고 입장을 조율하는 것 을 말한다. 동일하거나 상반된 사안들을 다룬 보고문서들을 식별하고 해결이 필요한 사안들을 규명하게 된다. 통합기능은 조정의 다음에 오 는 기능으로서 다양한 의견들을 단일한 것으로 취합하는 기능이다. NSC의 참모조직은 대통령의 업무 스타일을 고려하여 여러 건의 다양 한 문서들을 하나의 문서로 통합하여 보고하며, 대통령은 이에 기초하 여 의사를 결정하게 된다.

셋째, 정책집행의 감독기능이다. 이 기능은 정책이 결정된 이후 그 집행과정을 감독하는 것을 말한다. 통상 정부가 입안한 정책은 그 집 행의 전 과정 중에서 시작단계가 가장 취약하다. NSC 참모조직은 바 로 이와 같은 점에 주목하여 대통령에 의해 최종적으로 결정된 정책을 관련 정부부처·기관이 성실하게 집행하도록 감독기능을 수행한다.

넷째, 정책의 해석 및 판단기능이다. 이 기능은 대통령이 결정한 정책의 의미와 지침 그리고 집행을 둘러싸고 논란과 혼동이 발생할 경우 이를 해결하는 것을 말한다. 대통령의 정책의도와 집행지침이 실무자에게까지 가감 없이 정확하게 전달되는 것은 현실적으로 매우 어렵다. 특히 비밀의 준수를 요하는 정책의 경우 실무자들은 구두로 지시를 받는 경우가 많은데 그 경우 더욱 그러하다. 대통령의 의도가 제대로 이해되지 못하거나 세부적인 지침이 하달되지 않는 경우 실무진들 간에 논쟁이 빈번하게 발생하는 사례가 많다. 이러한 경우 NSC 참모들이 정책을 대통령의 입장에서 해석하고 판단하는 기능을 수행한다.

다섯째, 위기관리기능이다. 국가의 위기적 상황은 통상적인 정책결정 과정과 절차에 심각한 충격을 줄 뿐 아니라, 정부부처 및 기관들의 업무과정에 혼란을 가져오며 최고 통수권자인 대통령의 직접적 개입을 요구하게 된다. 이 경우 대통령 역시 정책대안의 선택과 결정을 놓고 딜레마에 빠지게 되며, 따라서 신뢰할 수 있는 소수의 측근 참모들의 조언과 지원에 의존하게 된다. NSC 참모조직은 바로 이와 같은 상황에서 대통령의 정책결정을 가장 가까운 거리에서 조언 및 지원하게 될 뿐만 아니라 정부부처 및 기관들의 노력과 역량을 한 방향으로 결집시키는 역할을 수행하게 된다.

여섯째, 정책옹호기능이다 이 기능은 개발 또는 제기된 정책을 관련 정부부처 및 기관과 대통령에게 설명하고 이해시킴으로서 공감대를 형성하는 것을 말한다. NSC의 참모조직은 봉사조직으로서 정부부처 및 각 기관에 엄밀하고 합리적으로 조정된 견해를 제시하여야 하며, 대통령의 자문조직으로서 자신의 견해와 입장을 명확하게 피력하여야 한다. 그렇게 함으로써 NSC 참모들은 동조자를 확보할 뿐 아니라 각 정부부처 및 기관의 이익과 대통령의 요구를 동시에 충족시킬 수 있어야 한다.

일곱째, 국가안보전략 개발 및 작성기능이다. 이 기능은 국가안보의 목표와 방향 및 지침을 포괄적으로 제시하는 정책 및 전략을 개발·발전시키는 것을 말한다. NSC의 참모들은 관련 정부부처 및 기관들의 이해관계로부터 벗어난 위치에서 국가안보전략과 이론을 개발하여 최고 의사결정권자인 대통령의 정책결심을 체계적으로 지원하여야 할 뿐만 아니라, 이를 기초로 하여 분야별 상충된 입장을 조정하는 데 기여하여야 한다. NSC의 참모조직은 그러한 노력의 일환으로 '국가안보검토보고서'를 연구·작성하여 대통령이 국가이익 및 국가목표에 대한 위협·도전요인을 식별하고 미래지향적인 안보비전을 형성하는 데 조력하고 있다.

2. 법령

전통적인 안보위기에 대처하기 위한 미국의 법령으로는 「국가안보법」과 「국가비상사태법」, 동원관련 법령, 「민방위법」, 「테러전투법」 등이 있다.9) 이를 세부적으로 살펴보면 다음과 같다.

우선 「국가안보법」은 1947년 7월 26일 제정되었으며 국가안전보장회의의 설립, 기능, 구성 등을 포함하고 있다. 1976년에 제정된 「국가비상사태법」은 국가비상사태 선포 및 해제절차, 비상사태 설치권 및 시행, 대통령 책임 및 의회보고 등의 내용을 포함하고 있다. 동원관련 법안으로는 「방위생산법」, 「연방방위동원규정」, 「전략 및 긴요물자 비축법」 등이 있다. 이중 「방위생산법」은 1950년에 제정되었으며 자원의 우선권 및 할당, 저장, 통제, 산업의 생산능력 및 자원공급의 확대,

---

9) 이러한 법안들에 대한 자료는 국가안전보장회의 비상기획위원회, 『외국의 비상대비제도』(서울: 국가안전보장회의, 1989), p. 35를 참조하였다. 2001년 9·11사태 이후 변화된 내용은 반영하지 못했다.

민간시장에서의 자원의 유통통제 등의 내용을 포함하고 있다. 「연방방위동원규정」은 1982년 10월 1일 제정되었으며 국가중요시설의 방호 및 소산을 위한 기준 및 책임, 자원의 생산준비체제, 할당, 이용우선순위, 과학기술인력관리 등의 내용을 포함하고 있다. 「전략 및 긴요물자비축법」은 1937년 6월 7일 제정되었으며 비축대상 및 수준, 비축관리, 긴요물자수입, 대통령의 특별처분권, 물자의 개발과 조사 등의 내용을 포함하고 있다.

「테러전투법」은 1972년 뮌헨 올림픽 "검은 9월단 사건"을 필두로 국제테러가 증가하자 이에 대응하기 위해 1983년에 제정되었으며, 이것은 국제 테러리즘에 대한 기본정책 방향 등을 규정하고 있다. 즉, 테러가 미국에 있어 심각한 안보위협요소였지만 이때까지 테러는 미 본토 영역 밖의 대외적인 문제에 불과했다. 1996년 이후의 대테러법은 국내안보 위기관리체제의 법령 부분에서 다룰 것이다. 이외에도 미국의 헌법은 긴급사태에 있어서 대통령에게 포괄적인 권한을 부여하고 있으며, 또 의회에 의한 대통령의 긴급권한에 대한 억제적인 시도로서 대통령이 해외로 군대를 파견할 경우의 조건·절차를 규정한 「전쟁권한법」이 있다.[10]

3. 대응절차

NSC는 국가이익과 목표에 중대한 영향을 미치는 안보현안이 출현할 경우 다음과 같은 단계를 거쳐 위기에 대응한다.

제1단계에서는 실무협조 및 관련부처·기관 간 의견조정이 있게 된다. 최초에는 NSC 참모조직이 주관하여 관련부처 및 기관 간 실무협조회의를 개최한다. 그후 안보보좌관이 주무부서의 차관급 또는 차관

---

10) 방위청, 『방위백서 2003』, p. 263.

보급이 참여하는 협의회를 열어 특정 안보현안에 대한 부처 및 기관간
의견을 조정한다. 이러한 협의를 거친 국가안보의 현안은 사안의 성격
에 따라 정책검토위원회 또는 특별조정위원회에 회부된다.

〈표 4-1〉 안보위기사태시 정부부처 및 기관의 조치사항

부서	조치사항
국무부	·비상대비 행동의 구축과 실행에 있어 여타 모든 부처와 기관에게 전반적인 외교정책의 지침, 조정, 감독을 제공. ·적성국 또는 적국에 대한 정치적 전략을 구축하고 실행. ·타 국가에 대한 경제조치와 상호협력 활동을 수행. ·부여된 경제적, 군사적 원조를 포함하여 외국에 지원을 제공. ·해외에 주재하는 미 국민을 보호하고 소개시키며, 그들의 재산을 보호. ·난민과 국외 망명자에 대한 정책을 마련하고 지원을 제공.
에너지부	·연료와 동력에 대한 우선순위를 배분. ·핵심적 핵 생산물의 원형을 회복시키거나 그 지속성을 유지. ·안전대비 상황에서 공중의 건강과 안전에 심각한 장애가 될 수 있는 에너지부 모든 시설의 작동을 정지시키거나 축소. ·핵 물질, 무기 및 장치의 탐지. ·공중의 안전을 도모하고 재산과 환경피해를 최소화하기 위해 주정부, 지방 정부를 돕기 위해 자원을 제공.
운수부	·최종품목으로 선정된 분야를 양적, 시차별 군 소요로 발전시키고 공급. ·해외 항구의 보호, 안전, 파업대비 등에 대비해 자문과 지원을 제공. ·안보위기 시 모든 수송자원을 관리하고 국가항공체계를 관리 및 통제.
교통부	·공산품 및 가공품의 생산과 분배, 모든 생산설비의 사용, 건설물자의 통제, 기초 산업 서비스를 제공. ·기상정보, 비군사적 목적을 위한 항해/항공도 및 관련 자료, 측정 및 연구 기준 등의 과학 기술서비스를 제공. ·수·출입의 규제. ·여타의 연방기관과의 협조를 통해 외국과 연계된 자본 이동을 규제.

※기타기관(법무부, 의무병역체계국, 재무부, 내무부, 노동부 등)의 조치사항은 생략
출처: www.ekida.kida.mil "미국의 비상사태시 민간기관의 책임"(검색일: 2004.9.24).

　제2단계에서는 정책검토위원회(주무장관 주재) 또는 특별조정위원회(안보보좌관 주재)의 검토가 있게 된다. NSC 참모조직은 여기서 필요한 회의자료를 준비하고 회의결과를 대통령에게 보고 및 건의하게 된다. 이 단계에서 완전히 합의된 사항은 대통령에게 직접 건의하게 되며, 합의를 이루지 못한 안건은 NSC 본회의에 회부하게 된다.

　제3단계에서는 대통령의 주재하에 NSC 본회의가 개최된다. 본회의에서 회의를 주재했던 장관과 안보보좌관이 정책검토위원회 또는 특별조정위원회에서 합의하지 못한 안건들을 집중적으로 검토하여 참석한 대통령에게 보고한다.

　제4단계에서는 대통령이 본회의에서 최종적으로 정책을 결정한다. 본회의의 결과가 요약 정리되어 대통령에게 건의되면, 대통령은 이를 기초로 최종적인 결정을 내린다.

　제5단계에서는 대통령에 의해 결정된 사항이 정부부처 및 기관에 하달되게 된다. 중대한 정책은 대통령 훈령(Presidential Directives) 형태로 하달되고 중요하지 않은 정책은 결정메모(National Security Decision Memo) 형태로 하달된다.

　대통령의 정책결정에 대한 정부부처 및 기관의 조치는 〈표 4-1〉과 같다.

III. 국내 안보위기관리체제

　미국의 국내 안보위기관리체제는 국토안보부(DHS: Department of Homeland Security)를 중심으로 구축되어 있다. DHS는 테러·마약·불법이민·자연 및 인위재난 등 각종 위협으로부터 미 본토를 방호하고 국가기반체계(National Infrastructure) 보호 등의 광범위한 임무를 수행하고 있다. 이 절에서는 테러와 테러에 의한 각종 위기 사태에서 DHS의 역할에 대해 중점적으로 살펴보고, 자연 및 인위재난에 대한 구체적인 내용은 다음 절인 '재난관리체제'에서 살펴보도록 하겠다.

1. 조직

9·11테러 이후 부시 대통령은 백안관 내에 테러업무를 총괄 조정하는 국토안보국(2001. 10. 8)을 창설한 데 이어 사이버 안보담당 특보, 테러담당 안보 부보좌관직을 신설(2001. 10. 9)하고 국토안보위원회(Homeland Security Council)를 설치하여 안보 관련 사항에 관한 부처간 협의기반을 구축하였다. 또 부시 대통령은 국토안보부 신설 계획을 밝힌데(2002. 6. 6) 이어, 톰 릿지(Tom Ridge) 장관은 「국토안보법」을 제출(2002. 6. 18)하였다. 이 법안에 대해 하원은 찬성 239 대 반대 121로 통과시켰고(2002. 11. 13), 상원은 찬성 90 대 반대 9로 통과(2002. 11. 19)시켰다.[11]

국토안보부는 해안경비대, 이민귀화국, 세관, 연방비상사태관리청(FEMA) 등 22개 연방기관을 전부 또는 부분적으로 흡수하여 직원이 17만 명에 이르며 연간 약 400억 불의 예산을 사용하는 공룡조직으로 성장했다.[12] 이는 국방부에 이어 2번째로 큰 규모이다. 현재, 국토안보부는 '중앙 집중 데이터 베이스 시스템'을 이용하여 시민 개개인의 신용카드 사용 내용, 진료기록, 신문 및 잡지 정기구독 현황, 웹 싸이트 방문기록, e 메일, 은행계좌, 여행 예약, 행사 참가 등 주민들의 생

---

11) 『동아일보』, 2002.11.21.(검색일: 2004.10.5).
12) 창설 첫해 국토안보부의 예산은 375억 불에 달했으며, 2005회기연도의 예산은 402억 불이 배정되었다. www.dhs.gov/"budget"(검색일: 2004.12.15).

활 전반을 파악할 수 있다.

국토안보부의 임무는 미 본토를 보호하기 위해 국가적인 노력을 통합을 선도하는 것이다. 구체적으로 국토안보부는 1) 테러리스트의 공격을 예방/억제, 2) 위협과 위험으로부터 국가를 방호 및 대응, 3) 국경안보를 보장, 4) 합법적인 이민자들을 환영 및 자유무역을 촉진 등의 임무를 부여받고 있다.[13]

이러한 임무를 수행하기 위해 국토안보부의 역할은 인지(Awareness)·예방(Prevention)·방호(Protection)·대응(Response)·복구(Recovery)·서비스 제공(Service) 등 여섯 가지로 나누어진다. 국토안보부의 역할에 대해 살펴보면 다음과 같다.[14]

'인지'란 국토안보부가 위협을 식별 및 이해, 취약요소를 평가, 잠재적인 영향을 결정, 시의적절하게 국토안보부의 유관기관들 및 미 국민들에게 정보의 제공 등의 역할을 수행하는 것이다. 테러는 주로 기습에 의존하기 때문에 예측이 어렵다. 테러에 관한 정보를 미리 수집하고 분석하지 않으면 테러에 대비하는 것은 마치 모래밭에서 바늘 찾기와 같다. 따라서 국토안보부는 자체 그리고 정보공동체(Intelligence Community: FBI, CIA 등), 비전통적인 출처들(주, 지방자치단체, 개인 영역 등)로부터 정보를 수집하고 평가한다. 또, 각종 모델, 시뮬레이션, 위험에 근거한 분석도구들을 사용하여 중요 국가기간시설 및 핵심 자산(critical infrastructure and key assets)의 취약요소를 식별한다. 이어 국토안보부는 평가를 거쳐 검증된 정보들(테러위협, 국가기간시설 취약요소에 관한 정보 등)을 통합하여 국가 지도자들과, 정책결정자들, 중요 국가기간시설 및 핵심자산의 책임자, 유관 협력기

---

13) www.dhs.gov/"DHS Organization"(검색일: 2004.12.30).
14) 미 국토안보부의 역할과 기능은 www.dhs.gov/"Securing Our Homeland"를 참조하여 정리하였음.

관 및 각 개인들에게 신속하게 전파한다.

'예방'이란 국토안보부가 미 본토에 대한 위협들을 탐지, 억제 및 완화하는 역할을 수행하는 것이다. 국토안보부는 테러리스트와 테러리즘의 수단, 마약, 기타 불법적인 행위들로부터 국경을 보호하며, 합법적인 자유무역과 이민을 촉진하기 위해 법을 집행하고, 이를 위해 통일되고 협조된 법 집행 능력을 건설하고 있다. 또한 국토안보부는 대량살상무기와 마약을 포함한 다양한 위협들에 대응하기 위해 각종 역량과 기술, 장비들을 개발하기 위해 관심을 경주하고 있으며, 그 성과를 연방정부·개인 영역·학술 공동체·NGO 등에 제공하고 있다. 한편, 국토안보부는 테러리즘을 예방하고 이에 대비하기 위해 연방 각 기관·주정부·지방자치단체·개인영역 등과 효율적으로 업무를 협조하고 의사소통을 개발하고 있으며 이들 행위자들이 참여하는 통합적인 훈련과 교육을 진행시켜 나가고 있다. 또, 국토안보부는 테러리스트들의 공격으로부터 취약한 항공, 항만, 지하철 등 국가 수송체계의 안전을 강화하고 있다.

'방호'란 국토안보부가 테러리즘과 자연재난 및 인위재난 등 비상사태로부터 자국 국민과 국민의 자유, 중요 국가기간시설, 자산, 국가경제를 보호하는 역할을 수행하는 것이다. 국토안보부는 타 기관과의 협력과 자체 활동을 통해 마약의 차단과 공중공역의 안전확보를 위해 노력하고 있으며 연안 항로가 테러리스트와 그들의 무기 및 보급품의 수송경로가 되지 않기 위해 수사력을 집중하는 등 노력을 기울이고 있다. 또, 국토안보부는 중요 국가기간시설의 안전을 확보하기 위한 국가적인 노력을 선도하여 연방 및 주정부, 지방자치단체의 책임 분할 및 협력관계를 강화하고 있다. 또, 국토안보부는 대통령과 부통령을 포함한 국가 주요인사와 내방한 국빈의 보호 책임을 맡고 있으며, 테러 등에 의한 인위재난과 자연재난 등 국가비상사태시에도 정부의 활동과 필수기능들을 정상적으로 가동시키기 위해 대응 시설과 커뮤니케이션 능력들을 제공한다.

'대응'이란 국토안보부가 테러리즘과 자연재난, 기타 비상사태들로부터 국가적인 대응을 선도하고 조정하는 역할을 수행하는 것이다. 국토안보부는 재난이나 기타 비상사태 발생시 신속하고 효율적인 대응을 위해 응급의료, 탐색 및 구조, 위기관리능력, 물자 및 장비 등을 지원한다. 또 국토안보부는 국가 차원의 대응능력을 강화하기 위해 유관기관들과 협조하여 '국가 사고관리 체계'(National Incident Management System)와 '국가 대응계획'(National Response Plan)을 시행한다.

'복구'란 국토안보부가 테러리즘과 자연재난 및 기타 비상사태 후에 공동체들을 재건하고 공공시설들(가스, 수도 등)을 복구하기 위해 국가차원으로부터 개인적인 영역에 이르기까지 모든 노력을 선도하는 역할을 수행하는 것이다. 국토안보부는 유관기관 및 연방정부, 전문가 등과 협조하여 피해지역의 복구를 위한 전문인력 파견, 재정지원 등이 실시되도록 노력한다.

'서비스 제공'은 국토안보부가 합법적 무역과 여행, 그리고 이민을 촉진함으로써 국민에 봉사하는 역할을 수행하는 것이다. 귀화(naturalization)를 통한 시민권 획득은 이민체계의 궁극적인 특전이다. 국토안보국은 이러한 시민으로서 권리와 특전 그리고 책임 등에 대한 이해를 증대시키기 위해 교육을 촉진하고 다양한 정체성을 가진 시민들이 공동의 정체성을 가질 수 있도록 노력하고 있다. 또 국토안보국은 유연하고 건전한 이민/난민 프로그램으로 미국의 인도주의적 공약을 지원하는 역할을 수행하고 있으며 불법적인 이민·마약·기타 밀수품의 반입 등을 차단함으로써 합법적인 통상교역과 인적 교류를 촉진하는 역할을 수행하고 있다.

한편, 국토안보부의 편성은 〈그림 4-3〉과 같다.

국토안보부의 조직들중 참모기능을 수행하는 부서로는 '법사국'(Office of Legislative Affairs) · '연방 및 지역업무협조국'(Office of State and Local Coordination) · '공보국'(Office of Public Affairs) · '수도권 업무협조국'(Office of National Capital Region Coordination) · '개인정보보호국'(Office of the Chief Privacy Officer) · '감찰국'(Officer of Inspector Guard) · '법률고문 담당국'(Office of General Council) · '시민권익 담당국'(Office of Civil Rights and Civil Liberties) · '마약담당국'(Office of Counter

〈그림 4-3〉 미국의 국토안보부(DHS) 조직도

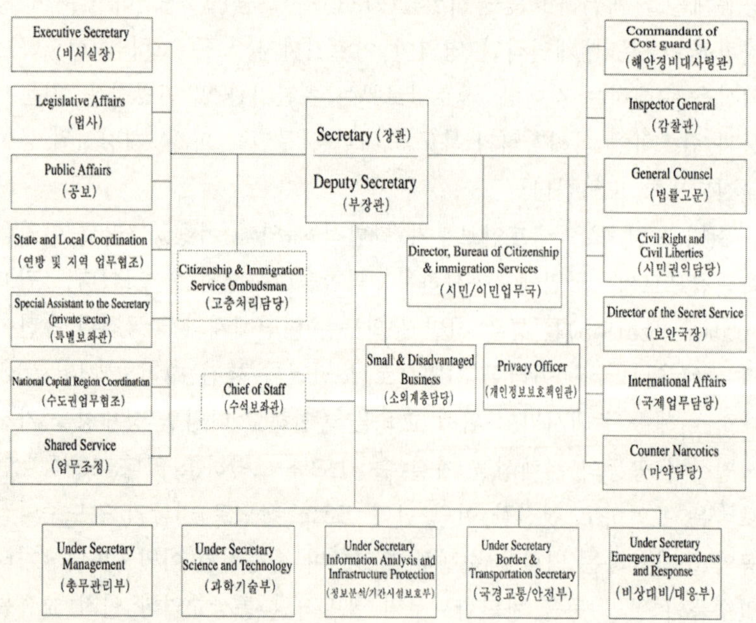

출처: www.dhs.gov(검색일: 2004. 8. 20).

Narcotics) 등이 있다.[15] 한편, 참모기능을 담당하는 부서외 국토안보부 내 주요부서들의 기능을 살펴보면 다음과 같다.[16]

총무관리부(Management)는 인력, 예산, 경영, 자금의 집행, 회계, 재무, 획득, 정보 기술체계, 설비, 자산, 장비, 기타 자원 등 국토안보부의 활동과 관련이 있는 자산과 인력들을 총괄한다.

과학기술부(S&P: Science and Technology)는 국가의 과학 및 기술적인 재원들을 활용하여 연방 및 주정부, 지방자치단체에게 본토를 방호하는 기술과 역량들을 제공한다. S&P 활동의 초점은 대규모 인명손실과 심각한 경제적 타격을 초래할 수 있는 테러리즘에 맞추어져 있다. S&P의 활동은 현재의 과학기술 역량을 획기적으로 개선하고 새로운 혁명적인 과학기술 역량들을 개발함으로써 그러한 위협에 대응하도록 고안이 되어 있다. 이러한 기능을 수행하기 위해 S&P는 예하에 '국가연구국'(ONL: Office of National Laboratories)과 '국토안보 연구국'(HSL: Homeland Security Laboratories), 그리고 '국토안보 고등연구 프로젝트국'(HSARPA: Homeland Security Advanced Research Projects Agency)을 두고 있다.

테러리스트들은 국가의 취약점들을 이용하려고 하며, 공격을 위해 예기치 않은 분야들을 탐색하고 있다. 정보분석/기간시설보호부 (IAIP: Information Analysis and Infrastructure Protection)는

---

15) 여기서 참모기능이란 타 연방기관·주정부·지방자치단체·개인 영역과 함께 국경강화, 정부분석 및 정보제공, 국가기간시설 방호, 대량살상무기에 대한 대응과 포괄적인 대응/복구를 위한 과학 및 기술의 개선 등의 활동들을 감독하는 것이다. 국토안보부의 참모부서는 www/dhs.gov/Organization에 명시되어 있다.

16) 국토안보부 주요부서들의 기능은 www.dhs.gov/"DHS Agency"를 참조하여 정리하였다. 국토안보부 주요부서들의 기능에 대한 세부적인 내용은 국토안보부의 홈페이지와 비상기획위원회 홈페이지(www.epc.go.kr/"세계비상대비현황")을 참고할 것.

끊임없이 변화하는 위협들을 고려하여 취약요소들을 평가함으로써 테러리즘을 억제·예방·완화한다. 또 IAIP는 국가의 방호태세를 강화하고 연방 및 주정부, 각 개인, 국제적인 협력자들에게 시의 적절하고 정확한 정보를 제공한다. 이러한 기능을 수행하기 위해 IAIP는 예하에 '국토안보 활동본부'(HSOC: Homeland Security Operations Center)와 '정보분석국'(IA: Information Analysis), '기간시설 보호국'(IP: Infrastructure Protection)를 두고 있다.

국경/교통안전부(BTS: Border & Transportation Security)는 국가의 국경 및 수송체계를 보호하고 국가의 이민법령들을 시행한다. 이러한 기능을 수행하기 위해 BTS는 예하에 수송/안전관리국(TSA: Transportation and Security Administration)과 관세/국경방호국(CBP: Customs and Border Protection), 그리고 이민/관세집행국(ICE: Immigration and Customs Enforcement)를 두고 있다.

비상대비/대응부(EP&A: Emergency Preparedness and Response)는 국가가 자연재난과 테러리스트의 공격 등 비상사태에 대비할 수 있도록 보장하고 연방정부의 국가적인 대응 및 복구전략을 감독한다.

시민이민업무국(USCIS: U.S. Citizenship and Immigration Services)은 테러리즘과 불법입국자들로부터 국가를 보호하면서 국가가 방문객과, 난민, 이민자, 망명자, 귀화자들을 계속해서 맞이하도록 보장한다. 또 해안경비대(U.S. Coast Guard)는 국가의 주요 항구와 수역, 연안지역, 국제수역에서 국민과, 환경, 국가의 경제적 이익을 보호한다. 한편, 비밀경호국(USSS: U.S. Secret Service)은 대통령을 포함한 국가지도자들과 국가의 경제적 중요 기반시설들에 대한 경호를 책임지며, 이것은 '방호'와 '조사' 위주로 조직이 편성되어 있다.

2. 법령

냉전기에는 미사일(ICBM)과 핵잠수함(SLBM) 등에 의한 전통적 군사위협 외에 미국 본토에 대한 직접적인 공격의 위협이 존재하지 않았다. 그러나 탈냉전기에는 이러한 전통적인 군사적 위협이 현저히 감소한 반면, 미 본토에 테러와 마약 등 비전통적 안보위협이 증가하였다. 미 행정부는 이러한 위협들로부터 취약한 국내안보 여건을 보완하기 위해 「종합테러방지법」, 「애국법」(Patriot Act), 「국토안보법」(Homeland Security Act) 등을 제정하여 시행하고 있다.

「종합테러방지법」(1996년 4월 제정)은 168명이 사망한 1995년 오클라호마시 연방청사건물 폭탄테러 직후 테러로부터 본토를 방호하기 위해 제정되었다. 그러나 이러한 조치에도 불구하고, 2000년대에 들어와 미 본토가 테러에 더욱 취약해지자 9·11 직후 부시 대통령은 미국에서 테러를 억제하고 응징하며 법집행 차원의 수사 도구를 강화하기 위해 「애국법」(Patriot Act, 2001년 10월 제정)에 서명을 했다. 「애국법」은 다음과 같은 내용을 골자(Title)로 하고 있다. 1) 테러리즘으로부터 국내안보 강화, 2) 감시체제의 강화, 3) 국제 돈세탁의 차단 및 2001 반테러 자금 법안, 4) 국경 보호, 5) 테러리즘 조사에 대한 장애물 제거, 6) 테러리즘 희생자와 안전보안 요원, 그들의 가족에 대한 보상, 7) 중요 기간시설 보호를 위해 정보공유 증진, 8) 테러리즘에 대한 법 처벌 강화, 9) 정보 개선, 10) 기타 등이 있다.[17]

이 법안의 시행으로 미국정부는 내부에서는 인권침해라는 비난을 받고 있으며, 브라질, 중국 등 외국정부와 마찰을 불러일으키고 있다.[18] 이러한 마찰과 우려에도 불구하고 미 행정부와 입법부는 테러

---

17) www.fincen.gov(검색일: 2004. 6. 19).
18) 「애국법」은 적법한 절차 없이 '테러리스트로 의심되는 자'를 무기한 체포 구금

에 관한 법률과 조직을 강화하고 있다.[19)]

한편, 「국토안보법」(2002년 11월 제정)은 DHS의 조직설치 법령으로서 DHS의 권한과 역할, 편성, 타 연방기구와의 협조관계 등을 명시하고 있다. 또, 국토안보법은 아메리카 온 라인과 같은 인터넷 사업자들이 정부에 가입자 관련 정보를 제공할 수 있도록 하고 있으며 경찰에 인터넷 검열권을 허용하고 있다.[20)]

3. 대응절차[21)]

비상사태가 발생하면 국토안보부는 '국내 비상대응팀'(DERT:

할 수 있는 여건을 제공하였고, 전화나 전자우편 등에 대한 광범위한 감청을 허용했다. 또, 종교단체나 사원 등은 테러와 관련이 되었다는 증거가 없어도 당국의 수사대상이 될 수 있고, 영주권자라도 법무부장관의 판단에 따라 일체의 증거나 기소절차 없이 추방할 수 있게 되었다. 이 때문에, 미국내 상당수 시민단체들이 중동계 이민자들의 인권유린을 조장하는 비인도적인 법이라고 비난을 가하고 있으며, 민주주의의 골간인 법치주의가 붕괴되고 있다는 우려도 나오고 있다. 또, 국토안보부 신설법안의 통과에 대해 인터넷 사업자(ISP)들이 가입자 관련 정보제공과 인터넷 도청권을 경찰에게 허용하고 있다는 인권침해 시비가 증대되고 있다. 한편, 미국정부의 여권지문과 날인된 지문과의 일치여부를 확인하는 작업에 대해 브라질 정부는 브라질에 입국하는 미국인만을 대상으로 미국이 하는 것과 똑같은 조치로 보복을 하여 양국간 마찰이 시작됐다. 또, 중국 정부도 베이징 주재 미국 대사관이 미국에 가려는 중국인들에게 지문날인을 받기 시작하자 대응조치로 중국에 입국하는 미국인에 대한 비자발급 규정을 강화했다 www.aspire7.hihome.com/reference/bigbrother(검색일: 2004. 6. 17);『한국일보』, 2004. 5. 12(검색일: 2004. 11. 5).

19) 미 행정부는 2003년 판사나 대배심의 승인 없이 용의자나 증인을 소환할 수 있도록 「애국법」의 개정을 추진했었으며, 2004년 4월 부시 대통령은 「애국법」이 수많은 미국인을 테러리스트의 공격으로부터 보호했다고 긍정적으로 평가하고 이 법안의 전면적인 개정을 의회에 요구하기도 했다. www.dhs.gov(검색일: 2004. 9. 13).

20)『동아일보』 2002. 11. 21(검색일: 2004. 10. 11).

21) DHS의 위기대응절차는 www.dhs.gov "Emergencies&Disasters"와 "Weapons of Mass Destruction"의 내용을 요약.

Domestic Emergency Response Team)들을 지휘하여 소방관, 지방경찰, 응급의료 전문가 등 '최초 대응자'(first responders)에게 지원을 실시하고, 희생자들에게 긴급원조를 제공하며, 재난현장에서 자발적인 지원자들을 조직하도록 한다. 또, 국토안보부는 국가재난 의료체계(NDMS: National Disaster Medical System)를 지휘하여 연방 의료 및 관련 서비스들과 연방정부가 선언한 재난 및 주요 비상사태의 복구 등을 관리하고 조정한다.

화생방 테러가 발생하면 국토안보부는 전문인력과 특수장비들을 화생방 비상사태와 핵 사고, 핵 테러리즘을 담당하는 '연방비상사태 대응조직'들에게 제공한다. 또, 질병통제본부(Center for Disease Control)의 의료재고를 동원하여 신경·생물학·화학 작용제에 대응하기 위한 장비와 인명구조용 의약품과 해독제, 기타 의료보급품 등을 재난지역에 신속히 전개시킨다. 재난지역의 피해가 심각할 경우, 국토안보부는 행정부의 승인하에 국가전략비축물자(the Strategic National Stockpile)를 재난지역으로 투입시킨다. 한편, 핵관련 비상사태가 발생한 경우, 국토안보부는 에너지부(Department of Energy)로부터 핵사건대응팀(Nuclear Incident Response Team)의 협조를 받아 이들의 활동을 지도한다.

미 본토에서 발생한 자연 및 인위재난의 대응에서 복구에 이르는 광범위한 업무와 절차는 FEMA의 몫이므로 구체적인 대응절차는 뒷절 재난관리체제의 '대응절차'에서 살펴보겠다.

IV. 재난관리체제

1. 조 직

1979년 카터 대통령은 연방정부의 27개 성·청에 분산되어 있던 재난관리 기능을 한데 모아 재난관리를 통괄·조정하는 기구로 FEMA를 창설하였다.[22] FEMA의 설립으로 일부 학자들과 재난 관련 기관들에 의해 종종 제기되었던 포괄적 재난관리(Comprehensive Emergency Management)개념이 본격적으로 대두되었으며, 재난의 종류에 따라 지엽적이고 소극적이던 재난관리방식이 포괄적 재난관리개념의 도입으로 전체적이고 적극적인 재난관리방식으로 바뀌면서 재난관리의 새로운 이정표가 마련되었다.[23] 2001년 9·11 테러발생 직후 미 연방정부는 국토안보부를 창설하였고 FEMA는 국토안보부의 한 부서로 편입되었다.

FEMA의 임무는 모든 종류의 재난(hazards)에 대해 포괄적인 비상사태관리프로그램(emergency management program)을 통해 위

---

[22] 1979년 카터 대통령이 포괄적 재해재난관리(CEM: Comprehensive Emergency Management)개념을 도입해 분산된 권한과 인원을 한데 모아서 연방위기관리청을 창설했다. FEMA의 설립취지를 정리하면 다음과 같다. 첫째, 대형 재해재난을 예상하고 그 준비와 대응을 책임질 대통령 직속의 기구가 필요하다. 둘째, 재해재난과리의 효율적인 운영을 위해서는 모든 가동가능한 자원의 이용이 효율적으로 이루어져야 하며, 핵공격에 대비한 정보전달·경계정보·대피, 그리고 교육체계가 이루어져야 하고, 이에 대한 훈련 및 사고와 재해재난에 대한 이 체계의 적용도 이루어져야 한다. 셋째, 재해재난관리는 기존연방정부의 기능연장선상에서 이루어져야 한다. 넷째, 연방재해경감의 노력은 재해대비와 대응기능과 연계되어야 한다. 채경석, 『위기관리정책론』(서울: 대왕사, 2004), pp. 210-213.
[23] 임송태, "재난종합관리체제에 관한 연구," 한국지방행정연구원 연구보고서 95-19(제221권: 1996년 2월), p. 137.

험감소(risk reduction), 대비(preparedness), 대응(response) 및 복구(recovery)를 함으로써 생명과 재산의 손실을 감소시키고 국가의 핵심적인 하부구조(infrastructure)를 보호하는 데 있다.24) FEMA 의 역할을 요약해보면, ①주(州) 및 지방관료들과 함께 재난의 범위와 핵심 필수사항의 결정, ②연방대응계획(Federal Response Plan)에 의거하여 연방 및 주 재난현장사무소(Disaster Field Office)의 창설 및 구성과 기타 연방기관들과의 협조, ③ 재난구호활동, ④ 국민들에 게 재난예방 및 감소에 대한 교육, ⑤ 50개 주의 긴급계획에 대한 자 금지원, ⑥ 비상사태 대비 시행의 보장, ⑦ 소방관들에 대한 교육과 소 방 표준화 수립, ⑧ 홍수보험프로그램(National Flood Insurance Program) 시행, ⑨ 도시 수색 및 구조팀 자격인정 업무, ⑩ 국내테러 리즘에 대항하기 위한 관리계획 발전, ⑪비상대비 및 민방위 업무의 수행25) 등이다.

---

24) www.fema.gov(검색일: 2004.9.15).

25) FEMA는 재난관련 업무와 비상대비와 민방위의 업무까지 포괄적으로 수행하 고 있다. 미국은 비상대비를 위해 1949년 NSC 산하에 국가안보자원위원회 (NSRB: The National Security Resources Board)를 설치하여 전시 동원업 무를 총괄토록 하였다. 또한 1951년에는 민방위업무를 수행하는 연방민방위청 (FCDA: Federal Civil Defense Agency)을 별도로 설치 운영하다가 1958년 NSRB와 FCDA를 통합하여 1973년까지 비상준비실(OEP: The Office of Emergency Preparedness)이란 명칭으로 운영하였다. OEP는 냉전이 절정이 던 시대의 비상대비 총괄기관으로 국가자원 동원과 비상대비계획 수립, 민방위 업무 등 전시대비 기능을 전담하는 대통령 직속기관이었다. 한편, 70년대 들어 전시대비의 효용성이 저하되자 비상대비 총괄기관인 OEP는 결국 폐지되었다. 그러나 대통령령 12127호에 의거 FEMA의 창설로 OEP의 주요 기능을 FEMA에서 담당하게 되었다. FEMA는 전시대비보다는 평시 재난에 치중된 기관이긴 했지만 OEP의 주요 기능이었던 국가동원과 민방위를 충분히 포함하 고 있는 총체적인 비상관리체제로 출범했다. FEMA의 주요기능은 국가동원분 야에서는 자원동원 및 긴요물자 비축범위 결정 등이 있으며, 민방위 분야에서 는 대피소 구축, 주민소산 및 경보체제 유지 등이 있다. 최재경, "세계의 비상 대비 변화 추세 분석과 우리의 대응," 『비상기획보 2002』 (과천: 비상기획위원

미국에서 재난관리의 책임은 기본적으로 지방자치단체의 기본단
위인 시에서 주관한다. 만약 주정부의 요청이 없다면 대통령도 연방
조직을 가동시키지 않는 것이 원칙이다. 그러나 국가적인 재난사태
가 발생하면 모든 국가기관이나 주 기관 등이 사실상 FEMA의 통제
하에 놓이게 된다. 국토안보부의 기구도와 FEMA의 조직 및 기능을
살펴보면 〈그림 4-4〉와 〈표 4-2〉와 같다. 참고적으로 비상대비 대응
부(Emergency Preparedness and Response)의 장은 차관이며,
FEMA의 장은 장관급이다.

재난관리 단계별, 즉 예방/완화·대비·대응·복구 등의 단계에서
FEMA의 기능을 살펴보면 다음과 같다.[26]

〈그림 4-4〉 FEMA 편성

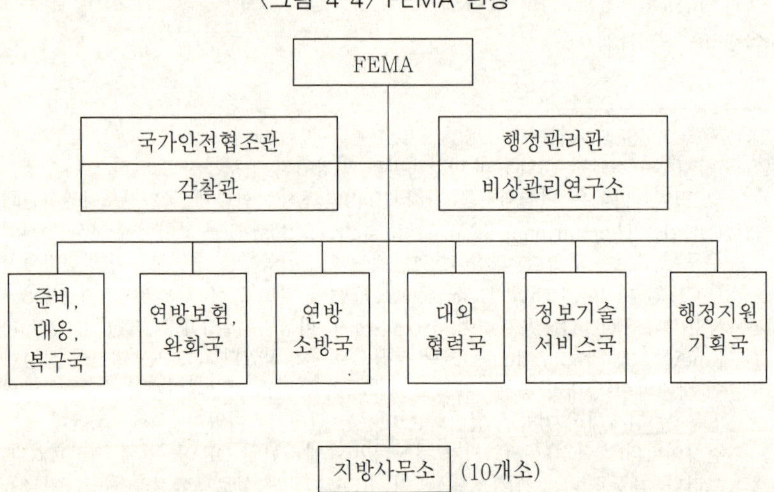

출처: 심재강, "統合防災狀況管理와 防災情報시스템에 관한 研究: 서울綜合防災센터
　　를 中心으로"(석사 학위논문, 서울시립대학교, 2003) p. 81의 내용을 재구성.

───────────────

　　회, 2002), p. 33.
26) www.fema.gov(검색일: 2004.9.25).

〈표 4-2〉 FEMA 부서별 주요기능[27]

주요부서	주요기능	과(Division)
준비, 대응, 복구국 (Readiness,Response and Recovery Directorate)	·재난 대비 계획수립 및 훈련 ·재난대응 및 복구 ·화학 및 방사능물질 사고 대응	·계획, 연습, 평가과 ·운영과 ·복구과 ·훈련과 ·서비스지원과 ·화학, 방사능물질과
연방 보험, 완화국 (Federal Insurance Mitigation Administration)	·홍수보험프로그램(National Flood Insurance Progarm) 관리 ·FEMA의 완화프로그램 실행	·위험지도제작과 ·공학, 과학, 기술과 ·완화계획, 감독과 ·재정프로그램, 산업관계과 ·마케팅프로그램, 협력과
연방 소방국 (US Fire Administration)	·화재 및 응급 의료서비스 제공, 교육 등의 정책과 프로그램 관할 ·국립소방학교 운영 ·국립비상교육센터운영 관리운영 ·국가화재프로그램 운영	·국립소방학교 ·국립비상사태훈련센터 (NETC: National Emergency Tranning Center)관리운영과 ·국립화재데이터 센터 ·국가화재프로그램 관리과
대외협력국 (External Affairs Assistant)	·국회와 정부기관간의 관련 업무 ·재난관련 국제 업무 추진	·의회, 정부 업무과 ·공공업무과 ·국제업무과
정보기술 서비스국 (Information Technology Services Assiatant)	·FEMA의 각종 운영프로그램 관리 ·응용프로그램의 개발 ·정보기술 지원	·관리과 ·업무과 ·기술과 ·기획시스템개발과
행정·지원기획국 (Administration & Resource Planning)	·FEMA의 인적자원 관리 ·전산시스템 기능유지보수 ·FEMA의 재정관리	·인적자원과 ·재정, 획득과 ·전산기능관리, 서비스과
지역사무소(10개소) (보스톤, 뉴욕, 필라델피아, 애틀랜타, 시카고, 달라스, 캔사스, 덴버, 샌프란시스코, 시애틀)	·재난에 대한 지역별 예방활동 ·재난발생시 긴급대응 및 중앙 정부와 주정부의 연결 창구 역 할 수행 ·비상사태관리 교육	·피해경감과 ·대비, 교육, 훈련과 ·대응, 복구과 ·운영지원과

출처: 심재강, "統合防災狀況管理와 防災情報시스템에 관한 硏究: 서울綜合防災센터를
中心으로" (석사 학위논문, 서울시립대학교, 2003) p. 81.

---

27) FEMA의 기능은 FEMA가 국토안보부로 소속되기 이전의 기능을 명시한 것이
나, 국토안보부 소속 이후에도 큰 차이가 없을 것으로 본다. 특히, FEMA의 각
국(局)은 〈그림 4-4〉와 같으나 각 과는 확인하지 못했다.

예방단계에서 FEMA의 기능은 '재난위험의 감소'이다. FEMA는 재난이 발생하기 전에 재난의 위험을 감소시키거나 제거시키기 위해 다양한 노력을 기울인다. 자주 범람하는 지역에서 이사하거나, 홍수수위보다 집을 높게 건축하거나, 지진에 강한 건축물을 짓거나, 건축법을 강화하는 것들이 그 사례들이다. 지진이 발생했을 때 가스 밸브를 잠그거나 전기 수위치를 내리는 것도 재난을 완화하는 방법이다.

대비단계에서 FEMA의 기능은 '재난에 대한 준비'와 '재난대항공동체(disaster resistant community)와 동반자 정신(Partnership)'의 건설 등이 있다. 이를 살펴보면 다음과 같다.

첫째, 재난에 대한 준비(ready for disasters)이다. FEMA는 재난에 신속하고도 계획성 있게 대응하기 위해 연방, 주 및 지방 수준에서의 훈련, 연습(exercises)과 대응 기획을 협조한다. 이러한 활동은 재난 발생시 비상사태 관리자들이 가장 잘 대응할 수 있도록 하는데 그 목적이 있다. FEMA소속의 국가비상사태훈련센터(National Emergency Training Center)에는 비상사태관리연구소(Emergency Management Institute)와 소방학교(National Fire Academy)가 있다. 여기에서 비상사태관리자, 소방수, 그리고 선출직 관료들로 학급을 편성하여 비상사태 기획, 연습 방안(design), 재난관리 평가, 비축 물자 관리 및 화재관련 관리 등에 대해 교육한다. 교육에 종사하는 교사들도 학생들에게 재난 안전에 대해 교육하기 위해 여기에서 교육을 받는다. 또한 독립적인 학습과정으로는 일반대중들과 방송요원들에게 비상사태교육네트워크의 한 분야인 위성방송을 통해 재난 대비와 지원에 대한 교육이 실시된다. FEMA는 또한 여러 정부기관, 주 및 지방관료들이 참석한 가운데 대규모의 연습을 통해 비상사태 절차와 기획에 대한 내용을 시험해 보고, 핵발전소 및 화학물질저장소의 비상사태에 대해 훈련과 연습을 협조한다.

둘째, '재난대항공동체와 동반자정신'의 건설이다. '재난대항공동체'란 가족과 기업, 그리고 공동체가 자신들을 보호하기 위해 스스로 완화행동을 취하도록 희망하는 국가 철학이다. 이 접근방법은 자연재난에 대응하는 미국식 방법을 바꿔보자는 것이며 공동체의 지도자, 시민, 그리고 기업이 같이 일을 함으로써 재난으로 인한 인명 및 경제적 손실을 줄여보자고 하는데 그 목적이 있다. 미래 지향적인 이 계획에서 가장 중요한 것은 '동반자 정신(partnership)'이다. 200개 이상의 시와 군, 그리고 1,000개 이상의 기업이 재난에 공동으로 대항하기 위해 '동반자정신'에 동참했다. 이러한 토대 위에 FEMA는 26개 기관들과 함께 재난관리에 대한 임무를 수행하며 적십자사나 구세군과 같은 자원봉사자들과 주 및 지방 정부의 긴급사태 입안자 및 관료들과도 공동으로 재난 업무를 수행한다.

대응단계에서 FEMA의 역할은 신속하게 재난에 대응하여 피해를 최소화하는 것이다. FEMA는 재난 발생을 예측하여 그것의 발생이 확실할 경우, FEMA는 장비, 물자, 인원을 사전에 재난예상 지역에 배치한다. 또, 토네이도나 지진처럼 갑자기 재난이 발생하면 FEMA는 즉각적으로 인원, 물자 등을 투입하여 이에 대응하며, 다른 연방기관들의 협조가 필요한지를 평가한다. FEMA는 모든 재난에 대응하는 것이 아니라, 국가자원이 심각하게 재난을 입고 또 주지사가 요청하는 재난에 대해서만 대응한다. 연방재난이 선포되면 연방정부는 재난복구비를 지원하며, 재난복구비는 의회의 승인에 의한 특별자금으로 집행된다. 참고적으로 재난이 선포되는 과정을 살펴보면 다음과 같다. ① 재난 발생, ② 지방 및 주 정부에서 손실 평가, ③ 주지사는 손실을 검토한 후 연방의 원조 지원 여부 결정, ④ 주지사가 연방 지역사무소에 연방/주의 합동으로 손실예비평가에 참여해 줄 것을 요청, ⑤ 연방/주 합동 손실예비평가, ⑥ 주지사는 FEMA 지역사무소를 통해 연방재난 선언 요청, ⑦ 지역사무소는 주지사의 요청을 검토한 후 FEMA 본부에 건의, ⑧ FEMA의 대응 및 복구국은 요구사항에 대한 정보를 검토한 후 승인/불승인 여부를 건의, ⑨ FEMA청장(Director)은 대통령에게 승인/불승인 건의, ⑩ 대통령은 연방 재난 선언에 대한 최종 결정 등의 순이다.

복구단계에서 FEAM의 기능은 '재난구호 프로그램'과 '연방보험업무'의 시행 등이 있다. 이를 살펴보면 다음과 같다.

첫째, 재난구호프로그램 실시이다. 개인에 대한 지원은 자금융자지원, 임시거처, 파괴된 가옥 수리를 위한 보조금, 정신적 상담(crisis counselling), 법률지원 및 재난 관련 실업자 지원 등이다. 미국의 중

〈표 4-3〉 재난관련 연방기관들과 그 역할

기관	역할
연방엔지니어협회	·주정부와 지방정부에 홍수예상지대와 그 예상피해에 관한 정보를 제공하고, 홍수방지와 구조활동 등을 지원
미국토질보호협회	·토지자원과 수자원의 보존/개발, 그리고 이용에 있어 기술적 지원제공
중앙기상대	·일기예보와 경보 및 예상강수위에 따라 위험지역에 주의경보나 경계 경보를 선포
해안경비대	·기름이나 기타 공해물질의 바다나 강으로의 유입을 막기 위한 대책
연방환경보호청	·유독물질 재난에 대비한 모든 계획한 그 처리를 담당 ·FEMA와 공조하여 유해물질에 관한 훈련, 재난대비의 취약성예측 (vulnerability assessment)과 위험분석(risk analysis)을 계획하고 시행
미연방지질학회	·지진예보·내진공법·피해산정과 이에 관련된 데이터와 정보를 제공

출처: 백영옥, "전·평시 비상대비 및 재해재난의 효율적인 관리방안 연구," pp. 102-103.

소기업청은 재난손실을 도와주기 위해 저리(低利)의 재난대부를 제공
한다. 공공을 위한 지원은 재난에 의해 파괴되었거나 손상을 입은 하
부구조나 공공기관(학교, 공공건물, 교량 등)을 수리하거나 재건설하
기 위해 주 및 지방정부와 비영리단체에 대해 지원하는 것이다.

　둘째, 연방보험업무의 시행이다. 홍수의 피해는 개인 주택자나 주택
사업자의 보험만으로는 해결이 불가능하기 때문에 FEMA는 국가홍수
보험프로그램(National Flood Insurance Program)을 운용한다. 이
프로그램은 이 프로그램에 참여하고 있는 19,000여 이상의 공동체에
홍수 보험을 지원하고 있다. FEMA는 보험회사들과 함께 홍수 보험
판매와 정책에 대해 협조한다. 이 프로그램의 시행으로 수천 명의 재
난 희생자들이 재기의 발판을 마련했다.

　FEMA가 주정부나 지방정부의 재난 관련 정책이나 자원지원의 관
리를 위한 연방차원의 가장 중요한 중심기관이지만, 그 외에도 재해의
방지, 재해재난계획, 대응, 그리고 복구 등에 다음과 같은 연방차원의
중요한 기관들이 있다. 이에 대해서는 〈표 4-3〉을 참조하기 바란다.

2. 법 령

　미국의 재난관련 법령으로는 앞 절에서 소개가 된 「국토안보법」,
「재난구제법」(Disaster Relief Act of 1974), 「연방재난방지법」
(The Federal Disaster Act), 「지진위험 경감법」, 「스태포드법」등이
있다. 이를 살펴보면 다음과 같다. 미국은 1803년 뉴햄프셔주 포츠머
스(Portsmouth, New Hampshire)에서 발생한 대화재 이후, 1950
년 사이에 128개의 재난관리 법령을 만들어 각종 재난의 대응과 복구
에 연방정부의 재원을 동원해 이를 지원해 왔다. 그러나 미 행정부는
기존의 사후대응식의 조치에 한계를 느끼고 1950년 기존의 128개의

재난관리 법령들을 통폐합하여 「연방재난방지법」을 제정하였다. 이 법령은 재난발생 이후 재난대응 및 복구에 필요한 재원을 지원하던 연방정부의 재난관리방식에서 한 단계 발전하여 재난발생 이전에 예방적인 차원에서 연방정부가 주정부 등을 지원하도록 규정하였으며 연방정부의 참여를 법적 차원에서 규정하였다는 점에서 진일보된 법령이다.28)

「연방 재난방지법」의 창설이후에도 미국의 재난관리방식에서 많은 비판이 제기되었다. 특히, 재난관리를 담당하는 여러 부처와 위원회가 '법률,' '대통령령,' '행정적 위임,' '조직재편' 등에 따라 수시로 개편됨에 따라 연방정부의 재난관리기능은 여러 기관에 분산된 상태로 1970년대까지 지속되었다. 1974년 이러한 문제점들을 해소하기 위해 「재난구제법」이 제정되었는데 이 법령의 제II항은 연방정부와 주정부의 재난계획과 경보시스템의 연방정부 지원을 명문화하였으며 제III항은 중앙재난지원부(FDAA: Federal Disaster Assistance Administration)의 설립을 입안하였는데 이는 오늘날의 FEMA의 전신이다. 즉, 이 법령은 FEMA의 조직설치 법안이었다.

「지진위험 경감법」(조례95-124, 1977년 제정)은 지진으로부터 국민의 생명이나 재산을 보전하고 위험을 경감시키기 위한 일종의 재난관리법이다. 이 법은 지진에 관한 FEMA의 5개 주요정책 즉, 1)위험기술과 사정, 2)지진에너지와 조사, 3)내진설계와 공학조사, 4)방재대책과 위험탐지, 5) 기본적인 지진학연구를 계획하고, 또 지진발생시에는 이에 대응하고 조정하는 최고책임기관으로 역할 수행 등에 반영되어 있다.

한편,「스태포드법」(1988년 제정)은 연방정부가 긴급사태발생시 보

____

28) 박헌옥, "지방자치단체의 비상대비체제 발전방향"(과천: 비상기획위원회 정책
    연구보고서, 2004), p. 45.

다 신속하게 대응하여 인명구조나 공중위생, 그리고 치안 및 재산보전을 목적으로 제정된 법으로, 재해나 긴급사태발생시에 대응하는 연방정부의 권한이 규정되어 있다.[29] 또, 이 법령은 중대한 재난이나 비상사태가 발생하여 연방정부가 지원해야 할 필요가 있을 때, 주정부 및 지방자치단체에 대해 연방의 지원제공에 대한 기본사항을 규정하고 있다. 또,「스태포드법」은 기본적으로 대형재난이나 위기발생으로 주정부나 지방자치단체의 응급대처능력으로는 도저히 감당할 수 없는 예상외의 대형재난사태 발발시를 전제로 하고 있다.「스태포드법」에 의하면 대통령은 대리로 연방조정관(FCO: Federal Coordination Officer)을 임명해서 전체적인 연방원조의 집행을 조정한다. 각 연방성·청은 FCO의 총괄지령에 입각하여 주정부에 대해서 직접적으로 지원을 제공할 수 있다.

3. 대응절차

연방차원에서의 재난 대응은 수정 일반법 제93-288호인 연방긴급대응계획에 명시되어 있다. 이 계획은 자연재난뿐만 아니라 방사능 또는 위험물질 방출 등의 과학적 재난 및 그 밖의 국가 긴급사태에 대해서도 적용이 가능하다. 재난발생시 연방지원의 제공을 보다 쉽고 효율적으로 지원하기 위해 직무별·기능별로 주관기관과 지원기관을 명시하고 있다. 기능은 12개의 긴급지원기능(ESF: Emergency Support Functions)으로 분류되어 있고, 기능별로 하나의 주관기관과 여러 개의 지원기관이 지정되어 있다. ESF별 연방정부의 주관기관 및 지원기관은 〈표 4-4〉와 같다. 12개의 ESF는 주요 실행주체로서 기능을 행사하며, 연방정부는 ESF를 통해서 지원을 제공한다.

---

29) 이연, 『위기관리와 커뮤니케이션』(서울: 학문사, 2004), p. 125.

대통령이 긴급사태를 선포하면, FEMA청장은 대통령을 대신해서 재난에 대응하기 위한 모든 활동을 조정하기 위해 연방조정관(FCO)을 임명한다. FCO는 피해 주에 설치되어 있는 재난현장사무소(DFO: Disaster Field Office)에 주지사가 임명하는 주조정관(SCO: State Coordinating Office) 및 ESF의 대표자 및 다른 지원 스텝들로 구성

〈표 4-4〉 ESF별 연방정부 주관기관 및 지원기관

#	1 Transportation (수송)	2 Communication (통신)	3 Public works and engineering (토목기술지원)	4 Fire fighting (소방)	5 Information and planning (구호계획)	6 Mass care (집단구호)	7 Resource support (자원지원)	8 Health and medical services (보건의료)	9 Urban search and rescue (구조)	10 Hazardous material (유해·위험물질)	11 Food (식량)	12 Energy (에너지)
기능／담당기관												
농무성	S	S	S	P	S	S	S	S	S	S	P	S
상무성		S	S	S	S	S	S			S		
국방성	S	S	P	S	S	S	S	S	P	S	S	S
에너지부	S		S		S		S			S		P
보건복지성			S		S	S	S	P	S	S	S	
주택 및 도시개발성		S	S	S	S					S		
법무성					S			S		S		
노동성			S				S		S	S		
국무성	S									S		S
운수성	P	S	S		S	S	S	S	S	S	S	S
보훈청			S			S	S	S				
적십자사					S	P		S			S	
환경보호청			S	S	S			S	S	P	S	
연방통신위원회		S										
FEMA		S		S	P	S	S	S	S	S	S	
조달청	S	S	S		S	S	P	S	S	S		S
항공우주국					S							
국가통신망		P			S		S	S				S
체신청	S					S		S				

P: Primary Agency(주관기관)
S: Support Agency(지원기관)
출처: 이연,『위기관리와 커뮤니케이션』(서울: 학문사, 2003), p. 153.

된 지방차원의 기관합동 긴급대응팀(Emergency Response Team: ERT)과 함께 상주하면서 ERT의 ESF 대표자와의 사이에서 긴급대응활동을 조정하고, 주정부가 지정한 필요사항을 충실히 이행하기 위해 연방정부기관의 모든 수단을 이용할 수 있도록 지원한다.

대규모 재난이 발생했을 경우, 연방정부는 대규모재난대책단(CDRG: Catastrophic Disaster Response Group)을 구성하여 FCO 및 ESF의 긴급대응활동의 조정 및 그들 활동으로부터 발생되는 실제적인 문제에 대한 지도 및 방침을 제공한다. CDRG는 국가적인 차원에서 긴급대응활동에 이용될 수 있는 전국 규모의 각종 수단에 관한 정보센터로써의 기능을 가지고 있는 연방 차원의 긴급지원팀(EST: Emergency Support Team)의 지원을 받아 FEMA 본부에서 활동을 한다. CDRG는 본부차원의 조정담당 집단으로서 현장의 FCO 및 ESF의 긴급대응요원으로부터 올라오는 보고사항이나 문제들을 지원하는 기능을 수행한다. CDRG의 책임자는 FEMA의 차장이고, 대책단의 구성은 각 성·청의 대표자들로 구성된다.

지방차원의 긴급대응체계는 여러 직종에서 파견되어 활동하는 기관합동요원으로 구성되어 있다. 처음에 ESF 및 FEMA의 대표자가 FEMA 지방국(또는 연방정부 지방센터)에 설치되어 있는 지역활동센터(ROC: Regional Operating Center)에 집합한다. 필요에 따라서는 긴급대응팀 선발부대(ERT-1)가 현장에서 지원을 전개하고 피해상황을 조사한다든가 또는 필요시 긴급대응활동도 개시한다. 모든 실행준비를 모두 완료하면 DFO에 FCO 및 ERT가 포함되어, 지방 ESF와 함께 각 피해 주에 대한 지원을 제공하기 위해 긴급대응활동을 실시한다.

V. 미국 위기관리체제의 특징

이상에서, 미국의 전통적 안보위기관리체제와 재난관리체제에 대해서 살펴보았다. 이들 각각의 특징은 다음과 같이 정리할 수 있다.

오늘날 세계에서 위기관리를 포함하여 국가안보 정책결정체계를 가장 잘 발전시켜 운영하고 있는 나라는 미국이다. 미국의 NSC는 위기관리와 전쟁지도의 핵심체계로서 국가안보와 관련있는 국내정책, 외교정책 및 군사정책을 통합적으로 대통령에게 자문함으로써 각 군과 정부부처, 그리고 유관기관이 보다 효과적으로 협력할 수 있도록 조정하는 임무를 수행하고 있다.

미국의 국가안전보장회의체계는 설립배경과 역할 및 운영체제를 분석해 볼 때, 다음과 같은 특징을 지니고 있는 것으로 요약될 수 있다. 첫째, 미국은 국가안전보장회의 내에 안보정책을 조정·통제·통합하고 정책방향과 지침을 부여하는 중앙 조정·통제체계를 발전시켜 안보정책의 일관성을 유지하고 정책 집행의 효율성을 도모하고 있다. 둘째, 미국 국가안전보장회의는 단순한 위원회나 회의체로서만 운영되지 않고 전문적인 참모조직을 설치하여 안보정책 및 전략을 개발·발전시키고 있다. 셋째, 미국 국가안전보장회의는 필수적인 각료들만 참석하기 때문에 신속하고 효과적인 정책결정이 가능하다. 넷째, 미국 국가안전보장회의가 지속적으로 운영됨으로써 국가안보에 관한 전문성과 일관성이 제고되고 기구의 안정성이 유지되고 있다. 다섯째, 미국 국가안전보장회의의 역할 중에서 경제문제 및 재난대응과 같은 비군사 안보분야의 역할이 점점 더 강조되고 있다. 여섯째, 미국 국가안전보장회의의 기능과 조직은 대통령의 통치성향과 안보현안에 따라 특정기능 및 조직이 강화되기도 하고 약화되기도 하였지만 정보수집 및 부처간 협조기능(Interagency process)은 지속적으로 강화되어 왔다.

이러한 일반적인 특징 이외에 부시 행정부가 NSPD(National Security Presidential Directives)-1호를 통해 구성한 미국의 현 국가안전보장회의 체제는 다음과 같은 특징이 있다. 즉, 부시 행정부는 국가안전보장회의의 조직 중 정책조정위원회(NSC/PCCs)의 역할 및 권한을 대폭 확대 및 강화하였다는 것이다. 클린턴 행정부 시절에는 차관급위원회가 정책조율, 정책집행감시, 하위협의체인 부처간 업무조정반 감독 및 위기상황대처의 기능을 수행하는 실질적 협의체였고, 부처간업무조정반(NSC/IWGs)은 차관급위원회를 보충 및 보완하는 소극적인 역할을 담당하였다. 그러나 부시행정부는 클린턴 정부시절 약 102개에 달하는 부처간 업무조정반(NSC/IWGs)을 6개의 지역별 정책조정위원회와 11개의 기능별 정책조정위원회로 통폐합하였고[30] 회의의 주관도 차관이나 차관보급이 하도록 함으로써 국가안전보장회의의 실무적이고 전문적인 기능을 정책조정위원회가 담당하도록 하고 있다. 이러한 부시행정부의 정책조정위원회의 역할 및 권한 확대는 안보정책의 실질적인 조정·통제·통합기능을 강화하고 전문성을 높이며, 안보현안에 대한 대처에 있어 국가안전보장회의의 성격을 과거의 주도적인 성향에서 협력 및 협조적인 성향으로 변화시키기 위한 것으로 판단된다.

부시행정부의 또 다른 특징은 국토안보를 위해 대규모의 조직개편을 단행했다는 점이다. 9·11 테러이후 미국은 테러·마약·불법이민·자연 및 인위재난 등 각종 위협으로부터 미 본토를 방호하고 국가기반체계(National Infrastructure) 보호 등의 광범위한 임무를 수행

---

30) 102개의 부처간 업무조정반 중 46개는 폐지되고 그 기능은 각 정책조정위원회로 흡수되었다. 또 54개는 정책조정위원회의 하부조직으로 편성하여 그 기능을 유지시켰으며, 나머지 2개는 잔존시켜 독립된 기능을 수행하도록 하였다.

하기 위해 해안경비대, 이민귀화국, 세관, 연방비상사태관리청(FEMA) 등 22개 연방기관을 전부 또는 부분적으로 흡수하여 국토안보부를 창설하였다. 부시 행정부의 국토안보부 창설은 다른 국가들에게도 영향을 미쳐 위기관리체제를 통폐합하는 데 선도적인 역할을 수행했다고 본다. 한편, 미국의 재난관리체제의 특징을 살펴보면 다음과 같다.

첫째, 미국은 재난의 예방과 대응을 위한 상설기구가 확립되어 있으며, 각 기구의 임무와 역할, 권한 등이 명시되어 있다. 특히, FEMA 청장은 장관급으로 임명되어(DHS의 기관장들은 차관급(Under Secretary)) 재난관리에 있어 충분한 권한과 재량권이 부여되어 있다.

둘째, 미국은 총체적 비상재난관리시스템(Integrated Emergency Management System)을 도입해 활용하고 있다. 재난이 발생할 경우 효과적인 대응과 복구를 하기 위해 FEMA는 지방, 주, 연방정부에 의한 체계적인 계획과 행동강령(planning & action) 차원에서 연방재난대응계획을 개발하여 적용하고 있다. 구체적으로 연방재난대응계획은 재난시 27개 연방 정부부서와 기관들의 역할을 명시하고 즉각적인 구난을 수행하기 위해 제공될 수 있는 연방의 지원형태를 제시하고 있다.

셋째, 연방정부를 포함하여 주정부와 지방정부의 재난대응절차가 체계화되어 각 수준의 정부는 재난관리의 일반적 책임과 기능을 공유하면서도 각각 독특한 책임을 분담하고 있다.

넷째, 미국의 재난관리체제의 영역은 9·11테러사건 이후 점차 확대되어 가고 있으며, 재난관리는 안보위기관리체제와도 밀접한 관련이 있다.31) 국토안보부가 주관하는 재난의 영역에는 FEMA가 담당하는 자연적·인위적 재난만 있는 것이 아니라, 사이버 영역의 국가기간

---

31) 이에 대해서는 다음의 자료를 참고할 것. 백영옥, "전·평시 비상대비 및 재해재난의 효율적인 관리방안 연구," pp. 109-112.

시설과 국민의 정신적 기반을 저해하는 마약 등과 같은 것들이 포함되어 있다. 즉, 재난의 영역은 국가 내부체제에 대한 위협으로 볼 수 있으며, 비록 그 비중이 증대되고 있으나 FEMA가 담당하고 있는 것은 재난의 영역 중에서 특정영역일 뿐이다. 또, 재난의 원인들 중 예전에는 배제되었던 테러가 중요하게 부각되고 있으며, 테러에 의한 재난이 다른 어떤 재난보다 사회내부에 심각한 영향을 가져올 수 있으므로, 재난관리는 전통적 안보 위기관리 체제와도 수평적으로 밀접한 관계를 가질 수밖에 없다.

넷째, FEMA에서 비상사태 및 민방위 업무를 동시에 수행한다는 점이다. FEMA는 전시대비보다는 평시 재난에 치중된 기관이긴 하지만 국가동원과 민방위를 충분히 포함하고 있는 총체적인 비상관리체제로서의 임무를 수행한다. 국가동원분야에서 FEMA가 수행하는 주요기능은 자원동원 및 긴요물자 비축범위 결정 등이 있다. 또한 민방위 분야에서는 대피소 구축, 주민소산 및 경보체제 유지 등의 기능을 수행한다.

이상의 내용을 종합하면, 미국은 전통적 안보 위협인 전쟁을 포함한 현대의 다양한 위협에 대응하기 위한 체계적인 위기관리체제를 구축하고 있다. 현재 미국의 위기관리체제는 전쟁을 포함한 전통적 안보위기관리체제(국외)와 테러, 재난 등 다양한 위협에 대응하기 위해 사회적 안전보호에 중점을 둔 국내안보위기관리체제로 구성되어 있다. 재난관리체제는 국토안보의 일부로서 취급되고 있으며, FEMA라는 조직이 재난분야를 담당하고 있다.

제5장

일본의 위기관리체제

I. 개요

일본의 위기관리체제는 안전보장회의와 내각부 방재담당조직으로 이루어져 있다. 안전보장회의는 북한 미사일 위기, 북핵사태, 괴선박 침투 등 전통적 안보위협과 외교·경제·에너지·식량 등 군사 외적 위협요인들을 총체적으로 담당하고 있다. 내각부 방재담당조직은 태풍, 지진, 해일 등과 같은 자연재난과 원자력 임계사고 등과 같은 인위 재난을 담당하고 있다.

일본은 2004년 한 해 동안, 대형 태풍 10개가 일본열도를 관통했을 정도로 자연재난의 천국이다.[1] 그러나 이러한 재난의 대응은 실질적

---

[1] 지금까지 일본의 연간 상륙 태풍수는 6개가 최고였다. 그러나 2004년 10월 태풍 도카게가 일본 열도에 상륙함으로써 일본에 상륙한 태풍의 수는 금년에만 10개에 달했다. 『국민일보』, 2004.10.19(검색일: 2004.12. 10); 『중앙일보』,

으로 주로 지방자치단체의 몫이었다. 이것은 오랫동안 지속되어온 봉
건시대의 영향으로 지방분권화 및 지방자치의 개념이 활성화되었기
때문이다. 더욱이 1923년 관동대지진2) 이후 일본 내각에서 깊이 관
심을 가질 재난도 발생하지 않았다.

즉, 전후 일본은 전통적 안보위협에 의한 위기관리를 주로 미일동맹
에 의존했었고, 자연재난에 대한 대응은 주로 지방자치단체의 몫이었
기 때문에, 안보위협이나 재난에 대응하기 위한 국가적 차원의 조직이
잘 정비되어 있지 못했다. 일본 내각이 국가차원에서 관심을 가진 위
기상황이라고는 1970년대 두 차례의 에너지 파동처럼 일본경제에 미
칠 악영향 정도에 지나지 않았다.

그러나 90년대에 들어와서 일본은 새로운 위기상황들에 직면하게
되고 내각 차원에서 통합적인 대응을 할 필요성이 대두되었다. 결정적
인 계기가 바로 1995년에 발생한 '고베 대지진'이었다.

고베 대지진으로 인해 내각의 '다테와리식 행정(횡적인 연결이 약한
성·청별 종적 행정시스템)'은 한계를 드러냈으며, 내각은 더 이상 지
방자치단체에 재난관리를 위임하는 것으로는 대규모 재해에 대응할
수 없음을 인식하기 시작했다.3) 또, 1996년 북한의 미사일 발사,

2004.9.8(검색일: 2004.10.2).

2) 1923년 9월 1일 일본 관동지방의 남부에서 발생한 지진으로 당시 상당한 피해
를 초래했다. 도쿄, 요코하마 등지의 도시부를 중심으로 사망자 9만 9,331명,
행방불명자 4만 3,746명, 부상자 13만 3,733명, 완전파괴 가옥 12만 8,266동,
소실가옥 44만 7,128동, 유실가옥 868동, 이재민 340만 명이라는 대피해가 발
생하였다. 이동훈, 『위기관리의 사회학』(서울:집문당, 1999), p. 130.

3) 1995년 1월 17일 05:46 고베 지방에서 발생한 진도 7.2의 지진으로 일본은 사
망자 5,500명, 완파 및 반파 가옥 약 19만 호, 소실면적 약 100여ha, 약 30만
명의 이재민이 발생하였다. 행정부의 정보전달 기능의 미비로 수상은 지진발생 1
시간 40분 후에야 공식적으로 보고를 받았으며, 각 성·청 간의 조정과정에 많은
시간이 지체되어 내각은 신속한 결정을 이루지 못했다. 그 결과, 자위대의 파견지
체, 신속한 화재진압 및 인명구조의 실패, 그리고 육상교통의 마비에 의한 운조

1993년 이후 계속되어온 북한 핵사태, 1999년과 2001년 북한 괴선박 사건,4) 중국과의 조어도 분쟁5) 등으로 일본 국내에는 상당한 안보 불안감이 조성되었고, 이러한 사태의 잠재적인 안보위기에 대해 내각 차원의 적극적인 대응의 필요성이 대두되었다.

한편 일본 내각은 북한 및 중국과 관련된 주변사태 외에도 1995년 옴진리교도에 의한 동경 지하철 사린가스 살포사건,6) 2004년 알카에다의 자위대 이라크 참전에 대한 보복테러성명 등으로 국내의 테러에

대, 소방대, 긴급물자수송의 지연 등의 문제점을 드러냄으로써 피해를 더욱 확산시키는 결과를 초래했다. 결국, 일본 내각과 지방자치단체는 지진발생 직후 지진으로 인한 피해규모와 그 심각성을 전체적으로 파악하고 상황을 장악하는데 실패하였다. 이원덕, "고베지진과 일본정부의 위기관리," 김경동 편, 『일본사회의 재해관리: 고베지진의 사례연구』(서울: 서울대학교 출판부, 1997), p. 43.
4) 1999년 일본 노탄반도 앞 바다에서 발생한 괴선박사건에서 자위대 창설이래 처음으로 해상경비활동이 발령되었다. 2001년에는 규슈 남서구역에서 감시활동중이던 해상 초계기가 수상한 선박을 발견하여 순시선 및 항공기로 추적·감시하였으나 괴선박은 해상보안청의 계속되는 정선명령을 무시하고 도주했기 때문에 순시선은 경고사격 후 위협사격을 실시하였다. 그럼에도 불구하고 괴선박은 계속해서 도주했으며 추격중이던 순시선을 공격했기 때문에 순시선은 자위권 차원에서 사격을 실시하였다. 그후 괴선박은 자폭으로 침몰하였으며 북한공작선으로 밝혀졌다. 방위청, 『2003 방위백서』, 국방정보본부 역(서울: 국방부, 2003), pp. 218-219.
5) 동중국해상에 위치하고 있는 조어도 등 8개 무인도의 영유권을 놓고 중국-대만-일본 간 분쟁이 진행중이며, 이 지역은 1895년 청일전쟁 이후 일본의 영토로 귀속되었다가 1951년 9월 미일 강화조약시 일본으로부터 미국으로 할양되었었다. 1972년 5월 미일 간 오키나와 반환협정시 다시 일본으로 반환되어 이후 일본의 관할로 복귀했으나, 중국과 대만은 역사적 근거를 중심으로 영유권을 계속 주장하고 있다. 1995년 6월 중국 공군기(Su-27 혹은 J-811)가 동지역에 접근하자 일본 항공자위대 F-15 2대가 발진하여 대응하기도 했다. 1996년 10월에 중국 해군이 동지역 북서쪽 해상에서 해상훈련 실시하였고, 1998년 6월에는 홍콩의 시민단체 시위선박이 시위 중 침몰하여 1명이 사망하기도 했다. www.ekida.kida.mil/WOWW(검색일: 2004.3.24);『조선일보』, 2004.3.27(검색일: 2004.5.4).
6) 1995년 3월 동경 지하철에서 옴진리교라는 광신교도 집단에 의해 독가스(사린가스) 테러가 발생하여 출근중인 시민 12명이 사망하자, 전 일본은 공포의 도가니에 빠졌다.

도 대응할 필요성이 대두되었다. 즉, 일본내각은 주변사태로부터 일본 안보에 대한 직접적인 위협, 국내외 테러단체에 의한 일본 내 기간시설에 대한 위협, 기존의 행정조직으로 감당하기 힘든 자연 및 인위재난의 파괴성 증대 등 세 가지 주요 형태의 위기상황에 직면하게 된 것이다.

이에 일본 내각은 조직을 정비하여, 주변사태 및 테러에 의한 일본의 안보위협에 대응할 수 있도록 '안전보장회의'를 강화하였으며, 자연재난과 인위재난에 대응할 수 있도록 내각부의 방재조직을 정비하였다. 특히 9·11 이후 미국의 대테러정책의 사례가 내각 방재조직개편에 영향을 주었으리라 판단된다.7)

그러면 앞에서 언급한 일본의 안보위기관리체제와 재난관리체제를 다음 절에서 구체적으로 살펴보자.

II. 전통적 안보위기관리체제

1. 조직

일본은 역사적으로 명치유신 이래 국가의 근대화를 이룩하는 과정

---

7) 현재까지의 자료를 검토해보면 일본의 방재조직은 태풍, 지진과 같은 자연재난과 1999년 이바라키현 원자로 임계사고(핵분열로 인해 사상자가 발생되고 핵분열 반응이 지속되어 가는 상황) 등 대형 인위재난에 초점에 맞추어져 있다. 따라서, 일본내각의 방재조직의 개편이 미국과 같이 테러에 초점을 맞추어져 있다고 말하는 것은 성급한 표현일지도 모른다. 그러나, 2004년 7월 「국민보호법」이 의회에서 통과됨에 따라, 테러에 의한 인위적 재난에 대비하여 방재조직을 정비할 수 있는 기틀이 마련되었다. 이미 일본은 화생방 테러에 대비하여 자위대에 101방호대를 창설하는 등 국내에서의 테러를 심각하게 인식하고 있으므로, 곧 내각의 방재조직에도 미국의 국토안보청과 같이 테러에 의한 대규모 재난을 예방하고 그 피해를 최소화하기 위해 대응조치가 취해질 것이라고 판단된다. 「국민보호법」은 뒷절 '법령체계'에서 참조할 것. 『요미우리 신문』, 2004. 6.15.

에서 국가안보 의사결정체계를 부단하게 정비했던 경험을 가지고 있다. 일본의 그러한 경험은 정치와 군사를 협조적으로 연결하는 체제와 제도를 발전시키는 것으로부터 시작되었다. 「어전회의」는 헌법에 근거한 기구는 아니었으나 실제로는 정략과 전략을 국가 차원에서 통합하는 최고 위치에 있었으며, 이러한 점에서 어전회의는 현대적 의미의 최고 안보정책결정기구이자 전시에는 최고의 전쟁지도기구였다고 할 수 있다.

그러나 실질적인 전쟁지도와 용병작전의 지휘는 「대본영」에서 이루어졌고. 대본영과 내각 간의 실질적인 정책조정을 위해 「연락회의」(1944년 이후 최고전쟁지도회의로 변경)가 설치되었다. 당시 일본은 정부와 군부가 유기적으로 연결된 안보정책의사결정체계를 제도화시켰으나, 이는 군국주의적 발상에 기초한 것으로 실질적인 의사결정은 군부에 의해 주도되는 경향을 보였다.

일본의 군국주의적 발상에 기초한 전쟁지도체제는 제2차 세계대전에서의 패배와 함께 역사의 유물로 사라졌다. 일본은 패전의 책임을 지고 연합국 측이 요구하는 안보·군사체제의 근원적 재편을 받아들여야 했다. 특히, 평화헌법은 안보·군사·전쟁과 관련한 국가활동에 많은 제한을 주었다. 이러한 상황에서 일본은 과거와는 달리 군사를 정치에 종속시키는 안보·군사체제의 정비를 추진하였다. 군령권을 내각의 총리에게 귀속시켰고, 방위와 관련된 의사결정을 내각이 담당하도록 하였다. 국가안보 의사결정체계도 이와 같은 개념에서 정비되었다. 일본은 그 일환으로 1956년 7월 총리(수상)의 자문기관으로 「국방회의」를 설치하였다.[8]

---

8) 국방회의 설치의 법적근거는 '防衛廳 설치법'에 규정되어 있었으며, 다음의 사항에 대하여 내각총리의 정책결정을 자문했다. 1)국방의 기본방침, 2)방위계획에 관한 대강, 3)방위출동의 可否, 4)그 외에 내각총리가 필요하다고 인정되는 국

국방회의는 안보문제를 주로 방위력 정비 관점에서만 다루는 제한적인 기능을 수행하였으며, 토의된 안건은 반드시 내각의 결정을 거쳐야 했다. 이 기구의 주된 기능은 국방의 기본방침, 방위계획의 대강, 방위계획에 관련되는 산업 등의 조정계획의 대강, 방위 출동의 가부, 기타 총리가 필요하다고 인정하는 국방에 관한 중요 사항에 대하여 총리의 자문에 응하는 것이었다. 그러나 일본은 1980년대에 접어들면서 포괄적 안보개념이 중요하게 부각됨에 따라 일본은 국가안보의사결정 체계를 새롭게 발전시킬 필요성을 인식하였다.

외교문제, 경제문제, 에너지문제, 식량문제 등 군사 외적 요인들이 국가안보를 위협할 정도로 중요하게 부상되면서 새로운 개념의 위기관리 대책이 요구되게 된 것이다. 일본정부는 국방회의로서는 이와 같은 새로운 안보문제를 다루는 것이 거의 불가능하다고 판단하였다.[9] 이에 일본은 1980년 12월 각의에서 「총합 안전보장 관계장관 회의」를 설치할 것을 결정하였다.

이 기구는 군사외적 요소까지를 망라한 안보문제에 관해 종합적으로 총리의 자문에 응하도록 하였다. 그러나 총합 안전보장 관계장관회의 역시 다루어야 하는 영역이 지나치게 광대할 뿐만 아니라 구성원도 너무 많은 폐단을 안고 있었으므로 정상적으로 기능을 발휘하기가 제

방에 관한 중요사항. 장문석, 『現代日本軍事論』(서울: 국방대학원, 1997), pp. 218-219.

9) 이러한 배경에는 국방회의의 무기력함과 긴급사태에 대처를 위한 내각의 역할확대 필요성에 대한 인식이 있었다. 국방회의는 방위청의 결정을 무조건 수용하는 거수기라는 비난을 받았으며, 20년간 30번밖에 회합이 이루어지 않을 정도로 유명무실하였다. 또, 일본이 안전보장회의를 출범시키기 전 1976년 9월 소련공군기의 일본 망명사건, 1977년 다카(Dacca)에서 항공기 피랍사건, 1983년 9월 KAL 사건 등과 같은 긴급한 사태가 발생했다. 일본 내각은 이러한 사태가 발생할 잠재성이 높다고 인식하고 있었고, 이에 대응하기 이한 국방회의의 취약성을 보완할 대안을 구상하였다. 장문석, 『現代日本軍事論』, pp. 218-219.

한되었다.

즉, 이 두 기구 공히 국가의 최고 수준에서 고도의 안보전략을 다루기에는 그 역량이 미흡하였으며, 조직과 절차상 다양한 안보위협 또는 위기사태들이 발생할 경우 기민하게 대처할 수 있는 기반이 제대로 구비되어 있지 않았다. 또, 이 기구들은 정보의 수집 및 분석 능력이 제한되어 있었고, 정책의 기획 및 개발 기능이 거의 없었다.

이에 일본은 어떤 형태로든 국가위기관리체계를 정비할 필요성을 인식하고 미국의 국가안전보장회의와 같은 안보정책결정기구가 필요하다고 판단하여 그 정비 방안을 강구하기에 이르렀다. 마침내 일본정부는 「안전보장회의 설치법」(1985년 의회에서 성립)에 의거하여 1986년 7월 1일 국방회의를 해체하고 국가안전보장회의를 설치함으로써 국가안보정책결정체계를 획기적으로 정비하였다.

이와 관련하여 관방장관 예하에 안보회의 지원기관을 모두 통합시켜 조정 통제기능을 단일화함으로써 업무기능별 정보 교환 및 분석을 용이하게 하고 정책 대안의 개발과 협조가 원활하게 이루어질 수 있도록 하였다. 또한 미국의 국가안전보장회의 참모조직 편성과 같이 내각 관방실내에 안전보장실을 설치하여 안보회의의 의안 수집 및 안건 준비, 의결 내용의 정리, 관련 정부부서 기관과의 협조 강구 등을 담당하도록 하였다.

그러나 일본은 최근 이라크 전쟁 및 북핵문제 등 자국의 이해와 관련된 외교 및 안보관련 사안이 잇따라 발생하고, 또 이들 문제의 해결을 둘러싸고 부처간 조정이 매끄럽게 이뤄지지 않거나 대응이 지연됨에 따라 기존의 안전보장회의체제를 보다 효율적이고 전문적인 체제로 정비할 필요성을 인식하게 되었다.[10] 게다가 2003년 5월 유사법

───────────────

10) "日정부, 일본판 NSC 신설 추진," 『연합뉴스』 2003.6.29(검색일: 2004.12. 11.)

제가 통과되면서 위기관리 등 안전보장회의가 실질적으로 담당하여야 할 역할이 강화됨에 따라 조직 또한 보다 실질적인 정책 개발이 가능하도록 개편되어야 했다.

이러한 필요성으로 인해 2003년 6월 「안전보장회의 설치법」이 개정되어 현재와 같은 체제를 유지하게 되었다. 이 개정안은 총리의 자문사항 추가와, 안전보장회의의 구성원의 필요시 확대, 그리고 안전보장관련 심의를 신속하고 정확하게 수행하기 위한 지원조직(사태대처전문위원회) 설치를 주요 내용으로 하고 있다.

일본의 안전보장회의는 안전보장회의설치법 제1조에 명시된 바와 같이 국방에 관한 주요사항 또는 중대긴급사태에 대처에 관한 중요사항을 심의하기 위해 내각에 설치된 국가 최고의 기관이라는 위상을 갖는다. 또한 동법 제2조에서 의거 안전보장회의는 내각총리의 자문기구의 성격도 갖는다. 뿐만 아니라 안전보장회의는 통합막료회의 의장이 지휘통제하고 있는 중앙지휘소(유사시의 군 총사령부)와 연결됨으로써, 유사시에는 전쟁지도기능을 수행하게 되는 것으로 알려져 있다.11)

그러나 법률상으로 안전보장회의의 가장 기본적인 역할은 총리가 안전보장회의에 자문할 것을 의무화한 자문사항을 처리하는 것이다. 총리의 자문사항은 필수자문사항과 필요시 자문사항으로 구분된다. 필수자문사항은 국방의 기본방침, 방위계획의 대강, 방위계획에 연관된 산업 등의 조정계획의 대강, 무력공격사태12) 등의 대처에 관한 기본적인 방침이 그것이다.

반면에 필요시 자문사항은 내각총리대신이 필요하다고 인정하는 무

---

11) 정춘일 외, "국가위기관리체계 정비 방안 연구," p. 64.
12) 무력공격사태 또는 무력공격예상사태를 말한다. 「일 안전보장회의설치법」 제2조 1항 4호.

력공격사태 등에 대처에 관한 중요사항, 그 외 내각총리대신이 필요하다고 인정하는 국방에 관한 중요사항, 내각총리대신이 필요하다고 인정하는 중요긴급사태13)의 대처에 관한 중요사항이 포함된다. 이 중 ①무력공격사태 대응 관련 기본적인 방침과, ②내각총리가 필요하다고 인정하는 무력공격사태 대처에 관한 중요사항, 그리고 ③내각총리가 필요하다고 인정하는 중대 긴급사태 대응에 관한 중요사항의 3개 자문사항은 동법이 개정되면서 새로이 추가된 사항이다.

이렇게 볼 때 일본의 안전보장회의는 군사·정치·경제·외교를 조정·통합·협조시키는 최고의 상설 안보정책결정기관으로서 그 임무와 역할을 수행하고 있다. 구체적으로 안전보장회의 설치법에 의하면 안전보장회의는 1)국방의 기본방침 및 방위계획의 기본방향 수립, 2)방위계획과 관련된 산업의 조정, 3)방위출동의 가부 결정, 4)중대 긴급사태 발생시 대처방안을 심의하여 결정 등의 임무와 기능을 수행하도록 되어 있다.

일본의 안전보장회의는 「내각법」 제9조에 의해 규정에 근거하여 미리 지정된 국무대신, 총무대신, 외무대신, 재무대신, 경제산업대신, 국토교통대신, 내각관방장관, 국가공안위원회의장, 방위청장관 등14)이 정규 의원으로 구성되고, 의장은 총리대신이 담당한다. 그러나 의장이 필요하다고 인정하는 경우에는 해당 의안에 책임을 지고 있는 국무대신을 의원으로 회의에 참가시킬 수 있으며, 또한 필요시 통합막료의장과 그 외의 관계자를 회의에 출석시켜 의견을 말하게 할 수 있다.

일본의 안전보장회의는 사태대응과 관련, 사태 분석 및 평가에 대해

---

13) 무력공격사태 또는 전호의 규정에 의한 국방에 관한 중요사항에 대한 자문을 구해야 하는 사항이외의 긴급사태로서 국가의 안전에 중대한 영향을 미칠 우려가 있는 것으로, 통상적인 긴급사태대처체제로는 적절한 대처가 곤란한 사태를 말한다. 「일 안전보장회의설치법」 제2조 1항 7호.

14) 기존의 구성원에서 총무대신과 경제산업대신 및 국토교통대신을 의원으로 추가하고 경제재정담당대신을 의원에서 제외하였다.

특히 집중 심의할 필요가 있다고 인정되는 경우15)에는 의원을 한
정16)하여 사안심의를 할 수 있으며, 기타 의원에 대해서는 심의에 참
가시켜야 할 특별한 필요가 있다고 인정되는 때에 임시로 심의에 참가
시킬 수 있다. 또한 의장은 필요시 관계행정기관의 장에게 자료제출이
나 정보의 제공 및 설명과 기타 필요시 협력을 요구할 수 있다.17)

일본의 안전보장회의에는 이를 전문적으로 보좌하는 조직인 「사태
대처전문위원회」가 설치되어 있다. 동위원회의 의장은 내각관방장관
이 담당하고 위원은 내각관방 또는 관계 행정기관의 직원 중에서 내각
총리대신이 임명한다.18) 동 위원회는 안전보장회의설치법 제2조 1항
4호에서 7호까지의 사항(각주 15의 내용)을 심의 또는 그와 관계된
동조 제2항19)의 의견 상신을 신속하고 정확하게 하기 위하여 필요사
항에 대해 조사 및 분석을 실시하고, 그 결과를 기초로 하여 회의에 진
언하는 역할을 수행한다.

일본의 안전보장회의는 소장(所掌)사무에 대해 의장 및 위원들의보

---

15) 「일 안전보장회의설치법」 제2조 1항 4-7호의 사항으로 4호의 '무력공격사태'
등('무력공격사태' 또는 '무력공격예상사태'를 말한다. 이하 동일함)의 대처에
관한 기본적인 방침, 5호의 내각총리대신이 필요하다고 인정하는 무력공격사
태 등에 대처에 관한 중요사항, 6호의 그외 내각총리대신이 필요하다고 인정하
는 국방에 관한 중요사항, 7호의 내각총리대신이 필요하다고 인정하는 '중요긴
급사태'(무력공격사태 또는 전호의 규정에 의한 국방에 관한 중요사항에 대한
자문을 구해야 하는 사항이외의 긴급사태로서 국가의 안전에 중대한 영향을 미
칠 우려가 있는 것으로서, 통상적인 긴급사태대처체제로는 적절한 대처가 곤란
한 사태를 말한다.)의 대처에 관한 중요사항을 말한다.
16) 참석의원은 「내각법」 제9조에 의해 규정에 근거하여 미리 지정된 국무대신, 외
무대신, 국토교통대신, 내각관방대신, 국가공안위원회 위원장, 방위청장관 등
이다. 「일 안전보장회의설치법」 제5조 3항.
17) 「일 안전보장설치법시행령」 제2조.
18) 방위청, 『방위백서 2003』, pp. 249-250.
19) 2항: 전항에서 정한 경우 외에 회의는 국방에 관한 중요사항 또는 중대긴급사
태의 대처에 관한 중요사항에 대해 필요에 응하고 내각총리대신에게 의견을 말
할 수 있다.

<그림 5-1> 일본 국가안전보장회의 조직[20]

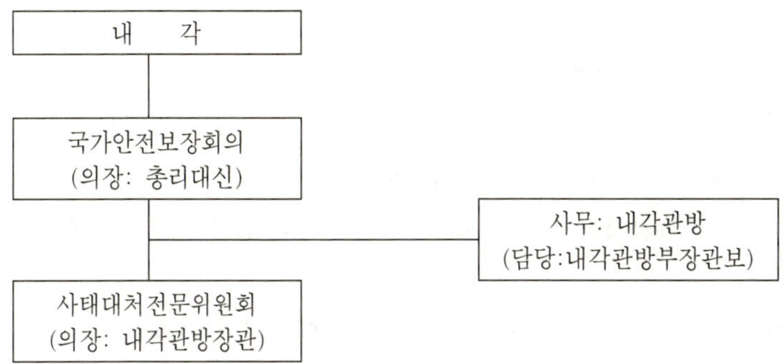

좌를 하는 간사를 10명 이내로 임명할 수 있다. 이들은 관련 행정기관의 직원 중에서 선출하여 내각이 임명한다.[21] 안전보장회의에 관한 사무는 내각관방에서 담당하고, 내각관방부장관보[22]가 이를 맡아서 처리한다.

　일본 안전보장회의의 조직을 간략화하면 <그림 5-1>과 같다.

2. 법령

　과거 일본과 관련된 안보관련 위기사태 발생시 일본 정부가 대응할 수 있는 법적 근거로는 「안전보장회의 설치법」과 「자위대법」 등에 국한되었으며 일본정부는 안보위기사태의 해결을 주로 미·일 동맹에 의존했었다.

---

20) 조직도는 일본의 안전보장회의설치법 및 동법시행령의 내용을 기초로 정리한 것이다.
21) 「일 안전보장회의설치법시행령」 제1조.
22) 내각관방부장관보는 국내·외 중요정책과 안전보장 및 위기관리에 관한 기획입안 및 통합조정을 담당한다.; 일본 내각부 내각관방부장관보 홈페이지. www.cas. go.jp/jp/gaiy(검색일: 2004.12.16).

그러나 중국과의 조어도 분쟁, 1999년과 2001년의 북한 괴선박 사건 등으로 일본 국내에서 안보불안이 조성되자, 일본정부는 기존의 전수방위개념의 한계를 벗어나 주변사태에 적극적으로 대처하기 위해 「안전보장회의 설치법」 및 「자위대법」의 개정과 「무력공격사태 대처법」을 포함하는 유사법제를 마련하였다.[23] 이 포괄적 법안은 2003년 5월 일본 참의원에서 압도적 찬성으로 가결되었다(찬성: 90%, 반대: 10%).

이 중 무력공격사태대처방안은 무력공격사태의 대처와 관련하여 기본개념,[24] 국가, 지방공공단체 책무, 국민의 협력 그리고 그 이외의 기본사항을 규정함으로써 무력공격사태에 대한 대처태세를 규정하고 있다. 「안전보장회의 설치법」의 개정안은 안전보장회의 의원구성의 변경, 안전보장회의에 대한 자문사항의 추가(역할증대를 의미), 사태대처전문위원회의 안보회의에 설치 등이 추가되었다.

한편, 2003년 『자위대법 개정안』에는 유사시 자위대의 합법적 운용

---

23) 일본의 경우 지금까지 위기관리라고 하면 재난구호를 의미하는 것이었으며, 외국으로부터의 공격에 대한 대응으로서의 위기관리는 미일 안보조약과 그에 따른 그 후속 규정들에 의한 대처 이외에는 존재하지 않았다. 그것은 위기관리가 기본적으로 국내의 인적, 물적 자원에 대한 동원체제를 의미하므로 태평양 전쟁에서의 국가총동원령을 연상시킨다는 정치적인 이유에서 도입되지 못했다. 그러나 지난 1997년의 신가이드라인과 1999년의 주변사태법의 도입으로 미국과 일본 양국의 협력과 지원체계는 공식화되었으며, 2003년 5월 유사법제의 도입으로 일본은 안보 관련 위기관리체계가 공식화되었다. 최운도, "일본의 위기관리와 유사법제"(서울: 연세대학교 동서문제연구원, 2004), p. 3.; 유사법제의 세부사항에 대해서는 방위청, 『2003 방위백서』, pp. 240-250, pp. 578-585를 참조할 것.

24) '무력공격사태'는 '무력공격사태'와 '무력공격예측사태'를 포함하는 개념이다. 무력사태란 외부로부터 일본에 대한 무력공격이 발생하는 사태 혹은 무력공격이 발생할 명백한 위험이 임박하다고 판단되는 사태를 일컫는다. 한편, 무력공격예측사태란 무력공격사태까지는 이르지 않았으나 사태가 긴박하고 무력공격사태가 예측되는 사태를 일컫는다. 방위청, 『방위백서 2003』, p. 243.

을 보장하기 위해 방위출동과 무력사용의 합법적 근거로서 14개조항의 개정안을 포함하고 있다. 이러한 법안과 개정안들은 기타 분야의 법안과 밀접한 관계가 있으며, 관련분야의 법률 역시 개정되었다. 구체적으로 살펴보면 다음과 같다.

부대의 이동, 수송 및 토지의 이용과 관련된 개정법들로는 「도로법」, 「도로교통법」, 「해안법」, 「하천법」, 「산림법」, 「자연공원법」, 「어항·어망정비법」, 「항만법」, 「도시공원법」, 「도시녹지 보전법」, 「토지수용법」, 「도시계획법」 등이 있다. 의료 및 전사자 취급과 관련된 개정법으로는 「묘지, 매장 등에 관한 법률」이 있고, 위생의료와 관련된 개정법으로는 「의료법」, 「마약 및 향정신제 단속법」 등이 있다.[25]

한편, 유사법제에서 일본이 규정한 무력사태는 주로 북한과 중국을 상정한 것이므로, 현재의 「무력공격사태대처법」으로는 옴진리교도와 알카에다와 같은 테러위협에는 효과적으로 대처할 수 없다. 기존에 일본이 가지고 있는 테러 관련법령으로는 아프가니스탄 등에서 대테러 전쟁을 수행하는 미군과 동맹군을 지원하기 위한 「테러대책특별조치법」[26] 밖에 없었다. 그러나 '04년 6월 14일 「국민보호법」[27]이 참의원 본회의에서 압도적인 찬성(찬성 163, 반대 31표)으로 가결됨에 따라, 국내의 테러에 능동적으로 대처하기 위해 내각의 안전보장회의와

---

25) 방위청, 『방위백서 2003』, pp. 253-255.

26) 이 법에 대해서는 방위청, 『방위백서 2003』, pp. 287-292를 참조할 것.

27) 국민보호법은 무력공격 사태와 무력공격 예측사태, 대규모 테러 등의 긴급대처 사태에 대처하기 위해 국민의 피난·구조절차의 결정, 정부와 지방자치단체 간 역할 분담 등을 명확히 했다. 주민의 피난·구조가 필요한 경우, 소유자의 동의 없이 민간의 토지와 건물을 징발할 수 있는 등 일종의 사유권 제한도 포함되어 있다. 비록, 이것은 재난대응에 더욱 가까운 것이지만, 이러한 법제가 안보적 위협에 의한 대응의 필요성을 기본적으로 가정하고 있기 때문에 내각의 안전보장회의를 강화시키는 충분한 근거가 될 것으로 판단된다. 『요미우리 신문』, 2004.6.15; 이 법안의 상세한 내용은 『방위백서 2001』, pp. 214-216을 참조할 것.

방재조직의 기능과 권한을 강화할 수 있는 기틀이 마련되었다.

3. 대응절차[28]

일본내각은 무력공격사태가 발생하였거나 무력공격이 예측되는 사태를 인식하였을 경우에는 그것을 배제하면서 또한 신속히 종결짓도록 노력한다. 그 첫 단계로서 수상은 사태에 대한 적절한 대처에 대해 안전보장회의에 자문을 구하면 안전보장회의는 이에 답신을 하여야한다. 그 결과 정부는 대처기본방침을 결정하고 즉시 의회의 승인을구한다. 또한 무력공격사태대책본부를 설치하여 수상을 본부장으로하고 국무대신들로써 부(副)대책본부장과 대책본부원의 역할을 맡도록 한다. 대책본부에서 결정된 방법과 조치가 의회의 승인으로 가결되면 대처기본방침에 따라 자위대에게 그 대처 명령을 시달하고 국민보호를 위해서는 (1)피난구원과, (2)피해의 최소화를 위한 지시를 내린다.

자위대에 대해서는 우선 방위 출동대기 명령을 내림으로써 예비자위관 및 즉응예비자위관의 방위소집 명령을 발하거나 진지 등의 방위시설 구축을 명한다. 사태가 진행됨에 따라 필요하면 방위 출동명령을하달한다. 이 때는 가옥의 형상변경, 병원의 사용허가를 얻을 수 있으며, 특정 의약품에 대해서는 그 물량의 확보를 강제할 수 있다. 트럭운송업자들에게는 물자수송 역할을 맡을 것을 명령하고, 이행하도록 한다. 이러한 태세를 확립함으로써 국가방위를 위한 자위대의 무력행사를 지원한다.

국민보호를 위해서는 국가와 도·도·부·현(都道府縣)의 지방공공 단체, 시·정·촌(市町村)의 공공기구, 그리고 지정공공기관(철도,

---

28) 최운도, "일본의 위기관리와 유사법제," pp. 6-7의 내용을 정리.

방송국, 변전소 등)에 대해 (1)피난구원과, (2)피해의 최소화를 위한 지시를 내린다. 국가는 경보의 발령과 정보의 제공, 피난의 지시를 내리고 피해의 최소화를 위해서는 원자력 시설의 안전을 확보하기 위한 조치를 한다.

다음으로 도·도·부·현의 단체장은 피난주민의 구원조치를 취하거나 피해대처, 교통규제, 그리고 생활관련 시설의 안전확보를 위해 적절한 명령을 내린다. 시·정·촌 단위의 지역에서는 피난주민을 유도하는 책임을 수행하는 한편, 피난민들의 부상에 대해서는 응급조치를 강구하고 위험지역에 대한 경계구역을 설정하여 통행을 관리함으로써 주민의 안전을 도모한다. 또한 화재 진화를 통해 피해를 최소화한다.

마지막으로 방송사업자는 경보 방송을 내보내고 일본 적십자의 구원활동에 협력하며, 운송업자들은 피난주민의 이송과 긴급지원의 운송을 책임진다. 지정공공기관은 또한 전기와 가스의 공급을 조절하고 통화, 금융의 조절과 신용질서를 유지하도록 노력한다.

한정적이며 소규모적인 침략에 대해서는 일본 혼자의 힘으로 대응하도록 하나, 침략이 그 양상이나 규모에 있어서 혼자 힘으로 대응하는 것이 어려울 때에는 '미·일 신가이드라인'에 따라서 미국의 협력을 얻어서 대처한다.

III. 재난관리체제

1. 조 직

고베지진 이후 일본은 재난관리체제를 계속적으로 정비하였다. 2001년 1월 중앙부처가 통폐합됨에 따라 일본의 재난관리체제도 대폭 개편되었다. 과거 국토청 소속의 방재국은 방재기획과, 방재조정과, 방재업무과 등으로 구성되어 있었으나, 2001년 이후 방재업무는 새로 발족된 내각부로 이관되었다. 새로 발족된 내각부 산하의 재난관리 조직은 방재담당 정책통괄관이 맡게 되었고, 이 조직은 과거보다 더 폭 넓고 보다 강력한 통합조정권을 발휘하게 되었다.

일본의 재난관리는 정부, 지방공공단체, 공공기관, 주민 등의 협력하에 총합적이고 통일적으로 이루어진다. 중앙정부차원에서는 재해대책의 총합성을 확보하고 방재와 관련된 중요사항을 심의하기 위해 중앙방재회의가 설치되어 있고 내각부에 내각위기관리감(특별직)이 조직되어 있다. 내각부 방재담당 정책총괄관은 대신을 보좌하고 방재관련 기본적인 정책과 대규모재해발생시 대처사항과 기획입안, 총합조정 등의 임무를 수행한다. 내각본부에 조직되어 있는 방재조직을 살펴보면 다음 〈그림 5-2〉와 같다.

방재담당 정책총괄관29)은 총 6명으로 방재총괄담당, 방재예방담당, 방재댐담당, 재해응급대책담당, 재해복구·부흥담당, 지진·화산대책담당 등이다. 그중 방재총괄담당은 정책통괄관의 소관업무에 관한 종합조정, 방재정책에 관한 기본사항의 종합적인 조사, 방재에 관한 조직의 설치 및 운영, 극심 재해지역 지정 등의 기능을 수행하고, 방재예방담당은 방재계획 작성, 정책통괄관의 소관업무에 대한 국제협력에 관한 사무정비, 방재백서의 작성, 방재홍보, 토사재해대책의 추진, 방재지식의 보급 및 계발의 기능을 수행한다. 재해응급대책담당

---

29) 위기관리를 전문으로 담당하는 내각위기관리감(특별직)은 1995.1.17 고베지진 이후 내각의 위기관리기능 강화의 필요성이 대두되어 내각법 제15조에 의거 1998. 4. 1에 신설 되었다. 그 임무는 평상시에는 국내 전문가 등과 네트워크 형성, 위기 유형별로 대응책 연구 등을 수행하고, 긴급사태시는 필요한 조치에 대하여 1차적 판단 및 초동조치에 대해 관계 성·청에 연락·지시, 총리대신 보고, 관방장관 보좌 등의 역할을 수행하는 것이다. www.nema.go.kr/index.html(검색일: 2004.9.30).

〈그림 5-2〉일본 내각의 재난관리 조직

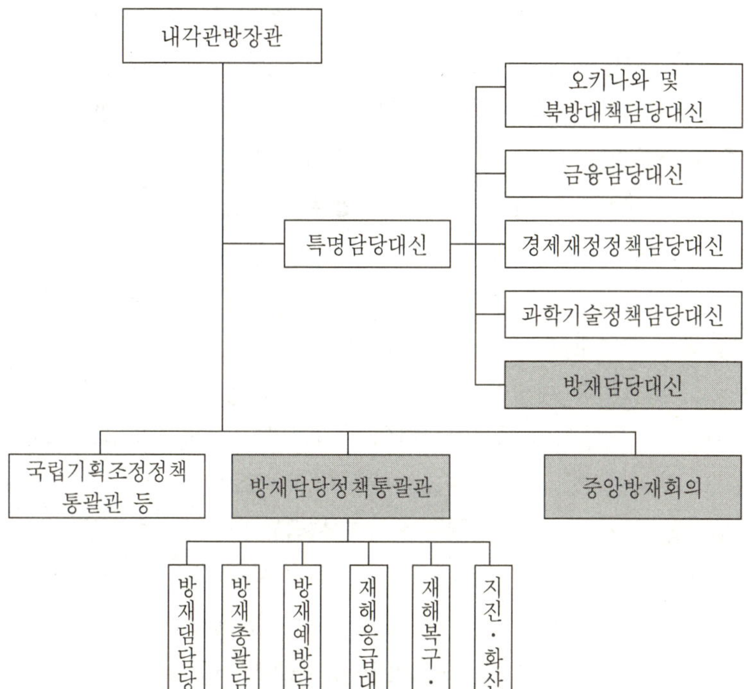

출처: 방재 및 정보연구소, 『弘報, ばうさい(창간호)』, 2001년, p. 4 ; 이연, 앞의 책, p. 229에서 재인용.

은 대규모 재해발생시, 또는 발생할 위험이 있을 때는 그 재해에 대처하고, 재해복구 및 부흥담당은 특정비상재해 및 당해 특정비상재해에 적용해야 할 조치 지정, 피재자 생활재건 지원금의 지급 등의 기능을 수행한다. 또한 지진화산대책담당은 지진대책 및 화산재해대책에 관한 시책 추진, 피난시설긴급정비지역 및 화산재 방재지역 지정, 그리고 대규모 지진대책특별조치법에 의한 지진방재대책을 수립한다.

한편, 중앙방재회의는 방재기본계획 및 지진방재계획의 작성 및 그의 실시와 추진, 비상재해 발생시 긴급조치에 대한 계획 작성 및 그의 실시와 추진, 내각총리대신 및 방재담당대신의 자문에 응해 방재에 관한 중요 사항의 심의, 방재에 관한 중요사항에 관해서 내각총리대신 및 방재담당대신의 의견 요청 등의 역할을 수행한다. 중앙방재회의의 의장은 내각총리대신이며, 위원은 방재담당대신 외 전 각료와 지정공공기관의 장 4명, 그리고 관련 전문학자 4명 등으로 구성되어 있다. 재난발생시 중앙방재회의는 "비상재해대책본부"로 전환하여 운영되고 사무국 운영요원은 비상시 각 성·청에서 파견 받아 충원한다.[30]

한편, 이와 연관하여 지방자치단체의 위기관리 조직은 다음과 같다. 도·도·부·현(都·道·府·縣)에서 방재·소방·위기관리 (이하 「위기관리」라고 함) 업무는 총무·기획부(국) 또는 생활환경부(국)에서 관장하고 있으며, 방재주관과가 총무·기획부(국)에 설치되어 있는 곳이 가장 많으나, 시즈오카현의 경우 방재를 전문적으로 담당하는 「방재국」이 설치되어 있고, 효고현의 경우는 방재감(특별직)이 있어 지사를 보좌하여 위기관리를 총괄하고 있는 등 다른 도·도·부·현과는 상이한 형태의 위기관리 조직을 설치하고 있다. 또, 대부분의 시·정·촌(市·町·村)에서는 총무과 등에 방재담당계를 두고 있으나 방재담당계 없이 다른 업무를 겸하고 있는 방재담당직원만 두는 경우도 있다. 그러나 정령지정도시(政令指定都市, 지방자치법 제252조의 19(대도시에 관한 특례)에서 정한 인구 50만 이상의 市)의 경우, 6개 지자체가 소방국을, 5개 지자체가 시민생활국을, 1개 지자체가 총무국을, 1개 지자체가 건설국을 위기관리를 담당소관과로서 설치하고 있다. 이중, 총무담당부(국)장이 총괄하는 경우는 각 부·국 간의

---

30) www.epc.go.kr/emer/worldview.html(검색일: 2004.9.4).

조정이 용이하나 위기관리를 전문으로 수행하지 않아 신속한 초동체제 구축이 이루어지지 않는 단점이 있다. 한편, 생활환경부(국)장이 총괄하는 경우는 주민의 입장에서 방재의식 계발 등 방재시책 수립이 용이하나 각 부·국 간의 조정이 어려우며, 위와 마찬가지로 위기관리를 전문으로 수행하지 않아 신속한 초동체제 구축이 이루어지지 않을 수 있다는 단점이 있다.

2. 법령

일본의 재난대책은 재난예방, 재난응급대책, 재난복구 및 부흥이라는 3단계로 구분되어 있다. 관련법도 「예방관계법」, 「응급대책법」, 그리고 「재해복구·부흥·재정금융조치법」 등으로 구분되어 있으며 이 모두를 포괄하는 상위법이 「재해대책 기본법」이다. 기본관계법은 「대규모 지진대책 특별조치법」, 「원자력 재해대책 특별조치법」, 「동남해·남해 지진 방재대책 특별조치법」, 「석유 콤비나트 등 재해방지법」, 「해양오염·해상 재해방지에 관한 법」 등 5가지가 있다.

재난예방과 관련된 법은 「하천법」(국토교통성), 「해안법」(농림수산성, 국토교통성), 「사방법」(국토교통성), 「땅침하 방지법」(농림수산성, 국토교통성), 「급경사지 붕괴방지법」(국토교통성), 「산림법」(농림수산성), 「특수 토양지대의 재해방지를 위한 임시조치법」(총무성, 농림수산성, 국토교통성), 「토사(土砂)재해방지법」(국토교통성), 「활동화산 대책 특별조치법」(내각부, 농림수산성), 「폭설지 대책 특별조치법」(총무성, 농림수산성, 국토교통성), 「지진 방재대책 특별조치법」(내각부, 문부과학성), 「태풍 상습지대 재해방재를 위한 특별조치법」(내각부), 「건축기준법」(국토교통성), 「건축물 내진 개수촉진법」(국토교통성), 「밀집 시가지의 정비를 촉진하기 위한 법」(국토교통성), 「기상업무법」(기상청) 등 총 16가지이다.

재난응급대책과 관련된 법은 「소방법」(소방청), 「수방법」(국토교통성), 「재난구조법」(후생노동성)등 3가지가 있다.

「재난복구·부흥·재정금융조치법」은 「격심 재해지역에 대한 특별 재정원조법」(내각부), 「집단이전 촉진을 위한 국가재정 지원 특별조치법」(국토교통성), 「공공 토목시설 재해복구 사업비 국고 부담법」(농림수산성, 국토교통성), 「농림 수산업시설 재해복구 사업비 국고 부담법」(농림수산성), 「공립학교 시설 재해복구비 국고 부담법」(문부과학성), 「공영주택법」(국토교통성), 「재해를 입은 농림 어업자 등에게 제공하는 자금법」(농림수산성), 「지진대책 긴급 정비사업을 위한 특별조치법」(내각부), 「철도궤도 정비법」(국토교통성), 「공항정비법」(국토교통성), 「피재 시가지 부흥 특별조치법」(국토교통성), 「피재 구분 소유물건의 재건 등에 관한 특별조치법」(법무성), 「특별 비상재해 피해자의 권리이익의 보전 등에 관한 특별조치법」(내각부, 총무성, 법무성, 국토교통성), 「피재자 생활재건 지원법」(내각부), 「농림 어업 금융 공고(工庫)법」(농림수산성), 「농업 재해보상법」(농림수산성), 「산림 국영법」(농림수산성), 「어업 재해보상법」(농림수산성), 「어선 손해 등 보상법」(농림수산성), 「중소기업 신용보험법」(중소기업청), 「소규모 기업자 등의 설비자금 조성법」(중소기업청), 「주택금융 공고법」(국토교통성), 「지진 보험에 관한 법률」(재무성), 「재해 조위금의 지급 등에 관한 법률」(후생노동성) 등 24개가 있다.

「조직관계법」은 「소방 조직법」(소방청), 「해상 보안청법」(해상보안청), 「경찰법」(경찰청), 「자위대법」(방위청), 「일본 적십자사법」(후생노동성) 등 5가지가 있다.

즉, 일본은 「재해대책기본법」, 「기본관계법」, 「재난예방관계법」, 「재난응급대책관계법」, 「재난복구법」, 「조직관계법」 등 재난과 관련된 법이 총 54개이다.[31]

한편 2004년 6월 15일 통과된 「국민보호법」은 무력공격사태, 테러 등 인위적 대규모 재난에 대응하기 위한 재난응급대책 관련법으로서 내각의 방재조직의 기능과 권한을 한층 강화시킬 것으로 판단된다.

3. 대응절차

일본에서 재난발생시의 신고연락체제와 연관하여 중앙과 지방은 재난대응 단계별로 재난대책본부를 〈표 5-1〉과 같이 설치하여 운용한

〈표 5-1〉단계별 재난대책본부 설치 및 운용

중앙<내각부>	지방<도도부현 및 시정촌>
◦ I단계:「비상재해대책본부」설치 - 본부장: 방재담당대신 - 근 거:「재해대책 기본법」24조 제1항 - 설치기준: 국가가 특별히 "재난응급대책"을 추진할 필요가 있을 때 ⇩ ◦ II단계:「긴급재해대책본부」설치 - 본부장: 내각부총리대신 - 근거:「재해대책 기본법」28조의 2 제1항 - 설치기준: 재해가 매우 극심할 경우	◦「재해대책본부」설치 - 본부장: 도도부현지사, 시정촌장 - 근 거:「재해대책 기본법」23조 제1항 - 설치기준: 재난이 발생할 우려가 있거나 발생했을 때, 지역방재계획에 따라 지역방재회의와 결정 ※「재해대책본부」의 명칭은 개별사건에 따라 다를 수 있으며, 지방자치단체에 따라 「위기관리대책본부」라고 하기도 함

※ 단,「대규모 지진 대책 특별조치법」에 의거하여 경계발령이 내려진 경우 중앙과 지방에는 「지진 재해 경계본부」를 설치하고,「원자력 재해 대책 특별조치법」에 의거하여 원자력 긴급사태가 발령된 경우에는 중앙과 지방에「원자력재해대책본부」가 설치 됨.

출처: http://www.nema.go.kr(검색일: 2004.9.30).

---

31) 일본의 재난관련 법에 대해서는 내각부 편, 『평성 15년판 방재백서』(동경: 국립인쇄소, 2003), pp. 27-28을 참고할 것.

〈표 5-2〉 재난발생 단계별 대응조치

발생단계	내용
재난발생전	· 기상 예/경보 및 재난 예/경보 등을 발령 및 전달 · 경계/피난 · 공공시설 등을 방호 · 권고/지시/유도 등 · 대비상태 점검 및 강화 등 · 소방, 수방, 피해자 구난 및 구조출동준비
재난발생중	· 소방 및 수방, 구난/구조 · 긴급수송로 확보 · 정보 수집/전달 · 소화·구급 기타 조치 및 수방활동 · 인명구조/구호/보호 등 · 범죄예방, 교통통제 등 · 긴급차량 지정, 장애물 제거 등 · 긴급통신체제 확립/유지
재난발생후	· 이재자 구조 및 구호 · 응급교육 · 공공시설 등 응급복구 · 보건위생 · 사회질서 유지 · 긴급수송로 확보 · 정보의 수집전파 · 손실보상 · 손해보상 · 공적징수금 감면 · 재산 무상대부 · 시설/설비 등을 응급복구 · 수색/구조 및 의식주 생활필수품의 공급 · 이재아동/학생 응급교육 · 청소·방역·의료 등의 실시 · 범죄 예방, 교통 통제 등 · 구호물자 수송 등 · 재해관련정보 수집/전달/홍보 · 피해자의 국세·지방세 기타 징수금 감면 등 · 국유·공유재산 무상대부 · 응급공공부담과 응급조치종사자에 대한 보상

출처: www.nema.go.kr (검색일: 2004. 9. 30).

다. 또한 그 설치 및 운용은 재난의 규모에 따라 본부장이 판단하여 설치하게 되며, 구체적인 대응조치는 〈표 5-2〉와 같다.

이와 함께 일본에서 재난발생시의 신고 및 상황전파체계를 요약하여 하나의 그림으로 형상화하면 다음의 〈그림 5-3〉과 같다.

<그림 5-3>위기발생시 신호 및 상황전파체계

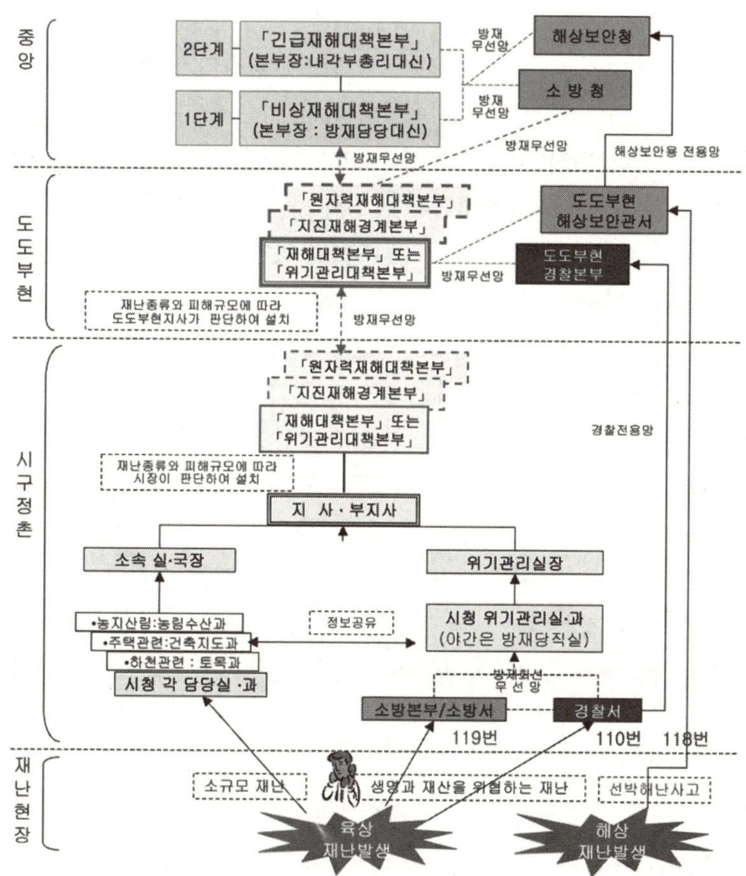

- 대규모 재난: 지진, 풍수해, 화산재난, 설해, 선박·항공기 등 교통기관의 사
  고, 대규모화재, 폭발사고, 원자력사고, 독극물 등의 대량유출사
  고 등
- 긴급사태: 대규모 폭동, 패닉, 비행기 납치, 대량살상형 테러사건, 무력공격,
  치안출동·해상경비활동을 요하는 사태 등

출처: http://www.nema.go.kr(검색일: 2004.9.30).

IV. 일본 위기관리체제의 특징

일본 안전보장회의의 특징은 일본 안전보장회의가 가지고 있는 일반적인 특징과 최근 개정된 내용에서 나타나는 특징으로 구분해 볼 수 있다. 먼저, 일반적인 특징을 살펴보면 다음과 같다.

첫째, 일본의 안전보장회의는 국방과 중대긴급사태에 관한 중요사항에 대해 심의할 수 있는 기능을 가지고 있다. 이는 한국의 안전보장회의가 자문기구의 성격이 강한 것에 반해 일본의 안전보장회의는 정책결정기구의 성격이 강함을 보여준다.

둘째, 일본의 안전보장회의는 전시에 군사·정치·경제·외교 등을 통합하는 최고 전쟁지도기구로 전환 운영될 수 있다. 이는 일본의 안전보장회의의 전신이 어전회의나 국방회의와 같은 전쟁지도기구였던 역사적 배경에서 기인한 것으로 판단된다.

셋째, 일본의 안전보장회의시스템 역시 정보의 중요성을 강조한다. 일본은 안전보장회의와 내각관방은 각종 경로를 통해 접할 수 있는 정보를 총망라하여 종합·조정할 수 있는 역량을 배가하기 위해 내각관방 내에 「합동정보회의」를 설치하였다. 이 곳에는 내각정보조사실장, 외무성정보조사국장, 경찰청경비국장, 공안조사청차장, 그리고 방위청 방위국장이 참여하여 각 부처의 정보를 교류하고 있다.[32] 최근에는 통합막료회의에 설치되어 있는 정보본부를 방위청장관 직할로 개편함으로써 정보전달체제가 더욱 신속하게 되었다.[33]

넷째, 현대에 가까울수록, 일본의 안전보장회의는 평화헌법에 의한 제약에서 벗어나 점점 보통국가의 안전보장회의처럼 그 기능이 점차 강화되고 있다. 그 예로 일본은 1998년과 2003년에 2번에 걸쳐 안전

---

32) 문장렬, "국가안전보장회의(NSC) 발전방안," p.385.
33) "日정부, 일본판 NSC 신설 추진,"『연합뉴스』, 2003.6.29.

보장회의설치법을 대폭 개정하고 미국의 안전보장회의와 같은 기능과 위상을 갖도록 자국의 안전보장회의를 정비하였다.

최근 정비된 일본 안전보장회의의 가장 큰 특징은 사태대처에 관한 안전보장회의의 역할이 명확해지고 강화되었다는 점이다. 먼저 개정안은 총리의 자문사항으로 무력공격사태의 대처에 관한 기본방침과 무력공격사태 등의 대처에 관한 중요사항, 중대긴급사태 대응에 관한 중요사항을 추가시켰다. 또한 안보사안에 따라 관계장관 및 요원을 회의의 구성원으로 추가할 수 있도록 하고 사태대처전문위원회를 신설함으로써 사태대처의 효율성과 전문성을 높였다. 과거 일본의 안전보장회의는 통과의례적인 업무의 성격이 강한 국방의 기본방침, 방위계획의 대강, 방위계획에 연관된 산업 등의 조정계획의 대강을 심의하는 기능만 담당함으로써 그 중요성을 인정받지 못하였다. 그러나 사태대처에 관한 역할을 강화한 개정안으로 인해 현재 일본의 안전보장회의는 국가안보 및 위기관리 정책결정에 가장 중요한 기구로 인식됨과 동시에 그 운영도 활성화되고 있다.

개정된 안전보장회의의 두 번째 특징은 전문적인 참모조직을 설치하여 안보정책 및 전략을 개발·발전시키고 있다는 것이다. 실제로 신설된 사태대처전문위원회는 2003년 신방위정비안을 검토하는 주무를 담당하였다.[34]

마지막으로 일본의 안전보장회의도 국방과 같은 전통적인 역할에 추가하여, 경제문제 및 재난대응과 같은 비군사 안보분야의 역할이 점

---

[34] 새방위정비안에서는 경찰. 해상보안청이 대처하는 치안출동과 본격적인 무력행사가 허용되는 방위출동의 중간 정도에 해당하는 임무를 자위대에 부여하고, 상대의 공격 정도에 맞춰 공격수위를 결정하는 '경찰비례의 원칙'을 적용하지 않고 정당방위나 긴급피난에 해당하지 않더라도 상대를 공격할 수 있도록 하는 내용이 반영되어 있다. "日 자위대에 선제공격권 검토,"『중앙일보』, 2003.12. 31.(검색일: 2004.10.12).

점 더 강조되는 특징을 가지고 있다. 이러한 노력은 1998년 관방부에 설치된 「위기관리감」과 총리의 자문사항으로 '중대 긴급사태 대응에 관한 중요사항'을 포함시킨 것, 그리고 안전보장회의 구성원으로 경제문제를 담당하는 '경제산업대신'과 국가기반체계와 재난관리를 담당하는 '국토교통대신'이 추가된 것을 통해 확인할 수 있다.

이상을 요약하면, 일본은 이미 1980년대 중반부터 강대국의 위치에 서서 국가생존 추구에 편중된 기초적 차원의 안보개념을 넘어 국가의 번영에 중점을 둔 현대적 안보개념을 구현할 수 있도록 안전보장회의의 체제와 역량을 발전시켜 오고 있는 것으로 정리될 수 있다.

한편, 일본의 재난관리체제는 다음과 같은 특징을 가지고 있다.

첫째, 일본의 방재조직 강화는 그 경험에 근거하고 있다. 일본의 재난관리는 지방자치단체에 상당히 의존하고 있었으며, 내각 차원의 강력한 의지로 재난관리의 통합화를 추진한 것은 고베대지진과 이바라키현 원자력 임계사고를 경험하고 난 후였다. 즉 미국의 FEMA창설과 강화가 국가적 차원의 정책검토를 통한 사전 대응적이라고 한다면 일본의 방재조직 정비는 사후 대응적이라고 할 수 있다.

둘째, 일본은 미국과 마찬가지로 내각차원에서 재난대책의 총합성을 확보하기 위해 노력하고 있다. 방재와 관련된 중요사항을 심의하기 위해 내각에 중앙방재회의가 설치되어 있고, 내각위기관리감(특별직)이 편성되어 있다.

셋째, 일본의 방재조직은 그 경험에 입각하여 자연재난과 원자력사고와 같은 비의도적인 인위적 재난에 초점이 맞추어져 있다. 비록, 재난에 관한 업무를 안전보장회의의 활동과 연계하고 재난관리의 총합성을 보장하기 위해 내각이 노력하고 있지만, 미국의 국토안보부처럼 국내안보와 재난관리를 연계시키려는 조직의 재편화는 아직 없다.

넷째, 일본은 재난관리 단계별 법령이 세부적으로 잘 정비되어 있다.

　다섯 째, 중앙과 지방의 역할이 분권화되어 있으며, 지방의 방재조직은 각 지방에 따라 약간씩 상이하다.

　일본의 위기관리체제는 전통적 안보위기관리체제와 재난관리체제로 대별된다. 일본이 본격적으로 위기관리체제를 정비했다고 하지만 아직까지도 일본은 미국처럼 통합적인 기능을 발휘하는 단계에까지 진입하지는 못했다고 판단된다. 만약 일본에서 국제테러조직에 의해 테러가 발생한다면 일본의 위기관리체제는 미국식 모델을 따라 갈 가능성이 많다.

제6장

세계 국가들의 위기관리체제

I. 개요

앞에서 미국과 일본의 위기관리기구들을 비중 있게 살펴보았다. 한편 이들 국가들 외에도 많은 국가들이 자체의 위기관리기구를 구성하고 있다. 여기서 스웨덴과 캐나다, 영국, 프랑스, 스위스, 러시아, 이스라엘 등 8개국의 위기관리기체제에 대해서 살펴보도록 하자.

II. 스웨덴

스웨덴의 대표적인 위기관리기구인 SEMA(Swedish Emergency Management Agency)는 전통적인 안보위협에 대처하는 것에서 새로운 위협에 대비할 목적으로 2002년 6월 1일 창설되었다.

스웨덴은 지리적으로 러시아와 서유럽의 중간에 위치한 나라로서 총력방위체제를 지향해 왔다. 그러나 1991년 소련의 붕괴 이후 스웨덴은 국방부 '민방위청'을 전면적으로 개편하여 '국가비상대비위원회 (OCB: National Board of Civil Emergency Preparedness)를 수상직속 기관으로 출범시켰다. 또 OCB 산하에 재난 구조를 전담하는 '재난구조청(Swedish Rescue Services Agency)'을 설치하고 비상시 구조와 대피시설의 운영, 화생방 장비 보급 등의 업무를 전담하게 하였다. 기구개편과 함께 OCB는 기능을 대폭 보완하여 그간 이원화되었던 전시대비와 평시 민방위업무를 통합하여 전·평시 일원화된 위기관리체제로 조정하였다. 나아가, 2000년 OCB는 새로운 비전을 제시하여 군 지휘체제의 개선과 군 전력의 일부 감축 및 예비전력의 적정화를 도모하는 한편, 국내재난, 테러 등에 적극 대처하도록 하는 등 미국 FEMA를 모델로 한 통합된 위기관리체제를 지향하였다. 이러한 배경에서 2002년 6월 1일 '비상관리처'인 SEMA가 탄생하였다.[1]

SEMA는 위기관리원칙[2]에 입각하여 위기관련 업무를 관장하여 조사연구·기획조정·비상관리 및 기술국 등 6개 분야로 구성된다. 즉 비상시 사회발전이나 국제적인 협조 등 종합적인 조사 분석 기능과 자원의 배분 및 재난지역에 대한 예산 지원 등의 기능, 그리고 재난 예방을 위한 교육훈련, 사후 평가 등의 기능과 부·처 조정 통제 등 통합기능을 강화하였고, 테러 등 다양한 위협에 대한 대응능력을 보강한 것

---

1) 최재경, "세계의 비상대비 변화 추세 분석과 우리의 대응,"『비상기획회보 2002 여름』(과천: 비상기획위원회, 2002), pp. 41-43.

2) SEMA의 위기관리 원칙에는 책임원칙(The Principle of Responsibility: 평시 책임기구가 전시 또는 위기시에도 관리 책임을 진다), 동일원칙(The Principle of Equality: 위기시에도 평시 조직체계에 의거 운용된다), 근접원칙(The Principle of Proximity: 관리 가능한 최저단위에서부터 위기를 관리한다)가 있다. 박헌옥, "지방자치단체의 비상대비체제 발전방향," p. 47.

<그림 6-1> 스웨덴 비상관리처(SEMA) 편성

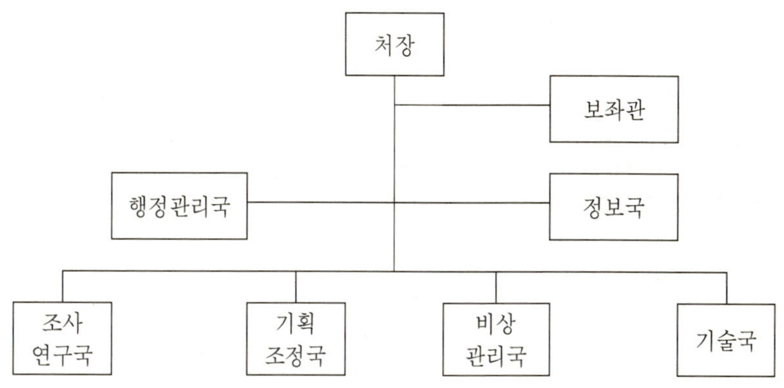

출처: www.epc.go.kr, "세계의 비상대비 현황"(검색일: 2004. 10. 7).

이 특징이다. SEMA의 편성은 <그림 6-1>과 같다.

III. 스위스

스위스의 국가위기관리기구로는 국방 · 체육 · 민방위부(VBS: Departe-ment fur Verteidigung, Bevolkerungsschutz und Sport) 예하의 국가비상상황실(NEOC: National Emergency Operation Center)과 연방민방위청(Bundesamt fur Zivilschutz)이 있다. 이 기구들은 평시에 기능을 발휘한다. 전시에는 스위스 의회에서 군 총사령관(4성 장군)을 임명하여, 합참조직을 기본으로 하여 전시 비상대비 업무를 전담하게 하고 있다. NEOC의 역할은 방사능 사고(국내외 원자력발전소, 방사능 실험실 및 방사능 물질 이동간 사고, 원자탄 폭발/테러 사고 등), 화학물질사고, 댐붕괴사고, 인공위성의 자국내 추락사고 등에 대비하는 것이며, 20명(물리/화학학자, 기상전문가, 컴퓨터/통신

<그림 6-2> 스위스 연방민방위청 편성

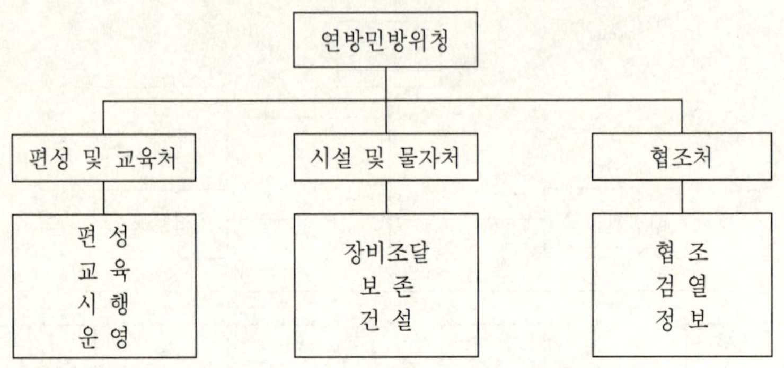

출처: www.epc.go.kr, "세계의 비상대비 현황"(검색일: 2004.10.7).

전문가 등)으로 구성되어 있다.

한편, 민방위청의 역할은 ①자연 또는 인위적인 국가재난 및 기타 위기발생시 지원, ②전시, 인명/재산보호 및 구호 관련 제반활동 실시, ③전시 문화재 보호 ④국경지역 재난발생시 인접국가와 협조된 구조활동 실시 등을 실시하며, 조직은 편성 및 교육처, 시설 및 물자처, 협조처 등으로 구성되어 있다. 스위스 연방민방위청의 편성은 <그림 6-2>와 같다.

IV. 영국

영국의 국가위기관리기구로는 내각 산하에 민간비상대비사무처(CCS: Civil Contingencies Secretariat, 2001년 설립)이 있다. CCS는 영국 국내에서 발생되는 대형재난은 물론 테러와 인간 및 가축의 전염병(예: 구제역) 등에 대응하기 위한 위기관리평가 및 재난복구의 목적으로 설립되었다.[3]

〈그림 6-3〉 영국 CCS 편성

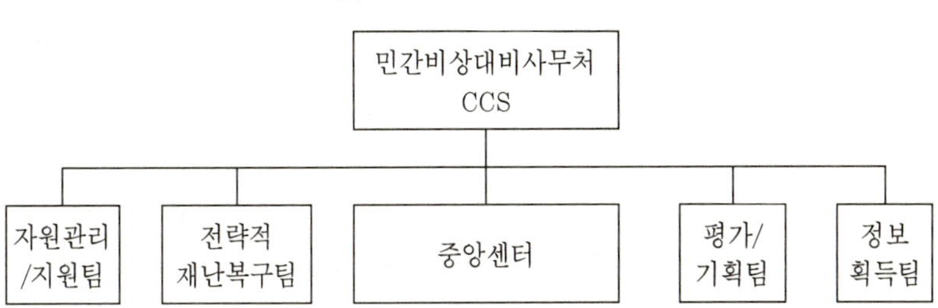

출처: www.epc.go.kr, "세계의 비상대비 현황," www.ukresilience.info(검색일: 2004.12. 23).

CCS 조직으로는 중앙센타, 평가 및 기획팀, 자원관리/지원팀, 정보 획득팀, 전략적 재난복구팀 등의 담당부서가 있다. CCS는 ①재난으로부터 공공의 안전증진, ②잠재적인 위험요소를 식별, ③인력과 지식의 통합촉진, 자원파악, ④일체의 비상사태에 대한 대응태세 유지, ⑤ 전국적 위기에 대한 중앙정부의 대응 조정, ⑥비상대비 의무사항에 대한 법제화 추진 등의 역할을 수행한다. CCS의 편성은 〈그림 6-3〉과 같다.

V. 캐나다

캐나다의 국가위기관리기구로는 기반시설보호 및 비상대비청(OCIPEP: Office of Critical Infrastructure Protection and Emergency Preparedness)이 있다.

OCIPEP는 전시는 물론 자연재난 발생시 국가의 주요시설, 기간산업 및 인명의 보호와 관리를 위해 설립되었으며, 국방부 산하기관(기

---

3) www.ukresilience.info(검색일: 2004.12.23).

관장: 국방부 차관보)으로 조직되어 있다. OCIPEP의 조직은 비상관리/국가안보국(Emergency Management and National Security), 정책/법집행국(Policing and Law Enforcement), 공동체 안전/협력국(Community Safety and Partnerships), 공보국(Portfolio Relations and Public Affairs), 조직관리국(Corporate Management)들로 구성되어 있다.[4] OCIPEP는 ①캐나다의 중요한 산업기반시설을 보호하는 포괄적인 계획을 개발·시행, ②캐나다의 주요산업기반시설 소유자와 운영자 간의 대화증진 및 위협과 취약성에 관한 정보공유 촉진, ③전국적인 시민비상대비 보장, ④민영부문, 지방과 도시, 그리고 주요 국제적 동반자, 특히 미국과 협력조성 등의 역할을 수행한다. OCIPEP의 편성은 〈그림 6-4〉와 같다.

〈그림 6-4〉 캐나다 OCIPEP 편성

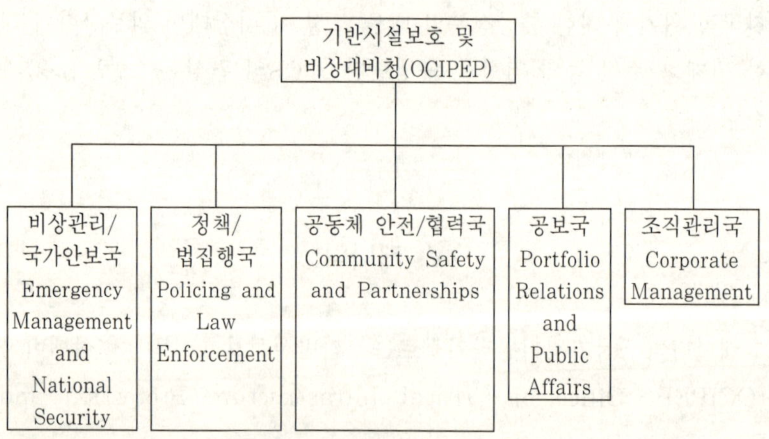

출처: www.ocipep-bpiepc.gc.ca(검색일: 2004.12.26).

---

4) www.ocipep-bpiepc.gc.ca(검색일: 2004.12.26).

VI. 프랑스

프랑스의 국가 위기관리기구로는 내무부의 민방위 안전국(CDSD: Civil Defence and Security Division)과 국가비상관리운영센타 (COGI: CLe Centre Operationelle de Gestion Inter-Ministerielle des Crises)가 있다. CDSD는 ①재난사태 대비, ②소방 및 구호활동, ③항공장비 운영, ④인력/장비 관리 등의 역할을 수행하며 조직은 CDSD 총괄, 민방위안전검사담당, 국제관계업무담당, 안보 및 방위지원 담당, 정보시스템안전지원담당 등으로 구성되어 있다.

대규모의 자연재난이나 인위재난이 발생하면 CDSD 통제하에 비상대응계획인 적색계획(Red Plan)이 실시되고 이에 따라 군대, 경찰, 응급의료체계(SAMU) 등 유관기관의 협조가 시행되며, 현장의 지휘통제권이 소방청에 부여된다.[5]

한편, CGOIC는 위기발생시 대통령과 관련 장관들이 위치하여 인력, 물자, 지방 및 국가, 공공/민간부분을 총체적으로 관리·조정하나

〈그림 6-5〉 프랑스 CDSD 편성

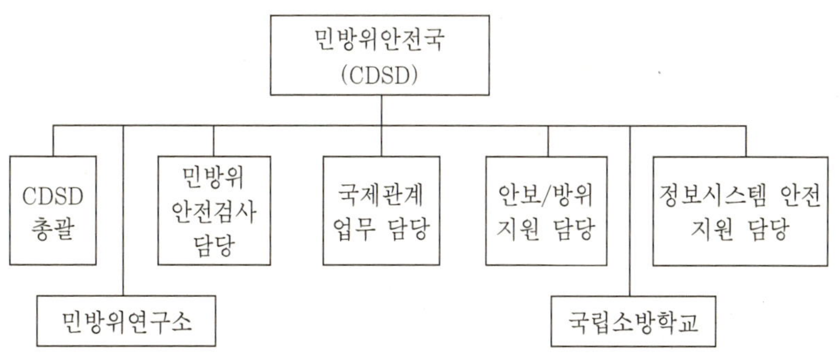

출처: www.epc.go.kr, "세계의 비상대비 현황"(검색일: 2004. 10. 7).

---

[5] www.daegu.go.kr(검색일: 2004.12.28).

평시는 군을 포함한 3~4명만 24시간 운영하다가 사태발생시 증원을
받아 운영한다. CDSD의 편성은 〈그림 6-5〉와 같다.

VII. 이스라엘

　앞의 국가들과는 달리 이스라엘은 전·평시 공히 군사 및 비상대비
업무를 군에서 획일적으로 수행하고 있다. 이스라엘 민방위사령부
(HFC: Home Front Command)는 생·화학 테러, 지진, 전쟁 등의
재난을 포함하여 통상적·비통상적 사건들을 다루고 있다. HFC는 ①
최적의 국가적 대응을 위해 사건에 관계된 모든 조직간 협력·통제·
훈련 및 교리개발, ②시민들에 대한 교육 및 공지, ③경보체계 계획 및

〈그림 6-6〉 이스라엘의　위기관리기구

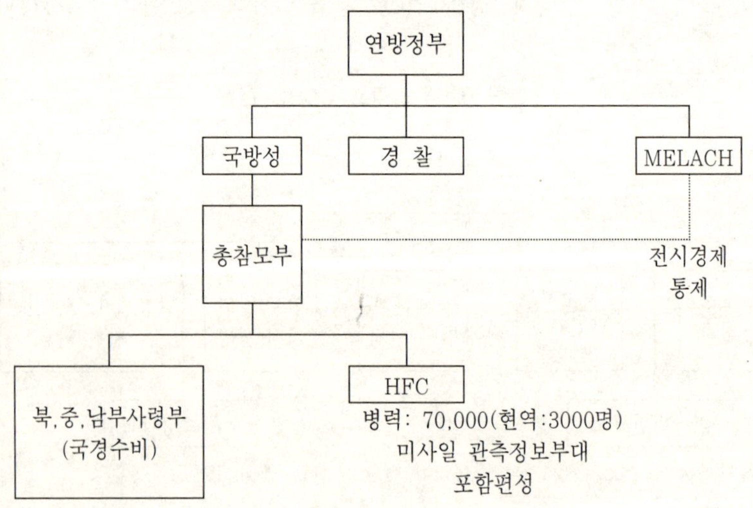

출처: www.epc.go.kr, "세계의 비상대비 현황"(검색일: 2004.10.7).

실행, ④테러발생시 경찰지원 등의 역할을 수행한다. HFC는 구조담당, 보안담당, 생화학 담당, 관찰담당, 의료담당, 소방담당(민·군 합동), 경보 및 경고담당, 정보·지시·대시민 업무 담당 등으로 구성되어 있으며, 사령관(육군 소장)은 국가경찰, 소방대 및 기타 민방위 지원요소를 통합하여 지휘한다. 이스라엘의 위기관리체제 편성은 〈그림 6-6〉과 같다.

VIII. 러시아

구소련시절에는 국방부에서 비상사태 임무를 수행했다. 구소련 붕괴 후 러시아는 '러시아 구조대'를 창설(1990.12.27)하여 긴급구조업무를 수행하도록 하였고, 다시 이를 비상사태부의 전신인 '민방공, 재

〈그림 6-7〉 러시아 비상사태부 편성

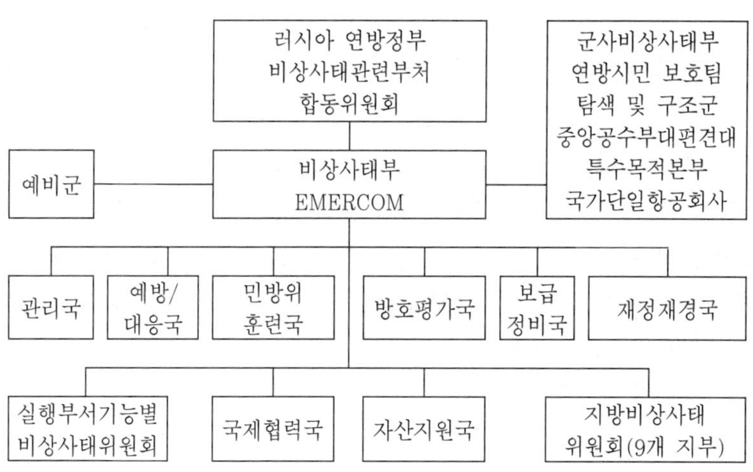

출처: www.epc.go.kr, "세계의 비상대비 현황"(검색일: 2004.10.7).

해·재난복구 국가위원회'로 개편(1991.11.29)하였다. 현재 러시아의 비상사태 임무는 '민방공, 재해·재난복구부'(또는 비상사태부: EMERCOM)에서 담당하고 있다.

EMERCOM은 ①민방공, 재해·재난복구에 관한 정부시책 수립 및 시행, ②비상사태 관련, 정부의 주요정책 수행 및 주무역할, ③재난관리체제 개선 및 발전에 관한 임무수행, ④민방위 및 구조업무 총괄 지휘, ⑤대규모 사건, 재난 및 비상사태 진정을 위한 작전 감독, ⑥방사능 물질 오염사고시 연방정부, 지방정부, 관련 기관 및 업체와 협조 등의 역할을 수행한다. 러시아 비상사태부는 국방부 다음으로 큰 부서로서 독자적인 예산과 인력으로 구조활동을 실시하며 비상사태부장관은 국가안보위원회 위원으로 임무를 수행하고 있다. EMERCOM의 편성은 〈그림 6-7〉과 같다.

IX. 기타 국가들의 위기관리체제의 특징

첫째, 탈냉전 이후 안보개념의 변화에 따라 각 국가들은 자체의 위기관리체제를 점진적으로 개선해 왔지만 제도와 법령을 포함한 본격적인 체제의 개편은 9·11을 전후하여 이루어졌다. 이것은 직접적 또는 간접적인 학습의 결과였다. 기존의 전통적 위기에서 피해는 군에 국한되었으나, 9·11을 계기로 피해가 민간인과 민간시설까지 확대되는 특징을 갖게 되었다. 따라서 각 국가들은 종전의 군사영역의 전통적인 안보위기뿐 아니라 인간안위와 관련된 다양한 위협으로부터 국민의 생명과 재산을 안전하게 지킬 수 있도록 전통적 안보위기관리체제와 재난관리체제의 개편과 강화를 서둘렀다.

둘째, 각 국가들은 위기관리조직들의 통합성과 협력을 지향하고 있

다. 9·11을 전후하여 국제정세와 시대변화의 추세로 보아 전쟁발발
가능성은 그리 높지 않은 반면 상대적으로 테러(생화학무기, 사이버,
핵, 방사능) 위협은 크게 증가했고, 또 다양한 평시 위기(전염병, 정전
사태, 운송, 컴퓨터 바이러스 등) 등이 대두되었다. 따라서 각국들은
전·평시, 군사·비군사, 그리고 민·관·군의 구분이 없는 새로운 종
합위기관리체제가 필요하게 되었다. 따라서 각 국가들은 전통적 안보
위기관리, 민방위, 재난관리 등의 유형별 기능적 통합을 추진하고 있
으며 스웨덴의 SEMA와 영국의 CCS, 그리고 러시아의 EMERCOM
등의 역할과 기능을 살펴보았을 때, 이러한 추세를 잘 알 수 있다. 이
에 따라 소방, 경찰, 군, 민방위 조직 등 위기관련 기능의 통합과 ·지
방자치단체의 재난관리 조직과 광역적인 방재업무를 담당하는 국가
재난관리조직 간의 협력, 위기담당조직과 유관기관 간의 협력이 더욱
긴밀해지고 있는 추세이다.

　셋째, 중앙정부의 역할이 강화되는 추세이다. 국가건설 이념과 민주
화의 영향 등으로 지방자치단체의 행정권한과 역할, 자율성이 점점 강
화되었다.6) 이에 따라 재난도 수행 주체의 분권화에 따라 지방자치단
체가 책임을 지게 되었다. 그러나 오늘날 재난이 점차 대형화·빈번화
되면서 지방정부의 능력만으로 이를 감당할 수 없는 지경에 이르렀다.
따라서 각 국가들은 분산되어 있던 위기관리기구들을 대폭 통합하기
시작했고, 이에 따라 중앙정부의 임무와 역할이 점점 강화되고 있다.

---

6) 재난관리에 있어 지방자치단체의 권한과 역할이 확대되는 부분은 주로 재난대응
　단계이며 그것도 주로 초동단계에 지나지 않는다. 이러한 경향은 유럽에서 두드
　러지게 나타나고 있다. 이에 대한 사항은 다음의 자료를 참고할 것. 박헌옥, "지
　방자치단체의 비상대비체제 발전방향," pp. 42-57.

주요 위기관리 사례 및 한국의 선택

제7장

한국의 위기관리 사례

I. 군사적 위기 사례

1. 강릉 무장공비 침투 사건

1) 개요

1996년 9월 18일, 오전 01시 25분경에 7번 국도를 운행하던 택시 운전사에 의해 잠수정 같은 괴물체가 있다는 신고가 접수됐다.[1] 신고를 접수한 군은 작전 지역의 책임부대에 비상상황을 발령하고 2시 15분에 5분 대기조를 출동시켜 현장을 확인했다.

신고의 내용이 사실로 드러나자 상급부대에 상황을 보고하고 강원도 지역에「진도개」하나를 발령했다. 이로써 본격적인 대침투작전 상

---

1)『서울신문』, 1996.9.19, 제2면.

황이 발생하게 되었다. 작전 개시 15시간 만에 잠수함 승조원인 이광수를 생포함으로써 침투목적과 경로 등을 파악할 수 있었다. 인민무력부 산하의 정찰국 소속인 것으로 밝혀진2) 그의 진술에 의하면 잠수정은 아군지역의 정찰과 정보 수집을 위해 침투했다가 좌초한 것으로 밝혀졌다.

49일간 계속된 이번 작전은 연인원 160만 명(예비군 28만 명을 포함)이 투입되었으며 작전기간 동안 헬기 3,500여 대, 작전 차량 1만 5,000여 대가 동원되는 등 1968년 발생한 울진·삼척 사태 이후의 최대 규모의 대침투작전이었다.3)

작전의 결과로 잠수함 승조인원 26명 중 사살 13명, 생포 1명, 자살 11명 등 25명을 소탕했고 아군의 피해는 민간인 4명과 예비군 1명을 포함하여 16명이 사망하고 27명이 부상하는 피해를 입었다.4) 이 외에도 강원도 동해안 일대의 관광객 감소, 농림어업 손실, 야간통행 금지 실시로 인한 요식업소 매출 감소 등으로 모두 2천 5백여억 원에 이르는 피해가 발생하였다.5)

이 사건은 미국과 북한측의 직접 대화에 의해서 한국과 미국의 공조체제에 의해 요구된 사과성명을 북한측으로부터 받아냄으로써 종결되었다. 그러나 위기관리 과정에서 직접 당사자인 한국은 배제된 가운데 미-북한 직접 접촉에 의한 해결 과정이 형성됨으로써 한국의 '한반도 문제의 한반도화'라는 목표를 달성하지 못한 또 하나의 선례를 남겼다.6) 또한, 이 사건은 우리 군의 위기 대응능력과 대비태세에 많은 교

---

2) 『조선일보』, 1996.9.19, 제2면.
3) 『한국일보』, 1996.12.10, 제5면.
4) 『한국일보』, 1996.12.10, 제5면.
5) 『경향신문』, 1996.11.6, 제5면.
6) 이민룡, "잠수함 침투사건에서의 한국의 위기관리"(서울: 육군사관학교 화랑대연구소, 1998), pp. 14-15.

훈을 남긴 군사적 위기사례이기도 하다.

2) 예방 및 완화단계에서의 분석

이 단계에서의 활동 중점은 예상되는 북한의 국지도발 징후를 감시하고 이에 관련되는 대비계획을 보완하고 발전시키며 군사적·비군사적 대응능력을 강화하는 등의 대비태세를 유지하는 것이 중요하다.

전통적 안보위기 상황은 재난사태와는 달리 유동성과 불확실성이 매우 높아 위기상황에 대한 판단과 예측이 매우 어렵다. 또한 한국은 냉전 체제의 붕괴 이후, 남·북한 간의 군사적 대립구도를 평화구도로 변환하려는 노력을 활발하게 진행하였다. 전통적 안보위기를 예방하기 위한 구조적 어려움과 상황적 어려움 때문에 평시의 예방활동은 더욱 중요한 의미를 갖는다.

한국은 1953년 휴전 이후, 북한에 의한 수많은 군사적 도발을 경험하였다. 1968년 청와대 기습사건과 울진·삼척 무장공비 침투 사건, 1976년 판문점 도끼 만행 사건, 1983년 대통령과 정부 요인의 암살을 노린 랭군 폭파테러 사건, 1987년의 KAL기 폭파사건 등이 대표적인 사례들이다. 이러한 사례들을 통해 한국은 북한의 도발에 대한 철저한 예방조치를 취해야 된다는 점을 인식하고 이에 대비하여 왔다. 그럼에도 불구하고 강릉 무장공비 침투사건은 예방단계에서 몇 가지 문제점을 노출하였다.

첫째, 북한의 해상 침투 능력과 침투로에 대한 정보분석에서의 문제점을 들 수 있다. 1960년대에는 주로 비무장지대를 이용한 북한의 육상침투가 이루어 졌다. 그러나 감시 장비의 발달과 철책 및 장애물 강화 등의 경계강화조치로 인해 북한은 육상침투에 많은 제한사항을 가지게 되었다. 이에 따라, 한국은 1980년대 이후에는 해상과 강안을 이용한 북한의 해상침투를 예상하였고, 북한의 소형 잠수정 및 요원들의 양성에 대한 첩보도 입수하였다. 동해안은 조수간만의 차가 없고 해안선이 비교적 단순하며 수심이 깊은 이유로 잠수정을 이용한 북한의 해상침투가 예상되는 지역이었다. 특히, 한국군은 북한 해군 특수전 부대와 소형 잠수함, 잠수정 등이 북한의 최남단인 장전 기지에 배치되어 있다는 사실도 이미 파악하고 있었다.7) 이러한 상황에도 불구하고 적의 해상침투에 대한 정보수집을 적극적으로 하지 못했다는 문제점이 있다.

둘째, 사회의 안보의식 약화에 따른 군의 소극적인 대비를 들 수 있다. 냉전의 종식과 남·북한 간의 경제력 격차 심화, 국내에서의 안보인식의 변화 등으로 한국에서는 과거와는 다른 안보환경이 조성되었다. 이러한 결과로 동해안 해안선을 연하여 설치되어 있던 침투 저지용 철조망이 철거되고 초소의 숫자도 하향 조정되었다. 철조망을 철거하고 초소의 숫자를 축소했다면, 군은 더욱 더 적극적으로 감시장비를 운용하고, 우발계획을 발전시키며 미군과의 연합정보체계를 공고히 했어야 한다. P-3 대잠 초계기와 같은 대잠수함 탐색을 위한 장비를 적극적으로 운용했어야 한다. 또한 사회의 안보불감증에 따른 대응도 더욱 신경을 썼어야 한다. 생포된 이광수는 이 사건 전에도 몇 차례 침투훈련을 실시했다고 증언하였다. 그럼에도 불구하고 민간인이 신고하기 전에는 아무런 침투 징후도 포착하지 못한 것은, 우리 군이 철저한 예방활동을 하지 못했다는 것을 입증한다.

셋째, 적의 침투와 도발, 위협 등에 효율적으로 대처할 수 있는 민·관·군 통합방위태세의 미비점을 들 수 있다. 전시와 마찬가지로 대침투작전 같은 국지도발작전 상황에서도 경찰과 작전 지역 공무원들 및 민간인들과 협조해야 할 사항들이 매우 많다. 예를 들면, 효과적인 매복과 수색작전을 위한 통행금지 및 민간인 통제구역 설정 및 운

---

7)『조선일보』, 1996.9.19, 제2면.

용, 검문소 운용 등을 위한 지휘통제 수단의 협조, 신속한 병력 투입 및 전개를 위한 도로 통제, 그리고 작전 보안 유지를 위한 언론과의 협조 등 많은 협조사항들이 있다. 효과적인 협조와 제 작전요소의 통합을 위해서는 평상시 지휘관계의 구축 등 제도적 장치가 필요하다. 물론 합참의장이 통합방위본부장으로서 모든 제 작전요소를 통합하고 지휘할 수 있는 지휘권을 가지고 있지만 각 기관의 기득권 유지를 위한 권위주의적인 요소 등에 의해 통합방위작전 간 많은 제한사항이 대두되었다. 따라서 강릉 무장공비 침투사건은 민·관·군 통합방위태세의 문제점을 여실히 보여주었다.

3) 대비단계에서의 분석

위기관리단계에서 서술하였듯이 대비단계에서는 예상되는 위기상황을 가정하여 위기상황하에서 수행해야 할 제반사항을 사전에 계획, 준비, 교육 및 훈련함으로써 위기대응능력을 제고시키고 위기 발생시 즉각적으로 대응할 수 있도록 대비태세를 강화시켜야 한다. 대비계획에는 위기로 인한 피해를 최소화하기 위해 조기 경보체제와 긴급통신망 구축, 비상연락망과 통신망 정비 및 효과적인 비상대응활동의 확립이 포함되어야 한다.[8]

한국군은 1994년에 평시작전권을 이양 받아 평시 국지도발상황에서의 작전의 지휘권은 합참의장이 보유하고 있다. 이에 따라 한국군은 적의 침투상황에 대비한 국지도발대비계획을 수립하고 평상시 정기적으로 훈련을 실시하고 있다. 그러나 적의 침투상황에 대해서는 한국군 스스로만 훈련했을 뿐 민·관 기관 간의 유기적이고 통합적인 지휘구조와 조기 경보체제, 그리고 통신망 구축 등에 대해서는 이를 소홀히

---

8) 채경석, 『위기관리 정책론』(서울: 대왕사, 2004), p. 60.

했다. 대비단계에서의 문제점들은 크게 3가지이다.

첫째, 경계태세의 문제점이다. 무장침투조를 탑승시킨 잠수함이 좌초하여 수면위로 부상한 뒤, 1시간여를 해안선 부근에서 표류하였음에도 불구하고 아무도 이를 확인하지 못하였다. 잠수함이 발견된 곳으로부터 북쪽으로 2백 미터와 남쪽으로 7백 미터 지점에 각각 경계초소가 있었고, 불과 1km 거리에 해안 레이더가 설치되어 있었으나 아무도 이를 발견하지 못했다.9) 해군 또한 동해 근해에서 호위함이 활동 중이었고 초계함, P-3C 해상초계기 등이 정규임무를 수행 중이었으나 대잠장비의 성능이 떨어지는데다 정형화한 작전으로 북한 잠수함을 사전에 포착하는 데에 실패했다.10) 특히, 해군의 조사결과 북한의 잠수함이 스스로 폭파를 시도한 흔적이 발견되었으나 이를 감지하지 못한 것은 군의 육상 및 해상감시 및 경계 체제에 문제점이 있었던 것으로 평가된다.

둘째, 상황보고 및 지휘체제 가동의 문제점을 지적할 수 있다. 북한 잠수함을 최초 발견한 택시 운전사의 진술에 따르면, 최초 신고 시간은 18일 새벽 1시 25분이었으나 군의 최초 보고시간은 새벽 2시였다. 그리고 이양호 당시 국방부 장관이 최초보고를 받은 시각은 새벽 5시경이었고 합참 위기조치반이 가동된 것은 05시 10분경이었다. 현장의 소대장이 상황보고를 한 후 약 3시간 만에 최고 상급부대의 지휘·통제 시스템이 가동되었다는 것은 군의 보고체제와 지휘체제 가동에 문제가 있었다는 것을 의미한다.

셋째, 군과 경찰과의 협조체제의 문제점을 들 수 있다. 잠수함을 발견한 택시운전사가 군 초소뿐만 아니라 경찰에도 이 사실을 신고했으나 군과 경찰 간의 어떠한 협조체제도 가동되지 않았다.11) 특히, 경찰

---

9) 『조선일보』, 1996.9.19, 제2면.
10) 『한국일보』, 1996.12.10, 제5면.

은 자신의 관할구역이 아니라며 적극적인 조치를 취하지 않았고 민간
인들에게 경보를 전파하기 위한 어떤 조치도 취하지 않았다.

4) 대응단계의 분석

대응단계에서는 국지도발 관련 대비계획 및 통합방위개념에 입각하
여 신속하게 도발을 제압하고 확전을 방지하는 활동이 요구된다. 특
히, 전통적 안보개념하의 위기는 초동조치 및 대응이 전체적인 위기관
리에 미치는 영향이 지대하다. 효과적이고 적시적인 대응은 사태의 확
산과 지연을 방지하지만 반대의 경우는 막대한 자산의 투입에도 불구
하고 그 효과를 기대하기 어렵다. 특히 강릉 잠수함 침투 같은 국지도
발 상황에서는 초기의 신속한 대응이 작전지역과 피해의 확대를 최대
한 방지할 수 있다. 이 사건은 군이 적시에 적절하게 대응하지 못함으
로써 조기에 작전을 종결시키지 못했다는 지적을 받기도 하였다. 그렇
다면 왜 군은 적시적절하게 대응하지 못했을까? 여기에서는 각 언론
과 군에서 공식발표한 자료를 바탕으로 군의 보고체계 및 초동조치의
문제, 정보분석능력의 문제, 그리고 위기대응체제의 문제점을 분석해
보자.

첫째, 보고체계 및 초동조치에서의 문제이다. 최초 신고자인 택시운
전사가 신고를 한 시각은 오전 01시 25분이었다고 진술했으나 군 당
국은 초병이 02시 경에 수상한 물체를 발견하고 소대장에게 보고하여
상급부대에 보고가 이루어졌다고 발표하였다. 초병의 잠수함 발견 보
고가 합참에 이르기까지는 무려 2시간 40분이나 소요됐으며 상황탐지
후 연대의 5분대기조 출동(50분 경과), 사단 위기조치반 및 비상소집
지시(1시간), 함대사의 고속정편대 긴급출항지시(1시간 6분) 등에 너
무나 많은 시간을 허비했다.[12] 특히 괴물체가 북한의 '잠수정'이라는

---

11) "무장간첩 침투늑장출동 문제점," 『동아일보』, 1996.9.19, 제2, 3면.

최초 판단을 한 후, 약 2시간이 지난 오전 5시경에 진도개 '하나'를 작전지역에 발령하였다.

소탕 작전 중에서도 이러한 문제가 나타났다. 민간인 3명이 피살된 오대산 지역 작전(10월 8일~11월 5일)의 경우, 탑동리 주민의 총성 신고가 경찰을 거쳐 연대까지 접수되는 데 2시간 25분이 걸렸다. 또 1군 사령부 요청으로 특전사 요원들이 투입되기까지는 3시간 10분이나 소요됐다.[13] 보통 보병의 전술행군 속도는 4~5 ㎞/h이다. 북한의 침투조는 특수한 상황을 가정하여 혹독한 훈련을 받은 정예요원들로 산악을 시간당 6~7㎞, 최대 10㎞까지도 이동할 수 있는 능력을 가지고 있다. 이러한 점을 고려한다면 신속한 보고와 대응의 중요성은 아무리 강조해도 지나치지 않을 것이다. 군에서의 보고체계는 생명과도 같고 가장 기본적인 요소임에도 불구하고 최초보고가 지연되고 초동조치가 미흡했던 점은 가장 큰 문제점으로 지적될 수 있다.

둘째, 정보분석능력의 문제점이다. 효과적인 초동조치를 위해서는 최초의 정보판단이 중요하다. 국지도발상황이 발생하면, 군은 통상 경계 및 초동조치 부대인 5분대기조와 정보분석조를 출동시켜 최초 상황판단을 실시한다. 정보분석조는 정보를 담당하는 참모와 기무부대, 경찰 정보과 요원이 포함된 군·관 합동팀으로 구성된다. 정보분석조의 판단 결과, 적의 침투가 확실하면, 군과 경찰은 적의 도주 방지와 검거를 위한 검문소 운용 및 경계강화지시 등의 비상조치를 강화한다.

강릉 잠수함 침투 사건이 발생했을 때 군 당국은 이 좌초한 괴물체를 70톤 내외의 「유고급」 잠수정이라고 발표했다가 (사건 당일 오전 10시), 오후에는 20여 명이 탑승 가능한 3백 톤 이상의 「상어급 소형 잠수함」이라고 정정 발표(16시 20분)하였다. 또한 군 당국은 승선 인

---

12) 이연, 『위기관리와 커뮤니케이션』(서울: 학문사, 2003), pp. 58-59.
13) 『한국일보』, 1996.12.10, 제5면.

원분석에도 혼란을 초래하여 최초 10여 명 내외로 추정했다가 이광수의 생포에 따라 26명으로 정정 발표하였다.14) 최초 정보판단은 작전의 규모와 작전부대의 성격을 결정하는 데 있어서 중요한 요소로 작용한다. 결국 최초 정보판단의 혼란은 작전의 혼란을 가져왔다.

셋째, 국가차원의 위기대응체제의 미비점을 들 수 있다. 지금까지 한국은 위기시에 정형화된 위기관리반을 운용하지 못하고 기존의 조직에서 적절하다고 판단되는 부서를 활용하여 왔다. 따라서 국가차원의 위기대응체제는 비체계적이고 비일관적이었다. 잠수함 침투위기가 발생했을 때, 한국정부는 초기 통일안보정책 조정회의를 중심으로 위기관리를 시행하였다. 이 회의에서는 외무, 국방, 내무, 비서실장, 외교안보수석 등이 참여하였으며, 통일원 부총리가 이 회의를 주재하였다. 헌법상 국가안전보장회의가 이러한 임무를 수행할 수 있도록 규정되어 있었으나 국가안전보장회의 대신 시의적인 성격인 통일안보정책 조정회의가 위기관리 임무를 수행하였다.15)

또한 한국은 작전초기에 주도권을 행사했으나, 북한의 사과를 받아내는 데에는 〈표 7-1〉에서 보는 것처럼 미국의 역할이 컸다. 이는 두 가지 시사점을 우리에게 안겨준다. 하나는, 한국의 위기관리체제가

〈표 7-1〉 잠수함 침투사건의 위기국면

단계	내용	비고
초기	위기발생-초기대응(대유엔)	1996.9.18-9.29
중간	북한측 보복 공세-한미 공동대응	1996.10.2-11.16
종결	북한측 대화자세-북한측 사과방송	1996.11.19-12.29

출처: 이민룡, "잠수함 침투사건에서의 한국의 위기관리," p. 39.

---

14) 『동아일보』, 1996.9.19, 제3면.
15) 이민룡, "잠수함 침투사건에서의 한국의 위기관리," pp. 46-47.

미흡하다는 점이고, 또 하나는, 아무리 위기관리체제가 정비되어 있다고 하더라도 현실적인 능력이 결여되어 있다면 한국이 기대하는 위기관리는 제대로 이루어질 수 없다는 점이다.16)

5) 복구(후속조치)단계에서의 분석

상황이 종료되고 난 이후, 정부 및 군 당국은 북한의 군사적 도발을 방지하기 위해 다음과 같은 조치를 취하였다.

첫째, 정부는 북한의 잠수함 침투사건을 남·북 간의 화해 분위기를 파괴하고 상호 관계에 악영향을 미치는 사건이라고 규정하고 재발방지를 위해 북한에게는 사과를 요구하고, 미국에게는 공고한 정보공유 및 안보협력체계를 강화할 것을 요구하였다.17)

둘째, 합참은 이와 같은 북한의 해상침투를 조기에 발견하고 조치할 수 있도록 해상 탐지 레이더를 강화하고 해군의 초계비행과 함정정찰 활동을 강화하기로 했으며 효과적인 경계작전을 보장하기 위해 동해안 일대의 부대구조를 개편하기로 하였다. 또한 이미 철거된 경계용 철조망을 일부 취약지역에 다시 설치하기로 하였다.

셋째, 적의 침투와 도발, 위협 등에 효율적으로 대처할 민·관·군 통합방위태세 확립을 위해 통합방위기본법을 빠른 시일 내에 확정, 정기국회에서 처리키로 입법부와 합의하였다.18) 이러한 조치로 1997년 1월13일에 「통합방위법」이 제정되었고 그해 5월에 「통합방위법 시행

---

16) 이민룡, "잠수함 침투사건에서의 한국의 위기관리," p. 48.
17) 1996년 9월 23일에 외무부 및 국방부 장관, 미대사, 연합사령관이 참석한 한미 4자회동에서 북한의 도발대처, 대북경계, 연합방위력 강화 등에 대한 사항을 결정하였고 10월 19일 안기부장, CIA, 국방장관 회동과 11월 1일에 제18차 SCM에서 대북 조기경보능력 강화와 상호 방위력 증강에 대한 사항에 합의하였다, 이민룡, "잠수함 침투사건에서의 한국의 위기관리," pp. 32-35.
18) 『세계일보』, 1996.9.20, 제30면.

령」이 발표되었다.19)

　위와 같은 일련의 조치에 대해 북한은 1996년 12월 29일 오후, 평양방송과 중앙통신을 통해 외교부대변인 성명을 발표하고 지난 동해안 잠수함 침투사건에 대해 깊은 유감을 표시하였다.20) 북한은 또 비슷한 사태의 재발방지를 약속하고 한반도 평화와 안정을 위한「유관측」들과의 공동노력을 다짐하였다.21)

　북한의 잠수함 침투사건은 남북화해의 분위기 속에서도 북한의 적화야욕이 변하지 않았다는 점을 국민들이 새롭게 인식하는 계기가 되었다. 또한 북한 인민무력부 정찰국의 잠수함 침투조직인 22전대의 베일이 벗겨지고,22) 1명을 제외한 잠수함 승조인원이 모두 소탕되었다는 점에서 성공적인 위기관리 사례였다고도 볼 수 있다.그러나 예방 및 대비, 그리고 대응단계에서 수많은 허점을 드러낸 위기관리 사례이기도 하다.

---

19)「통합방위법」제1조에서 이 법의 목적을 "적의 침투·도발이나 그 위협에 있어서 국가총력전의 개념에 입각하여 국가방위요소를 통합·적용하기 위한 통합방위대책을 수립·시행하는데 필요한 사항을 규정하는 데 있다"고 규정하고 있다. 이 법은 1997년 6월 1일부로 시행되었다.

20) 내용은 '조선민주주의인민공화국 외교부대변인은 위임에 의하여 막심한 인명피해를 초래한 1996년 9월 남조선 강릉해상에서의 잠수함사건에 대하여 깊은 유감을 표시한다. 조선민주주의인민공화국은 그러한 사건이 다시 일어나지 않도록 노력하며 조선반도에서의 공고한 평화와 안정을 위하여 유관측들과 함께 힘쓸 것이다'고 발표하였다.

21) "북, 잠수함침투 공식사과/4자회담 설명회 1월 개최,"『동아일보』, 1996.12. 30, 제1면.

22) "군경 등 연 2백만 명 동원/숫자로 본 공비소탕 49일,"『세계일보』, 1996.11. 6, 제23면.

2. 연평해전과 서해교전

1) 개요

연평해전은 1999년 6월 15일 오전 9시 28분, 서해상 북방한계선 (NLL)[23]을 침범한 북한 함정과 한국 해군 간에 6.25 전쟁 이후 처음으로 정규군 간에 해상교전이 발생한 사건이다.[24] 사건발생 9일 전부터 옹진반도 남단에서 조업 중인 북한의 꽃게잡이 어선을 보호한다는 명분으로 북한 경비정 2~7척이 NLL을 침범하였고 한국 해군은 '충돌식 밀어내기 작전'을 통해 이를 저지함으로써 서해상의 긴장감이 고조되었다.[25] 사건 당일 오전, 북한 경비정이 소총과 기관포로 선제사격을 가함으로써 무력도발을 감행하자 한국 해군은 자위권 차원의 즉각 대응으로 이를 제압하였다.[26] 한국 해군은 14분간의 교전으로 북

---

23) 북방한계선(NLL:Northern Limitation Line)은 1953년 7월 27일 정전협정 체결당시 유엔사령부는 당시의 군사접촉선을 지상에서는 군사분계선으로 확정하였으나 해상 군사분계선에 대한 명시적 합의가 없었다. 따라서 해상에서 정전협정 준수와 무력충돌을 방지하고 아 해군 및 공군의 초계활동을 한정하는 선의 필요성을 느꼈다. 이에 1953년 8월30일 유엔군사령관이 일방적으로 NLL을 설정하여 북한에 통보하였다. 최초의 해상분계선은 동해에서는 지상분계선의 연장선을 , 서해에서는 당시 영해기준 3해리 및 서해5도와 북한의 옹진반도의 중간선을 기준으로 하여 설정하여 동해는 NBL, 서해는 NLL로 다르게 표기하였다가 1997년 7월1일부로 동,서해에서 다르게 사용하던 용어를 NLL로 통일하였다. 그 후 북한은 간헐적으로 NLL을 침범하였으나 20년간 이에 대한 이의를 제기하지 않다가 1973년 10월과 11월 두 달 사이에 43회에 걸쳐 침범한 후 지속적으로 침범을 시도하였고 NLL은 유엔군 측이 일방적으로 설정한 비합법적인 선이므로 인정하지 못한다고 주장하고 정전 협정 당사자인 미·북 간에 협상을 통해 결정할 것을 제의하였다. 그리고 북한은 1999년 9월 2일 NLL을 무효화하고 서해해상경계선을 설정하였다.
24) 임강호, "연평해전의 작전술적 분석," 해군대학 연구논문, 2000, p. 30.
25) 조중현, "국가위기관리체제 발전방향: 연평해전과 서해교전을 중심으로," 국방대학교 안보과정 연구논문, 2002, pp. 41-42.
26) 임강호, "연평해전의 작전술적 분석," pp. 41-42.

한 어뢰정 1척을 침몰시키고 중형 경비정 3척과 소형 경비정 2척을 파손시켰으며 병력 17~30명의 사망과 수십 명을 부상시키는 전과를 올렸다.[27] 반면 아군의 피해는 9명의 장병들이 부상당하는[28] 경미한 피해만을 입었다.

서해교전은 한·일 월드컵 축구대회 기간 중 한국과 터키의 3~4위 전이 있던 2002년 6월 29일에 일어난 사건이다. 사건 당일 09시 45분 경, 북한 경비정 2척이 연평도 서쪽 7마일 지점에서 각각 서해 북방한계선을 3마일과 1.8마일을 침범함에 따라 우리 해군의 고속정 편대 4척이 북한 경비정에게 접근해 경고방송과 사이렌을 이용하여 퇴각을 요구하며 대응작전을 수행하였다.

10시 25분경에 갑자기 NLL을 3마일 침범한 두 번째 북한 경비정이 85mm 함포와 35mm 함포사격과 휴대용 로켓탄을 이용해 기습사격을 가하였다. 피격을 받은 우리 해군의 고속정도 필사적으로 40mm 함포와 20mm 발칸포를 이용해 대응사격을 개시하였고 인근에서 작전 중이던 고속정 2척과 초계함 2척이 지원사격을 실시함으로써 교전에 참가하였다.

10시 45분경에 북한 경비정이 퇴각함에 따라 10시 56분, 상황은 종료되었다. 그러나 기습사격을 받은 우리 고속정 승조원 27명 중 정장 윤영하 소령을 포함한 6명이 전사하고 18명이 부상당하는 피해를 입었다.[29] 피격된 고속정은 예인 중 침수로 인해 11시 59분에 침몰되었다.[30]

---

27) 조중현, "국가위기관리체제 발전방향: 연평해전과 서해교전을 중심으로," p. 42.
28) 임강호, "연평해전의 작전술적 분석," pp. 41-42.
29) 조중현, "국가위기관리체제 발전방향: 연평해전과 서해교전을 중심으로," p. 55.
30) 『국방일보』, 2002.7.2, 제2면.

2) 예방 및 완화단계에서의 분석

(1) 연평해전

1998년 2월 출범한 국민의 정부는 '평화와 화해·협력을 통한 남·북한 관계의 개선'을 대북정책의 목표로 설정하고 '평화를 파괴하는 일체의 무력도발 불용', '흡수통일 배제', '화해·협력 적극 추진'을 대북정책 3원칙의 기조로 삼았다.[31] '햇볕정책'이라는 용어로 더욱 친숙한 대북정책은 과거의 팽팽했던 군사적 긴장감을 해소하여 평화를 위한 여건을 조성한다는 국가 정책이었다. 그러나 북한은 경제난과 자신들의 체제를 보장받기 위한 방법으로 핵과 미사일이라는 카드로 미국과의 직접적인 협상을 추구하는 정책을 추구하였다. 또한 북방한계선에 대한 법적 근거가 없다는 주장으로 이를 빈번히 의도적으로 무시하고 도발을 하는 등 NLL에 대한 한국과의 갈등은 지속되었다. NLL 수호에 대한 확고한 의지를 밝힌 한국군은 평화적인 방법을 우선으로 하되 만약에 대한 우발상황에 대비하여 많은 노력과 준비를 하였다. 구체적으로 적 함정의 NLL 월경 시 단계별로 대응 수준 및 방법을 미리 설정하여 훈련하였고 교전규칙을 숙지하여 이에 따른 대응 훈련을 실시하였다.

(2) 서해교전

한편 서해교전 당시에는 우리나라는 한·일 월드컵 축구대회의 열기와 한국의 4강 신화에 국민들은 열광하고 있었다. 사전에 우리나라는 북한 측에 쌍방의 군사적 긴장을 완화하며 한반도에서 항구적이고 공고한 평화를 이룩하여 전쟁의 위험을 제거하는 것이 긴요한 문제라

---

31) 조중현, "국가위기관리체제 발전방향: 연평해전과 서해교전을 중심으로," p. 44.

는데 이해를 같이 하고 공동으로 노력해 나가기로 합의한 바를 강조하며 이행을 요구하였다.32) 그러나 북한은 국제적으로 부시행정부의 대북 강경정책, 식량난과 경제난 등에 의한 체제의 불안요소들이 복합적으로 작용하면서 위기징후가 나타나고 있었다. 특히 북한은 2002년도에 경비정 15회, 어선 및 기타 선박 4회, 총19회에 걸쳐 NLL을 침범하여33) 남·북한 해군 간의 충돌가능성은 상존하고 있는 상태였다.

이에 대해 우리 군은 연평해전 당시의 상황과 동일한 수준에서 무력충돌의 예방을 위한 조치를 사전에 취하고 있었다.

3) 대비단계에서의 분석

(1) 연평해전

위와 같은 예방과 완화단계에서의 조치에도 불구하고 북한은 1999년 6월 6일에서 9일까지 자국 어선을 보호한다는 명목하에 NLL을 지속적으로 침범하는 사태가 발생하였다. 이러한 북한의 도발에 대한 대비단계에서의 조치를 정부와 군의 조치로 나누어 분석해 보자.

먼저 정부는 북한의 의도적인 NLL 침범 4일째인 6월 9일, 국방부

---

32) 조중현, "국가위기관리체제 발전방향: 연평해전과 서해교전을 중심으로," p. 58.

33) 김태준, 최종철, "북한의 NLL침범사례 분석과 대응방안," 2004년 국방대학교 안보문제연구소 정책연구과제, 2004.4.22, p. 7.

구분	계	경비정(66)	어선(81)	기타(9)	비고
1999	71	19	52	-	연평해전
2000	25	15	10	-	
2001	20	12	3	5	
2002	19	15	2	2	서해교전
2003	21	5	14	2	

를 통해 공식적인 입장을 발표하였다.34) 그리고 이 사건에 대한 정부의 공식적인 견해는 사건발생 5일 만인 6월 10일 국가안전보장회의에서 나왔다. 여기에서는 ① 북방 한계선을 지상의 분계선과 같이 확고히 지키고, ② 이를 위해 서해 해당지역에 해군 함정을 증강 투입하며, ③ 북한의 모든 함정을 NLL 북방으로 철수시킬 것을 촉구하며 철수하지 않을 시 야기되는 사태에 대해서는 그 책임이 북한에 있다는 점 등을 결정했다.35) 이러한 정부의 공식 입장은 NLL에 대한 우리 정부의 확고한 입장을 공식 표명한 것으로 만약의 사태 발생시에 우리의 대응방침을 뒷받침해 주는 중요한 역할을 하였다.

이에 따라 군은 당시 국방장관인 조성태 장관과 김진호 합참의장이 존 틸러리(John H. Tileli, Jr.) 한·미 연합사령관을 잇달아 만나 "상황 악화 시 미국의 협조"를 요청하였다.36) 또한 해군은 우발상황에 대비하여 함정을 추가 투입시키고 서해 5도 지역의 해병대 병력에 대비태세를 지시하였다. 공군도 비상대기태세를 유지하며 만약의 사태에 완벽하게 대비하고 있었다. 무엇보다도 한국 해군은 북의 함정이 NLL 월경 시, 무력사용을 최대한 자제하고 '충돌식 밀어내기 방식'으로 대응한다는 기본 대응방향을 수립해 두었다. 또한 적이 선제공격할 경우에는 자위권 차원에서 대응사격과 단계별 후속대응에 대해서도 적절한 대비를 하고 있었다.

대비 단계에서의 조치사항을 종합해보면, 첫째, 정부의 정치적인 결정을 군사적으로 순응하며 북한 경비정의 NLL 침범과 관련하여 한·미 공조를 재확인했고, 둘째, 유엔사를 통한 군사정전위 비서장급 회담제의와 정부의 대북성명 발표를 통해 평화적인 해결을 노력하였으

---

34) 황군택, "국가위기관리체계 발전방향," 국방대학교 합동참모대학 연구보고서, 2003, p. 36.
35) 황군택, "국가위기관리체계 발전방향," p. 45.
36) 황군택, "국가위기관리체계 발전방향," p. 45.

며, 셋째, 국가안전보장회의를 열어 정부의 대응방안을 검토하고 군사적 대응조치를 강화하여 위기확산 방지를 위한 노력을 기울였다.[37)

위와 같은 대비의 결과로 북한 함정의 선제공격에도 불구하고 침착하게 대응하여 큰 분쟁의 빌미를 제공하지 않은 결과를 낳았다.

(2) 서해교전

월드컵의 성공적 개최보장을 위해 한국군은 5,6월을 경계강화기간으로 설정하여 최고도의 군사대비태세를 유지하고 있었다. 특히, 북한이 꽃게 성어기인 5~6월에 집중적으로 NLL을 의도적으로 침범할 것으로 판단하고 있었다.[38)

해군 작전사령부는 기간 중 전 함대에 해상 및 대잠 경계태세를 강화하고 전투전단장이 함정에서 직접 지휘할 수 있는 태세를 유지하고 초기대응반과 위기조치반은 즉각 소집이 가능하도록 하였다. 특히 2함대 사령부는 대비태세를 강화하기 위해 고속정을 증강해 대청도에 4척, 연평도에 6척을 배치하여 상황발생에 대비하였으며, 전투전대장이 경비중인 초계함에 위치하도록 조치하였다.[39)

이와 같은 북한의 군사적 도발상황에 대비한 한국 해군의 계획과 이

---

37) 조중현, "국가위기관리체제 발전방향: 연평해전과 서해교전을 중심으로," p. 48.
38) ※최근 5년간 북한의 월별 NLL 침범현황

구분	계	1월	2월	3월	4월	5월	6월	7월	8월	9월	10월	11월	12월
'99	71	-	-	1	1	2	58	3	2	-	3	2	-
'00	25	-	2	1	1	3	6	6	1	1	3	1	-
'01	20	1	1	3	3	5	4	2	-	-	-	2	-
'02	19	1	3	1	1	3	6	-	1	-	-	2	2
'03	21	1	1	-	-	8	3	2	3	-	3	1	1

출처: 김태준, 최종철, "북한의 NLL침범사례 분석과 대응방안," p. 7.
39) 조중현, "국가위기관리체제 발전방향: 연평해전과 서해교전을 중심으로," pp. 58-59.

를 숙달하기 위한 훈련은 거의 완벽한 수준이었다.

4) 대응단계에서의 분석

(1) 연평해전

6월 11일부터 사건 당일인 15일까지 북한 함정의 NLL 침범에 대응하여 한국 해군은 '충돌식 기동'으로 저지한다는 방침을 그대로 유지하고 있었다. 그러나 09시 28분경, 북한 경비정 2척과 어뢰정 1척에 충돌공격을 시도하는 아군의 고속정에 대해 북한 함정이 발포하였다. 이에 한국 해군도 자위권 차원에서 즉각적인 대응사격을 실시하였다.[40] 교전 발생 14분 만에 북한 어뢰정 1척이 침몰되고 나머지 9척은 NLL 이북으로 퇴각하였다. 교전이 발생된 후, 우리 측 레이더에 북한의 지대함 유도탄 발사 징후가 포착되어 확전 방지 및 함정의 안정을 위해 고속정 및 초계함은 완충 구역 남단으로 긴급 대피하는 조치를 하였다.[41]

당시의 교전상황에서 한국 해군의 대응을 종합해 보면 다음과 같다. 먼저 북한 경비정이 기습사격을 해옴에 따라 아군 함정은 교전규칙에 의거하여 자위권 차원의 제한된 대응사격을 실시하였으며 외교적인 노력의 일환으로 유엔사를 통해 북한군과 장성급 회담을 개최하여 서해 긴장완화를 위한 방안을 제시하였고, 교전 직후 서해5도와 전방부대에 데프콘-III에 준하는 군사대비태세를 유지하고 한·미 연합사 위기조치반을 운용하여 위기확산에 대비한 대비태세를 유지하였다. 또한 국가안보회의를 소집하여 정부의 공식입장을 발표하고 연합사령관

---

40) 『국방일보』, 1999.6.17, p. 1.
41) 조중현, "국가위기관리체제 발전방향: 연평해전과 서해교전을 중심으로," p. 47.

과 한 미 위기관리 방안을 논의하여 위기확산 시 한·미 공조체제를 재확인하였다.[42]

이러한 일련의 성공적인 대응 조치는 한국 해군이 그동안 북측의 NLL 도발 양상과 이에 따른 대비와 훈련에 충실하였기 때문이다. 먼저 선제공격을 당했음에도 불구하고 침착하게 준비하고 훈련한 대로 대응하여 짧은 시간 안에 상황을 성공적으로 종료할 수 있었으며 확전을 방지할 수 있었다고 판단된다.

(2) 서해 교전

2002년 6월 29일 오전 06시 30분, 연평도에 전개하고 있던 한국 해군의 고속정 6대가 연평도 근해 꽃게잡이 어로보호 및 통제를 위해 어선 56척과 함께 출항하였다. 09시 51분과 10시 01분에 북한 육도 경비정과 등산곶 경비정이 NLL을 침범하자 우리 고속정 2개 편대는 대응기동을 실시했다. 한국 해군 고속정 편대의 차단기동으로 육도 경비정은 NLL북방으로 퇴각하였으나 등산곶 경비정은 퇴각하지 않고 있다가 우리 고속정에 기습사격을 가하였다.[43] 이에 한국 해군 고속정은 가용한 모든 화기로 대응하였고 인근에 경비중이던 초계함 2척과 인접 2개 편대에 지원지시를 하달하였으며 공군에 전투기 긴급출격대기 요청이 전파되었다.[44] 그러나 한국측 레이더에 북한의 함대함 미사일의 위협 전자파를 탐지하여 사태의 악화를 방지할 목적으로 피격된 고속정을 안전지역으로 이동시켜 사후조치를 취하였다.

연평해전과 마찬가지로 한국군은 미리 우발상황에 대한 계획과 훈련대로 침착하게 대응하였으나 갑작스런 북한측의 근거리 의도 사격

---

42) 조중현, "국가위기관리체제 발전방향: 연평해전과 서해교전을 중심으로," p. 48.
43) 조중현, "국가위기관리체제 발전방향: 연평해전과 서해교전을 중심으로," p. 48.
44) 『국방일보』, 2002.7.9, 제2면.

으로 불의의 기습공격을 받아 많은 사상자와 피해를 입게 되었다.

5) 복구(후속조치)단계에서의 분석

(1) 연평해전

정부와 국회, 그리고 군의 후속조치를 구분하여 기술해 보면 다음과 같다.

먼저 정부의 후속조치이다. 정부는 사건 발생 다음 날인 6월 16일 오전, 김대중 대통령이 여·야 수뇌부들과 청와대에서 회동하여 북한의 계획적인 도발에 강력한 안보태세를 갖추고 초당적으로 대처한다는 데 합의하였다. 또한 북한의 도발에 대한 대응을 '적절하고 강력하며 효율적으로 대처한 것'이라고 높이 평가하며 장병들의 노고를 치하하였다.[45]

둘째, 국회의 후속조치이다. 국회는 6월 18일 본회의를 열어 북한의 서해 NLL 침범행위를 규탄하고 단호한 대처의지를 밝히는 7개항의 "북한의 서해 북방한계선 침범행위 및 무력도발에 대한 결의안"을 만장일치로 채택하였다.[46] 정부와 정치권은 우리 군의 대응을 높이 평가하면서 NLL 수호에 대한 정부의 확고한 의지를 밝혔으며 한반도에서 어떠한 형태의 불법적인 무력 도발도 단호히 대처한다는 강한 경고의 메시지를 북한에게 보냈다.

셋째, 군의 후속조치이다. 군은 예상되는 추가도발 및 보복행위를[47] 사전에 차단하고 위기의 확대에 대비하는 노력을 하였다. 먼저

---

45) 『국방일보』, 1999.6.18, p.1.
46) 황군택, "국가위기관리체계 발전방향," p.39.
47) 북한은 교전 당일 휴전선 일대의 대남확성기 방송을 33차례나 실시하고 한국과 미국을 비난하였으며 보복의 메시지를 계속적으로 보내왔다. 황군택, "국가위기관리체계 발전방향," pp. 38-39.

국방장관 및 합참의장은 한·미 연합사령관과 잇달아 회동하여 한·미 간의 긴밀한 군사공조관계를 과시하여 북측의 오판을 사전에 차단하였으며, 미 국방부도 해·공군전력을 즉각 증파하는 등의 추가적인 계획을 발표하였다.48) 미 국무부도 대변인 성명을 통하여 유엔 주재 북한 대표부를 통해 북한 측과 접촉하면서 한국정부와 긴장완화를 위해 밀접한 협력관계를 유지하고 있다고 밝혔다.49)

정부는 북한의 불법적 무력도발에 대해 단호한 입장을 표명하였고, 확고한 한·미 군사공조체제를 바탕으로 다양한 채널의 외교를 실시하여 사태의 확대를 방지하고 평화적인 사태의 해결을 추구하였다. 명확한 최종상태(end state)를 설정하고 노력을 집중한 성공적인 후속조치의 결과라고 볼 수 있다.

(2) 서해교전

한국 정부는 국방부장관의 요청에 의해 국가안전보장회의 상임위를 개최하여 동 사태가 명백한 정전협정 위반행위임을 확인하고 정부차원의 대북 경고와 국방부장관 명의의 엄중한 항의 성명을 발표하기로 하였다. 또한 북한의 진의를 파악해 강력하게 대응하되 군사대비태세를 강화하여 국민적 불안감을 불식시키고 국민들이 안심하고 생업에 종사할 수 있도록 조치하는 한편, 희생자에 대해 조의를 표명하고 적절한 조치를 강구키로 결정하였다.

국회차원에서도 여·야 특위조사활동을 실시하여 교전상황과 향후 대책에 대한 의견을 나누는 등 차후 재발방지를 위한 대비태세의 유지에 만전을 기하였다.50)

---

48) 『중앙일보』, 1999.6.17, p. 1.
49) 황군택, "국가위기관리체계 발전방향," p. 40.
50) 조중현, "국가위기관리체제 발전방향: 연평해전과 서해교전을 중심으로," pp. 60-62.

군은 교전상황이 발생함에 따라 국방부장관의 명의로 대북 항의·경고 성명을[51] 발표하고 금번 사태에 대한 북측의 사과와 책임자 처벌 및 재발방지를 강력히 촉구하였다.

합참은 2002년 6월 29일 11시를 기해 전군에 경계강화지시를 하달해 대북 감시 및 지·해·공 경계태세를 강화하고 한·미 연합감시태세를 증가하였다. 합참의장은 리언 J 라포트 한·미 연합사령관과 협의하여 유엔사 차원의 대북 항의 및 장성급 회담을 개최할 것을 북한에 제의하기로 했으며, 연합 위기관리체제를 가동하고 대북 감시 및 군사대비태세를 강화하는 조치를 취하였다.

그리고 13시, 이 사태 발생상황을 언론에 발표함으로써 신속히 국민에게 알리도록 하였다. 특히, 교전규칙을 개정하여 신속히 대응할 수 있는 지침을 하달하였다.[52]

그리고 유엔사는 대북 전화통지문을 발송해 북한군의 정전협정 위반행위에 대한 진상규명과 사과, 책임자 처벌을 제의하였고 재외 무관단에도 이번 사태와 관련된 상황을 전파해 우방들의 이해와 협조를 요청하였다.

---

51) 발표내용은 다음과 같다.
 - 2002년 6월 29일 오전 9시 45분쯤 북한 경비정 2척이 서해 북방한계선을 침범하여 퇴거를 요구하는 우리 해군 경비정에 대하여 악랄하게도 선제기습사격을 가해왔다. 이 과정에서 아측이 심대한 피해가 발생하였다.
 - 북한군의 이와 같은 행위는 명백한 정전협정위반이며 제1차 남북국방장관회담에서 남북 군사당국자간 긴장완화를 위해 공동 노력키로 합의한 사항을 정면으로 위반한 것이다. 이러한 묵과할 수 없는 무력도발에 대해 우리 정부는 엄중 항의하며 북한의 사과와 책임자 처발, 재발방지를 강력히 요구한다.
 - 우리는 북한군의 북방한계선 침범 및 도발행위의 중지를 거듭 촉구하며 이번 사태에 대한 모든 책임은 전적으로 북한에 있음을 분명하게 밝혀두는 바이다.
52) 기존의 교전규칙은 경고방송→시위기동→차단기동→경고사격→격파사격의 5단계였으나 신규 작전지침은 시위기동→경고사격→격파사격의 3단계로 조정하여 신속하게 대응할 수 있도록 조치, 하달하였다.

종합적으로 확전방지와 피해 발생을 억제하기 위한 전체적인 후속
조치는 적절하다고 판단되나 연평해전 이후 북한의 실추된 위상을 만
회하기 위한 도발의 징후포착과 정부의 월드컵 진행을 위한 안정적 안
보환경의 조성의지와 유화적인 대북정책이 아군의 피해를 유발하였다
는 지적도 있다.

즉, 정부는 북한 경비정의 퇴각, 북방한계선의 현상유지 및 평화적
위기 해결이라는 제한된 위기목표로 인해 군이 적극적으로 대처하지
못하고 시위 및 차단기동 이라는 소극적인 방법을 시행하여 귀중한 인
명과 재산의 손실을 초래하였다는 평가이다.53)

3. 교훈

탈냉전이 되면서 한반도에 화해의 무드가 찾아왔다. 이러한 분위기
에 편승하여 남북한 간에도 남북화해와 통일을 향한 기본합의서가 체
결되었다. 그러나 북한은 제1차 핵위기와 강릉 잠수함 침투사건, 연평
해전 및 서해교전 사태를 일으켰고 현재는 제2차 북핵 위기가 진행 중
에 있다.

이것이 세계 유일의 분단국가가 처해 있는 안보현실이다. 한국이 이
러한 위기에 어떻게 대처하느냐에 따라 위기는 전쟁으로 이어질 수도
있고 혹은 불안한 평화가 지속 될 수도 있다. 그래서 위기관리가 중요
한 것이다.

앞서 소개한 두 사례의 경우에서 얻을 수 있는 교훈을 정리해 보면
다음과 같다.

첫째, 북한의 위협을 과소평가해서는 안 된다는 점이다. 북한은 남

---

53) 조중현, "국가위기관리체제 발전방향: 연평해전과 서해교전을 중심으로," p.
  63.

북한에 화해무드가 조성되고 있었음에도 불구하고 잠수함을 침투시켜 정보를 획득하고 잠수함 루트를 개척하는 등의 전쟁 준비를 게을리하지 않고 있다. 또한 NLL 침범을 통하여 한국 해군의 대비태세를 점검하고 한국의 영해를 자신의 영해로 편입하고자 하는 시도를 끊임없이 하고 있다. 이 뿐만이 아니다. 북한은 연평해전의 패전을 만회하고 한국 해군에 대해 복수하기 위해 의도적으로 서해교전을 유발하여 수많은 한국 해군의 생명을 앗아갔다. 세계가 전통적 안보 위협보다는 국내 안보 및 재난관리에 치중하는 방향으로 위기관리체제를 변화시키고 있지만 한국은 여전히 전통적 안보위협에 우선적으로 대비하지 않으면 안 되는 이유가 여기에 있다.

둘째, 한국군 자체적으로 정보를 획득하고 분석할 수 있는 적정 수준의 정보력을 가져야 한다. 정보 없이는 어떤 작전도 수행할 수 없다. 주한미군에 정보를 의존하는 시대에서 벗어나서 보다 많은 예산을 정보력 강화에 투자해야 한다. 정보력을 남의 손에 의존하는 한 자주국방은 요원하다. 군사위성을 포함하여 최첨단 정보자산을 갖춤으로써 북한을 포함한 주변국의 전통적 안보위협에 적극적으로 대처해야 한다.

셋째, 새로운 안보위협에 대응할 수 있는 체제를 갖추어야 한다. 북한은 육상에서의 도발에 이어 NLL 침범 또는 해상교전 등 해상에서의 도발을 일으키고 있다. 이러한 도발에 대응하는 한편 새로운 위협에도 대응할 수 있는 체제를 갖추어야 한다. 가장 우려되는 위협 중의 하나가 테러이다. 한국(인)에 대한 테러 위협은, 크게 북한에 의한 국내에서의 테러, 외국 테러 집단에 의한 한국에서의 테러, 그리고 북한 및 국제테러 집단에 의한 해외에서의 테러로 구분할 수 있다. 이러한 테러에 대비하기 위해 법적, 기구적, 운용적인 측면에서 이를 제도적으로 보완하여야 한다.

II. 재난 사례

1 자연재난: 태풍 '루사' 및 태풍 '매미'

1) 개요

태풍[54]은 매년 우리나라에 몇 차례씩 상륙해 많은 피해를 주는 대표적인 자연재난이다. 지난 100년간 태풍으로 사망한 사람은 1만 명에 이른다.[55] 태풍과 집중호우로 인한 재정적 손실도 만만치 않다. 태풍 '루사'와 태풍 '매미'의 피해액 등 2년 동안(2002~2003년)의 피해는 가히 천문학적 액수에 달한다.

태풍 '루사'는 2002년 8월 31일과 9월 1일 사이에 우리나라 중앙을 관통한 제15호 태풍으로 많은 피해를 가져다주었다. 특히, 강릉 지역은 기상관측 이래 하루에 898mm의 폭우가 쏟아져[56] 도심 전체가 물에 잠기는 등 엄청난 피해를 입었다. 태풍 '루사'는 전국적으로 사망 및 실종 246명, 재산피해 5조 4,696억 원이라는 천문학적 피해를 낸 대재앙의 사례였다.[57]

태풍 '매미'는 2003년 9월 6일 발생한 제14호 태풍으로, 9월 12일 우리나라를 통과하면서 경남일대를 강타, 131명의 인명피해와 약 4조 6천억 원의 막대한 재산피해를 가져왔다. 최대 순간 풍속이 초속 60미터를 기록한 강풍과 호우 및 파고는 피해를 더욱 가중시켰다. 특히

---

54) 세계기상기구(WMO)는 열대성 저기압 중에서 중심 부근의 최대풍속이 64knot 이상인 것을 태풍(TY), 48~63knot 인 것을 강한 열대폭풍(STS), 34~47knot 인 것을 열대폭풍, 그리고 34knot 미만인 것을 열대저압부로 구분한다. 우리나라와 일본에서도 태풍은 이와 같이 구분하지만 일반적으로 최대풍속이 17m/s 이상인 열대 대기압 모두를 태풍이라고 부른다.
55) 『서울신문』, 2004.8.20, 제31면.
56) 『동아일보』, 2002.9.2, 제1면
57) 『경향신문』, 2002.12.28, 제17면.

부산항의 대형 크레인의 붕괴와 선박 등의 피해로 막대한 산업 손실도 입었다.58) 자연재난은 피할 수는 없지만 예방 및 대비, 그리고 대응태세에 따라 얼마든지 그 피해를 줄일 수 있다. 따라서 여기에서는 최근에 한국에 막대한 피해를 입혔던 두 가지 태풍사례에 대해 재난관리 단계를 적용하여 이를 분석해 보고자 한다.

2) 예방 및 완화단계에서의 분석

먼저 태풍 '루사'는 인재(人災)였다는 평가가 지배적이다. 태풍에 의한 피해와 위험을 감소시키기 위해서는 취약요소를 찾아내어 피해감소 대책을 구조적·제도적·운용적으로 개선해야 함에도 불구하고 정부는 이러한 노력을 게을리했다. 물론 취약요소를 하루 아침에 정비할 수는 없다. 그러나 정부의 정책에 의해 산이 절개되고 하천이 정비되었음에도 불구하고 이 절개지 규정과 하천정비에 의해 오히려 산사태가 발생하고 하천이 범람하였다면 이것은 자연재난을 방지하는 것이 아니라 오히려 조장하는 결과를 초래한 것과 다름아니다. 크게 세 분야로 나누어 사례를 분석해 보자.

첫째, 정부가 획일적으로 제정한 "절개지 규정"이다. 건설교통부가 산을 깎아 도로를 만들 때 바위의 위치와 결, 상태와는 관계없이 획일적으로 63도의 경사각을 유지하도록 한 '절개지(切開地)규정' 때문에 산사태가 많이 발생하여 피해가 컸다.59) 이러한 규정은 지형의 특성이나 지역의 상황을 고려하여 융통성있게 적용되는 것이 합리적임에도 불구하고 획일적인 공사규정을 적용하였기 때문에 오히려 산사태를 조장하는 결과를 초래했다. 경찰청이 분석한 '루사'로 인한 사망, 실종자의 발생원인을 보면 산사태에 의한 피해가 가장 높다. 2002년 8

---

58) 『조선일보』, 2003.9.20, 제8면.
59) 『동아일보』, 2002.9.2, 제3면.

월 31일, 강릉시 왕산면 35번 국도에서 발생한 산사태로 차량 10여 대가 매몰되고 구조작업에 나선 경찰관 63명이 고립된 것이 이를 증명해 준다. 산사태는 그 자체라도 피해를 입히지만 물길을 방해하는 등 이차적인 피해도 입힌다.

둘째, 하천의 범람에 의한 피해이다. 하천 범람의 주원인은 지형의 특징을 무시한 채 공사에 용이한 방향으로 하천이 정비되었기 때문이다. 자연 상태의 물길을 바꿔 편의대로 쌓아올린 제방은 수마의 힘을 견디지 못해 무너졌고 산림 속에 방치되어 온 간벌목은 물의 흐름을 방해하다 한꺼번에 쏟아져 내리면서 피해가 더욱 커졌다.60) 동일한 피해가 또 다시 발생했다는 것은 근본적이고 구조적인 예방을 소홀히 했다는 증거이다.

셋째, 무분별하게 추진된 바다 매립에 의한 피해이다. '루사'에 이어 일 년 뒤에 발생한 태풍 '매미'로 인해 경남 마산시 해운동은 해일 피해를 입었다. 이는 무분별하게 추진된 바다 매립이 초래한 '예고된 인재'였다.61) 마산항 매립지의 침수 가능성은 이미 96년 감사원의 조사에 의해 지적됐었다.62) 이러한 지적과 사전 예고에도 불구하고 책임감 없이 시행된 공사와 담당 공무원의 안일한 태도로 많은 피해를 입었다.

---

60) 『경향신문』, 2002.12.28, 제17면.
61) 마산시의 교통체증을 해소하고 노후한 시가지와 마산항을 활성화하기 위해 지난 85년 11월 민간자본을 유치해 공사를 시작했다. 총사업비 645억 원이 투입된 이 공사는 8년 만인 93년 10월 완공됐고 그 결과 마산항 구항과 서항 일대에 20만 5000평의 매립지가 생겨났다. 하지만 공사도중 지반이 가라앉고 만조시 바닷물이 역류해 도로와 시가지가 침수되는 등 부작용이 잇따랐다. 마산시는 95년 11월 대한 토목공학회에 의뢰해 안전진단 용역을 실시했지만 진단항목에는 침하원인과 건축물 등에 대한 안전진단만 있었을 뿐 해일피해 등에 대한 대책은 전무했다.
62) 『서울신문』, 2003.9.16, 제1면.

3) 대비단계에서의 분석

이 단계의 핵심은 재난 유형별로 대비계획을 마련하고 이 계획에 따라 대응에 필요한 자산을 준비하고 또 재난발생을 가정하여 이를 교육하고 또 훈련해야 한다.

태풍 '루사'의 피해 상황을 잠시 살펴보자. 경부선, 영동선, 태백선, 정선선, 함백선 등 주요 철도망이 파괴됐고 경부·영동·동해 고속도로 등이 마비됐으며 경부고속도로는 70년 완공 이후 처음으로 한때 불통되기도 했다. 강릉 지역은 산사태와 토사유입으로 도로를 따라 매설된 케이블이 끊기면서 유무선 통신망이 완전히 마비됐다. 1만여 개의 전봇대가 파괴되거나 유실되었고 영동화력발전소는 침수로 가동이 중단됐다. 전국 125만여 가구가 정전사태를 겪어 130여억 원의 피해액이 발생하였다. 또한 국가주요시설인 울진원전 취수용 배관과 경남 마산과 충북 영동의 도시가스 배관이 노출됐고 LPG충전소 3곳이 침수되기도 했다.[63]

태풍 '루사'는 어쩔 수 없었다고 하더라도 태풍 '매미'에 대해서는 완벽하게 대비했어야 했다. 한국의 공무원들은 태풍 '루사'를 통해 아무런 교훈도 얻지 못하고 태풍 '매미'를 맞이하였다. 그 실태를 살펴보자. 기상청에서는 비교적 정확한 태풍의 진로를 분석하고 피해에 대한 대비와 경고를 실시했다.[64] 특히, 국립방재연구소의 해일 연구팀의 보고서에는 경남 해안지역은 지난 1959년 태풍 '사라'부터 '셀마', '루사' 때도 모두 해일의 피해를 겪었기 때문에 해일에 의한 피해에 대비해야 한다고 지적하였다.[65] 그러나 지방자치단체와 담당 공무원들의 안일

---

63) 『문화일보』, 2002.9.2, 제1면.
64) 태풍'매미'가 2003년 9월 6일 필리핀 부근 해상에서 발생한 후 기상청은 11일 오전에 태풍이 남해 사천 부근에 상륙했다가 동해 울진으로 진출하는 것으로 진로를 예측하였다. 12일 저녁 상륙시점이 한 시간 정도 빨라진 것 외에는 기상청의 예상 진로가 적중하였다.

한 대비로 피해를 가중시켰다. 매년 되풀이되는 피해와 경고에도 불구하고 동일한 유형의 인명 피해와 막대한 재산손실이 발생하는 것은 장기적이고 구조적인 재해대비계획과 노력이 미흡하기 때문이다.

언제 닥칠지 모르는 대형재난의 피해를 줄이기 위해서는 기존의 주먹구구식 대책에서 탈피해 체계적이고 종합적인 예방책을 범국가적인 차원에서 수립해야 한다. 특히 재난방지 예산이 예산편성 우선순위에서 항상 밀리고 있는 것은 안타까운 일이다. 재난에 대한 예방과 대비를 위한 예산은 피해복구비보다 저렴하다.[66] 참고로 '루사'에 의한 피해복구비는 7조 1,778억 원이었다.[67] 엄청난 인명과 재산상의 손실이 발생하고 난 이후에 피해복구비를 집행하는 것보다, 재난이 발생하기 이전에 예방과 대비를 위해 예산을 편성하여 이를 시행하는 것이 훨씬 더 인명 중시적이고 경제적이며 효율적이다.

4) 대응단계에서의 분석

태풍과 같은 자연재해는 불가항력적인 측면이 있지만 사전에 철저히 대비만 한다면 그 피해를 최소화할 수 있다. 그러나 태풍 '루사'와 '매미'의 경우에도 대응단계에서 많은 문제점이 발생하여 인명과 재산 피해를 가중시켰다.

첫째, 현장위주의 즉각적이고 시기적절한 대응이 미흡했다. 태풍 '루사'의 경우는 집중호우를 동반하는 특징을 가진 태풍이라는 것이 사전에 경고됐었다. 특히 강릉지역은 이미 시간당 최대강수량을 기록하고 있었기 때문에 호우에 의한 산사태, 침수, 격오지 마을의 고립 등의 피해는 사전에 충분히 예상할 수 있었다. 그러나 위험예상지역에 대한

---

65) 『서울신문』, 2003.9.23, 제15면.
66) 『서울신문』, 2002.9.3, 제1면.
67) 『한겨레』, 2003.9.26, 제1면.

인원의 사전 대피조치 등의 대응이 잘 이루어지지 않았다. '루사'의 경우에는 산사태에 의한 인명피해가 많았다. 사전에 산사태 위험예상지역을 파악해서 미리 그 지역의 주민들에게 대피권고를 적극적으로 하였다면 어느 정도의 인명피해는 예방할 수 있었을 것이다. '매미'의 경우에도 마산지역에는 이미 해일에 의한 침수피해가 예견되었으나 이 지역에 대한 경고 및 대피 방송이 없었다.

둘째, 피해 주민에 대한 조치가 미흡했다. 이재민 발생시 이들을 위한 수용공간을 사전에 마련해놓고 물과 비상식량, 취사도구 등의 생필품이나 구호의약품 등의 재난대비물품의 사전 준비와 분배가 사전 계획에 의해 제공되어야 할 것이다. 그러나 임시방편적으로 고지대에 있는 학교나 교회 등지로의 대피조치와 그 이후에 이재민들을 위한 물품의 제공이 잘 이루어지지 않아 그들의 피해와 고통을 가중시켰다. 특히 질병에 취약한 어린이나 노약자들의 경우에는 그 위험성이 더 크다고 할 수 있다. 통상적으로 이러한 자연재해는 도로와 유·무선 통신의 두절, 정전 사태 등이 충분히 예상되고 또한 경험해 왔다. 그럼에도 불구하고 이러한 상황에 대비한 물품의 준비와 적시적인 분배, 그리고 재해구호물품의 수송과 응급환자 발생 시 후송을 위한 준비가 적절히 이루어지지 않았다.68)

셋째, 재난방송체제에 대한 문제점이다. 매스미디어의 발달로 우리나라 어느 곳에도 공중파 방송의 혜택을 보지 못하는 곳은 거의 없다. 즉, 대한민국 어디에서도 TV를 시청할 수 있고 라디오를 청취할 수 있다는 것이다. 방송은 전파성이나 속보성, 광역성 등의 특성에 따라 재난발생 시에 가장 강력한 영향력을 미치고 있다.69) 이는 적절한 재

---

68) 구체적인 문제점은 "구호품 늑장, 수재민 분통, 인력 부족, 불필요한 물품제공 빈발...체제정비 시급," 『경향신문』, 2003.9.19. 19면을 참조할 것.
69) 이연, "재난보도의 문제점과 재난보도 준칙(가이드라인)제정방안에 대한 연구,"

난방송이 시기적절하고 정확한 재해 상황과 정보를 전파할 수 있는 것을 의미한다. 특히 방송법에는 KBS가 '방재기관'으로 지정되어 있어 재난방송을 하도록 의무화되어 있다. 재난방송은 재난의 규모나 피해 상황 등을 전달하는 단순 보도기능에만 그치지 않고 불안이나 혼란 속에 있는 국민들을 안심시킬 행동 지시정보나 안부 정보, 생활정보 등을 전달하는 '방재기능'도 수행해야 한다.[70] 그러나 태풍 '루사'가 전국을 강타하는 동안 KBS, MBC, SBS 등 지상파 방송사는 8월 31일 오전부터 뉴스특보를 편성하는 등 이틀 동안 평소보다 2~3시간 늘려 태풍피해를 보도했으나 주말 낮 시간대 드라마 재방송을 그대로 내보내는 등 안일한 대응으로 일관했다.[71] 태풍 '매미'때에는 그 이전에 비해 많이 개선되었지만 여전히 문제점은 드러났다. 방송국 3사 모두 태풍이 제주도에 도달하기 전부터 뉴스특보와 자막을 내보냈으나 재해방송 주관방송사인 KBS1 만이 12일 오후 3시부터 정규방송을 끊고 재해방송을 내보냈다. MBC는 태풍이 내륙을 빠져나간 이후인 13일 오전 3시 5분, SBS는 태풍이 울릉도를 지난 오전 6시에야 본격적인 재해방송을 편성했다. 특히 방송사들은 태풍진행과 피해상황을 간추린 종합보도와 피해보도로 일관했으며 대피절차, 대처요령이나 태풍의 시간별 규모변화 등 구체적인 자료를 알려주는 정보성 보도에는 소홀했다.[72]

5) 복구단계에서의 분석

복구단계에서는 발생한 피해에 대해 정확한 조사를 통하여 법적 기준에 따른 신속한 보상과 재해 복구지원비가 집행되어야 하며, 피해지

제24회 기자포럼, 2003, p. 46.
70) 이연, "재난보도의 문제점과 재난보도 준칙(가이드라인)제정방안에 대한 연구,"
    p. 46.
71) 『한국일보』, 2002.9.3, 제45면.
72) 『세계일보』, 2003.9.22, 제17면.

역은 단기계획과 중장기 계획을 수립하여 복구와 부흥의 차원에서 복구가 이루어져야 한다.

과거에는 자연재난이 발생했을 경우 「자연재해대책법」에 근거하여 '재해극심지역'을 지정해 왔다. 그러나 재해극심지역은 「자연재해대책법」상 그 지정과 지원에 대한 구체적인 조항이 없고, 또 홍수·호우 등 자연재난을 대상으로 하고 있어 국가가 피해보상의 책임을 떠안지 않아도 된다는 점에서 법개정이 요구되었다.73) 태풍'루사'의 천문학적인 피해에도 불구하고 마땅한 법규정이 없어 논란이 일자 정부는 「자연재해대책법」을 개정하여 제62조 4항의 '재해극심지역'을 삭제하고 그 대신 제62조 2항의 '특별재해지역'74)을 신설하였다.75) 이에 따라 정부는 2002년 9월 13일, 태풍 '루사'로 피해를 입은 전국일대를 특별재해지역으로 선포하였고 2003년 9월 22일에는 태풍 '매미'로 피해를 입은 부산시와 경남북지역 등 14개 시·도지역에 대해 특별재해지역을 선포하였다.

그러나 피해를 집계하고 기준에 맞추어 보상액을 산정하는 복구 및 보상단계에서는 많은 문제점이 드러났다. 피해조사 및 지원과 관련된 규정이 허술하고 예산 집행도 늦어졌다.76) 정부의 분산된 재난관리시

---

73) 채경석, 『위기관리 정책론』, p. 262.
74) 2002년 8월에 전국을 강타한 집중호우 이후 자연재해가 극심한 지역을 신속하게 지원하기 위한 목적으로 도입되었다. '특별재해지역' 기준은 전국 일원에 자연재해로 인해 1조 5,000억 원 이상의 피해가 날 때 선정이 가능하다. 특별재해지역으로 선포되면 재해 복구비용을 산정하기에 앞서 대통령령이 정하는 일정 금액의 응급 구호비용을 먼저 지급받는다. 이 지역에는 정부의 통상적인 지원기준에 의한 지원금보다 150~50%가 더 지급된다.
75) 채경석, 『위기관리 정책론』, p. 262.
76) 『동아일보』, 2003. 11. 8, 제30면. 그 예로써 자연재해대책법을 토대로 만든 '자연재해 조사 및 복구계획 수립지침'에는 부상자의 경우 신체장애 7급 이상이어야 위로금 지급대상이 되나 부상자가 치료를 마치고 장애등급을 받기까지는 3~6개월 정도가 소요된다. 또한 농어업 분야의 지원금은 피해면적이 아니라

스템으로 인한 문제도 제기됐다. 13개 부처가 업무를 나눠 맡고 있어 일사불란한 피해상황 집계가 어려웠다. 비상연락망이 제대로 가동되지 않아 현장과 읍·면 사무소, 군, 도, 중앙정부로 이어지는 피해접수 계통에 문제가 있어 피해접수도 신속하게 이루어지지 못했다. 또한 시·군 방재계에 기술직 직원 2~3명이 근무하는 게 고작인 현실도 사고현장에 나가 정확한 조사를 기대하기 어려운 실정이었다.77)

위와 같은 재난관리의 제도적·구조적 문제를 개선하기 위하여 참여정부가 「재난 및 안전관리기본법」을 제정하고 모든 재난에 효과적으로 대응할 수 있도록 소방방재청도 신설했지만, 2004년에는 다행히도 태풍이 한반도를 직접 통과하지 않고 비켜가는 등 대형 자연재난이 발생하지 않아 이를 검증할 기회는 갖지 못했다. 그러나 이미 한국에 엄청난 피해를 유발한 과거의 경험을 되풀이 하지 않기 위한 위와 같은 조치는 효과적인 한국 재난관리의 토대를 마련한 것으로 평가된다.

2. 인위 재난

1) 개요

여기에서는 유형별 6가지의 인위재난 사례를 분석해 보고자 한다. 특히, 「국가위기관리기본지침」에 명시되어 있는 국가핵심기반분야의 위기사례78)도 포함될 것이다.

피해율로 구호비를 책정하기 때문에 보상의 형평성과 합리성의 문제로 마찰이 심한 상태이다.

77) 『세계일보』, 2003.9.18, 제21면.

78) 국가위기관리 기본지침은 포괄적 안보 개념을 적용해 국가위기 개념을 정의하고 있으며 국가위기를 전통적 안보, 재난, 국가 핵심기반 등 세 분야로 구분하고 있다. 이 가운데 국가 핵심기반 분야는 에너지, 식·용수, 의료·보건, 정보·통신, 사이버, 금융, 수송, 원자력, 주요 산업단지, 정부 중요시설 등 국민의 생명·재산 안전보호, 국가경제와 정부의 기본기능 유지에 중대한 영향을 미치

(1) 대구 상인동 지하철 가스폭발 사고

1995년 4월 28일 오전 7시 50분쯤, 대구시 상인동 영남고교 네거리 대구지하철 1호선 공사장 12공구 구간에서 작업상 부주의와 안전수칙 미준수에 의한 도시가스 폭발사고로[79] 101명의 사망자와 201명의 부상자를 포함한 막대한 재산피해를 낸 사건이 발생했다. 이 사고는 작업 중에 도시가스 중압배관이 파손되면서 분출된 가스가 공사장으로 유입되어 원인 미상의 불씨에 의해 지하철 공사장이 폭파된 사건이었다. 사고가 발생한 시간은 출근시간대였고 특히, 주변에 영남 중·고교와 대구상고가 위치한 부근이어서 대부분의 피해자가 출근 및 등교를 하던 시민과 학생들이었다.

(2) 삼풍백화점 붕괴사고

1995년 6월 29일 오후 5시 55분, 서울시 서초구 서초4동 삼풍백화점 5층 건물 1만여 평이 완전히 붕괴되어 501명의 사망자와 937명의 부상자, 그리고 6명의 실종자를 낸 대형 참사가 발생하였다. 부실공사와 형식적인 준공검사, 구조설계 상의 복합적인 원인으로 인한 이 참사는 우리 사회의 구조적인 안전 불감증과 재난관리의 부실을 보여준 대표적인 사례이다.

(3) 경북 원자력발전소 방사능 유출사고

1999년 10월 4일 오후 7시 10분경, 경북 월성 원전3호기에서 중수(重水) 누출로 인해 작업자 22명이 피폭된 사고가 발생했다.[80] 한전은 원전 내부에서 중수누출은 흔히 있는 일이고 피폭양이 연간 허용치

는 인적·물적 기능 체계의 10개 분야를 일컫는다.『국방일보』, 2004.9.9, 제2면.
79)『국민일보』, 1995.4.28, 제1면.
80)『동아일보』, 1999.10.7, 제3면.

의 11분의 1에 불과하며 방사능이 외부로 유출된 사례는 없다고 발
표했다. 그러나 많은 작업자들이 한꺼번에 피폭된 사건이 처음 발생했
고 사고 원인이 안전수칙을 지키지 않은 것이 아니라 부품의 결함으로
중수가 유출됐으며 사고 당시 피폭된 사람은 2명이고 나머지 20명은
흘러나온 중수를 처리 하는 과정에서 피폭된 것으로 나타남에 따라 언
제든지 대형사고로 이어질 수 있는 가능성을 보여준 사건이었다.[81]

(4) 1.25 인터넷 대란

2003년 1월 25일에 '웜바이러스'가 마이크로소프트 SQL 서버의 취
약점을 이용해 옮겨 다니다가 KT 혜화전화국의 도메인네임서버
(DNS)에 영향을 미쳐 인터넷 서비스가 마비된 사건이 발생했다. 이
사고는 인터넷 사용인구 2,600만 명, 초고속 인터넷 가입자가 1,000
만 명에 달하는 IT 강국인 우리나라의 위상에 막대한 상처를 입혔다.
또한 은행과 주식시장 등 인터넷을 기반으로 한 각종 온라인(on-line)
서비스가 주종을 이루는 우리나라에서 이러한 사고가 재발할 경우에
는 천문학적인 피해액을 초래할 수 있음을 경고한 매우 중요한 사건이
었다.[82]

(5) 화물연대 파업사태

2003년 5월 2일부터 15일까지 화물연대의 조직적인 파업으로 물
류대란이 발생하여 막대한 경제적 손실과 국가적 신용도 저해를 유발
한 사건이 발생했다. 화물연대는 인상된 유류비나 통행료에 비례한 현
실적인 운송료 인상을 요구하며 집단행동을 하였다. 전국 경제인연합
회는 이 사건으로 각종 기업들의 수출 차질액이 1억 2,022만~1억

---

81) 『동아일보』, 1999.10.7, 제3면.
82) 『세계일보』, 2003.1.27, 제3면.

2,332만 달러로 정상수출액 7억 4,800만 달러의 16.1～16.5%에 달했다.[83] 국내화물 운송의 89%를 화물차량에 의존하고 있는[84] 우리나라의 현실에서 이러한 행위는 국가기반을 흔들고 정상적인 기본기능을 저해하는 중요한 사건으로 사회·경제적 갈등에 대한 대비가 절실함을 보여준 사건이었다.

(6) 대구 지하철 화재참사 사고

2003년 2월 18일 오전 9시 53분, 반월당에서 출발한 1079호 열차가 중앙로 역사에 진입·정차하면서 한 정신이상자의 고의적 방화에 의해 대형 화재가 발생했고 뒤이어 같은 시간대에 반대방향에서 오던 1080호 열차가 화재사실을 모른 채 중앙로 역사에 진입하다 불길이 옮겨져 더 큰 재난이 발생했다. 이 사건으로 인해 192명의 사상자와 148명의 부상자 등을 합하여 사상자 수가 340명에 이르렀다. 재산피해도 약 47억 원 정도로 집계되었고 복구비는 대략 516억 원 정도로 산출되었다.[85] 이 사건은 무엇보다도 비상시 안전체계와 예방대책의 미비가 부른 대참극으로 우리의 안전 불감증에 대해 다시 한번 경종을 울린 사건이었다.

2) 예방 및 완화단계에서의 분석

삼풍백화점 붕괴사건은 예방 및 완화단계에서의 조치사항을 철저히 무시한 인재로 평가된다. 삼풍백화점은 1989년 12월에 완공하여 준공검사가 나지 않은 상태에서 구청의 가사용 승인을 받아 백화점을 개점하였다. 그러나 건축허가를 담당하는 서울시나 구청 등은 전문 인력

---

83) 『문화일보』, 2003.5.23, 제6면.
84) 『서울신문』, 2003.5.21, 제6면.
85) 채경석, 『위기관리 정책론』, pp. 254-255.

이 확보되지 않아 건축허가 과정에서 구조 계산의 정확성을 알아내기 힘들었고 설계사가 설계한 도면만을 검사하기 때문에 정확한 진단 후에 준공검사를 한다는 것은 현실적으로 힘든 실정이었다.[86] 따라서 이 사건은 품질관리와 공사관리, 안전관리 등을 담당하는 전문회사가 종합 감리하는 시스템이 구축되어 있었다면 충분히 막을 수 있는 재난이었다.

대구 상인동 지하철 가스폭발사고 역시 예방단계에서 많은 문제점이 드러났다. 「도시 가스사업법」에 가스배관은 지하 1m이상 깊게 매설하도록 규정하고 있으나 상인동 가스폭발사고의 경우에는 가스관이 불과 지하 30cm에 묻혀 있었다. 또한 지하철 공사장과 같은 대형공사장에서 지하굴착작업을 할 경우에는 해당지역에 가스관을 매설한 가스회사에 연락해 관이 묻힌 위치 등을 문의한 후 공사를 하도록 되어 있으나 실제적으로는 공사관계자들이 주먹구구식으로 공사를 시행한 것으로 나타났다. 또한 관할관청의 담당자들도 현장관리에 소홀하여 안전조치를 원칙대로 실시하지 않아 대형 재난으로 이어졌다.[87]

월성3호기 방사능 유출사고는 형식적인 안전점검과 타성에 젖은 예방책으로 인한 사고였다. 1984년 이후 월성3호기에서 8차례의 중수 누출사고가 있었고 해마다 원전의 사소한 고장률이 발생하는 추세였다. 고장 원인도 냉각제 제어회로 고장, 시료채취관 파손, 배수 밸브 고장, 냉각제 밀봉장치의 개스킷 손상 등의 안전점검만 철저히 실시하면 쉽게 예방할 수 있는 것이었다.[88] 그러나 사고 발생시 한전 측은 별것 아니라는 식의 태도로 일관하였고 규정된 안전교육에 대한 책임도 한전이 전담하도록 되어 있어 안전교육의 실시여부조차 확인되지

---

86) 『국민일보』, 1995.6.30, 제3면.
87) 백영옥, "전·평시 비상대비 및 재난재해의 효율적인 관리방안 연구," 정책연구 자료, 2001, pp. 56-57.
88) 『경향신문』, 1999.10.7, 제3면.

않은 실정이었다.[89)]

　1.25 인터넷 대란 역시 예고된 인재였다. 이 사건은 개인-기업-정부의 보안의식 부족으로 발생한 사건이었다. 우리나라 3개의 최상위 DNS 서버 중의 하나인 KT 혜화전화국의 서버가 정체불명의 데이터가 대량 유입되면서 전국의 인터넷 서비스가 마비되기 시작했다. 이는 최상위 DNS 서버가 불통되면 운영구조상 하위 서버도 제 기능을 발휘하지 못한다는 구조적인 허점을 드러냈다. 이 구조적인 취약점 이외에도 운영적인 문제점도 있었다. 해커에 의한 의도적인 공격이 아니라 바이러스 침입으로 이런 사건이 발생했기 때문에 이 사건은 사전에 바이러스만 점검했더라도 막을 수 있었을 것이다. 이 사건은 수천만 명의 인터넷 사용 인구를 자랑하는 우리나라에서 간단한 구조적·운용적 문제와 관리 소홀로 빚어진 새로운 유형의 재난이었다.

　화물연대의 파업에서 유발된 문제는 두 가지로 요약할 수 있다. 먼저 전체 화물 유통 중에서 89%를 화물차에 의한 수송에 의존하고 있는 구조적인 문제이다. 이러한 경우 한 부분에서 문제가 발생하면 대체 수단의 제한으로 모든 수송 시스템이 마비되는 현상을 초래하게 된다. 다음은 제도적인 예방 대책의 문제이다. 즉 재해·재난 등에 대해서는 「자연재해대책법」, 「재난관리법」 등 법체계가 갖추어져 있으나 화물연대 파업과 같은 경제·사회 분야의 국가적 위기 상황에 대해서는 이에 대처하는 제도가 미비하였다.[90)]

　대구 지하철 화재 참사 역시 사전 예방 대책을 충실히 준수하였다면 충분히 막을 수 있었던 재난이었다. 먼저 역내의 예방조치와 열차 내

---

89) 「산업보건안전법 시행규칙」 15조에 따르면 원전 동사자들에게는 매월 2시간씩 안전교육을 실시하며 신규종사자가 들어오거나 작업내용을 변경할 때 연간 8시간의 추가교육을 실시해야 한다고 규정하고 있다.

90) 『한겨레』, 2003.5.21, 제2면.

의 예방조치의 부재를 들 수 있다. 역내에는 화재에 대비한 예방 시스템이 전무했다. 화재로 유독가스가 꽉 찬 지하철역에 전기까지 작동되지 않아 출입구를 찾아 나간다는 것은 거의 불가능했다. 이는 사고 직후 자동 차단된 전력계통도 피해를 증가시킨 요인이다. 지하철 역사는 전력차단 부분과 비차단 부분으로 나눠 시설함으로써 대피통로를 밝혀주는 비상전원은 어떤 경우에도 꺼지지 말았어야 했다. 그러나 비상구의 동선을 식별할 수 있는 장치와 조치는 그 어디에서도 찾아 볼 수 없었다. 또한 전동차 내의 예방시스템의 문제는 화재 시 초기에 진화할 수 있는 소화기가 충분히 비치되어 있지 않았고 비치되어 있었던 곳도 위치 표시를 해놓지 않아 사용하기가 매우 어려웠다. 또한 전동차의 내장재 역시 불에 잘 타는 가연성의 재질로 되어 있어 화재 시 유독가스와 화염의 위험에 그대로 노출되게 되어있었다.[91]

3) 대비단계에서의 분석

백화점, 극장 호텔 등 많은 인파가 몰리는 대형 접객업소들은 평소 응급사태에 대비한 비상신호체계를 갖고 있다. 고객들의 동요를 방지하기 위해 직원들끼리 통하는 「암호방송」을 사전에 정해놓고 이를 통해 고객들을 질서있게 안내, 대피시키는 비상체계인 셈이다. 삼풍백화점의 경우에는 모차르트 피아노곡인 '터키 행진곡'이 암호방송이었고 화재나 가스누출사고 발생시 이 방송을 통해 전 임직원이 출동, 고객들을 대피시키는 것이었다. 백화점들은 평소 월 2회씩 개점 전 또는 폐점 후 이 같은 응급암호체계를 토대로 모의훈련을 실시한다.[92] 그러나 삼풍백화점은 오전부터 건물에 심각한 균열과 진동이 감지되고

---

91) "전국 지하철 안전책 급하다." 『서울신문』, 2003.2.20, 제6면. 일본이나 대만은 전동차 내장재와 모든 재질들이 난연성 섬유로 되어 있고 독일의 경우에는 불이 나고 7~8분이면 꺼지는 재질들로 객차를 만들어 놓았다.
92) "평소 「비상신호」 훈련 무용지물," 『한국일보』, 1995.6.30, 제6면.

심지어 배관의 파열 징후까지 감지되었으나 이러한 시스템을 가동시키지 않았다.

대구 상인동 지하철 가스폭발 사고의 경우는 애초부터 이런 대비계획과 훈련은 전무했다. 지하철 공사는 인구 밀집지를 따라가는 특성상 도시가스, 상수도, 전기, 통신 등 주요 안전관리 대상 시설의 배치흐름과 비슷한 지역을 따라 공사가 진행될 수밖에 없다. 당연히 최고도의 안전교육과 방재대책이 공사와 병행되어야 하지만 사실상 도급업체의 형식적인 안전관리업무에[93] 모든 책임이 맡겨져 있는 실정이었다.[94] 또한 현장에는 인력 부족으로 대구도시가스 측의 직원 2명이 19.4㎞의 구간을 관리 및 감독하는 것이 고작이었으나 사고당일에는 이나마 현장에 없었던 것으로 밝혀졌다.[95] 그리고 성수대교 붕괴사고 후 안전업무 전반에 관한 책임을 가진 총리가 최종책임을 지는 비상기구인 중앙안전점검통제단이 발족되었다. 그러나 대형 안전사고 발생소지가 있는 현장에 안전수칙이나 주의 공문 한번 보내지 않았으며[96] 이러한 상황에 대한 총체적인 계획과 시스템은 구축되지 않았다.

월성 원전3호기 사고 역시 우리의 안전 불감증과 근본적이고 체계적인 대비계획의 부재를 드러낸 사건이었다. 원자력 사고는 순간의 실수로 엄청난 재앙을 가져온다는 사실에서 이러한 대비계획과 훈련이 더욱 철저히 이루어져야 한다. 1979년 3월의 드리마일아일랜드 (TMI: Three-Mile Island) 원자력발전소 사고와 1986년 4월에 발

---

93) 원청회사의 부도로 공사에 참여한 우신종합건설은 지하철 건설경험이 전혀 없는 도급순위 226위인 회사여서 대형 도시기반공사를 맡기에는 부적절한 회사였다. 이 때문에 이 회사는 가스누출 사고 예방을 위한 자동경보시스템조차 전혀 갖추지 않고 주먹구구식으로 공사를 강행해 왔다.
94) "당국·업체 참사공범," 『국민일보』, 1995.4.28, 제3면.
95) "총체적 부실...예고된 인재," 『서울신문』, 1995.4.29, 제3면.
96) 『경향신문』, 1995.4.29, 제2면.

생한 구소련의 체르노빌(Chernobyl) 원자력발전소 사고의 예97)를 보면 쉽게 알 수 있다. 특히, 지난 1984년 이후부터 이 사건이 발생하기 전까지 5차례의 중수유출사고가 발생한 것으로 밝혀져 근본적인 안전대책이 요구되었다.98) 그러나 월성 원전측에서는 이러한 사고는 정비과정에서 흔히 있을 수 있는 일이라며 사고의 심각성을 축소했다.99) 그리고 월성 원자력발전소 측은 법으로 정해진 방사능 피폭양인 연간 50밀리시버트(mSv)의 10분의1밖에 되지 않는 수준이고 순간 피폭양 기준치인 3밀리시버트를 초과한 작업자는 2명뿐이었다는100) 안일한 태도의 발표를 하였다. 다량의 방사능 피폭 사건 발생 시에 대비한 구체적인 계획과 인근 주민의 대피계획은 내놓지 않았다. 이 사건은 일본 도쿄 북동쪽 도카이무라 핵연료가공회사 방사능이 유출되어 49명이 피폭되고 32만 명이 피신한 대형사고가 발생한 이후 5일 만에 일어난 사건이었다. 월성 원자력 발전소 측과 한전, 그리고 정부 관계 부처는 인접 국가에서 발생한 심각한 원자력 사고에서 전혀 교훈과 경각심을 얻지 못할 정도로 안전 불감증이 심각한 것으로 드러났다.

---

97) 드리마일아일랜드(TMI)원전사고는 1979년 3월 28일에 일어났던 원전사고로 미국의 상업용 원자력발전소 운전 역사상 최악의 사고로 알려져 있다. 이 사고는 증기발생에 물을 공급하는 급수계통의 고장으로 급수펌프가 긴급 정지되면서 원자로 냉각수 온도와 압력이 높아지자 이를 완화시키기 위해 가압기의 방출밸브가 자동으로 개방되어 방사성물질이 혼합된 냉각수가 유출된 사고이다. 체르노빌(chernobyl) 원전사고는 1986년 4월 26일에 구소련의 체르노빌 원자력발전소 4호기의 원자로가 폭발하여 화재가 발생, 다량의 방사성물질이 외부로 누출된 사건이다. 이 사고로 소방수 31명이 사망하고 중상 230명과 경상 237명의 인명피해와 34억 달러의 경제적 손실이 발생하였다. www.mocie.go.kr,산업자원부 홈페이지(검색일: 2004. 12. 29).

98) "월성 원전 방사능 누출: 피폭량 적다지만 잦은 사고에 불안," 『조선일보』 1999.10.6, 제3면.

99) 『경향신문』, 1999.10.6, 제27면.

100) 『한겨레』, 1999.10.6, 제1면.

1·25 인터넷 대란은 이러한 사태의 심각성을 인지하지 못했고 구조적인 원인에 의한 사고였다. 세계 3위의 IT 강국인 우리나라는 그만큼 인터넷에 대한 의존도가 점차 심화되고 있기 때문에 이러한 인터넷 마비의 대란이 발생할 경우, 국가의 기능을 마비시킬 수 있는 위기상황이 초래 될 수 있는 것이다.[101] 특히 금융계가 입는 타격은 매우 심각할 것이다. 대비단계에서는 감시 및 조기경보체계가 구축되고 운용되어야 한다. 특히 조기 탐지와 대응을 가능하게 하기 위하여 민간과 공공기관 간의 효율적인 정보공유와 조기경보체계를 개발 및 활용해야 한다. 또한 사이버 위기를 위한 법 및 제도적인 기반을 확보해야 한다. 특히, 각 기관별 업무분담과 사용자 지침이 충분히 갖추어져야 하고 특히 사이버 위기의 대응업무를 보다 효율적으로 하기 위해 제도적 장치가 마련되어야 한다. 그러나 이러한 대비활동이 거의 전무했으며 그에 따라 피해도 확산되었다.

화물연대의 파업으로 인한 물류대란 사건에 대한 대비계획과 훈련은 거의 없었다. 정부는 2003년 5월 20일 청와대에서 노무현 대통령 주재로 열린 국무회의에서 '화물연대 집단행동의 원인과 향후과제'라는 보고를 통해 '국가 경제나 사회 안정을 크게 위협하는 사태가 발생했을 때 인력, 장비를 동원하거나 업무복귀 명령권을 발동할 수 있는 특별법을 제정하여 위기 관련 시스템을 구축해야 한다'고 제안하였다.[102] 이것은 그동안 사회·경제적 갈등에 대한 총체적이고 구체적인 대비계획이 부재했다는 것을 입증하는 것이다.

---

101) 2003년 6월 인터넷 이용자수는 2천 861만 명으로 94년보다 약 224배 증가하였다. 우리나라 전체 인구의 59.4%가 인터넷을 이용하고 있고 만 6세 이상 전 인구의 65%가 주당 평균 12.5시간의 인터넷을 사용하고 있다, "인터넷 국내 상용화 10주년," 『인터넷판 한국일보』 2004.6.19(검색일: 2004.12.13).

102) "국가적 위기 파업 땐 민간인력 징발 추진," 『한겨레』, 2003.5.21, 제2면.

대구 지하철 화재참사 사건도 종합상황실에서 신속하고 적절한 상황판단과 준비가 되어있었더라면 피해를 줄일 수 있었다. 사고 당시 종합상황실에는 3명이 근무 중이었고 60개의 폐쇄회로로 대구지역 전체 30개 지하철역을 모니터링하고 있었다.[103] 그러나 화재를 미리 감지하는 데 실패하였고 이러한 지하철 화재상황에 대비한 계획과 훈련이 되어있지 않아 종합사령은 효과적인 통제를 못하고 우왕좌왕하다 피해를 배로 증가시켰다. 또한 화재 발생시 누구나 사용할 수 있는 소화기 위치 표식, 비상시 대피를 위한 출입문 수동개폐 장치 사용요령, 조명대책, 비상구 안내 표시, 환풍 대책 등 무엇 하나 제대로 준비되고 가동된 것이 없었다.

특히 사람이 밀집하는 다중시설에서는 치밀한 준비와 계획, 그리고 이를 통제하고 효과적으로 실행하기 위한 직원들의 훈련이 절실히 요구된다. 왜냐하면 이 단계는 재난에 대한 예방이 실패했을 경우 재난에 의한 피해를 최소화할 수 있는 중요한 단계이기 때문이다.

4) 대응단계에서의 분석

대구 가스폭발 사건이 발생한 후, 사고현장이 도심과 가까운 곳이었는데도 불구하고 구조대의 출동이 늦었고 뒤늦게 달려온 경찰, 소방관, 공무원, 군인, 의료기관 등도 사고현장에 도착하여 일사불란한 지휘체계하의 구조작업을 실시하지 못하였다. 또한 구조용 고가사다리가 없어 사고현장에서 부상자와 희생자를 밧줄로 묶어 끌어올리고, 환자이송용 특수들것이 없어 임시들것을 이용하여 부상자를 끌어올렸다. 이것이 상주인구 230만 명이 넘는 대구광역시 응급구난체계의 현 주소였다.[104]

---

103) 『서울신문』, 2003.2.22, 제20면.
104) 백영옥, "전·평시 비상대비 및 재난재해의 효율적인 관리방안 연구," pp.

상인동 가스폭발사고 불과 2달 후에 발생한 삼풍백화점 붕괴사고는 또다시 우리의 재난구조체계 및 장비가 얼마나 허술한가를 극명하게 보여주었다. 사상 최대규모인 7천여 명이 구조를 위해 투입됐지만 체계적인 구조 활동이 이뤄지지 못했다. 소방대원, 군인, 경찰과 해병전우회를 비롯한 민간 구조대원들이 속속 현장에 도착했지만 효율적인 지휘체계가 확립되지 않아 우왕좌왕했다. 소방대원들은 서울시 소방본부장의 통제를 받고 군인과 경찰은 제각각 다른 계통의 지시를 받는 바람에 현장에서 서로 손발이 맞지 않았고, 백화점 건축시공자나 재해구조전문가도 없어 적절한 구조작업을 하지 못했다. 구조장비 및 기술부족도 허술한 조직체계 못지않은 '부실구조'의 요인이었다. 절단기와 방독면 등 기본적인 인명구조 장비조차 제대로 갖추지 못한 채 현장에 출동했기 때문에 지하에서는 수많은 피해자들이 연기에 질식돼 숨져가는 데도 밖에서 발만 동동 굴러야만 했다. 사고발생 직후 서울시는 보유 장비들을 총동원했지만 산소절단기와 굴삭기가 태부족이었고 절단된 콘크리트 덩어리를 운반할 트럭이나 들것, 조명기구 등도 제대로 확보돼 있지 않았다. 또한 구조에 앞서 콘크리트 더미에 갇힌 시민들을 찾는 '산업용 내시경' 등 첨단 장비가 없어 민간기관에 의존할 수밖에 없었고, 하와이 주둔 미군부대에 '생존자확인 장비(STOLS)'지원을 요청하기도 했다.[105] 대형 사고가 빈번하게 발생하고 있음에도 불구하고 체계적인 인명구조활동은 어디에서도 찾아볼 수 없었다.[106]

58-59.

105) "구멍 난 구조체계 또 다시 확인, 대형사고마다 무방비 되풀이." 『세계일보』, 1995.7.1, 제2면.

106) 1995년 4월, 미국 오클라호마에서 연방건물이 폭탄테러로 무너졌을 때, 미국 정부가 벌인 구조작업은 하나의 '작전'으로 평가된다. 연방재난관리청(FEMA)은 구조전문요원들을 중심으로 구조작업을 조직적이면서도 끈질기게 전개했다. 구조요원들은 착암기, 산소통, 음향탐지기 등 필수장비를 충분히 갖추고 구조에 임했다. 먼저 수색요원들이 귀와 음향탐지기로 부상자들의 신음소리

월성 원전3호기 방사능 피폭사고는 매년 한 번씩 하는 예방점검 작업 중 피폭된 사람은 불과 2명이지만 나머지 20명은 흘러나온 중수를 처리하는 과정에서 피폭된 것으로 나타나 사고 처리과정에서의 허점을 드러냈다.[107]

1·25 인터넷 대란 사고 역시 대응단계에서의 허술함이 드러났다. 사태의 원인은 그동안 접하지 못했던 신규 바이러스가 아닌, 2002년 7월에 이미 발견됐던 바이러스로 밝혀졌다. 이러한 바이러스에 의한 피해의 규모와 심각성을 인식하고 백신 개발 등의 대비 및 대응책을 강구해야만 했다. 그리고 정통부와 KT가 우왕좌왕하면서 제대로 파악되지도 않은 사고의 원인을 발표한 것도 피해확산과 기능의 조기복구를 위한 효과적인 대응에 문제점이 있었다. 정통부는 사태 발생 초기에 해커의 소행으로 추정하다가 몇 시간 후 웜바이러스가 원인이라고 발표했다. KT의 경우에도 인터넷이 마비된 지 2시간여 만에 "혜화전화국 DSN 서버가 마비돼 인터넷 서비스가 중단됐다"며 "서버가 복구됐으니 다른 사업자의 망도 서서히 복구될 것"이라고 밝혔었다. 이 같은 발표에 따라 전산망 관리자들이 아무런 대응을 하지 않은 채 KT의 서버가 복구되기만을 기다리면서 사태를 더욱 커지게 했다는 게 전문가들의 지적이다. 또한 사고 당일 오후 9시쯤, 안철수 연구소 등 보안 전문업체들이 "코드레드와 비슷한 웜바이러스가 확산되고 있다"는 분석을 내놓으면서 본격적인 대응책 마련에 나섰으나 이미 웜바이러스

등을 포착하면 이어서 착암기를 든 요원이 기술적으로 잔해를 분해했다. 분해 작업으로 틈이 생기면 곧바로 산소마스크를 부상자의 입에 대 인공호흡을 시키고 계속 구조작업을 진행했다. 생존해 있으나 당장 구조할 수 없는 경우에는 부상자 곁에 전담요원을 두어 희망을 불어넣는 것도 구조요원들의 중요한 임무였다.(『한겨레21』, 67호), 백영옥," 전·평시 비상대비 및 재난재해의 효율적인 관리방안 연구," p. 59에서 재인용.

107) "월성 원전 사고 안전수칙 무시,"『동아일보』, 1999.10.7, 제3면.

가 확산되기 시작한 뒤 7시간이 지난 때였다.[108] 이 사건이 인터넷 사용량이 비교적 적은 토요일 오후였기 때문에 피해는 예상보다 크지 않았지만 장차 예상되는 동일한 유형의 사고에 대비한 시급한 대응책을 요구하는 중요한 사건이었다.

화물연대의 파업사태에 대한 적절치 못한 대응도 2003년 5월 20일 감사원이 분석한 내용을 보면 잘 알 수 있다. 감사원은 화물연대 파업사태와 관련, "불법집단행동에 대한 정부차원의 법집행 기준과 대응원칙 등이 미흡했다"고 지적하고 위기상황을 사전에 감지하고 단계적으로 준비된 시나리오에 따라 대처할 수 있는 범정부적 국가위기관리·대응시스템이 확립돼 있지 않아 발생한 사건이라고 밝혔다. 따라서 이를 위한 특별법 제정, 범정부 차원의 대책반 구성 등을 제안했다.[109]

대구지하철 화재에 대한 대응도 한심하기 짝이 없다. 대구지하철공사 종합사령실 운전사령들은 중앙로역에 정차중인 1079호 열차에 불이 난 사실을 알고도 열차를 역 구내로 진입시킨 후 6분여 동안 방치하였다. 또한 운전사령들은 객차 내가 안전하다고 안이하게 판단했다가 1080호 전동차 기관사가 객차 내에 유독가스가 스며들어 숨쉬기가 힘들 정도라는 보고를 받은 후에 뒤늦게 승객의 대피를 지시함으로써 대형 참사를 불러왔다.[110] 만약 이러한 사고에 대비한 대응조치 단계를 사전에 수립하고 상황을 통제하는 종합사령이나 전동차 운전자 및 각 역내 근무자들이 신속하게 대응했더라면 192명의 목숨을 앗아가는 대형 참사로의 확산은 방지할 수 있었을 것이다. 사고가 발생한 후에

---

108) "인터넷 대한 원인과 문제점, 통신망관리 허술..IT강국 망신," 『세계일보』, 2003.1.27, 제3면.

109) "위기관리특별법 제정해야, 감사원 전담기구 설치도 제안," 『서울신문』, 2003.5.21, 제6면.

110) "지하철 방화참사/화재 알고도 '진입하라' 결정적 오판," 『국민일보』, 2003.2. 21, 제27면.

도 안이한 생각과 대응이 돌이킬 수 없는 엄청난 재앙으로 커질 수 있
다는 사실을 단적으로 보여준 비극이었다.

5) 복구단계에서의 분석

위에서 분석하였던 유형별 각종 대형사고들은 많은 인명피해와 재
산피해, 더 나아가 국가핵심기반까지 위험하게 할 수 있는 사건들이었
다. 중요한 것은 한번 발생한 사고에 대한 후속조치이다. 사고의 원인
에 대한 정확하고 면밀한 조사와 분석으로 문제점을 도출하여 동일한
유형의 사고가 재발하지 않도록 예방 조치하는 것이 최선의 후속조치
일 것이다. 혹은 발생하였다 하더라도 철저한 대비상태를 유지하여 신
속하고 적절히 대응하여 피해를 최소화하고 확산을 방지하는 것이 차
선일 것이다. 즉, 구조적이고 근본적인 사후조치가 이루어져야 한다는
것이다.

그러나 대구 상인동 가스폭발 이후 두 달여 만에 삼풍백화점 붕괴사
건이 발생하였다. 원자력 발전소에서는 동일한 유형의 중수누출사고
가 몇 차례 더 발생하였고 국가의 경제력을 약화시키는 불법파업사태
는 계속 증가하였다. 1·25 인터넷 대란 사고 이후에도 정기적·비정
기적인 바이러스 공격은 지속되었고 심지어 국가중요 연구시설과 금
융기관에 대한 해커의 공격도 발생되었다.

대구 지하철 화재참사 이후에 전동차에 비상용 방연 마스크와 손전
등을 비치하고 대피를 위해 계단 등에 형광스티커를 부착하는 등의 단
편적인 조치와 원활한 전동차의 지휘통제를 위한 무선체계의 통합도
추진하고 있다. 그러나 지금도 시민들의 주요 교통수단인 지하철에서
는 자살사고와 화재사고가 발생하고 있다.111) 이 같은 추세는 우리나

---

111) 행정자치부가 발간한 '2003년 재난연감'에 따르면 지난 해 한해 동안 폭발,
　　붕괴 등 각종 재난사고 발생건수는 모두 28만 869건으로 2002년 26만

라가 산업화가 빨라질수록 더욱 더 늘어날 수 있는 개연성을 충분히 가지고 있다. 이러한 사고의 악순환을 어떻게 예방하고 효율적으로 대응할 것인가에 대한 것이 복구단계에서의 핵심일 것이다. 이러한 인식을 바탕으로 참여정부는 소방방재청을 만들었다. 소방방재청은 소방·방재·민방위 운영 및 안전에 관한 사무를 관장하는 재난관리 총괄 기구가 되었다. 방재청의 신설에 따라 기존의 중앙사고대책본부와 중앙재해대책본부가 중앙안전대책본부로 통일돼 부처간 조정업무는 본부장인 행정자치부 장관이, 실무는 소방방재청장이[112] 맡게 되었다. 하부조직은 인력의 효율적인 운영과 각종 재난사태에 대응능력을 극대화하기 위해 종전의 민방위/소방/방재 등 재난유형별 조직에서 예방, 대응, 복구 등의 과정(process)별 조직으로 전환되었다.[113] 소방방재청의 신설로 재난의 예방·대비·대응·복구가 체계적으로 이루어질 것으로 기대되나 아직은 검증되지 않은 상태이다.

3. 교훈

재난분야에서 가장 중요한 것은 재난을 사전에 예방하고 피해를 감소시키며 효율적인 대응을 위한 대비태세능력을 향상시키기 위한 활동에 초점을 맞추어야 한다는 점이다. 재난은 예방과 대비단계를 얼마나 철

9,704건에 비해 4.1% 증가했다. 인명피해는 39만 1,837명, 재산피해 2,179억 원으로 집계돼 전년 대비 각각 8.7%와 0.7% 늘어난 수치를 보였다.

112) 우리나라 정부조직 사상 최초의 재난전담 중앙행정기관으로서 2004년 6월 1일 정식으로 출범하였다. 청장은 차관급으로 정무직 또는 소방공무원으로 보임하도록 하였다. 초대 청장은 권욱 전 행정자치부 민방위재난통제본부장이 임명되었다. 1급 차장 밑에 3국 1관 19과를 두고 있으며 정원은 총 435명(본청 267명, 소속기관 168명)으로 행정자치부 민방위재난통제본부에서 이체되는 정원 310명을 활용하게 된다.

113) 행정자치부 대변인실 5월 12일 자 보도자료 내용 인용.

저히 준비했느냐에 따라 피해규모가 결정된다고 해도 과언이 아니다.

예방단계에서는 매번 반복되는 동일한 유형의 재난을 경험하고도 이를 예방하고 피해가능성을 감소시키기 위한 근본적이고 구조적인 활동이 부족했다. 지역과 지형의 특성을 고려하지 않고 획일적으로 규정을 적용하였고 복구비 집행에 급급하여 면밀한 계획에 의한 예방공사가 이루어지지 않았다. 인위재난을 예방하기 위한 안전관리 규정이 허술했고, 규정이 있다고 하더라도 이를 준수하지 않았다. 대비단계에서는 범국가적 차원의 종합적인 재난대비계획의 수립이 미비하였고 재난에 대비하기 위한 자원의 확보와 재난대비 교육 및 훈련이 부실하였다. 또한 사회의 변화에 대응하여 새로운 유형의 위기에 대한 대비태세와 역량이 부족하였다. 대응단계에서는 현장위주의 즉각적이고 시기적절한 대응체계가 확립되지 않았으며 자산의 투입과 준비된 물자의 분배 등에서도 문제점이 드러났다. 또한 정보제공과 피해확산방지를 위한 재해방송체제 역시 미흡했다. 복구단계에서는 재난의 원인과 재난예방, 대비 및 대응의 문제점을 면밀히 분석하여 위기의 재발방지를 위한 구조적이고 종합적인 대책과 복구를 실행하지 못하였다. 재난복구는 복구의 차원과 함께 부흥의 차원에서 이루어져야 한다.

재난사례에서의 대표적 교훈을 종합해 보면 다음과 같다.

첫째, 재난의 특징 중 학습성의 중요성에 대한 인식이다. 위기의 특징에서도 언급하였듯이 위기는 적절한 학습과정을 거치지 않으면 동일한 유형의 위기가 반드시 되풀이 되는 습성을 가지고 있다. 수많은 자연 및 인위재난을 당하였음에도 불구하고 똑같은 재난이 되풀이되고 있다는 것은 재난을 통해서도 교훈을 얻지 못한다는 것을 의미한다. 학습이 체질화되지 않으면 재난은 늘 우리의 생명과 재산을 위협하게 된다.

둘째, 재난의 통합적 대응의 중요성이다. 정확한 현장상황 파악과 신속하고 시기적절한 대응은 피해를 최소화하고 추가적인 손실을 줄일 수 있다. 그럼에도 불구하고 재난에 대한 책임부서가 명확하지 않고 또 분산된 자원의 관리와 지휘통제로 효율적인 대응을 할 수 없었다. 소방방재청의 출범은 통합적인 대응의 문제점을 완화시켜 줄 수 있으리라고 본다.

셋째, 새로운 유형의 재난에 대한 대비가 시급하다. 기존의 대표적인 자연재난이나 인위재난 이외에도 국가의 핵심기능을 마비시킬 수 있는 새로운 유형의 위기가 발생할 수 있다. 화물연대의 파업으로 물류유통체계가 마비됨에 따라 막대한 피해를 입었다. 또한 단 하루의 인터넷 체계의 마비로 정보유통의 어려움은 물론 IT 강국이라는 국가위상도 타격을 받았다.

새로운 유형의 위기를 발굴하고 이에 대한 예방과 대비, 그리고 대응책을 지속적으로 마련하고 보완해 나가야 한다.

제8장

외국의 위기관리 사례:
미국과 일본의 경우

I. 개요

외국의 위기관리 사례연구는 이를 통해 한국의 위기관리에 대한 개선방안과 시사점을 찾아볼 수 있다는 점에서 매우 유익하다고 하겠다. 외국의 군사적 위기관리 사례로 쿠바 미사일 사태와 걸프전쟁을 선정했다. 쿠바 미사일 사태를 선택한 이유는 쿠바 미사일 사태가 미·소의 대립이 첨예했던 냉전시 위기관리의 대표적인 성공사례였기 때문이다. 더욱이 구소련이 붕괴되고 '탈냉전 시대'라는 용어가 등장한지 벌써 14년이 지났지만 한반도에는 여전히 냉전이 존재하고 있기에 쿠바 미사일 사태는 의미 있는 사례가 될 것이다.

또한 걸프전쟁을 선정한 이유는 탈냉전 이후 최초로 발생한 위기 상황인 걸프전쟁이 성공적으로 관리되지 못하고, 전쟁으로 이어졌다는 점에서 실패한 사례였기 때문이다. 한반도에서 이와 유사한 사례가 발생할 개연성이 있기 때문에 유용한 교훈을 도출할 수 있다는 측면에서 의미있는 사례가 될 것이다.

재난사례는, 자연재난 사례로 일본의 고베 지진을, 그리고 인위재난 사례로 미국의 9·11테러를 분석했다. 이러한 두 사례는 미국과 일본이라는 선진 국가들이 어떻게 재난에 대처했는가를 분석해 봄으로써 많은 교훈을 도출할 수 있을 것으로 본다. 분석은 한국의 위기관리 사례 분석과 마찬가지로 크게 예방 및 완화단계, 대비단계, 대응단계, 복구 및 후속조치단계로 구분하여 분석할 것이다.

II. 군사적 위기 사례

1. 쿠바 미사일 사태와 위기관리

1) 개요

1962년 늦여름에서 초가을, 구소련은 쿠바에 약 42기의 중거리 미사일을 배치함으로써 냉전기간 중에 가장 위험한 위기를 야기시켰다. 사실상 구소련의 행위는 미국이 인식하기 전까지 심각한 위기상황은 아니었으며, 구소련 또한 케네디의 미사일 철수를 요구한 TV연설이 있기 전까지 위기가 일어나고 있다는 것을 인식하지 못했다. 결국, 이러한 구소련의 자극적인 행위가 위기상황으로 이어졌고 미국은 적절한 위기관리를 통하여 쿠바 미사일 위기를 평화적으로 종결했다. 소련의 쿠바 미사일 설치가 미국측에 노출됨으로써 그 이전에 인식하지 못했던 위기 상황이 긴박한 대결 단계까지 이르렀으나 흐루시초프가 주도했던 보복이 조정되고, 미국이 터키에서 주피터 미사일을 제거한다는 확실한

보장과 앞으로 쿠바를 침공하지 않겠다는 공약에 따라, 쿠바에서 구소련이 미사일을 제거하는 데 동의함으로써 위기 상황은 일단락되었다.[1]

군사적 위기 상황에서 위기관리가 성공했다는 것은 위기상황이 전쟁으로 확대되는 것을 방지하고 이를 수습하기 위하여 위기를 통제하는 데 성공했다는 것을 의미한다. 이러한 측면에서 쿠바 미사일 위기는 성공한 위기관리 사례 중의 하나이다.[2] 이러한 쿠바 미사일 위기의 평화적인 해결은 워싱턴의 일방적인 노력의 결과라기보다는 워싱턴과 모스크바 양측의 조심스러운 위기관리의 노력에 기인한다 하겠다. 그러나 여기에서는 미국이 쿠바 미사일 위기 상황을 어떻게 관리했는가에 초점을 맞추어 분석하고자 한다.

2) 예방 및 완화단계에서의 분석

위기의 시작은 갑자기 발생하기 보다는 잠재적 갈등이 어느 한 순간에 노골화됨으로써 발생한다. 그렇다면 쿠바 미사일 위기에 대한 예방 및 완화단계에서의 분석은 미국과 구소련, 미국과 쿠바, 그리고 구소련과 쿠바 간의 관계에서 미국이 어떤 정책을 펼쳤는지에 초점이 맞추어져야 한다. 분석의 핵심은 이러한 위기를 예방하기 위한 미국의 정책이다.

1954년 구소련은 중·장거리 폭격기 개발로 인해 미·소 간의 핵전력 불균형을 다소 만회하였다. 그러나 1961년 당시 미·소 간 핵 집중률은 미국이 70%로서 여전히 높은 편이었으며, 미사일 기술 수준에 있어서도 미국이 우위를 점하고 있었다.[3] 미국은 냉전시작 이래부

1) Alexander L. George, 『위기관리의 실패와 성공』, 이은득 역, 국방대학교 (1996), p. 85.
2) 황병무, 『전쟁과 평화의 이해』(서울: 오름, 2001), p. 142.
3) 핵탄두의 수를 비교해 보면, 1961년 당시 미국은 총 3,398개를 보유하였으며 그 중 ICBM(대륙간 탄도탄 미사일)과 SLBM(잠수함 발사 탄도탄미사일)의 탄

터 쿠바 미사일 위기이전까지 구소련과의 핵 경쟁에서 핵 군사력, 운반수단, 그리고 대량생산능력 면에서 우세를 점하고 있었다.

구소련의 입장에서 보면, 미국과의 핵 군사력 불균형을 극복할 수 있는 유혹적인 대안이 바로 미국의 턱 밑에 있는 쿠바에 소련제 미사일을 배치하는 것이었다. 흐루시초프는 쿠바미사일 배치가 이른바 세력균형을 이루게 될 것으로 인식했으며, 미국이 터키에 미사일을 배치한 것과 마찬가지로 구소련도 역시 쿠바에 미사일을 배치할 '동등한 권리'를 가지고 있다고 생각했다. 또한 구소련은 미국에 비해 경제력에서도 뒤지고 있었기 때문에 핵무기를 대량으로 보유하기 위해 군사비를 지출한다면, 미국에 대한 경제적 열세는 더욱 심화될 수밖에 없는 상황이었다. 하지만 미국은 구소련이 쿠바에 미사일을 배치할 것이라는 것을 사전에 정확히 감지하지 못했다.[4]

한편, 쿠바 미사일 위기 이전부터 쿠바와 미국의 충돌은 불가피하게 보였다. 1959년 1월 카스트로가 혁명에 성공하자, 그는 반미주의적 민족주의를 내세웠다. 이에 대해 미국은 쿠바가 미국식 생활양식을 거부하고 공산주의를 받아들였다는 점, 쿠바 혁명의 영향이 다른 중남미 제국으로 확산될 위험, 그리고 쿠바가 구소련의 교두보로서 활용될 우려 때문에 카스트로를 적대시하는 정책을 펼쳤다.[5]

이러한 미국과 쿠바의 대결은 상호간 외교정책의 신축성과 융통성을 결여한 채, 대결구도로 치닫게 되었다. 결국, 1961년 3월 카스트로는 미국과 쿠바 간의 외교관계를 단절하였고, 미국은 이에 대해 쿠바

두 수는 각각 63개와 96개였다. 이에 비해 소련은 총 1,430개를 보유하였으나, ICBM은 50개였을 뿐이었다. 하영선, 『한반도의 핵무기와 세계질서』(서울: 나남, 1991), pp. 50-52.

4) 최영, 『현대 핵전략이론』(서울: 일지사, 1987), p. 92.

5) 권문술, 『「쿠바」의 외교정책전망에 관한 연구(Ⅰ)』(서울: 국방대학교, 1986), pp. 11-12.

사탕수수의 수입할당을 감소시킴으로써 쿠바경제의 기초를 파괴하였으며, 이로 인해 쿠바는 구소련의 원조에 의존할 수밖에 없는 상황이 되었다.6)

1960년 3월 아이젠하워 대통령은 카스트로에 반대하는 쿠바인들을 모집하여 훈련하라는 지시를 CIA에게 하달하였으며, 쿠바난민들은 미국의 지원에 의해 플로리다와 과테말라 등에서 비밀리에 무장되고 훈련되었다. 어설프게 시작되었던 무장침공 계획이 점차 구체화되고 또 기정사실화 되어가기 시작했다. 그후 정권을 인수한 케네디 행정부는 이 계획에 대한 확고한 신념이나 도덕적 명분을 가졌다거나 침공계획이 정당하기 때문에 침공계획을 실천한다기 보다는, CIA의 성공확신에 따라 전임자가 충분히 검토해 놓은 정책을 실천한다는 생각을 가지고 계획을 실천으로 옮겼다. 하지만 1961년 4월 17일 반 카스트로 망명자들로 구성된 약 1,500~2,000명의 병력이 피그만에 상륙하였으나, 곧 쿠바군에 의해 포위되고 사흘도 채 안되어 진압됨으로써 대실패로 끝나고 말았다.7)

피그만 사건은 케네디에게 큰 정치적 타격을 주었으며, 정보기관도 신뢰감을 상실하였다. 이 사건으로 미국은 국제적 비난을 받은 반면, 카스트로의 국제적 위상은 올라갔다. 이 사건 이후 미국은 쿠바에 대한 군사개입을 주저하게 되었다. 당시 미국의 언론과 의회는 대통령에게 재침공 압력을 가했으나 백악관은 정치적, 도덕적 이유로 이를 반대했다. 미국은 쿠바에 대한 침공보다는 카스트로암살 및 쿠바정부를 혼란시키려 했던 '몽구스(Mongoose)' 계획을 시작하게 되었다.8)

---

6) 박웅진, 『현대 국제정치사』(서울: 형설출판사, 1978), pp. 239-241.

7) Julius W. Pratt, *A History of United States Foreign Policy*(New Jersey: Prentice Hall, 1965), p. 538.

8) Beth A. Fischer, "Perception, Intelligence Errors, and the Cuban Missile Crisis," *Intelligence and National Security*, Vol. 13, No. 3(Autumn 1998),

미국은 소련이 쿠바에 미사일을 배치하기 전까지는, 구소련이 자국 영토 밖에는 핵미사일을 배치하지 않았다는 점과 만약 배치 시에는 엄청난 미국의 대응을 감수해야하므로 감히 그러한 정책을 실행하지 않을 것이라는 점에 근거하여 구소련의 쿠바 미사일 배치를 경시했다. 또한 미국은 쿠바의 안보정책을 경시했다. 쿠바는 피그만 사건 이후, 피그만 패배를 설욕하고 쿠바정부를 전복시키기 위해 대규모 미국 군사력을 동원할 것이라고 믿게 되었으며, 이러한 믿음이 쿠바로 하여금 구소련이 쿠바에 미사일을 배치하도록 허용했다.9)

따라서 쿠바 미사일 위기를 사전예방 및 완화측면에서 분석해 보면, 미국은 소련의 핵 분야에서의 세력균형 정책과 피그만 사건이후 쿠바의 안보 불안감을 경시했다는 점에서 쿠바 미사일 위기를 예방하고 완화하는 데 실패했다고 본다.

3) 대비단계에서의 분석

미국은 쿠바를 그들의 안보에 중요한 지역으로 인식해 왔다. 일차적인 이유는 미국의 지리적 근접성 때문이었다. 미국의 대쿠바 정책은 몬로 독트린(Monro Doctrine)이 선언된 이래 일관성 있게 견지되어 왔던, 라틴아메리카 정책의 일환이었다. 미국이 쿠바에 대한 정책 목표는 쿠바에 대해 미주지역 이외 세력의 영향력을 배제하고 미국의 경

---

p. 154.

9) 피그만 사건 이후 18개월 동안 행해진 일련의 미국의 행동이 쿠바지도자들로 하여금 절박한 침공의 전조로 해석되었다. 이러한 미국의 주요한 행동으로는 1962년 1월의 미주기구(OAS)에서 쿠바의 회원자격에 대한 제명조치는 쿠바지도자들이 '침공을 위한 준비일환의 외교적 행동'으로서 인식하였다. 또한 미국은 쿠바 근처 카리브 해에서 2회의 군사훈련을 실시하였는데, 처음에는 푸에르토리코 해안에서 해병강습훈련을, 다음에는 79척의 배와 4만 명의 병력을 동원한 대규모 해상기동을 미 남동해안에서 행하였다. 이러한 일련의 행동들은 쿠바지도자들에게 미국의 침공가능성에 대한 우려를 안겨주었다.

제적 이익의 증진 및 보호와 라틴아메리카 제국의 정치적 안정에 있었다.[10] 피그만 사건은 미국의 이러한 인식과 정책을 단적으로 보여주었다.

하지만 미국은 구소련이 쿠바에 미사일을 배치할 것이라고 상상하지 못했으며, 더욱이 이를 가정한 어떠한 계획도 수립하지 않았고, 훈련도 하지 않았다. 미국의 쿠바에 대한 계획과 훈련은 피그만 침공계획과 훈련, 그리고 몽구스 계획이 전부였다. 따라서 미국의 쿠바 미사일 위기에 대한 대비는 하나도 없었다.

4) 대응단계에서의 분석

쿠바 미사일 위기의 대응단계는 미국의 대응정책 결정과정과 이에 대한 조치에 분석의 초점을 맞춘다. 구소련이 쿠바에 핵미사일 배치를 결정하고 1962년 7월 말쯤 군사물자들이 쿠바에 도착하고 8월에 무기를 적재한 20척을 포함한 37척의 소련 수송선이 쿠바항에 정박했는데 미국의 정책결정자들은 이러한 사실을 제대로 파악하지 못했다. 단순히 쿠바에 대한 원조와 방어무기로 생각했으며 점차 더욱이 미국 정부는 공화당이 외교정책 문제를 선거에 이용하면서 적극적인 행동을 요구함에 따라 문제의 심각성을 서서히 인식하기 시작했으며 점차 행정부가 움직이기 시작했다. 행정부는 8월 29일, 정찰활동을 통해 지대공 미사일 기지 건설현장을 발견했으며 10월 14일에는 미사일의 존재를 확인했다.

이러한 사실이 알려지자, 케네디는 강경하고 단호하게 행동하기 시작했다. 케네디는 쿠바 미사일 문제를 논의하기 위해 회의를 소집하고 증거의 면밀한 검토와 대안의 강구를 지시했다. 회의 참석자는 정부

---

10) 권문술·민만식, 『전환기의 라틴아메리카: 정치적 상황과 국제관계』(서울: 탐구당, 1985), p. 191.

주요부서의 핵심 책임자들이었고 의회지도자들은 배제되었다.[11] 또한 대통령은 일체의 다른 일을 중단하고 모든 노력을 즉각적이고 철저한 위기관리로 돌렸다.

　참여자들은 동등한 입장에서 논의했으며 경험이나 계급은 자유로운 토론을 위해 별로 문제 삼지 않았다.[12] 쿠바 미사일 문제를 해결하기 위한 집행위원회는 국가안보회의와 별도로 기능했으며 특별히 언론과 정부 및 소련이 전혀 눈치채지 못하도록 엄격한 기밀을 유지했다.

　집행위원회에서는 케네디의 핵심 보좌관과 참모들의 자유로운 토론을 통해 6가지의 대안을 검토하였다.[13] 10월 21일 6가지 방안 중에서 해상봉쇄에 관한 최종 결정이 내려지고 10월 22일 오후 7시, 케네디 대통령은 이를 발표하였다. 당시 집행위원회의 최초 토의 참가자들은 엄청난 위기상황으로 인해 과도한 사고의 경직성을 보였다. 이들은 폭격이냐 아무것도 하지 않느냐의 양자택일을 할 수 밖에 없다고 생각했으며, 또한 대다수가 폭격을 선호했다. 하지만 대응방안에 대한 합리적인 정책결정을 할 수 있게 한 결정적인 원인은 쿠바 미사일 기지가 실전화 되기까지는 약 10여 일의 시간이 필요하다는 것이었다.[14] 이러한 정보판단에 의해 미국은 대응방안 결정에 신중을 기할 수 있

---

11) 집행위원회: 대통령, 러스크 국무장관, 딜론 재무장관, 볼 국무차관, 닛츠 국방차관, 테일러 합참의장, 소렌센 보좌관, 존슨 부통령, 톰슨 소련대사 등 15명으로 구성.

12) Graham T. Allison, *Essence of Decision: Explaining the Cuban Missile Clisis*(Boston: Little, Brown and Company, 1971), p. 57.

13) ① 아무것도 행하지 않는다. ② 구소련에 대해서 외교적 압력을 가한다. 예를 들면 UN의 미주기구에 감시반 파견을 요구하든가, 특사 파견 혹은 수뇌회담의 형식으로 후르시초프에게 직접 접촉한다. ③ 카스트로에게 밀사를 파견하여 접촉하고 쿠바를 구소련으로부터 이탈시키도록 조치한다. ④ 공중정찰과 경고를 강화하고 해상봉쇄를 개시한다. ⑤ 미사일만이라든가, 미사일 기지만이라든가 하는 한정된 군사목표에 대해서 정확한 폭격을 한다. ⑥ 쿠바를 침공한다.

14) Alexander L. George, 『위기관리의 실패와 성공』, pp. 99-100.

었다.

이러한 6가지 대안들은 쿠바 미사일 위기를 관리하기 위해 모색된 모든 방안의 결과라 하겠다. 최초 대안들이 검토된 후 군사적인 행동과 정치적인 행동의 중간 형태인 공격용 무기에 대한 해상봉쇄가 논의되었다. 결국, 미국은 도덕적 근거에 입각하여 구소련을 설득하고 제한된 목표 추구를 위해 해상을 봉쇄하고, 미국의 재래식 군비의 우세를 이용하는 대안을 최종 결정하였다.

케네디는 이러한 전략을 선택한 후 흐루시초프와 구소련인들이 어떻게 미국의 행동을 인지할 것인가와 메시지가 분명히 전달되고 있는지 여부에 많은 신경을 썼으며, 결정된 사항의 집행과정상의 준수 여부와 시행착오의 가능성도 고려했다. 특히, 상대방의 입장에서 미국의 행위나 상황을 판단하려 노력했다. 이러한 결과, 흐르시초프가 구소련의 입장을 신속하게 조정하고 미국은 터키에 있는 주피터 미사일을 철수하고 쿠바를 침공하지 않는다는 확약을 조건으로 구소련이 쿠바에서 미사일을 제거하겠다고 발표함으로써 쿠바 미사일 위기는 일단락되었다.

미국의 대응을 분석해 보면 다음과 같다. 첫째, 세부적이고 정확한 정보를 통해 미사일 기지가 실전화 되려면 약 10일 간의 여유가 있다는 점을 확인하고 조급하게 행동하지 않았다는 점이다. 둘째, 가장 신뢰할 수 있고 전문적인 인원으로 집행위원회를 구성했고 충분한 토의를 통해 6가지 대안을 도출했으며, 최선의 방안을 선정했다는 것이다. 셋째, 국가의 최고 정책 결정자인 대통령이 위기관리에 깊이 관여함과 동시에 자율적인 의견교환과 토론을 유도했다는 점이다. 넷째, 구소련의 입장도 고려했다는 점이다. 미국은 구소련에게 터키에 있는 주피터 미사일을 철수하고 쿠바를 재침공하지 않겠다고 약속했다. 다섯째, 미국의 의지를 소련에게 확실하게 전달했고 이행과정을 철저히 확인했다는 점이다.

5) 복구(후속조치)단계에서의 분석

쿠바 미사일 위기는 미·소의 핵전쟁 발발 가능성이 있었던 위기였지만 평화적으로 해결되었다. 미국이 쿠바 미사일 위기관리를 통해 얻은 가장 큰 소득은 아마도 위기상황에 있어 위기 당사국 간의 분명한 목표 제시의 중요성과 의사소통의 문제라는 것을 인식했다는 점이다. 위기가 종결되고 난 후 미국과 구소련은 최고지도자 간의 분명한 의사소통을 위해 1963년 핫라인(Hot Line)을 개설했다.

쿠바 미사일 위기 종결이후 미국과 구소련은 핵과 미사일에 관련된 많은 조약을 체결했다. 1963년 8월 부분적 핵실험금지조약, 1968년 7월 핵확산방지조약, 1971년 9월 우발전쟁방지협정, 1972년 6월 ABM 제한조약 등이 그 사례들이다. 또한 미국과 소련은 경제적, 기술적, 문화적 협력에 관한 많은 조약을 체결함으로써 미·소 양국이 협력하는 데탕트의 시대를 만들어 나갔다.15) 쿠바 미사일 위기관리는 우리에게 위기의 본질을 정확히 파악하여 합리적인 전략을 선택하고 그 전략이 성공적으로 종결될 수 있도록 끝없이 노력해야 된다는 측면에서 중요한 위기관리 사례가 될 수 있다.

2. 걸프전쟁과 위기관리

1) 개 요

걸프전쟁에 대한 미국의 위기관리 사례연구는 냉전이 종식된 이후에 군사적 위기 상황이 발생하여 미국이 이를 어떻게 관리했느냐가 분석의 핵심이다. 냉전의 종식으로 국제안보 체제와 질서는 대부분 불안

---

15) 조영갑, 『한국위기관리론』(서울: 팔복원, 2000), pp. 413-414.

한 것으로 전망되었고 그 미래 또한 불확실했다.16) 하지만 당시 국제 정치질서의 위계에서 미국은 경제, 군사, 외교 등 모든 면에서 다른 나라들보다 우월한 위치에 있었던 초강대국이었다.

이러한 미국 우위의 국제질서에서 걸프만의 위기상황에 대한 미국의 위기관리과정은 새로운 국제질서에서 새로운 위기관리 양상을 보여 주었다. 걸프만에 대한 미국의 위기관리 과정은 쿠바 미사일 위기 관리 과정과는 달랐다.

걸프만의 위기상황은 이라크가 1990년 8월 2일, 7개 사단과 350대의 전차를 앞세워 쿠웨이트를 전격 침공하여 불과 5시간여 만에 쿠웨이트시의 정부청사와 왕궁을 점령하여 쿠웨이트 정부를 전복시킴으로써 위기가 발생했다. 사실상 1989년부터 걸프만에서는 쿠웨이트와 이라크 간의 국경문제와 석유 산유량 문제, 그리고 석유도굴 문제 등 양국간의 갈등이 고조되기 시작했다. 사우디아라비아, 이집트 그리고 양국간의 외교적 노력, 그리고 미국의 간접적 영향에도 불구하고 이라크는 쿠웨이트를 침공했다. 이라크가 쿠웨이트를 점령함으로써 위기관리의 당사자는 이라크와 쿠웨이트가 아니라 이라크와 미국, 그리고 UN이 되어버렸다.

---

16) 냉전종식 이후의 국제정치질서를 헌팅턴(Samuel Huntington)은 21세기 초 국제정치질서는 단일-다극체제(Unimultipolar system)가 될 것이라고 했으며, 나이 (Joseph s. Nye)교수는 세계질서의 구조가 복합성을 가지고 있으며 이는 여러 층으로 된 세계질서의 맨 상층부는 군사적인 질서로 단극적인 질서이며, 맨 하층은 권력의 분산을 보여주는 초국가적이고 상호의존적인 질서라고 지적했다. 이러한 것은 국제체제가 하나의 초강대국(superpower)과 여럿의 강대국(major power)이 존재하는 국제안보질서를 형성했다는 것을 의미한다. Samuel P. Huntington, "The Lonely Superpower," *Foreign Affairs*, Vol. 78, No. 2(March/April 1999), pp. 35-37; Joseph S. Nye, "Redefinding The National Interest," *Foreign Affairs*, Vol. 78, No. 4(July/August 1999), p. 24.

2) 예방 및 완화단계에서의 분석

걸프만 위기상황에 대한 예방 및 완화단계에서의 분석은 왜 미국이 이라크의 쿠웨이트 침공을 예방하지 못했느냐에 초점을 맞추어 분석해 보고자 한다.

미국은 1970년대 중반까지 친이란 정책을 전개해 왔으며, 이란의 '샤'를 페르시아만의 경찰관으로 부각시키면서 이란의 패권구축을 통해 이 지역의 안정을 시도해 왔다. 그러나 1979년의 이란 혁명과 반미 이슬람정권의 수립은 미국과 이란을 적대관계로 변질시켰다. 더욱이 미국은 이라크의 친소정책과 반이스라엘 노선 그리고 이란의 반미 외교정책으로 이들 국가들로부터 멀어졌으며 이러한 관계는 이란-이라크 전쟁 초기단계까지 계속되었다.

그러나 1984년부터 미국은 이라크와 외교관계를 정상화하고 이란의 군사정보를 제공할 정도로 관계가 개선되었으며, 1986년부터 1987년에는 이라크에게 15억 달러 이상의 군사무기를 판매했다. 또한 미국은 이라크가 쿠웨이트를 침공하기 이전까지 이라크에 대해 관대한 정책을 폈다. 미국은 1987년 이라크의 미사일이 미함정 스타트 (Start)호를 격침시켜 37명의 사상자가 발생했음에도 불구하고 이라크에 대해 관대한 입장을 취했으며, 1988년에는 이라크가 쿠르드족에 대해 화학무기를 사용하여 다수의 인명피해가 났음에도 불구하고 미온적인 태도를 견지했다.17)

이라크는 1988년 이란과의 8년간에 걸친 전쟁에서 승리를 거두었지만 실질적인 이익이나 대가를 얻지 못했으며, 오히려 국가운영과 재건에 필요한 재원을 마련할 수가 없었다. 게다가 1990년 1월 배럴 당 평균 22달러였던 석유가격이 6월에 접어들어 16달러로 하락하는 사

---

17) 문정인, "걸프전쟁과 아랍 및 세계질서의 재편," 『한국과 국제정치』, Vol. 7, No. 2(1991), pp. 12-15.

태가 발생하면서 이라크의 재정상태를 더욱 압박했다. 이러한 이라크의 경제사정 악화는 이라크의 사회 및 정치적 불안을 가져왔으며 후세인은 경제적 문제를 해결하기 위해 군사력이 약한 인접 걸프국가들을 위협하여 이란-이라크 전쟁시 차용하였던 전쟁부채를 탕감 받고 전후 복구에 필요한 비용을 획득하고자 했다.

이에 이라크는 1990년 2월 요르단의 암만에서 개최된 아랍협력위원회(ACC)에서 요르단과 이집트에게 이란과의 전쟁당시에 빌려준 차관의 유예 및 300억 달러의 신규차관을 제공해 줄 것을 요구했으며, 쿠웨이트 접경지역에서 군사훈련을 실시하여 쿠웨이트를 압박했다. 그리고 1990년 5월 제네바에서 열린 OPEC 장관회의와 아랍정상회담에서 이라크는 일부 아랍 국가들의 쿼터 위반은 경제적 수단에 의한 대이라크 선전포고에 해당한다고 주장했다.[18] 하지만 이러한 이라크의 위협에도 쿠웨이트와 아랍에미레이트는 석유정책을 바꾸지 않았다. 이러한 쿠웨이트와 아랍에미레이트에 대해 이라크는 더 강도 높은 위협을 계속했으며 특히 쿠웨이트에 대해서는 국경지대인 루마일라 유전 남쪽에서 석유를 불법 채굴해 갔다고 비난했다.

이러한 이란-이라크 전쟁 이후 이라크의 움직임에도 불구하고 미국은 이라크에 대한 강경한 정책을 쓰지 않았다. 특히, 이란-이라크 전쟁 이후 미국은 재래식 군사력 부문에서 세계 4위이며 화학 물질 및 생물학 무기를 보유하고 있으며, 더욱이 핵무기 개발을 추진하고 있는 이라크가 장차 자신의 안보를 위협할 것으로 예상하고 있었다. 그러나 미국은 이라크에 대해 그 어떠한 직접적인 영향력을 행사하지 않았

---

18) 이라크의 전쟁 복구 비용은 약 2천 3백억 달러가 소요될 것으로 추산되었으며, 년간 고정 지출만 약 230억 달러에 달했다. Efraim Karsh and Inari Rausti, "Why Saddam Hussem Invaded Kuwait," *Suvival*, Vol. 33, No. 1(Jan./Feb., 1991), pp. 19-22.

다.19)

미국의 걸프만에 대한 위기를 사전 예방 및 완화단계의 측면에서 분석해 보면, 미국은 이란-이라크 전쟁 이후 이라크를 위협의 존재로 인식했으나, 그 이전부터 이란에만 신경을 썼지 이라크의 의도를 정확하게 파악하지 못했다. 오히려 이란-이라크 전쟁에서 이라크를 지원했고 쿠르드 학살을 묵인하는 등의 정책을 추진한 결과 전쟁이 초래되었다. 미국은 걸프만 위기를 예방 및 완화하는 데 실패했다고 본다.

3) 대비단계에서의 분석

미국이 걸프만의 위기관리를 하는데 있어 대비단계의 분석은 이라크가 쿠웨이트를 침공하겠다는 의사가 직접적으로 드러난 시기 이후부터 이라크가 쿠웨이트를 침공하기 이전까지이다. 여기에서의 분석의 초점은 과연 미국이 이라크의 쿠웨이트 침공에 대한 대비를 어떻게 했는가 이다.

이라크가 쿠웨이트에 대한 직접적인 침공의 의사를 보인 것은 1990년 7월 17일 바트 혁명 22주년 기념식에서 나타났다. 후세인은 이 연설에서 쿠웨이트를 위시한 아랍의 석유 수출국들이 이라크를 교살하기 위한 책동을 하고 있으며 이러한 책동이 계속될 경우 이라크는 좌시하지 않을 것을 천명함으로써 무력사용의 가능성이 엿 보였다.20)

이라크가 쿠웨이트 국경지대에 대규모의 군대를 집결시키자 사우디아라비아, 이집트, 요르단 등은 두 국가간의 분쟁을 평화적으로 해결하기 위해 외교적인 노력을 펼쳤다. 아랍 연맹의 대표인 이집트의 무바라크 대통령은 7월 31일 이라크와 쿠웨이트 간의 회담을 주선했다.

---

19) John Spanier, *American Foreign Policy Since World War II* (New York: Congressional Quarterly, 1992), p. 390.
20) Bob Wood Ward, 『사령관들』, 이광식 역(서울: 중앙, 1991), p. 206.

이 회담에서 이라크는 쿠웨이트에게 100억 달러의 신규차관을 요구했
고 쿠웨이트와 사우디아라비아가 이에 동의했으나 차관을 제공하기
전에 국경문제를21) 먼저 해결할 것을 요구하는 쿠웨이트의 요구를 이
라크가 거절하면서 회담이 결렬되었다.22)

　미국은 1990년 7월 이라크가 쿠웨이트를 침공하기 직전 이라크와
쿠웨이트 간의 영토 및 외교적 분쟁이 진행되고 있음에도 불구하고 이
라크의 도발을 억제하려는 적극적인 노력을 기울이지 않았다. 미국의
안보전문가들은 1988년 이란-이라크 전쟁 이후 중동지역에서 이라크
를 미국에게 가장 큰 위협을 줄 국가로 평가했지만 이란을 견제하기
위해 이라크의 도움이 필요하다고 인식했다. 더욱이 이라크는 전후복
구에 여념이 없을 것으로 판단하고 미국은 이라크에 대해 별다른 조치
를 취하지 않았다. 또한 1990년 7월 16일, 미 국방부의 정보국에 의
해 이라크와 쿠웨이트 간에 긴장이 조성되고 있다는 보고가 있었지만
주요 정책결정자들은 이란에 주된 관심을 가지고 있었으며, 이라크가
쿠웨이트 국경지역에 군대를 집결시키는 것은 쿠웨이트에 대한 무력
시위를 위한 것으로 인식했다.23)

　이러한 인식하에 미국은 이라크와 쿠웨이트 간의 분쟁사태가 평화
적으로 해결되어야 한다는 원칙만 강조했고, 이라크의 쿠웨이트 침공

---

21) 이라크가 국경문제를 거론한 것은 역사적인 배경을 가지고 있다. 쿠웨이트는
　　오스만 터키의 속주였던 이라크의 한 주였지만 영국이 이 지역으로 진출하면서
　　쿠웨이트는 영국의 보호령이 되었고, 제1차 세계대전 후 이라크까지 신탁통치
　　를 했다. 제2차 세계대전 후 이라크는 중동지역에서 일고 있는 아랍민주주의를
　　내세워 친영국 봉건왕정을 타도하려고 하자, 영국은 1961년 지방토후에 불과
　　했던 사바족을 내세워 석유의 보고이자 군사적 요충지인 쿠웨이트를 독립국가
　　로 만들었다. 아시아・아프리카 연구소 편, 『걸프전쟁과 아랍민족운동』(서울:
　　눈, 1991), p. 150.
22) John K. Cooley, "Pre-War Gulf Dipomacy," *Survival*, Vol. 33, No.
　　2(March/April 1991), p. 128.
23) Bob Wood Ward, 『사령관들』, pp. 215-237.

이전까지 소극적으로 대응했다. 왜냐하면 미국이 개입할 경우 오히려 아랍 민족주의를 자극하게 되어 중동지역에서 미국의 입지가 약화될 것으로 인식했기 때문이다.[24] 결국, 미국은 1990년 7월 16일부터 7월 19일까지 국방부 정보국의 수차례 보고에도 불구하고 이라크군의 쿠웨이트 국경 집결의도를 파악하는 데 실패했다.[25] 또한 주이라크 미국 대사였던 그래스피(April Glaspie)는 7월 25일 후세인과의 회담에서 미국은 이라크와 쿠웨이트 국경문제에 대해 어떠한 견해도 없다고 이야기 했으며, 미국무부의 극동 담당 차관보인 존 켈리(John Kelly) 역시 1990년 2월 바그다드를 방문했을 때 이미 미국은 이라크와 쿠웨이트의 국경문제에 관심이 없다고 표명했었다. 또한 7월 24일에 국무부 대변인인 마가렛 터틸러(Margaret Tutwiler)가, 7월 31일에는 존 켈리가 미국은 쿠웨이트와 방위조약을 맺지 않았고, 특별한 방위공약도 한 적이 없다는 점을 재삼 강조했다.[26]

미국은 이라크가 쿠웨이트를 침공하기 이전에 이미 아리비아 반도를 방어하기 '90-1002'(The-oh-two라 불리기도 함) 라는 작전계획을 가지고 있었다. 하지만 이 계획은 1980년대 초에 구소련 혹은 이란과의 전투 상황을 가정해서 세워진 계획이었지 이라크를 대상으로 계획된 작전계획은 아니었다.[27]

걸프만의 위기에서 미국의 대비를 분석해 보면 다음과 같다. 첫째, 미국은 이라크의 행동에 대해 확실한 의지를 천명하지 못했다는 것이

---

24) Colin L. Powell, *My American Journey*(New York: Random House, 1995), p. 461.
25) Bob Wood Ward, 『사령관들』, pp. 222-225.
26) 칼레드 빈 술탄·패트릭 실, 『사막의 전사』, 이진영·백인기·이재훈·박영준 공역(서울: 민예원, 1998), p. 174.
27) Norman H. Schwarzkopf, 『영웅은 필요없다(하)』, 송형석 역(서울: 성훈, 1993), pp. 210-212.

다. 둘째, 이라크의 주미대사와 국무부 차관보 및 대변인의 애매한 발언은 이라크로 하여금 쿠웨이트 침공을 미국이 묵인해 줄 것으로 오판하게 만들었다는 것이다. 셋째, 이라크의 쿠웨이트 침공을 사전에 예상하지 못했으며 어떠한 대비도 없었다는 것이다. 미국은 이라크가 쿠웨이트 국경지대에 대규모 군대를 집결하는 의도를 오판했고 이와 관련한 국가안보회의를 개최한 적도 없었다.

비록, 미국은 중동지역의 우발사태에 대한 작전계획을 수립하고 훈련함으로써 신속히 투입할 수 있는 준비는 되어 있었지만, 위기관리란 전쟁의 경로가 아니라 평화의 경로를 걷게 한다는 점에서 미국의 걸프만 위기에 대한 대비는 실패했다고 본다.

4) 대응단계에서의 분석

걸프만 위기의 대응단계는 이라크가 쿠웨이트를 침공한 이후 미국이 이라크를 공격하기 이전까지 미국의 정책결정과정과 이에 대한 조치에 분석의 초점을 맞춘다.

1990년 8월 2일에 막상 이라크가 쿠웨이트를 침공하여 쿠웨이트의 영토를 점령하는 사태가 발생하자, 미국의 부시 대통령은 즉각 이라크의 쿠웨이트 침공을 강력히 비난했다. 또한 부시 대통령은 이라크가 쿠웨이트를 점령할 경우 장차 사우디아라비아까지 지배할 가능성이 있고, 이는 미국의 국가이익에 커다란 위협이 된다고 언급하면서 강력한 대응을 모색하기 시작했다.[28] 미국은 1990년 8월 7일, 이라크군을 쿠웨이트로부터 즉각 철수시키기 위해 경제적 봉쇄와 군사적 위협을 주된 내용으로 하는 '사막의 방패작전'(Desert Shield Operation)을 개시했다. 이 작전의 목표는 전쟁의 확대저지, 이라크의 봉쇄, 사우디의 방어, 그리고 이라크의 쿠웨이트 침공이전의 정치적 상태 회복

---

28) 국방군사연구소 역, 『걸프전쟁』(서울: 국방군사연구소, 1992), p. 70.

등이었다. 이를 달성하기 위해 미국은 사우디에 전투비행단을 파견했
고 UN안보리 결의안을[29] 잇달아 통과시켜 이라크에 대한 해상봉쇄
및 경제금수조치를 취함으로써 이라크에 대한 경제적·외교적·군사
적 압력을 가했다.[30]

미국은 이라크 침공 당일인 8월 2일, 안보리 결의안 660호를 채택
하여 즉각 원상회복을 촉구했으며, 상황이 진전됨에 따라 후속적인 결
의안을 통해 이라크의 도발 확장에 제동을 걸면서 쿠웨이트에서 이라
크의 자발적인 철수를 강요했다. 그러나 협상에 의한 해결의 가능성이
희박해지자 11월 말, 조건부 무력 사용 결의안을 통과시키면서 최종
적인 기회를 선택하지 않을 경우 무력사용이 불가피함을 경고했다. 이
러한 미국의 외교적인 노력은 미국이 UN의 권능을 최대한 활용하면
서 UN 결의안의 실천이라는 명분을 얻어 국내외의 지지를 획득했으
며, 이로 인해 10여 개 국의 아랍국가를 포함하여 30여 개 국으로부
터 지원을 얻어냈다.[31]

미국은 걸프만의 위기에 대응하는 과정에서 이라크를 쿠웨이트에서
철수시키기 위해서 후세인에게 철수냐 아니면 전면전이냐의 막다른

---

29) 결의안 660(1990. 8. 2): 침공규탄 및 즉각적 무조건적 철수 요구, 결의안
661(1990. 8. 6): 경제제재, 금수조치, 결의안 662(1990.8.9): 이라크의 쿠
웨이트 합병 무효선언, 결의안 664(1990.8.18): 이라크의 인질작전 규탄, 결
의안 665(1990.8.25): 경제제재의 효과적 이행을 위해 연합군의 전함사용 허
용, 결의안 667(1990.9.16): 이라크의 외국공관에 대한 만행규탄, 결의안
669(1990.9.24): 결의안 661에 예외규정 인정, 결의안 670(1990.9.25): 이
라크에 대한 공수제재 강화 및 이라크상선의 나포허용, 결의안 674(1990.10.
29): 이라크의 전후보상 명문화, 외국인질의 석방요구, 결의안 677(1990.
11.28): 이라크의 쿠웨이트 주민등록 자료파손 규탄, 결의안 678(1990.11.
29): 이라크의 철수기한 1991년 1월 15일로 설정, 이 기간 이후 연합군의 무
력사용 허용.
30) 노병천, 『마라톤에서 사막 폭풍까지』(서울: 가나, 1993), pp. 320-323.
31) 장문석, "전쟁수단의 변화에 따른 미래의 전쟁양상 전망: 걸프전을 중심으로,"
『國防硏究』 제35권 제1호(1992), p. 59.

선택을 강요했으며, 다른 대안을 빼앗아버리는 방법을 택했다. 즉, 제재만으로는 강압전략을 수행하기에는 부적합하며 전쟁의 위협만이 강압외교를 성공적으로 이끌 수 있다는 인식하에서의 위기관리였다. 이러한 미국의 전략은 핸들을 집어던지고 후세인에게 돌진하는 것을 그에게 확신시키려고 노력했다. 더구나 이를 위해 미국은 걸프 지역내 엄청난 공격력을 집결시켰으며 UN 요구를 약화시키려는 어떤 것도 받아들이지 않고 이라크의 전면철수 외에 어떠한 협상도 시도하지 않기 때문에 결국 전쟁을 예방하는 데 실패했다.[32]

걸프만의 위기에서 미국의 대응을 분석해 보면 다음과 같다.

첫째, 미국은 UN을 통한 외교적인 노력을 5개월간 펼쳤다. 하지만 이라크는 UN 안보리 결의안을 무시했으며, 오히려 이스라엘을 참전시키거나 많은 피해를 줄 수 있다는 위협을 했고, 쿠웨이트 침공을 기정사실화하려는 행위를 반복함으로써 UN을 통한 외교적인 노력은 실패로 끝났다.

둘째, 미국은 강압외교 전략으로 일관했다. 미국은 이라크를 쿠웨이트에서 철수시키기 위해 모든 역량을 동원했으며, 이러한 목적이 달성되기 전까지는 어떠한 협상이나 양보도 하지 않았다. 이는 이라크의 쿠웨이트 침공 이후 곧바로 사막의 방패작전이 5일 만에 개시되었다는 점에서도 UN 결의안을 통해 전쟁이란 수단의 사용도 불사하겠다는 의지를 반복하여 공표한 점에서도 알 수 있다. 이러한 UN의 권능을 활용한 강압외교 전략은 결국, 국내외적으로 지지를 얻었고 이를 통해 미국이 주도하는 다국적군을 구성할 수 있었다. 하지만 이러한 일관된 강압외교 전략은 오히려 이라크로 하여금 협상과 타협점을 찾지 못하게 함으로써 위기상황을 더욱 악화시키는 결과를 초래했다.

---

32) Alexander L. George, *Avoiding War: Problem of Crisis Management* (Sanfrancisco: Westview Press, 1991), pp. 567-571.

셋째, 미국은 걸프만 위기 대응과정에서 이라크에 대한 어떠한 고려도 하지 않았다. 물론 여기에는 미국의 중동에 대한 정치, 경제, 전략적 이해관계가 가장 크게 작용했을 것이다. 하지만 위기의 대응 측면에서 볼 때 이러한 강압적이고 상대방을 고려하지 않은 대응전략은 위기의 완화 보다는 위기의 악화로 흐를 수 있음을 보여준다.

5) 복구(후속조치)단계에서의 분석

후속조치단계에서는 미국이 이라크를 공격한 이후 더 이상의 위기 상황의 확대와 종결을 위해 어떠한 노력을 기울었는지에 초점을 맞추어 분석해 보자.

이라크가 미국과 UN 안보리의 경고에도 불구하고 계속 쿠웨이트에서 철수하지 않자, 미국을 위시한 33개국의 다국적군은 1991년 1월 17일, '사막의 폭풍작전'이라는 이름하에 무력수단을 사용했다. 첨단 무기로 무장된 다국적군은 군사력면에서 이라크를 압도하고 있었으며 미국은 전쟁의 확산을 방지하는 외교적인 노력을 펼쳤다. 미국은 이라크가 전쟁을 확산시키려는 의도에서 이스라엘과 사우디아라비아에 미사일 공격을 가했지만 외교적인 노력과 공중방어 시스템의 이스라엘 배치 등으로 이스라엘에 의한 보복 조치를 자제시키는 등 전쟁의 확산을 방지하려고 노력했다.

6주 동안의 다국적군의 군사력은 이라크를 파괴하거나 무력화시켰지만 이라크는 스커드 미사일 발사, 기름유출에 의한 환경오염 등의 위협으로 계속 대항했다. 결국, 고르바초프의 중재에 의해 모스크바의 평화안이 수용되었으나 미국은 이라크의 쿠웨이트의 즉각적인 철수를 강요했으며, 이에 불응한 후세인에 대해 미국은 다국적군의 지상 공격 개시를 통해 100시간 만에 이라크군을 완전히 제압했다. 이어 3월 3일, 이라크가 미국의 요구를 전적으로 수용하는 휴전에 조인함으로써 전쟁의 종결과 함께 걸프만의 위기상황은 종결되었다.

3. 교훈

군사적 위기는 위기가 발생하여 종결될 때까지 어떤 단계와 과정을 거치게 되는데, 위기가 발생한 국가간에는 평시에도 국가이익의 갈등이 존재하고, 그로 인해 사소하고 경미한 마찰과 충돌이 존재해 왔다는 점을 염두에 둘 필요가 있다. 그러나 이러한 마찰과 충돌이 곧 위기로 연결되지는 않는다. 평시 국가이익이 내재된 갈등은 결국 경미한 마찰과 충돌로 인해 발생되지만, 위기상황은 양당사자 간에 갈등을 표면화시키는 자극적인 행위가 시작될 때 발생된다.[33]

앞에서 분석한 두 개의 군사적 위기관리 사례에서의 위기상황도 역시 돌발적으로 발생한 것이 아니라 사전에 내재된 국가이익이 표면화되면서 갈등을 일으켜 위기상황을 유발했다. 위기관리 측면에서 보았을 때, 쿠바 미사일 위기는 성공적인 위기관리 사례였고, 걸프만의 위기는 실패한 위기관리 사례였다. 이러한 성공적인 위기관리 사례인 쿠바 미사일 위기와 실패사례인 걸프만의 위기관리 사례분석을 통해 얻을 수 있는 교훈을 제시해 보면 다음과 같다.

첫째, 평시에 적대세력과의 경미한 마찰이나 충돌에 대한 정보 획득과 평가를 통해 이를 조기에 경고할 수 있는 체제를 마련해야 한다는 점이다. 쿠바 미사일 위기 이전에 미국은 쿠바와 충돌이 있었지만 미온적으로 해결했으며, 터키에 미사일을 배치하는 것이 구소련에게 어떠한 영향을 미칠 것인가 등에 대한 인식이 부족했다. 또한 걸프전쟁 이전에 미국은 이라크를 주요 위협 세력으로 인식하면서도 이라크의

---

33) 이은득, "한국의 위기관리: 이론과 발전방향," 국방대학교 교육학술연구과제 (2003), pp. 4-7.

각종 행위에 대해 미온적인 태도를 견지했으며, 이라크가 쿠웨이트 침공이전에 정확한 이라크의 의도를 파악하지 못했다. 국가간에 이익의 갈등이 없는 지역에서는 위기가 발생되지 않는다. 즉, 위기가 조성될 상황은 항상 그 이전에 당사자간의 정책과 의도에 있어 마찰과 충돌이 있기 마련이다. 따라서 효과적으로 위기관리를 실시하려면, 국가는 평시부터 적대세력이나 인접국가간의 경미한 마찰과 충돌에 대해 정확한 정보를 획득하고 올바른 분석을 통하여 사전에 정책을 조율하고 위기조성 상황을 조기에 경고 할 수 있는 체제를 구축하여야 한다.

둘째, 국가 위기관리를 위해서는 정확한 정보 획득 및 분석 시스템이 갖추어져야 한다. 쿠바 미사일 위기시 케네디 행정부는 정확한 정보의 판단에 의해 초기의 경악과 경직된 태도에서 벗어나 대응의 시간을 벌었으며, 이러한 정확한 정보판단이 전면적인 폭격보다는 봉쇄라는 대안을 결정하는 데 결정적인 역할을 할 수 있었다. 하지만 걸프위기시 미국은 이라크의 의도와 후세인에 대한 정보의 오판으로 군사적인 대결구도로 치닫게 되었다. 결국, 상대방의 의도와 태도, 현재의 위기상황의 진행정도에 대한 정보의 정확한 판단과 분석은 가장 합리적인 대안의 선정과 정책결정에 심대한 영향을 미친다. 따라서 국가위기관리는 정확한 정보획득도 중요하지만 정보의 정확한 분석과 판단이 필요하며, 이를 기초로 합리적인 대안의 선택이 가능하도록 해야 한다. 필요에 따라 공식적인 위기관리 체제와 비공식적인 위기관리팀을 운용할 필요가 있다.

셋째, 위기협상에 있어 상대방에게도 합리적인 대안을 선택할 수 있도록 기회를 제공해야 하며 선택된 대안의 이행여부를 확인 및 감독해야 한다. 쿠바 미사일 위기시 케네디는 대안의 결정과정과 대안의 이행여부에 깊은 관심을 표명하였으며, 흐루시초프가 미국의 의도를 정확히 파악하고 있는지, 그의 의도가 무엇인지를 인식하려고 노력했다.

그 결과 미국과 구소련은 상호 양보하였고 이것이 계기가 되어 데땅트의 시대를 열었다.

하지만 걸프 위기시 미국은 강력한 국력과 군사력을 바탕으로 후세인에게 철수와 전면전이라는 양자택일의 선택만을 강요했다. 이는 상호 양립할 수 없는 이익의 상충이 위기의 악화로 이어져 위기관리를 실패로 몰아갔다. 따라서 위기협상 단계에서 상대방에게도 합리적인 선택의 기회와 선택된 대안에 대한 상호간의 양보, 타협된 사항에 대한 상호간 이행여부 확인 등에 관심을 가져야 한다.

III. 재난 사례: 고베 대지진 및 9·11 테러

1. 자연적 재난: 고베 대지진

1) 개요

1995년 1월 17일 오전 5시 46분, 야와지시마 북부의 지하 14㎞를 진원지로 하는 리히터 규모 7.3(진도 7)의 도시직하형 강진이 12초간 발생하여 일본의 효고현 남부지역 일원을 강타했다.[34] 후에 한신(阪神) 대지진이라고 이름 붙여진 이 지진은 고베(神戸)시, 아시야시, 니시노미야(西宮)시 등의 도시부를 강타하여 엄청난 피해를 입혔으며, 일본은 물론 전 세계를 충격과 경악에 몰아넣었다. 이 지진으로 인해 인명피해는 사망자 5,502명, 부상 41,521명, 그리고 이재민은 29만 명에 달했으며, 주택피해는 총 39만 719동(전파: 100,209동, 반파:

---

34) 도시직하형 지진은 도시직하부의 얕은 지층에서 발생하였다는 뜻이며, 내륙부의 도시직하형 지진은 일본에서도 사례가 많지 않은 것으로 1943년의 진도 7.2지진과 1948년의 진도 7.1지진이 발생 후 처음이었다.

107,074동, 일부파손: 183,436동), 공공건물 피해 549동, 기타건물 피해 3,120동, 도로피해 9,403개소, 약 100만 세대 정전 및 약 120만 세대 단수, 약 25%의 통신 차단, 그리고 약 80%의 가스공급 중지 등의 피해를 입어 도시기능이 완전히 마비되는 막대한 손실을 입었다. 일본의 국토청 조사에 의하면 재산 피해는 13조 엔을 초과했다.[35]

1923년 9월 1일, 14만 명의 사망자를 낸 관동 대지진과 비교하면 한신 대지진은 사망자 수는 적으나 전후 일본에 있어서 최대의 지진재난이었다. 고베지진의 피해를 단순히 자연적이고 상황적인 요인 탓만으로 돌릴 수는 없다. 그 이유는, 지진의 발생 그 자체가 인간의 능력으로는 제어할 수도, 정확하게 예측할 수도 없는 불가항력적인 자연현상임을 인정한다고 하더라도 지진발생이 가져오는 재해를 최소화하기 위한 개인, 사회, 정부의 노력에 의해 그 피해는 상당 부분 축소될 수도 있기 때문이다.

고베 지진을 사례 연구로 선택한 이유는, 고베 지진이 불가항력적인 자연재난이긴 하지만 정부차원의 재난관리가 어떻게 이루어지느냐에 따라 그 피해 정도가 달라질 수 있다는 차원에서 선정하였다. 더욱이 고베 지진은 1년 전에 미국 캘리포니아의 노스릿지 지진에서 미국이 보여주었던 재난관리의 성공사례와 비교해 볼 때 상대적으로 실패한 재난관리 사례라는 점에서 선택했다.

2) 예방 및 완화단계에서의 분석

고베 지진의 예방 및 완화단계에서 분석은 지진 다발국으로 알려진 일본이 지진 예방 및 완화를 위해 어떠한 노력을 했는가에 분석의 초점을 맞춘다.

---

35) 신명철, "지진재해 수습체계 및 대응능력 연구," 재난방재연구소 연구보고서 (1998), pp. 29-30.

막대한 피해를 가져온 지진의 일차적인 원인은 지진의 규모가 상상을 초월할 만큼 컸으며 그것이 인구, 건물, 산업시설 등이 고도로 밀집해 있는 도시부에서 발생했다는 데에서 찾을 수 있다. 또한 지진 다발국으로 알려진 일본에서도 한신 지역은 지진 안전지대로 분류되어 지진에 대한 경각심이 상대적으로 낮았다. 한신 지역은 지진보다는 태풍과 강수로 인한 풍수해에 중점을 둔 방재태세를 구축, 운영해 오던 지역이었다. 이러한 인식은 고베 지진을 예방 및 완화하는데 도움이 되지 못했다.

고베시의 교량은 1989년 이후부터 개정된 시방서에 의한 내진설계 기준에 의해 건립되기 시작했다. 하지만 그 이전의 교량은 역사적으로 지진활동이 없었고 경미해서 크게 관심을 가지지 못 했다.[36] 또한 고베시의 건물은 목조건물이 많았으며 건물들 간의 간격이 매우 좁았다.[37] 이러한 뒤늦은 도시계획과 무분별하게 건축된 건물들은 지진이나 화재에 취약할 수밖에 없었다.

일본의 허술한 재난관리체제 또한 고베 지진의 피해를 가중시켰다. 이때까지 일본의 재난관리 체제는 제도적 측면과 법적 측면에 있어 많은 문제점을 가지고 있었다.[38] 첫째, 당시 일본의 통치구조는 긴급사태 발생시 신속한 의사결정을 할 수 있는 행정 시스템을 가지고 있지 못했다. 재해법상의 주관부서는 국토청 방재국이며, 중앙방재회의의 실질적인 사무국기능을 수행하고 있었으나 방재국의 권한은 실질적으로는 중앙성청 간의 조정에 한정되어 있었다. 또한 각 기관 간의 관할권 의식이 팽배했다. 재해대책 중 의료후생 관계는 후생성, 도로 관계

---

36) 신명철, "지진재해 수습체계 및 대응능력 연구," p. 30.
37) 정인화, "서울시 지진재해 대응전략모색,"『방재연구』제2권 제4호(2000), p. 83.
38) 이원덕, "고베지진과 일본정부의 위기관리," 김경동 편,『일본사회의 재해관리: 고베지진의 사례연구』(서울: 서울대학교출판부, 1997), pp. 73-75.

는 건설성, 수송통제는 운수성, 식량 관계는 농림수산성과 식량청 등
으로 다기화되어 있어 긴급사태의 대처 단계에서 일원적인 작전이 필
요한 경우도 관계기관과의 조정이 너무 복잡하고 유기적인 조정이 불
가능한 실정이었다.

둘째, 1961년 제정된 일본의 방재법인 「재해대책기본법」이 허점을
가지고 있었다. 이 법에서는 재해대책의 일차적인 책임을 지방자치제
에 두고 자치제 책임하에 재해대책에 임하게 했으며 그 능력의 범위를
벗어날 경우 원조를 받도록 하는 구조로 되어 있었다. 따라서 중앙정
부가 긴급재해대책본부를 설치한 경우는 한 번도 없었고 비상재해대
책본부의 장을 맡고 있는 국토청도 긴급사태에 대응할 실행조직을 갖
고 있지 못했고 당직도 없는 관청을 운영하고 있었다.

셋째, 대규모 재해 발생시 군대 활용의 문제점을 들 수 있다. 대규
모 재해 발생시 자위대가 인명구조나 구원활동의 주력이 될 수 있음에
도 불구하고 자위대는 재난발생시 2차적 존재로 인식되었다. 이런 연
유로 일본에서는 대규모 재난이 발생하더라도 자위대의 출동은 극단
적인 요청주의의 원칙하에 놓여있게 되어 당연히 늦게 출동할 수밖에
없었고 또 지원대비태세에 있어서도 소홀할 수밖에 없었다.

고베 지진에서 지진을 예방하고 완화하는 데 실패한 원인을 분석해
보면, 지진 다발국가인 일본이 비교적 지진 안전지대로 분류된 지역에
대해서는 평시에 관심을 가지지 않았다는 점과 일본의 전반적인 재난
관리 체제의 허술함에 그 원인이 있었다.

3) 대비단계에서의 분석

고베 지진에 대한 대비단계에서의 분석은 사전에 지진에 대비하기
위한 사전 준비 계획과 훈련이 있었는가에 초점을 맞춘다. 또한 미국
의 노스릿지에서 발생한 지진에 대한 미국의 대비방안과 비교를 통해

고베 지진을 대비함에 있어 문제점이 무엇이었나를 비교 분석해 보자.

효고현은 평시 지진대비 방재훈련을 실시하지 않은 것은 아니었다. 하지만 효고현의 방재훈련시 지진의 진도를 6으로 상정했으며 라이프라인이 정상적이라는 가정하의 형식적인 훈련을 했다.[39] 그렇다보니 지진이 발생하자 지방자치단체의 책임자와 공무원도 조차도 정보전달이 안되었고 교통장애 및 사무실의 파괴 등으로 대책을 수습할 수 없어 피해를 가중시켰다. 또한 고베시는 지역에서 발생한 화재에 대해 결정적인 단계에 대처할 수 있는 소방차가 절대적으로 부족했다.[40] 이 또한 고베시가 지진이나 기타 재난을 대비함에 있어 얼마나 소홀했는지를 단적으로 보여주는 것이다.

일본의 대지진이 발생하기 1년전에 미국의 캘리포니아주의 노스릿지에서도 대규모 지진이 있었다. 진도 6.7의 규모였지만 사망자 61명, 부상자 1만여 명, 피난소 수용자 약 2만여 명이었다. 1995년 일본의 대지진과 비교시 경미한 피해이다. 미국의 노스릿지 지진의 경우는 FEMA를 중심으로 한 가장 효율적인 자연재난의 성공적인 사례로 평가받은 것도 이러한 이유이다. 물론 미국과 일본의 재난 위기관리의 전제조건은 매우 상이하다.[41] 하지만 성공적인 선례를 중심으로 고베 지진의 대비 단계의 문제점을 도출해 보는 것도 큰 의미가 있다.[42]

첫째, 사전 위기상황을 대비한 각 조직의 대응 매뉴얼화와 역할분담

---

39) 신명철, "지진재해 수습체계 및 대응능력 연구," p. 32.

40) 정인화, "서울시 지진재해 대응전략모색," p. 83.

41) 미국은 1993년 발생한 LA 폭동과 1992년 허리케인 앤드류의 재해시 FEMA의 실패를 거울삼아 각종 개선책을 강구했으며, FEMA를 주축으로 한 복구부흥계획안이 1994년 1월 13일 이미 완성되었다. 더구나 FEMA는 여러 형태의 국가적 위기관리를 위해 설치된 기관으로 일본의 위기관리 기관과 상이하다. 그리고 FEMA는 일본과 비교가 안 될 정도로 최고결정권자에게 권한이 집중되어 있다.

42) 이원덕, "고베지진과 일본정부의 위기관리," pp. 46-50.

이 미흡했다. 미국의 경우 평시부터 각 조직의 대응과 역할 분담 및 정보 전달체제가 잘 갖추어져 있어 시·군·주·연방의 각 조직과 민간 봉사단체가 독자적 판단에 신속히 대응할 수 있도록 매뉴얼화 되어있어 피해를 최소화할 수 있었다. 반면, 일본의 경우 재해 이전에 매뉴얼이 제대로 정비되어 있지 않아 중앙정부, 지방공공단체, 자원봉사자들과의 활동 조정과 유기적 결합에 실패했다.

둘째, 조직적인 구원활동 체제의 미비를 들을 수 있다. 미국의 경우는 특수조직이 결성되고 각종 분야의 전문가 팀이 조직되어 신속한 구조 활동을 전개한데 반해, 일본은 전문적인 팀에 의한 조직적인 구조활동 체계의 미비와 지연 투입으로 피해가 컸다. 더구나 행정, 민간기업, 자원봉사 활동이 단발적으로 이루어져 오히려 교통체증만 초래했다. 이는 일본이 평상시 조직적인 구원활동 체제가 갖추지 못했음을 증명해 준다.

비록, 일본은 지진 대비 훈련을 실시했지만 행정 편의 위주의 훈련을 했고, 재난관련 각종 대응 매뉴얼과 역할 분담, 그리고 구원 활동 체제 등의 개선 및 발전을 꾀하지 못 함으로써 고베 지진을 대비함에 있어 실패했다고 본다.

4) 대응단계의 문제점

대응단계에서 분석은 지진 발생 직후부터 72시간 이내까지의 일본 정부 및 지방자치단체와 기타 기관의 대응을 위한 정책결정 과정과 이에 대한 조치에 관한 분석에 초점을 맞춘다.

재난 위기시 초동 대응 단계에서 정부가 얼마나 신속하고 적절한 조치를 취하느냐는 피해의 규모와 직접적인 연관이 있다. 흔히들 초동 72시간이 승부수라고 말한다. 이는 재난 발생후 72시간 내에 어떠한 활동으로 재난관리가 되느냐에 따라 피해규모가 결정된다는 것이다.

대규모의 피해를 가져왔던 고베 지진의 대응단계에서의 실패원인을 분석해 보면 다음과 같다.

첫째, 무엇보다도 먼저 지적되는 것은 정부의 초동태세 확립과 초동조치가 지연되었다는 점이다.43) 지진 발생 5시간 후에 비상재해대책본부의 설치 지시가 이루어졌으며 이때까지도 지진의 규모가 전후 최대규모라는 것을 상정하지 못한 비상조치였다. 이러한 초동 대응의 실패는 국토청의 방재국이 현지의 조직을 전혀 갖고 있지 못했으며 재해정보를 현지 경찰, 소방, 자위대, 해안보안청 등이 의존하다 보니 문제는 더욱 심각했다. 게다가 무라야마 수상은 적극적인 지도력을 발휘하지 못한 채 초동대응의 지연을 방치했다.44) 수상은 지진발생 당일 오전 중에 '재해대책기본법'에 의거하여 비상재해대책본부의 각의를 거쳐 설치하고, 국토청 장관을 본부장으로 임명하는 조치를 취하였으나 국토청은 실질적인 손발이 없는 기관이었으며 더욱이 나와바리(관할권)의식과 다테와리관청(횡적인 연결이 약한 성청별 종적 행정 시스템)이 갖는 일본식 행정관행이 초동대응의 지연으로 이어졌다.

둘째, 최고결정권자에게 정보전달이 제대로 되지 않았다. 미국의 노스릿지 지진은 FEMA의 24시간 태세로 즉각적인 사태 파악으로 지진발생 10분 후에 대통령에게 연락이 취해진 반면, 일본은 1시간 40여 분이 경과한 후 총리대신에게 최초로 연락이 취해졌다.

셋째, 대규모의 재해원조에 불가결한 자위대 파견이 지체되었다는

___

43) 이원덕, "고베지진과 일본정부의 위기관리," pp. 76-83.
44) 무라야마 수상이 고베의 피해현장을 시찰한 것은 지진발생 만 이틀하고도 5시간 이상이 경과한 19일 오전 11시경의 일이었다. 또 수상은 지진발생 당일에도 일상적인 업무를 수행하였으며, 그 다음날 오전에도 재계인과의 조찬을 하는 등 사태의 심각성을 정확하게 인식하지 못하고 있었다. 이는 수상 스스로가 지진의 심각성을 파악하고 이에 대한 대처를 함에 있어서 얼마나 불철저했는가를 보여 주는 상징적인 일이라고 할 수 있다.

점이다. 지진 발생 후 피해현장 부근의 이타미시에 주둔하고 있던 제 36보통과 연대(보병연대)는 이타미역에서 생매장되어 있던 경찰관을 구출해내는 등의 부대주변에서 활동을 전개하면서 대규모의 재해파견에 대비하였으나 즉각적인 투입이 아니라 효고현 지사로부터의 파견 요청을 기다리고 있었다. 그러나 1월 17일 지진이 발생된 후 효고현 지사의 자위대 파견에 대한 정식요청이 있었던 것은 4시간 이상이 경과한 오전 10시경이었다. 한편, 효고현 지사의 파견요청이 있기 전에 자위대의 최고지위에 있는 니시모토(西元徹也) 통합막료회의 의장은 고베 지진을 대규모 재해라고 우려하면서도 '통사의 재해파견절차'[45) 를 무리하게 바꾸면서까지 대처하려는 노력을 보이지 않았다.

넷째, 소방 협력체제의 불비이다. 화재의 현장에는 소방대의 활동이 별로 눈에 띄지 않았고, 더욱이 헬리콥터에 의한 공중진화는 이루어지지 않았다.[46) 오전 10시경 고베시장이 오사카와 도쿄의 소방청에 직접 요청하여 오사카시의 응원부대는 10시 15분에 출발했지만 교통체증으로 인해 13시 40분에 고베에 도착했다. 더욱이 수도관 파괴로 인한 소화용수가 부족하여 바닷물을 퍼 올려야 했으며 피난차량에 의한 도로의 체증과 경찰의 교통통제 실패로 초동 대응의 지연은 더욱 연장되었다.

다섯째, 구원활동 체제가 조직적으로 이루어지지 못했다. 평시에 재

---

45) 당시 「자위대법」 제83조 2항에 의하면 긴급을 요하는 경우는 독자적인 판단 하에 출동은 가능하게 되어 있었다. 그러나 자위대에는 민간에의 출입과 필요에 의한 가옥파괴 등 경찰이 가지고 있는 권한이 없었다. 따라서 현지사의 파견요청을 받지 않을 경우 활동에는 많은 제약이 따를 수밖에 없었다.

46) 소방의 경우 본래 주변에 의해 각 자치제의 소방은 필요에 응해 근린자치제와 응운협정체결을 맺고 있다. 이 협정이 없는 경우 의뢰하는 측의 시·정·촌(市·町·村)→지사→소방청장관→응원부대를 보내는 측의 지사→시·정·촌 이라는 경로를 밟지 않으면 안된다. 고베와 오사카의 경우 이러한 협정을 맺지 않고 있었다.

해 구원활동에 대한 기능별 역할 분담이 안 되어 있었고, 훈련과 경험이 부족하다 보니 구원활동이 지체되었다. 더욱이 행정, 민간기업, 자원봉사, 군인, 경찰 등의 조직들의 조직적인 구원활동 체제가 갖추어지지 않았다는 점에서 오히려 피해를 확산시켰다고 본다.

반면, 고베 지진에 있어 정부의 대응에 문제가 있었다면 지역주민들과 이른바 볼런티어라 불리는 자원봉사자들의 활약 및 각급 학교와 교육자들의 대처가 어느 정도 이루어졌다는 점은 대응단계에서 우리가 본받을 만한 점이라 하겠다.

5) 복구(후속조치)단계에서의 분석

고베 지진의 복구단계에서 분석의 초점은 긴급 복구와 이재민의 생활, 그리고 부흥계획에 초점을 맞춘다. 초동 대응의 실패 이후 고베시의 지역사회의 자생적 조직, 학교, 민간기업, 인근지방 등에서 각종 구조 및 피난 생활의 도움의 손길이 제공되었다. 하지만 시간이 지날수록 복구단계에서 많은 문제점들이 유발했는데 그 문제점을 분석해 보면 다음과 같다.47)

첫째, 복구시에도 여전히 지방정부 관료주의가 나타났다. 피난소 생활에서도 물품 보급관리, 의료, 위생 등의 일상적인 삶의 질을 최소한 유지함에 있어서도 지방정부의 관료들의 이기주의와 차별화가 있어 복구 및 후속조치의 장애요인으로 작용했다.

둘째, 자원봉사자들이 직장에 복귀하기 시작하면서 자생적이고 비공식적이었던 조직이 복구에 정상적으로 투입되지 못했다. 이로 인해 복구는 더욱 지연되고 또 다른 피해의 확산이라는 문제점을 유발했다. 이러한 복구의 지연은 피난 생활을 장기화했으며 이로 인해 학교교육은 지연되었고 각종 질병이 증가해 환자를 속출하게 했다.

---

47) 김경동, 『일본사회의 재해관리: 고베지진의 사례연구』, pp. 294-296.

셋째, 부흥계획은 지방자치단체와 중앙정부가 각기 주도해 수립했으나 이는 중장기적인 것으로 당장의 효과를 기대하기 힘들었다. 또한 이 부흥계획은 각 단위 정부들 간의 협조와 주민들의 의견반영이 문제로 대두되기도 했다.

결국, 고베 지진은 초동 대응의 실패로 인해 피해가 확산되었으며 일본의 재난관리체제와 대응을 위한 준비 그리고 복구단계에서 나타난 문제점 등으로 인해 일본의 총체적인 재난관리 시스템을 재정비하는 계기를 제공했다.

넷째, 고베 대지진 이후 고베시의 재난 대응 체제를 살펴보자. 최초 복구차원의 활동은 문제점이 많았지만 부흥차원의 활동은 본받을 점이 많다. 일본은 고베 지진을 복구차원이 아닌 부흥차원에서 16조 3,000억 엔의 예산을 투입하였다. 한신고속도로는 철근 강도를 3배로 늘리고 교각 기둥의 폭도 2배로 늘렸다. 수도관이 터져 진화할 수 없었던 당시 상황이 재현되지 않도록 시내 곳곳의 지하에 개당 100톤짜리 방화 수조 200개도 묻었다. 고베시 위기관리실에는 시내 전체를 커버하는 방재 모니터가 운영 중이며 자위대와 적십자사, 그리고 고베 해상본부 등과의 전용 핫 라인도 설치되어 있다. 해안지역을 위주로 52곳에 반경 300m까지 들리는 옥외 스피커도 설치되어 있으며 2,000여 개의 가옥별 무선경보기도 설치되어 있다.[48] 10년의 세월이 흐른 지금, 고베 시는 일본에서 가장 재난에 강한 도시가 되었다.

2. 인위적 재난: 9·11테러

1) 개요

2001년 9월 11일 알카에다 조직원들이 미국의 국내선 항공기를 탈

---

48) 『중앙일보』, 2005년 1월 13일.

취하여 뉴욕의 세계무역센터와 워싱턴 D.C. 및 국방부 청사 등을 대상으로 동시다발적인 테러를 자행하였다. 이 사고로 인한 사망자는 비행기 탑승자 261명 포함하여 펜타곤 184명, 세계무역센터 2,801명 등 총 3,025명이며 실종자는 70명이었다.[49] 이 테러로 인해 세계무역센터 쌍둥이 빌딩 2개 동이 완전 붕괴되고 국방부 청사가 일부 파괴되었다.[50]

9·11테러는 미국의 안보전략에 지대한 영향을 미쳤으며, 미국은 이를 계기로 기존의 외교·국방정책뿐만 아니라 국가 전반적인 위기관리체제를 재정비하는 계기로 삼았다. 또한 9·11테러는 미국뿐만 아니라 전 세계의 모든 국가에게 그들의 국가 위기관리체제는 문제가 없는가라는 질문을 간접적으로 던져주었으며, 이를 계기로 각 국가들은 그들 나름의 정책과 전략을 발전시킬 수 있는 기회를 부여했다.

2) 예방 및 완화단계에서의 분석

미국의 세계무역센터에 대한 테러가 일어나기 전에 과연 미국에 대한 테러의 징후들이 없었는가에 대해 의문이 든다. 왜냐하면, 미국이 이러한 징후를 사전에 포착하고 적극적으로 대비했더라면 9·11테러라는 엄청난 재난은 사전에 예방되었을 것이고 또 그 피해 규모도 줄일 수 있었을 것으로 생각되기 때문이다. 9·11테러에 있어 예방 및 완화단계에서는 9·11테러 이전에 있던 미국의 정책과 대테러에 대한

---

49) 국가정보원, 『9·11테러와 아프간 전쟁』(서울: 국가정보원, 2002), pp. 3-4.

50) 이 사건으로 인해 80여 개 국가 출신의 사람들이 희생되었으며, 343명의 소방수와 의료활동 종사자들이 세계무역센터에서 목숨을 잃었다. 23명의 경찰관과 37명의 해양경찰관들이 목숨을 잃었고 약 2천 명의 어린이들이 부모를 잃었다. 1개 기업체 하나만 하더라도 700명 이상의 고용자들을 상실했으며, 약 50명의 여성들이 임신한 상태에서 과부가 되었다. 윤형근 역, "미국의 대테러 전쟁," 국방대학교 안보정책자료 시리즈 02-1, 제159호(2002), p. 1.

대응에 분석의 초점을 맞춘다.

미국이 테러에 관심을 갖기 시작한 것은 9·11테러 이후가 아니다. 미국은 현대적 의미의 테러가 본격화하기 시작한 1960년대부터 대테러리즘에 대한 국제규칙을 제도화하는 데 앞장섰다.51) 또한 미국은 1992년에 이미 7개국을 테러 지원국으로 지정하고,52) 28개 국제 테러조직을 테러 집단의 목록에 올려 감시하고 있었다. 미국이 본토에서의 테러 발생 가능성에 대해 관심을 갖기 시작한 것은 1990년대에 발생한 미국에 대한 각종 테러행위 때문이었다.53) 미국은 이때부터 테러에 대항하기 위한 각종 국내 제도를 정비하기 시작했다. 미국은 1996년 대테러법을 제정하였으며, 미 중앙정보국은 테러 조직과 테러 분자들을 추척하고 테러활동에 대한 각종 정보를 집중 관리하고 있고, 미 연방수사국(FBI)은 테러 업무에 종사하는 FBI요원을 1993년 550명에서 1999년 1,400명으로 증가시켰고, 대테러 관련 FBI예산도 1993년 4%에서 2000년에 10%이상으로 증가시키기도 했다.54)

미국은 또한 해외에서 테러를 당해 그 배후가 어느 정도 확실하다고 판단했을 경우, 미국은 제한적이나마 보복공격을 실시했다.55) 하지만

---

51) 대테러와 관련된 12개에 이르는 국제조약, 협정, 그리고 의정서 등은 주로 항공기 및 여객선의 안전 및 탑승객 안전, 요인 보호, 핵 물질로부터의 보호, 플라스틱 폭발물 사용금지, 테러 재정지원 금지 등에 관한 내용이다.

52) 이란, 이라크, 시리아 리비아, 수단, 쿠바, 북한임.

53) 1993년 유세프(Ramzi Yousef)가 세계무역센터를 폭파시켜 7명의 사망자와 1,000여 명의 부상자를 발생시킨 사건이 발생하고 1995년 멕베이(Timithy McVeigh)와 니콜스(Terry Nichlos)가 오클라호마의 무라 빌딩을 폭파시키는 사건이 발생했다. 1995년에는 사우디아라비아 리야드 주둔 미군 사령부에서 차량폭탄 테러가 발생하여, 미군 5명이 사망했으며, 1996년에는 사우디아라비아 다란 근처의 호바르 타워 주택단지 밖에서 차량 폭탄 테러가 발생하여 미군 19명이 사망하고 미국인과 사우디인 5백여 명이 부상당했다.

54) 김열수, "9·11테러 이후 미국의 대테러전 평가," 『교수논총』 제27집(서울: 국방대학교, 2002), pp. 240-241.

55) 1986년 베를린 소재 디스코장에서 미군 병사 2명이 사망하고 79명이 부상을

세계 최고의 군사력과 경제력을 보유한 미국이었지만 9·11테러 이전까지는 대테러 관련 국내·외적 규칙을 정비했을 뿐이며, 테러에 대한 보복에는 소극적이거나 수동적이었다.[56]

　미국은 1990년대부터 본격적인 본토 테러가 가능하다는 인식하에 대테러 관련 정책과 제도에 관심을 기울여 왔다. 그러나 미국이 9·11테러를 당하기 이전에 미국에게 가해진 테러에 대한 대응과 후속조치의 허점으로 9·11테러를 예방하고 완화하는 데 실패했다고 본다.

3) 대비단계에서의 분석

　대비단계에서는 미국의 위기관리체제와 미국이 9·11테러와 같은 엄청난 재난을 당하기 전에 어떠한 문제점이 있었는가에 분석의 초점을 맞춘다.

　당시 미국의 국가 위기관리체제는 전통적 안보 위기관리체제와 재난관리체제로 구분되어 있었으며, 전통적 안보 위기관리는 NSC에서, 재난관리는 FEMA가 상설화되어 운용되고 있었다. 특히 NSC는 국가

당하자 미국은 리비아를 배후국가로 지정하고 공중 폭격으로 보복을 했다. 또한 미국은 1993년 부시 대통령 살인 미수에 대한 책임을 묻기 위해 이라크에 대한 미사일 공격을 실시했으며, 1998년 나이로비와 다르에스살람 주재 미 대사관 폭탄테러에 대한 보복으로 테러 배후로 오사마 빈 라덴을 지명하고 빈 라덴과 관련이 있는 수단의 화학공장과 아프가니스탄의 훈련 캠프를 미사일로 공격했다. 리비아 공격에서 카다피 제거라는 목표는 실패했고, 수단의 화학공장은 제약공장으로 밝혀져 미국의 입장을 난처하게 만들었으며, 빈 라덴의 훈련 캠프는 사격장과 유격장 정도의 수준이었기 때문에 아무런 가치도 없었다. 미국의 보복공격은 오히려 리비아, 이라크, 그리고 수단의 독재 권력을 더 강화시켜 준 결과를 초래했고, 세계는 미국의 보복공격에 냉담한 반응을 보였다. 더군다나 미국은 사우디아라비아에서 발생한 두 차례의 테러와, 2000년 10월 예멘의 항구에서 미 구축함 콜(Cole)호가 폭탄 공격을 받아 17명의 해군 병사가 사망했을 때에도 이 사건이 빈 라덴과 관련이 있다는 심증만 가졌을 뿐 어떤 보복 공격도 하지 않았다.

56) 김열수, "9·11테러 이후 미국의 대테러전 평가," pp. 241-242

안보에 대한 전문성을 지니고 있었으며 평시 대통령 자문 기능과 위기시 정책결정 및 감독 기능, 그리고 전시 전쟁지도기능을 수행할 수 있는 체제를 갖추고 있었다.[57]

이와 함께 FEMA는 90년대 들어와 허리케인 앤드류, LA 폭동 등을 거치면서 재난관리의 실패를 거울삼아 각종 개선책이 강구되었다. 더욱이 노스릿지 지진은 이러한 대책에 의해 신속하고 적절한 대응이 가능해 피해를 최소화할 수 있었다. 또한 FEMA는 본래의 임무가 재난 대응뿐만 아니라 핵 전쟁, 테러, 폭동 등 여러 가지 국가적 위기에 대응하기 위해 설치된 기관이었다.[58]

이러한 제도적이고 조직적인 측면뿐만 아니라 앞에서도 언급했듯이 미국은 이미 1990년부터 본토에 대한 테러 공격에 관심을 갖기 시작했다는 점은 미국이 9·11테러와 같은 인위적 재난에 대한 대비가 어느 정도 이루어졌다고 본다. 하지만 미국은 9·11테러를 대비함에 있어 전혀 예상하지 못한 수단과 방법에 의해 테러를 당했다는 점은 미국이 테러를 대비함에 있어 사전에 충분한 정보 분석과 연구에 소홀했다고 볼 수 있겠다. 또한 FBI가 테러를 시사하는 알카에다의 결정적인 메시지를 포착해 놓고도 번역을 하지 못해 테러에 대비하지 못한 점은 미국이 9·11테러를 대비함에 있어 실패했다고 본다.[59]

4) 대응단계의 분석

대응단계에서는 9·11테러의 발생 시점부터 정부차원의 정책 결정 과정과 조치사항에 분석의 초점을 맞춘다.

---

57) 미국의 위기관리체제의 자세한 내용은 본 저서의 제3장을 참조할 것.
58) 이원덕, "고베지진과 일본정부의 위기관리," p. 47.
59) 최근 미 법무부의 한 조사내용 요약본에 따르면 9·11테러 이후 아직도 12만 3,000시간 분량의 테러 관련 녹취록이 번역되지 못한 상태라고 한다. "테러자료 해독 못하는 FBI,"『매일경제』, 2004.9.29(검색일: 2004.12.29).

2001년 9월 11일 오전 8시 45분에 세계무역센터 건물에 항공기 한 대가 충돌하여 세계무역센터에 큰 화재가 발생하고 이어 9시 3분에 두 번째 항공기가 세계무역센터 두 번째 건물에 부딪치며 폭발했다. 이에 미 연방 항공국은 모든 뉴욕주변 공항을 폐쇄하고 뉴욕시는 뉴욕지역의 모든 교각과 터널을 폐쇄조치했다. 또한 부시 대통령에 의해 이번 사건은 '명백한 테러 공격'이라는 선언이 이어졌다. 미 연방 항공국은 미국 내의 모든 항공기 운항을 전면 금지조치했다. 하지만 이어 펜타곤에 그리고 펜실베이니아주 피츠버그시에 또 다른 항공기의 충돌이 발생했다. 백악관과 워싱턴 국무성 및 법무부, 세계은행, 그리고 워싱턴의 모든 연방건물에 대해 대피명령이 오전 10시 45분경에 내려졌다. 질병예방센터가 비상사태에 즉각 대비했고, 미국 이민국은 캐나다와 멕시코 경계지역에 최고수준의 경계령을 발령했다. 오후 1시 4분 백스데일 공군기지에서 부시 대통령은 군사력을 포함해 가능한 모든 안보수단을 총동원해 전 세계에 걸친 경계태세를 선포했으며, 전투함 다섯 척과 항공모함 두 척이 버지니아 해군기지를 떠나 뉴욕항으로 향한 시간은 오후 1시 44분경이었다.60)

9·11테러에서 미국의 대응을 분석해 보면 다음과 같다.

첫째, 미국은 테러가 발생하자 국가 차원의 조직적이고 일사분란하게 위기관리 시스템이 가동되었다. 우선 미국은 테러가 일어나자, 국가안보회의를 주축으로 테러에 대한 대응을 논의했고, FEMA를 주축으로 실질적이고 신속하게 피해복구에 착수했다. 특히, 위기관리 초기에 있었던 대비의 미숙을 잘 극복하고 대통령, 행정부, 의회 등 각각 권한과 기능에 따른 신속한 조치로 위기관리 시스템을 효율적으로 운용했다. 부시 대통령은 사건발생 후 긴급 안보회의를 소집하고 재난대

---

60) "September 11: Chronology of Terror," www.cnn.com/2001/us/09/11/chronology.attack/index.html(검색일: 2004.12.27)

비 시스템을 즉각 가동했다. 또한 전 세계 미군에게 데프콘 Ⅲ를 발령하여 대비태세를 갖추게 했으며 대테러 방지를 위한 제도개선 및 보복전쟁을 위한 준비조치로 국가비상사태를 공식선언하고 전시내각을 구성하는 등 국가안보차원의 위기관리를 조치해 나갔다. 의회 역시 대통령 직무수행을 전폭적으로 지지하며 대테러 무력사용권 등을 승인하였으며 행정부 각부서도 대통령의 위기관리 노력에 부응하기 위해 국가안보회의를 통해 안정-준비-보복 전쟁의 수순을 밟아나갔다.

둘째, 테러와 관련된 피해복구 및 응급조치반등의 가동은 FEMA를 중심으로 이루어졌다.[61] FEMA는 테러가 발생하자 백악관과 연방기

---

61) 백영옥, "전 · 평시 비상대비 및 재난재해의 효율적인 관리방안 연구," 비상기획위원회 연구보고서(2001), p. 110-111. 9 · 11테러 발생 이후 FEMA의 조치사항.

• 2001년 9월 11일: 백악관과 연방기구 고위 간부들간 테러대책 논의, 부통령, 주지사들과 대책회의, FBI에 연락관 파견, 사법부의 위기관리에 대한 즉각적인 권한 행사, 부시 대통령을 대신하여 테러 공격에 대한 연방기구의 노력 결집 및 조정, 워싱턴 주재 FEMA 위기조치반 24시간 가동, FEMA 10개지역 본부 가동, 국가 비상사태 및 재난 대비 계획을 28개 연방기구와 미 적십자사에 발송, 뉴욕시에 8개의 탐색 및 구조팀 파견, 의료 및 시체 임시 안치소 팀 준비, 미 육군에 건물 안전 진단 및 잔해 제거팀 요청, 12개의 도시 탐색 구조팀 동원 8개 뉴욕, 4개 워싱턴 DC에 배치, 탐색 및 구조팀의 전문가들이 훈련된 개와 24시간 활동, 희생자를 돕기 위한 특별전화 가동, 미 적십자사 헌혈 직통전화 운영, 미국 적십자사 헌금 모금전화, 구세군 모금전화 가동, 지역 적십자사 본부 자원봉사자 접수 시작, FEMA는 헌혈 및 헌금 등 기증업무에 직접 관여하지 않고 폭넓은 협조 수행, FEMA 위원장이 통합 재난구조 지휘관으로 임명됨, 재난 구조를 위한 24시간 무료전화 운영.

• 9월 12일: 백악관과 사건 수습에 대한 조정 및 협조가 원만히 진행, 뉴욕지사의 요청에 따라 대통령이 재난지역 선포승인, FEMA 이동본부 설치, 뉴욕시에 적십자사가 12개의 보호시설 운영, 뉴저지에 15개의 보호시설 운영, 알링턴 버지니아에 각 2개 씩 보호시설 운영, 지방 적십자사가 실종가족 찾기 지원, 뉴욕시에 8개의 탐색 및 구조작전팀 활동시작, 4개의 탐색 및 구조 작전팀 상시 대비, 미 육군 기술단이 건물 구조 진단 및 잔해제거를 위해 뉴욕시에 파견, 4개의 재난 의사팀과 3개의 영안 안치소 팀을 워싱턴에 있는 펜타곤에 배치, FEMA 위원장이 백악관에서 부시 대통령에게 보고, 뉴욕, 컬럼비아 특별구 ,

구 고위 간부들 간 테러대책을 논의했고 FBI에 연락관을 파견하고 워싱턴 주재 FEMA의 위기조치반을 24시간 가동함과 동시에 FEMA산하의 10개 지역본부를 즉각 가동하였다. 특히, FEMA는 화재, 재난, 범죄의 상황을 하나로 묶어 운영하였으며 일사분란하게 정보를 수집하고 분석하였다. 또한 관련 기관이나 기업들도 비상사태에 대해 신속하고 독자적인 대응을 했는데 이러한 것은 사전 준비와 응급상황에 대한 대처 능력이 체질화되었기 때문에 가능한 것이었다.

 셋째, 방송 및 언론 매체가 적극적인 협조체제를 유지하였다. 당시 미국의 방송매체들이 보여준 재난관련 보도는 신속한 복구와 안정을 위한 활동으로 이어졌다. 모든 사고현장의 필름을 CNN을 비롯한 9개의 방송사가 공유하도록 자체적으로 결정하였으며 구조작업에 지장을 주거나 차질을 주지 않도록 접근을 자제하였고 참혹한 장면의 방송을 자제하였다. 구멍 뚫린 안보나 당국의 미흡한 대처부분은 보도를 하지 않는 등 철저하게 국익차원에서 활동하였다. 더욱이 추측이나 문제점 위주의 보도를 지양하고 조속한 사건해결과 국민단결을 위한 차원에서 보도했다. 이러한 재난관리시스템과 각계 각층의 노력으로 인해 세계무역센터 테러라는 엄청난 사태에서 뉴욕시는 사고 발생 6일 만에 완전히 기능을 회복했다.

5) 복구(후속조치)단계에서의 분석

복구(후속조치)단계에서는 9·11테러 이후 미국이 취한 대테러전

메릴랜드, 버지니아주에 비상사태 선포, 민간 항공기 비행금지 및 미 항공사의 항공기 안전상태 점검, 미 해군 병원선을 뉴욕에서 볼티모어 항으로 이동.
- 9월 13일: 부시 대통령이 펜타곤 공격에 대한 버지니아주의 지원 지시, 미국 대통령의 비상사태 선포에 따른 인적·물적 지원지시, 희생자 발표, 사체 보관소를 라과디아 공항에 설치, 연방 항공국에서 전 공항에 경계 강화 요구, 링컨 터널 개통, 지하철 제한적 운용, 헌혈 운동 전개.

과 관련된 국제적 활동과 조직의 정비에 대한 내용에 분석의 초점을 맞춘다.

미국은 9·11테러 발생 직후 위기관리체제를 가동하여 주요한 긴급조치를 효과적으로 처리하면서 대테러전을 위한 신속한 정책 결정과 테러 피해를 극복하기 위해 국력을 결집하였다. 결국, 미국은 탈레반 정권 및 알 카에다 조직의 제거를 목표로 대 아프간 전쟁을 개시했다. 또한 국가위기관리체계에 대한 총체적인 정비를 시작했다. 9·11테러 이후 미국이 취한 후속조치를 분석해 보면 다음과 같다.

첫째, 미국은 9·11테러 이후 테러리즘과 전쟁을 위해 세계적인 연합을 구축했다. 9·11테러 이후 부시 대통령은 최소한 51개국의 지도자들을 만났으며 테러와의 전쟁을 지원해 줄 것을 요청했다. 이를 통해 미국은 136개 국가들로부터 군사적인 지원을, 46개의 다자적인 기구들로부터 지원을 약속받았다.[62) 미국은 9·11테러에 의한 국가 위기를 한탄하기 보다는 더 큰 이익을 위해 이를 호기로 활용했다.

둘째, 미국은 9·11테러 이후 이와 같은 테러에 대비하기 위해 국토안보부를 탄생시켰으며 국내의 각종 테러대비책을 전면적으로 강화했다. 그 대표적인 예가 항공사의 검색대와 항공사 직원들에 대한 사전 감시 강화, 사이버 안보를 위한 자문위원회 설립, 미국의 법 집행기관들과 이웃국가들의 법 집행기관들 사이의 협조 강화, 수입된 식품들의 검색과정 강화, 항세제 등 약품 저장고 증가, 우편물 취급 지침서 제공 등이다. 미국은 9·11테러를 통해 국제적인 리더십의 강화와 더불어 국내의 그 어떤 테러리스트의 공격에도 철저히 대비하려고 노력했다.

---

62) 윤형근 역, "미국의 대테러 전쟁," pp. 5-6.

3. 교훈

외국에서 발생한 자연재난과 인위재난의 사례를 각각 분석해 보았는데 이 분석을 통해 공통적으로 얻을 수 있는 교훈을 제시해 보면 아래와 같다.

첫째, 재난 발생시 통합된 재난관리와 신속한 의사결정을 할 수 있는 시스템이 구비되어야 한다. 고베 지진시 일본은 관할권 의식으로 재난관련기구들의 일원적이고 유기적인 활동이 이루어지지 않아 초동단계 대응에 실패를 가져와 더 많은 희생과 피해를 초래했다. 반면, 미국은 9·11테러시 국가안보회의를 주축으로 테러에 대한 대응을, FEMA를 중심으로 신속한 피해 복구를 실시했다. 더욱이 미국은 9·11테러 이후 국토안보부를 창설하여 모든 국가위기관리 체제를 통합했다. 국가적 재난사태 발생시 통합된 재난관리와 초기 단계의 신속한 의사결정 시스템은 대응 그리고 피해 복구와 기능 회복의 결정적인 역할을 한다.

이러한 신속한 의사결정 시스템의 기초는 평시에 사전 탐색 및 감시활동 체제가 구축되어 있어야 한다. 자연 재난에 비해 인위 재난이 사전 탐색 및 감시활동을 하기에는 다소 어려운 점이 있지만 유관기관과 각종 시민단체, 전문기관 등을 통해 자연 재난뿐만 아니라 인위 재난도 충분히 사전 예측과 완화가 가능하다. 9·11테러는 사전 테러의 징후가 나타났음에도 불구하고 대비에 소홀했다는 점에서 예방의 가능성을 찾을 수 있다. 또한 이러한 탐색과 감시활동을 어느 지역이나 특정 시기에 집중적으로 해야 할 것이 아니라 국가 전반적으로, 그리고 24시간 감시체제로 재난 예방 및 대비 활동을 해야 한다. 일본의 경우 지진 다발국으로 지진에 대해 사전 탐색과 감시활동을 해왔지만 한신 지역은 제외된 지역이었기 때문에 피해가 가중되는 결과를 초래했다.

둘째, 재난관련 조직의 대응과 역할의 분담 체제가 확립되어야 한다. 각 조직의 대응 매뉴얼화와 역할 분담은 임기응변적이 아니라 사전에 철저하게 준비되어야 한다. 중앙정부조직은 중앙정부가 해야 할 일을, 지방정부조직은 지방정부가 해야 할 일을, 민간단체와 개인도 그들 스스로 해야 할 일을 규정함으로써 각 조직과 개인들이 독자적이고도 유기적으로 재난에 대응해야 한다. 또한 각종 상황별·유형별로 가능한 피해유형과 피해양상·피해규모 등을 도출하여 조직별, 임무별, 지역별 등으로 세분화함으로써 재난 발생시 조건반사적으로 행동할 수 있도록 해야 한다. 고베 지진시 일본정부는 재해관련법에 있어 이러한 기본적인 대응과 역할분담이 정립되지 않았으며, 더구나 요청주의식 대응체제를 가지고 있어 소극적이고 늦장 출동 지원 등의 문제가 발생하였다.

셋째, 다양하고도 발생 가능한 상황에 대한 매뉴얼을 작성하여 이 매뉴얼에 따라 사전에 철저하게 교육하고 훈련해야 한다. 일본 고베지진의 경우, 대응 매뉴얼은 정비되지 않았고, 이로 인한 교육과 훈련도 불가능했기에 결국 큰 피해로 연결되었다. 반면, 미국은 90년대부터 발생한 국내의 각종 재난관리의 경험과 노스릿지 지진에서의 재난관리의 경험을 통해, 사전 대응 절차를 매뉴얼화하였다. 또한 각 기능별, 조직별, 그리고 개인별 행동절차에 대해 사전 교육을 실시함으로써 피해의 규모를 최소화할 수 있었고 적시적인 복원과 구호가 이루어질 수 있었다.

제9장

한국 위기관리체제의 문제점과 개선방향

I. 비상대비업무의 문제점과 개선방향

1. 조직 및 제도

비상대비의 정의는 크게 협의의 개념과 광의의 개념 두 가지로 구분된다. 협의의 개념에 의한 정의는 '비상사태 중 적의 침공에 의한 국가의 위기관리 기능 수행을 위한 평시 준비업무'라고 정의할 수 있다. 광의의 개념에 의한 정의는 '국가안전보장을 위태롭게 하는 전시·재난 등 각종 비상사태 발생시 국가의 위기관리 기능수행을 위한 평시 준비업무의 총칭'이라고 할 수 있다. 협의의 비상대비업무의 정의는 전쟁에 대한 대비업무를 의미한다고 볼 수 있고, 광의의 비상대비업무는 전쟁이외에도 대규모의 자연재난, 인위적 재난 및 사회적 재난에 대한 대비업무라고 할 수 있다.

현재 한국에서는 비상대비를 "전·평시를 막론하고 국내·외적으로 새로운 안보환경의 변화에 따라 발생될 것으로 예상되는 군사적 혹은 비군사적 성격의 모든 국가안보 및 국가 위기적 상황에 대처하여 국가와 국민을 보호하기위한 종합적이고 총체적인 제반 대응책을 체계적으로 강구하는 것"으로 정의한다.[1] 이는 넓은 의미의 비상대비업무의 정의이다. 그러나 실제 비상대비업무는 협의의 개념을 적용하며, 비상기획위원회가 비상대비업무를 총괄적으로 담당하고 있다.

비상대비 업무의 목표는 ① 전시 군사작전의 효율화를 위한 비군사 부분의 지원, ② 전시 정부기능 유지, ③ 전시 국민생활의 안전도모 등 세 가지에 두고 있다. 이는 현행 비상대비의 개념이 전시업무에 집중되어 있다는 것을 의미한다. 안보개념이 확대되고 있음에도 불구하고 우리 비상대비의 개념은 군사업무에 중점을 둔 군사중심적 안보개념에 머무르고 있다. 안보개념이 정치·경제·사회·과학·기술·환경 등을 포괄하는 종합안보개념으로 확산되는 추세를 고려한다면, 현행 비상대비개념은 평시의 각종 재난에 효과적으로 대처하기가 어렵다는 것을 의미한다.

9·11 테러 이후에 우리는 비국가 행위자에 의한 사회적 재난도 국가간의 전쟁만큼이나 국가의 이익이나 안보를 크게 저해할 수 있음을 경험하였다. 또한 에이즈나 사스(SARS) 및 조류독감 등의 전염병, 국가핵심기능을 마비시킬 수 있는 대규모 불법 시위 및 파업행위, 인터넷 기능 마비 등의 사태도 비상사태로 간주하게 되었다. 즉, 비상대비는 전시상황하의 개념에서 벗어나 포괄적 안보개념을 적용해야 한다는 것을 의미한다. 이렇듯 포괄적 안보개념하의 비상대비업무를 추진하는 추세에서 우리나라의 비상대비업무의 문제점을 조직과 제도 측

---

1) 박주이, "2002년은 비상대비업무의 향후진로에 특별한 의미가 있다," 『비상기획보』 통권 제59호(2002년 겨울), p. 57.

면에서 지적하면 아래와 같다.

　첫째, 비상대비의 개념 규정이 너무 협소하다. 현행 법령상의 비상대비 개념은 「비상대비자원관리법」의 제1조(목적)에 근거한다. 「비상대비자원관리법」은 전시·사변 또는 이에 준하는 비상시를 비상사태로 규정하고 이에 대비하기 위한 것을 비상대비라고 규정함으로써 비상대비의 개념을 적의 침공에 대비한 평시준비, 즉 전시대비로 한정되어 있어 새롭게 변화하는 안보환경에 적절히 대처할 수 없는 문제점을 내포하고 있다.[2] 제2장에서도 위기의 개념부분에서 이미 서술하였듯이 앞으로 예상되는 국가 위기사태는 전쟁뿐만 아니라 대규모의 자연적·인위적·사회적 재난도 국가위기사태에 포함되어야 한다. 이는 전통적 안보개념하의 위기사태 이외의 사건도 막대한 인명과 재산의 피해를 유발하여 국가의 정상적인 기능을 마비시키고 혼란을 초래할 수 있는 충분한 가능성이 있다는 것을 의미한다. 따라서 전쟁이나 사변 또는 이에 준하는 위기와 각종 재난상황에도 비상대비의 개념이 적용되어야 한다.

　둘째, 임무수행을 위한 비상기획위원회의 위상 문제이다. 비상기획위원회는 비상대비업무에 대한 전체적인 책임과 조정·통제의 임무를 수행할 수 있는 위상을 가져야 한다. 「비상대비자원관리법」과 「국가안전보장회의법」의 규정상, 비상기획위원회는 전시·사변 또는 이에 준하는 각종 비상사태에 대비하는 비상대비업무를 총괄·조정하는 국무총리의 보좌기관이라고 규정하고 있다. 그리고 비상기획위원회 규정 제2조(직무)에서도 비상기획위원회는 국무총리를 보좌하며 비상대비업무에 관한 기본정책의 수립, 비상대비계획 및 사업, 비상대비교육훈련, 비상대비자원의 조사, 전시 전쟁수행의 지원 및 기타 비상대비와 관련된 업무를 총괄·조정·확인하는 사무를 관장한다고 명시하고

---

2) 박주이, "2002년은 비상대비업무의 향후진로에 특별한 의미가 있다," p. 59.

있다. 그러나 1998년 5월 25일 「국가안전보장회의법」(법률 제5543
호)의 개정으로 비상기획위원장은 국가안전보장회의 구성원에서 제
외되고 필요시 출석 발언할 수 있게 규정되어 있다.3) 비상기획위원
회가 국무총리의 참모기능을 수행하면 계선기관에 대한 명령, 시정
조치권, 예산 편성권 등의 고유권한 행사가 곤란하다. 따라서 지방행
정기관에 대한 지휘·감독권 행사가 어려워 인력·물자 등 자원을
관장하는 주무기관의 평시준비에 대한 조정·통제력은 협조수준에
머물러야 한다는 단점이 있다.4) 또한 정책개발 등 능동적 대처에 한
계가 있으며 충무사태, 국가동원령 선포에 따른 필수 심의 사항 또는
평시 국가안보에 관한 의결시 권한 행사가 불가능하다는 문제점이
있다.5)

셋째, 비상기획위원회 위원장의 현재 직급에 따른 업무수행상의 문
제를 들 수 있다. 이는 비상대비업무를 총괄, 조정, 통제하는 임무와
같은 개념에서 고려해 볼 수 있다. 즉, 비상사태시 국가동원에 대한 업
무 등 정부 각 부·처를 관장 통제하는 비상기획위원회 위원장이 차관
급으로서 장관급 부·처를 상대로 업무의 효율성 및 조정, 통제력 발
휘를 기대한다는 것 자체가 무리일 수 있다.6)

넷째, 동원관계법령의 전·평시 이원화 체제와 다양화의 문제이다.
비상대비자원관리법은 비상시를 대비한 평시 준비법으로 계획수립,
자원조사, 훈련 등만 할 수 있도록 규정하고 있지만 동법의 사실상의

---

3) 김강녕, "새로운 형태의 위기에 대한 효율적인 통제 및 비상기획위원회 기능강화
   방안," 비상기획위원회 세미나, 2002.1, p. 63.
4) 박주이, "2002년은 비상대비업무의 향후진로에 특별한 의미가 있다." p. 60.
5) 김강녕, "새로운 형태의 위기에 대한 효율적인 통제 및 비상기획위원회 기능강화
   방안," p. 63.
6) 남주홍, "한국의 위기관리체제 발전방향,"『비상대비연구논총』제30집, 2003.12,
   p. 206.

목적인 동원의 집행에 관해서는 규정되어 있지 않은 상태이다. 반면에 「전시자원동원에 관한 법률(안)」 또는 「대통령 긴급명령(안)」은 동원 집행에 관한 사항은 규정하고 있으나, 전시 대기법안이므로 평시적용이 불가능한 상태이다. 이는 비상기획위원회가 담당하고 있는 비상대비 동원업무에 있어서 전·평시 일원화가 이루어지지 않고 있다는 것을 의미한다. 즉, 충무계획을 작성하고 충무사업을 계획하며 정부의 연습을 평가하는 것 외에 자원의 조사, 동원소요의 심의 및 종합분석 등의 평시계획과 준비만 할 수 있는데 그치고 전시 집행에 대해서는 별도의 전시대기법안으로 새로운 절차로 적용해야 한다. 이렇듯 전·평시가 이원화된 제도는 비상사태에 효율적으로 대처하는 데에 제한이 따른다.[7]

위의 문제점에 대한 개선방향을 제시하면 아래와 같다.

첫째, 현재 전시업무에 집중되어 있는 비상대비 개념을 확대해야 한다. 현재의 비상대비개념은 비상시 위기와 위협의 형태를 전쟁으로 상정하고 있다. 비상대비관리법 제1조의 항목은 전시에 치중된 대비이며 평시위기에 대해서는 법적인 뒷받침이 되어 있지 않다는 것을 의미한다. 따라서 북한의 군사적 위협에 의한 위기만을 상정한 전시나 사변에 준하는 비상사태 이외에 각종 재난상황에도 대비할 수 있는 포괄적인 비상대비 개념을 적용해야 한다. 비상대비개념의 확대는 일종의 세계적인 추세로 안보환경의 변화에 따른 위협의 다양화와 복잡성에 기인한 것이다. 따라서 효율적인 비상대비업무의 기반을 구축하는 의미에서도 비상대비업무 개념의 확대는 시급히 이루어져야 할 것이다. 이러한 과정과 노력을 통해 전·평시 일원화된 국가비상관리체계와 민·관·군 통합의 전문적 비상관리체계를 구축하는 것이 요구된다.

---

7) 김강녕, "새로운 형태의 위기에 대한 효율적인 통제 및 비상기획위원회 기능강화 방안," p. 64.

둘째, 법률에서 지정한 비상기획위원회의 고유 임무를 수행할 수 있도록 비기위의 기능과 역할의 확대와 분산되어 있는 유사기능을 통합해야 한다. 그 간 국가의 비상대비업무의 효율성을 제고하기 위해 비상기획위원회에서 용역연구 혹은 세미나에서 제시하였던 방안들이 많이 있는데 공통적인 발전방안은 현 비상기획위원회의 기능과 위상을 격상시켜서 비상대비에 대한 효율적인 운영을 기하자는 것이었으며 특히 국가안전보장회의와의 업무관계를 활성화하자는 내용이 핵심이었다.8)

셋째, 비상기획위원회 위원장의 직위를 상향조정하고 국가안전보장회의에 정식적으로 참석할 수 있는 지위를 보장해야 한다. 이는 우리나라 현행 관료조직의 특성상 하위조직의 장이 상위부서의 장에게 지시공문을 하달하고 보고를 받는 역행적인 구조를 개선하는 측면으로 생각하면 될 것이다. 이를 통해 비상대비업무의 총괄·조정 능력의 향상과 효율성을 도모해야 한다.

넷째, 전·평시 동시에 적용이 가능한 통합적인 동원관계 법령을 제정해야 한다. 이는 새로운 법안을 상정하여 제정하는 것보다 기존의 법률체제를 개정·확대·통합시키는 방안이 더 효율적일 것이라고 판단된다. 이러한 통합 동원관계 법률은 전시와 평시에 동일한 자산을 각각 따로 지정하여 현실성 없이 관리하는 제한점과 각종 재난상황시에 필요한 자산을 효과적으로 동원할 수 있는 효과를 기대할 수 있다. 또한 전시에 대비한 각종 동원자산에 대한 실제 소요판단과 훈련계획과 시행이 가능하므로 실질적인 비상대비의 효과를 거둘 수 있다.

다음은 위기관리에 있어서 최고의 권한과 의무를 동시에 가지고 있는 국가안전보장회의의 특징과 문제점, 그리고 발전방향에 대해 알아

---

8) 김강녕, "새로운 형태의 위기에 대한 효율적인 통제 및 비상기획위원회 기능강화 방안," p. 74. 세부적인 발전방안은 pp. 75-78을 참고할 것.

〈그림 9-1〉비상대비 통합조직 구상방안9)

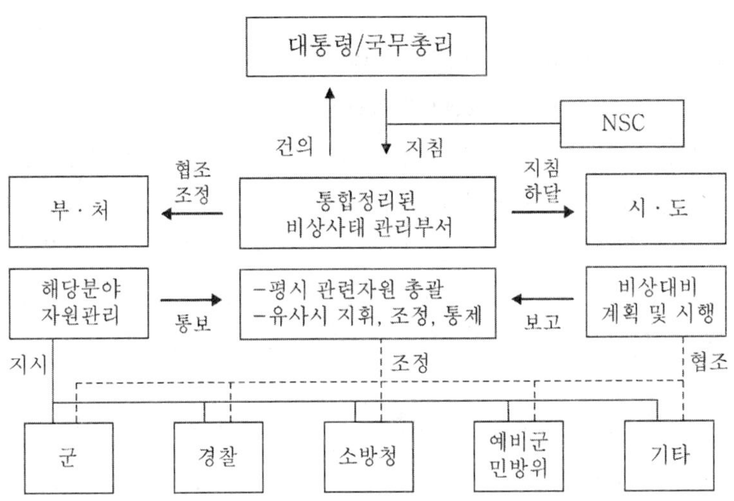

보자. 과거 우리나라 안전보장회의의 특징이자 문제점은 국가안전보
장회의가 대통령 자문기구라는 구조적인 한계로 인해 대통령의 판단
에 따라 그 기능과 역할의 중요성이 크게 좌우되었고, 또한 국가안전
보장회의의 집행기구가 고정적이지 못하고 사무처와 비상기획위원회
가 번갈아 그 역할을 수행함으로써 종합적이고 일관된 업무체계가 수
립되기 어려웠다는 점이다. 이를 자세히 살펴보면, 첫째, 과거 정부들
은 헌법에 명시된 국가안보정책의 최고 조정·통합기구라 할 수 있는
안전보장회의가 설치되어 있었음에도 불구하고, 상황에 따라 한시적
기구들을 추가적으로 설치·운영하였다. 5공화국의 「비상국무회의」와
6공화국의 「긴급 관계장관회의」, 「긴급 대책회의」, 「국가 대테러 실무
위원회」가 이에 관한 대표적인 사례이다. 둘째, 회의의 운영에 있어서

---

9) 국무총리실 비상기획위원회, "세계의 비상대비 발전추세와 한국," 비기위 보고
   서, 2004, p. 4.

도 실제 그 기능을 발휘해야하는 위기사태 발생시 국가안전보장회의
는 거의 개최되지 않았거나 개최되었다 하더라도 정세보고 내지는 업
무보고의 자리를 마련한 것에 불과했다. 실례로 8.18 도끼만행사건의
경우, 이와 관련된 국가안전보장회의가 다섯 번이 개최되었으나 주로
정세보고에 그쳤고, 5공화국 당시 버마(현 미얀마) 랭군 폭파사건의
처리에 있어서 대통령시해라는 사태의 심각성에도 불구하고 국가안전
보장회의는 개최되지 않았다.10) 셋째, 국가안전보장회의를 전문적으
로 보좌하는 기구가 부재하거나 자주 변동됨으로써, 국가안전보장회
의는 평소 안보정책연구와 주요 의제도출 등 관련업무를 실질적으로
수행할 수 없었다.

그러나 이러한 과거의 문제점은 지난 2003년 「국가안전보장회의법」
과 「국가안전보장회의운영등에 관한 규정」이 수정되면서 많이 개선이
되었는데 현 국가안전보장회의의 특징을 살펴보면 다음과 같다.

먼저 국가안전보장회의가 국가 위기관리와 범정부차원의 국가안전
보장 총괄 조정으로 그 기능이 대폭 확대되고 강화되었다는 점이다.
참여정부는 역대 어느 정부보다도 국가안전보장회의 위상과 기능을
강화하고 또 운영을 활성화하고자 노력하고 있는 것으로 평가받고 있
다. 실제로 참여정부는 정부출범 이후 상임위원회와 실무조정회의를
매주 1회 정례적으로 개최하여 2004년 7월 기준으로 상임위원회는
59회, 실무조정회의는 60회를 개최하였으며 주요 현안에 대한 회의를
수시로 개최함으로써 국가안전보장회의의 운영을 보다 활성화하고 있
다.11) 이러한 노력의 결실로 참여정부는 2004년 3월 국가안전보장회
의 상임위원회를 통해 안보정책 구상서인 「평화번영과 국가안보」12)

---

10) 이민룡, 『한반도 안보전략론』(서울: 봉명, 2001), p. 153.
11) "NSC 정책조정 어떻게 이루어지나," 청와대 국정홍보자료(2004년 7월 2일);
     청와대 홈페이지 http://www.president.go.kr/(검색일: 2004년 12월 17일).
12) 이 책자는 안전보장회의사무처가 작성한 초안을 바탕으로 통일부, 외교통상부,

를 발표하였고, 동년 9월에는 「국가위기관리지침」과 「유형별 위기관리 표준 매뉴얼」을 제정하였다. 「평화번영과 국가안보」는 정부수립이후 최초로 정부가 종합적 안보정책 구상을 공식적으로 밝혔다는 의의를 가지며 「국가위기관리지침」과 「유형별 위기관리 표준 매뉴얼」 또한 국가위기의 예방-경보-총체적 대응이라는 국가위기관리의 기본틀을 최초로 제공했다고 평가되고 있다. 그러나 참여정부의 이러한 노력과 성과에도 불구하고 현재의 국가안전보장회의를 선진국의 안전보장회의체제와 비교해 보고 세계적인 추세와 비교해 보았을 때 아직도 발전시켜야 할 사항이 몇 가지 더 있는 것으로 판단된다.

먼저, 안전보장회의의 기능측면에서 발전시켜야 할 사항이다. 세계 주요 국가의 안전보장회의의 공통적 기능을 전쟁지도, 위기관리, 안보정책의 통합·조정, 정보, 연구 등으로 볼 때, 한국 안전보장회의는 안보정책의 통합·조정과 전쟁지도, 정보기능 측면에서 미국과 일본 등 주요 선진국에 비해 상대적으로 덜 발전되어 있다.

첫째, 전쟁지도 기능측면을 미·일과 비교해 보면, 미·일은 안전보장회의의 설립배경과 변천과정에서 살펴보았듯이, 안전보장회의를 전쟁 중 설립하였거나 전쟁지도기구를 모태로 발전시켰다. 따라서 양국의 안전보장회의는 역사적 전통으로 인해 전쟁지도기능의 기초가 튼튼하며, 지금도 이 기능은 부단한 전쟁지도 연습의 발전을 통해 지속적으로 보강되고 있다. 그러나 한국은 아직 남북의 첨예한 군사적 대치상황에도 불구하고 안전보장회의의 전쟁지도 기능이 강화되지 못하였고 최근에 들어서는 위기관리와 같은 타 기능에 비해 그 중요성이

국방부, 국가정보원 등 안보관계부처가 심층적으로 협의한 뒤 국가안전보장회의 상임위원회의 최종 검토를 거쳐 발간되었다. "참여정부의 안보정책 구상 제시," 청와대국정홍보자료(2004년 3월 4일); 청와대 홈페이지 http://www.president.go.kr/(검색일: 2004년 12월 17일).

약화되는 경향을 보이고 있다. 실제로 한국은 6.25전쟁 중 전시작전
통제권을 미군에 이양함으로써 실질적인 전쟁지도를 해보지 못하였
고, 안전보장회의 또한 전쟁이후에 설치되었다. 게다가 역대 대통령
중 이 분야의 경험이 많은 군출신 대통령들이 장기집권을 함으로써 전
쟁지도에 있어 안전보장회의의 활용을 상대적으로 경시하였다. 전쟁
지도 기능은 전통적인 안전보장회의의 고유한 기능이다. 특히 아직도
냉전구도 속에서 전쟁발발의 위험이 높은 우리의 경우에는 이 기능을
강화해야 할 필요가 더욱 절실하다고 판단된다. 다만, 세계 어느 나라
도 전쟁기능을 겉으로 드러내놓고 강화하지 않는다는 점을 착안하여
우리도 국방부와 합참과의 연계를 강화하고 현재 실시하는 을지훈련
등 국가 비상훈련을 더욱더 내실있게 실행해야 한다. 또한 이에 대한
보완책의 하나로 안전보장회의 상임위원으로 전쟁지원을 담당하는 비
상기획위원장을 포함시키는 것도 고려해 볼 필요가 있겠다.

둘째, 한국 국가안전보장회의는 미·일 양국에 비해 자문기구라는
법적 지위와 역할의 한계를 가지고 있기 때문에 이 분야의 보완이 요
구된다. 주지하다시피 미국과 일본의 안전보장회의는 주요 안보정책
을 통합·조정하고 이를 심의할 수 있는 기능을 보유하여 명실공히 국
가의 최고 안보정책의사결정기구로서 지위를 확보하고 있다. 그러나
우리나라는 이러한 주요 안보정책의 실질적인 심의는 국무회의가 담
당하고 안전보장회의는 국무회의의 심의 전에 자문을 구하는 정도로
만 역할을 한정하여 그 위상과 기능이 구조적으로 약할 수밖에 없다.
게다가 일반적인 국가정책을 심의하는 국무회의는 그 심의과정이 복
잡하고 많은 시간이 소요되기 때문에, 시간의 적시성을 요하는 안보문
제를 국무회의에서 심의하는 것은 무리가 있다. 이러한 문제를 보완하
기 위해, 안보문제에 관해서는 국가안전보장회의가 정책을 심의하고,
기타 분야의 정책은 국무회의에서 심의하도록 두 기구의 역할을 재조

정해야 할 것으로 판단된다. 이를 위해서는 현재 헌법 제91조의 조항과 국가안전보장회의법 제2조의 조항에 '안보정책수립/발전과 심의'라는 문구를 추가하여, 국가안전보장회의가 안보정책을 심의할 수 있는 '법적인 지위'를 확보하도록 해야 한다.

셋째, 한국의 국가안전보장회의는 정보수집/분석 체계를 강화할 필요가 있다. 탈냉전 이후 국제안보환경은 위협의 불특정성으로 인해, 정보수집의 범위를 확대하고 이에 대한 정확한 분석과 판단의 필요성이 그 어느 때보다 강조되고 있다. 이에 대해 미·일은 자신들의 고도로 발달한 과학기술과 세계적인 첩보수집망을 바탕으로 적시적이고 정확한 정보를 수집하려 노력하고 있으며 또한 최고통수권자가 건전한 판단을 할 수 있도록 안전보장회의 내에서 정보제공경로를 일원화하고 상호정보공유 및 협조체계를 강화하여 정보의 왜곡과 혼선을 예방하고 있다. 한국도 이와 같은 노력의 일환으로 1998년에는 상임위원회 하부조직으로 정세평가회의를 설치하고 2003년에는 정보수집 및 유통경로의 단일화를 위해 국가안전보장회의 사무처 내 국가위기관리센터를 신설하였다. 현재 위기관리센터는 통일·외교·국방 등 안보관련부처와 중앙재해대책본부 및 중앙긴급구조본부 등 25개 유관기관 핫라인과 영상망, 데이터 통신망을 연결하는 유기적인 네트워크망을 구성하고 있다. 또한 위기관리센터는 주요 국가적 위기의 예방과 관리에 관한 법령의 제정과 조직의 신설 및 네트워크 구축 등과 같은 국가위기관리 체계의 기획 조정, 사이버 보안대책의 수립 조정 등 국가위기관리시스템 전반의 기획·조정 업무를 수행한다. 그러나 현재의 위기관리센터는 총 15명이 위기관리 2개 팀과 상황실 등에 배치되어 임무를 수행하고 있어 종합적 위기관리업무를 담당하는 데 인력과 조직면에서 미약한 측면이 있다. 물론 청와대 내 직제상의 어려움도 배제할 수는 없으나 현재의 인력으로는 많은 문제점이 발생할 수도 있

기 때문에 위기관리센터의 확충에 대한 검토가 조속한 시일 내에 이루
어질 필요가 있다. 그리고 정세평가회의 또한 정부부처로부터 받은 정
보를 취합하는 정도에서 머물 것이 아니라, 국내외 언론보도와 민간
정보 수집 및 분석기관으로부터 획득한 정보를 독자적으로 종합하고
분석하는 기능을 수행해야 하며, 독자적인 정세평가보고를 정기적으
로 대통령에게 해야 할 필요가 있다. 이를 위해서는 위기관리센터와의
업무지원체계를 강화하고 또 정세평가회의를 주기적으로 개최하여 보
다 심층적인 정보분석이 이루어질 수 있도록 노력해야할 것이다.

국가안전보장회의의 운영적 측면에서의 발전방향을 제시하면 다음
과 같다. 첫째, 국가안전보장회의 운영의 자의성을 막고 보다 활성화
되도록 필수적 운영시기를 법적·제도적으로 고정화할 필요가 있다.
한국의 국가안전보장회의는 변천과정 및 문제점에서 살펴보았듯이 미
국과 일본의 안전보장회의와는 달리, 회의의 운영이 자의적이어서 활
성화되지 못하였다. 이것은 안전보장회의가 자문기구라는 법적 지위
의 한계에서 기인한 것으로 여겨진다. 이러한 환경에서 국가안전보장
회의의 활성화는 지도자의 관심과 의지에 좌우되어 그 지속여부가 불
투명하다. 대통령의 이러한 자의적인 운영을 방지하고 운영을 보다 활
성화하고 제도화하는 방법의 하나로 앞에서 제시한 법적 지위 및 기능
의 추가와 함께 일본과 같이 대통령의 필수 자문사항을 법률로 고정하
여 포함시키는 것도 고려해 볼 필요가 있다.

둘째, 국가안전보장회의의 전문적인 정책조율 및 협조를 위해 실무
협의기구를 보다 세분화 및 전문화할 필요가 있다. 한·미·일 삼국의
국가안전보장회의는 공통적으로 국가안전보장회에 앞서 세부정책을
협의하고 조율하는 실무협의기구를 두고 있다. 미국은 각료급위원회
(NSC/PC), 차관급위원회(NSC/DC), 17개의 지역 및 기능 정책조정
위원회(NSC/PCCs)를 두고 있으며, 일본은 사태대처 전문위원회를

설치하고 있고, 한국은 상임위원회와 실무조정회의를 두고 있다. 한국의 실무협의기구의 기능과 역할은 현재 미국과 일본의 중간정도의 위치를 차지하고 있다고 볼 수 있다. 그러나 포괄적 안보를 수행하도록 요구하는 국제안보환경을 고려할 때, 한국도 미국의 정책조정위원회와 같은 전문실무기구를 보다 강화할 필요가 있다. 전세계의 안보를 주도하는 미국과 같은 규모로까지 발전시킬 필요는 없지만, 안전보장회의의 국방정책과 위기관리 등의 기능을 담당할 수 있는 하부구조의 세분화 및 전문화는 필요하다. 이를 위한 방법으로 가칭「국방정책소위원회」,「위기관리소위원회」 등을 상임위원회나 실무조정위원회에 설치하는 것도 고려해 볼 수 있다.

마지막으로 안전보장회의는 국가안보정책이 어느 한쪽으로 편중되지 않도록 균형을 유지해야 한다. 한국의 상임위원회는 실질적인 안보정책방향을 협의 및 조율하는 기능을 수행하기 때문에 안보정책결정의 중요한 위치를 차지하고 있다. 이러한 중요성으로 인해 참여정부는 상임위원회의 의장을 기존의 통일부장관으로 고정되어 있던 것을 대통령의 의지를 가장 잘 수행할 수 있는 사람으로 임명할 수 있도록 유동화시켰다. 따라서 상위위원회를 누가 이끄느냐는 국가의 안보정책의 중심이 어디에 위치해 있는 지를 가늠하는 척도의 역할을 한다고 볼 수 있다. 그러나 이러한 의장직의 유동화는 한국 안전보장회의의 특징에서 언급한대로 주요 안보사안에 따라 적임자가 이를 맡아 처리할 수 있는 장점은 있으나 자칫 국가안보정책이 어느 한쪽으로 치우쳐 수행되는 인상을 줄 수 있다. 따라서 상임위원회의 상징적 위치를 고려할 때 상임위원회의 의장은 어느 특정장관이 그 임무를 수행하는 것보다는 미국과 같이 안보보좌관으로 하여금 이를 담당하게 하는 것이 바람직한 것으로 판단된다. 이를 위해서는 현재의 대통령 개인비서의 성격이 강한 안보보좌관의 권한과 위상을 보다 강화시킬 필요가 있다.

이렇게 될 때 안보현안에 따른 주무처리는 앞에서 제시한 기능별 소위원회나 실무위원회의 수장을 해당 장관 또는 직원이 맡도록 하면 대처의 효율성을 기할 수 있을 것이다.

2. 예방

이 단계는 각종 비상사태로부터 위험을 감소시키거나 제거하기 위한 대책을 수립하는 제반활동 단계이다. 예상되는 국가비상사태에 대한 철저한 사전준비와 훈련은 위기로부터 국가의 피해를 최소화하고 국가의 이익을 보장할 수 있다. 국가 비상사태의 예방 측면에서 가장 중요한 사항은 정보판단에 있다고 사료된다. 국가가 직면할 상황을 사전에 예측하고 기계획된 절차에 따라 대비태세를 유지하는 것은 위기를 효과적으로 극복할 수 있고 이로 인한 피해를 최소화하는 가장 좋은 방법일 것이다.

이를 위해서는 첫째, 국내·외 정세판단을 위한 정보의 수집과 분석이 필요하다. 위협에 대한 정확한 판단과 이것을 통한 대응수단과 방법을 결정한 후에 신속하게 비상사태에 대비하는 과정에서 현재와 장차에 당면할 수 있는 위협에 대한 분석이 선행되어야 적절한 대응책을 결정할 수 있고 시행할 수 있다. 따라서 정보수집 및 분석의 역량확보와 능력개발은 매우 중요하고 절실하다. 우리나라는 국가안전보장회의 산하의 상임위원회가 이러한 기능을 담당한다. 상임위원회의 정세평가위원회에서 국가정보원, 국방정보본부, 경찰, 기무사령부 등 국가정보 관련 기관 및 기구들의 실·국장이 참석하여 북한 정세를 포함한 국제정세 전반에 관해 종합적으로 분석·평가하는 임무를 수행한다. 각 기관에서 수집되는 정보를 분석하고 평가하여 이것을 정책에 반영하는 것은 결코 쉬운 일이 아닐 것이다. 특히 과거의 관행으로 인해 각

기관들의 기득권 획득을 위한 대립과 경쟁적인 상황이 발생할 수 있다. 이러한 마찰요소들을 잘 조정하고 통제하며 각 기관의 기능을 최대한 발휘할 수 있도록 유도하는 것이 요구된다. 이것을 위해서는 상임위원회의 각 구성원의 비율과 전문성을 제고해야 하고 기능을 통합할 수 있는 방안이 선행되어야 할 것이다. 우리나라는 아직 독자적인 정보수집 능력과 분석능력이 제한되는 것이 사실이다. 지난 양강도 폭발사건의[13) 사례를 보더라도 이것을 쉽게 짐작할 수 있다. 이 사건으로 우리 정부의 정보 분석능력과 공신력에 문제가 있음을 단적으로 보여주었고 더 심각한 것은 한·미 간의 정보공유 시스템에도 이상 징후가 감지됐다는 사실이다.[14)

정보의 획득과 정확한 분석 및 평가가 선행되어야 적절한 대비책과 대응방안을 위한 국가정책을 수립할 수 있다. 한국에서의 정보 분야의 기능과 역할의 제한사항이 비상대비에 대한 문제점이고 시급하게 개선되어야 할 사항이라고 판단된다.

둘째, 포괄적이고 통합적인 비상대비업무를 기획하고 대비계획을 수립하며 훈련을 시행할 능력을 보유한 전문가를 육성하고 교육시키는 체계가 미흡하다. 비상대비업무를 주관하는 비상기획위원회와 정부 부·처와 정부투자기관과 동원업체의 비상계획담당관과 시·도에서 민방위업무를 담당하는 인력들의 전문성을 제고하고 능력을 향상시킬 수 있는 교육체제가 선진국들의 사례에 비해 미흡하다.

---

13) 북한과 중국 접경지역인 양강도에서 2004년 9월 9일에 발생한 '대규모 폭발사건'으로 이를 둘러싸고 많은 의견이 분분하였으나 결국 우리나라의 위성사진 판독에 문제가 있었음이 들어났다. 아리랑 위성에서 촬영한 사진에서 직경 3.5~4㎞의 '구름형태의 연기'가 결국 자연구름이었고 북한은 당초 폭발지점으로 추정되었던 김형직군 월탄리에서 100㎞ 떨어진 삼수군의 수력발전소 건설현장의 폭발이었다고 해명하였다. 이로써 우리 정부의 정보수집 및 판단능력과 한미 정보공유체계에서 문제점이 들어난 사건이었다.

14) "한미 정보균열 심하다." 『동아일보』, 2004.9.20, 제2면.

셋째, 예방단계에서 핵심 분야라고 할 수 있는 비상대비훈련분야에서 피해를 제거하고 최소화할 수 있는 실질적인 훈련체제와 대국민 홍보 및 교육이 미비하다. 우리나라는 1975년부터 민방위기본법에 의해 월 1회 민방위 훈련을 실시하고 있으며 이를 통해 전시상황에 대비한 대피훈련 및 각종 재난상황이나 테러에 대비한 실제적인 훈련을 실시하고 있다. 그러나 이러한 훈련 등이 훈련 참가자의 관심부족과 형식적이고 구태의연한 주제와 프로그램으로 호응을 얻지 못하는 실정이다.15) 그나마 민방위 훈련이 비상사태에 대비하여 어떻게 행동하고 대피하는지에 대해 절차훈련을 해 보는 것이 훈련의 전부이고 이나마 전시를 가정한 것에 비중을 많이 두고 있는 실정이다. 따라서 전시상황을 포함하여 각종 재난상황에서 예상되는 피해를 예방하고 최소화할 수 있는 체계적이고 실질적인 훈련계획과 프로그램의 실시가 필요하다. 이를 위한 대국민 교육과 홍보가 매우 미흡하고 국민의 무관심과 안보불감증도 문제점으로 지적할 수 있다.

위의 문제점들을 해결하기 위한 개선방안은 아래와 같다.

첫째, 중단기적인 방안으로 한·미 정보공유체계를 발전시켜야 한다. 이것을 위해서는 한·미 동맹과 안보협력체계를 공고히 유지하고 강화시켜야 한다. 누구나 알고 있듯이 미국은 세계 최강의 정보강국이다. 지난 양강도 폭발사건에서도 보았듯이 미국은 이미 그것이 북한의 지하 핵실험이나 미사일의 폭발 등의 사건으로 분석하지 않았다. 사건 발생 후 북한이 수력발전용 댐 건설을 위한 폭발이라고 해명하자 미국의 콜린 파월 국무장관은 북한의 설명이 미국의 관측과 일치한다고 했다.16) 이러한 사실은 우리의 정보 분석력의 문제와 미국의 정보능력의 우수성을 동시에 보여준 좋은 계기였다. 이러한 미국의 정보 수집

---

15) 『세계일보』, 2004.6.4. 제10면.
16) "한미 정보균열 심각하다," 『동아일보』, 2004.9.20. 제2면.

및 분석능력을 효율적으로 활용할 수 있는 방안을 미국과 같이 강구해야 한다. 이것은 굴욕적인 것도 아니며 국가의 자존심이 상하는 문제도 아니다. 안보문제는 국가의 사활적 이익이 걸린 중대한 문제이다. 국가의 생존과 번영보다 중요한 것은 없다. 미국과의 확고한 상호 동맹 및 안보협력의 관계를 기반으로 정보공유체계를 강화할 수 있는 노력이 지속되어야 한다. 우리는 주변 강국인 일본과 중국의 대미 외교정책을 주의 깊게 분석하고 냉철하게 판단할 필요가 있다.

다음은 장기적인 방안으로 우리나라의 독자적인 정보획득 및 분석능력을 강화해야 한다. 이것은 과학기술분야에 대한 투자와 육성정책과도 직결된다. 인공위성과 정보획득을 위한 신호 및 영상 장비를 확보하고 운영할 수 있는 체계기반을 확립해야 한다. 정보 분석을 위한 전문가 양성 및 확보에 많은 투자와 노력을 해야 한다. 또한 한국이 세계 최고 수준의 IT 강국인 만큼 우리가 가지고 있는 인프라를 정보획득 분야에서 적극 활용하고 발전시킬 구체적 방안을 강구해야 한다. 그리고 외교 및 해외정책 분야에서의 역량강화를 위한 인력의 획득과 투자도 필요하다.

둘째, 비상대비업무 전문가를 양성할 수 있는 교육훈련 시스템을 개발해야 한다. 위기에 대한 대응단계에서 가장 중요한 자산은 결국 인력이다. 위기의 유형과 상황에 따른 적절한 대응계획과 시행방안은 전문적인 인력에 의해 기획되고 시행되며 조정되어야 한다. 그러나 우리의 비상대비업무 전문가의 양성과 능력향상을 위한 양성 및 보수교육 체계는 미흡하다. 국가 안보기관에서 종사했거나 시험을 통해 선발된 인원들이 비상업무를 담당하고 있으며, 비상대비업무의 정책을 위한 전문가는 주로 행정학 계통의 학자와 전문가들이 담당하고 있다. 즉, 이론과 실제가 분리되어 있다고 볼 수 있다. 특히 선진국의 경우와 비교해 볼 때 인력의 능력향상을 위한 보수교육 및 전문교육체계는 매우

미약한 것을 알 수 있다.17)

　미국은 영국의 비상기획대학(Emergency Planning College)과 같은 비상관리전문학교(Emergency Management Institute)를 부설로 운영하여 비상대비 담당 공무원 및 비상관리전문가들을 양성하기 위한 교육을 시키고 재난관리훈련을 전 국가적으로 연구 및 발전시키고 있다.18) 이러한 전문 인력의 양성 및 교육훈련 체계는 전체적인 비상대비업무의 발전과 실질적인 개선을 유도할 수 있는 만큼 장기적인 측면에서 국가적으로 관심을 가지고 개선시켜야 할 분야라고 판단된다.

---

17) 우리나라 비상기획위원회 2004년도 비상대비 교육계획

교육과정	교육대상	인원	기간	교육횟수	교육일정
합계		371명		10	
비상대비 교관요원 교육	각급 공무원 교육기관 및 시.도 교원연수원의 비상대비 교과 담당 교관	56	5일	1	2월
비상대비 고급관리자 교육	각 부.처.청 및 시.도 교육청 바상대비업무 관계관(4~5급)	21	3일	1	3월
비상대비 중급관리자 교육	각 부.처.청, 시.도 및 임의참가기관 비상대비 담당자(5급)	65	5일	1	4월
비상대비실무자 교육	비상대비 담당자(6급 이하)	114	5일	2	5월
신임 비상대비 담당자 소집교육	부임 전 비상대비 담당자	64	5일	4	3.6.11월
비상대비 담당자 소집교육	부임 1년 이내의 중점관리 지정업체 비상대비 담당자	51	3일	1	10월

교과목 편성
　- 소양분야: 국제정세와 남북한 관계, 북한실상 등
　- 직무분야: 충무계획, 비상대비훈련, 비상대비관계법령, 외국의 비상대비제도 등
　- 참여분야: 비상대비 사례발표 및 토의, 현장견학 등
　※자료출처:www.epc.go.kr/miss/miss7_01.htlm(검색일: 2004.10.6).
18) 조영갑, "전환기 국가 위기관리정책," p. 84.

셋째, 전시대비업무에 대한 국민 인식을 제고하고 국민이 호응할 수 있는 교육 프로그램을 개발해야 한다.[19) 현재 비상기획위원회에서 전시를 대비한 '국가비상사태시 국민행동요령' 이나 '화생방 공격시 국민행동요령' 등의 책자들을 제작하여 배포하고 민방위 훈련을 통해 이를 교육하고 있으나, 이러한 구태의연한 방법으로는 국민의 관심과 주의를 끌 수 없다. 따라서 국민들이 자발적으로 참여할 수 있고 흥미를 유발할 수 있는 프로그램의 개발이 시급하다. 예를 들어, 텔레비전 같은 공중파 방송을 이용하여 비상사태 시 행동요령 등을 홍보하는 방법을 들 수 있다. 흥미를 유발하기 위한 안전 관련 프로그램을 제작하여 정기적으로 방송하고 퀴즈형식의 진행으로 참여유발을 기대할 수도 있다. 다만 이러한 방송 시 유의해야 할 점은 전시를 가정한 상황을 설정하면 국민들과 외국인들에게 불안감을 조성할 수 있고 다른 오해를 조성할 수 있기 때문에 재난이나 비상사태 등의 상황을 설정한 프로그램의 제작에 유의해야 할 것이다.[20)

3. 대응

대응부분에서의 문제점은 동원업무의 이원적인 업무체제를 들 수 있다. 한국의 비상대비는 대통령이 국가비상사태 선포, 국가 동원령 및 계엄령을 선포하면 국무총리가 비상대비업무를 집행하는 체제로 되어 있다. 과거에는 비상기획위원회가 안보문제 전반을 담당하였으나 현재는 전시 정부기능 유지, 군사작전을 위한 지원, 국민 생활안정

---

19) 이동훈, "비상기획위원회 창설 33주년에 즈음하여,"『비상기획보』통권 제60호 (2002년 봄), p. 8.
20) 실제 SBS에서는 2003년 4월 19일부터 '위기탈출! 수호천사'라는 안전관련 프로그램을 제작 방영하였고 MBC도 '느낌표'라는 안전관련 프로그램을 방영하였다.

도모 등의 전시대비업무만을 실시하고 있다.21) 이 중에서도 동원업무 분야가 비상기획위원회의 가장 핵심적인 업무라고 할 수 있다.

그러나 국가 비상사태시 각 정부부서가 동원업무를 담당하기 때문에 비상기획위원회의 임무가 애매해지는 단점이 있다. 그리고 위에서 이미 지적한 데로 비상기획위원회의 지위와 역량에 관한 문제를 들 수 있다. 현행의 비상대비자원관리법에는 비상기획위원회가 계선기관이 아닌 국무총리의 참모기관으로 명시되어 있다.

이것은 계선기관이 가지는 명령 및 시정조치권, 예산편성권 등의 고유권한 행사가 곤란하고 지방행정기관에 대한 지휘·감독권 행사가 실질적으로 제한되어 인력 및 물자 등의 자원을 담당하는 주무기관으로서 평시에 동원을 위한 계획수립과 조정·통제, 협조에서의 문제점이 발생할 수 있어 비상대비업무의 효율성과 실효성에서의 문제점이 발생될 수 있다.

특히 최근 국가기간산업체 등 주요 업체에 대한 외국의 투자가 확대됨에 따라 이들 업체들을 국가비상시에 대비한 관리대상자원으로 관리하는 데 어려움이 있어 대상원의 범위를 조정하고 각종 의무위반자 발생이 증가함에 따라 비상대비자원관리법을 일부 개정 보완하였으나22) 현실적으로 이들에 대한 정확한 조사와 교육 및 훈련에서 어려

---

21) 1986년 6월 5일, 대통령령 제11,914호에 의거하여 비상기획위원회 개편이 실시되었다. 주요 내용은 '비상기획위원회는 비상대비자원관리법 시행으로 국가안전보장회의 산하기관에서 국무총리 보좌기관으로 소속이 변경되고 행정실을 신설하는 한편, 종전의 비상기획실을 기획통제실로 개편하여 직무를 조정하였으며 행정실은 서무 및 행정사무와 국가안전보장회의 행정사무를 지원하며 조사연구실은 의사업무 지원과 관련된 정책연구업무 기능으로 조정한다'는 것이었다. 1998년 2월 28일에 대통령령 제15,700호에 의거하여 정부조직법이 개정됨에 따라 위원장은 장관급에서 차관급으로 부위원장은 폐지, 기획통제실, 동원기획실 및 조사연구실의 기능을 조정, 기획운영실 및 자원 조정실로 개편되었다. 정원도 102명에서 89명으로 축소 조정되어 그 기능과 역할이 축소되었다. 비상기획위원회, 『비상대비 30년사』, 1999, pp. 50-60.

움이 있는 것이 사실이다.

또 한 가지의 문제점은 비상사태 발생시에 상황유지에 관한 업무의 중복을 들 수 있다. 현재 체제상 국가비상 또는 재난발생 시에는 국가안전보장회의 사무처의 위기관리센터와 한국 정부조직 사상 최초의 재난전담 중앙행정기관으로서 2004년 6월 1일에 개청한 소방방재청의 종합상황실, 그리고 비상기획위원회의 상황실 유지업무가 중복되어 상황유지와 전파를 위한 노력의 낭비와 여러 기관에서 동시에 동일한 정보를 수집하는 과정에서 정보왜곡의 우려도 지적되고 있다.

국가 비상사태시의 효율적인 동원업무를 위한 개선방향으로써 첫째, 비상기획위원회가 동원업무를 총괄·조정할 수 있도록 해야 한다. 현재는 인력동원은 행자부가, 산업동원은 건설교통부가, 병력동원은 병무청이 담당하고 있다. 그러나 각 정부부서가 담당하고 있는 동원업무를 조정·통제·확인·감독하는 시스템은 발전되어 있지 않다. 「비상대비자원관리법」에도 이러한 규정이 없다. 따라서 동원업무에 대해서는 비상기획위원회가 그 권위를 발휘할 수 있도록 이에 대한 법적 정비가 이루어져야 한다.

둘째, 국가 비상사태시의 종합상황실 운영의 임무를 단일화하거나 정보를 공유할 수 있는 자동화 연동 지휘체계를 개발하는 방안이다. 종합상황을 각기 다른 기관에서 담당하는 것은 자산과 노력의 통합을 제한하고 신속한 대응이 요구되는 현장 관리책임자에게 행정적 부담을 줄 수 있다.[23] 또한 현장 관리자와 상황실 관리자와의 마찰도 예상

___

22) 2001년 1월 16일에 법률 제06373호에 의거, 종전에는 국가비상시에 대비한 물적관리대상자원의 범위에 외국인의 재산 및 투자기업은 제외하였으나 앞으로는 이를 폐지하여 관리대상자원의 범위를 확대하는 내용과 비상대비업무 종사자의 비밀엄수의무 위반 시 2년 이하의 징역에서 3년 이하의 징역으로, 200만 원의 벌금에서 2,000만 원 이하의 벌금으로 그 형벌을 강화하는 내용이 주요 골자이다.

된다. '국가위기관리시스템'에서는 전통적 안보분야는 NSC에서, 재난 분야는 중앙안전관리위원회가, 국가 핵심기반 분야는 국정 현안 정책조정회의가 최고 의사결정기구 역할을 한다고 명시하였다.[24] 그러나 위기의 유형별로 상황실을 각각 운영하는 체제는 바람직하지 않다. 각 기관의 책임전가 및 회피의 가능성과 국가 비상사태시에는 국가의 모든 역량과 자산을 집중하여 대응하는 총력전의 양상 때문이다. 또한 신속한 대응과 적절한 판단을 위해서는 현장의 정확한 상황파악과 분석이 필요하다. 따라서 평시 위협분석, 조기경보, 예방활동 등의 임무 수행, 사태발생시 상황파악 및 전파를 실시하는 '국가종합상황실'의 통합상황 기능을 수행하는 기구의 마련이다. 이는 신설하는 방안보다 기존의 인프라를 통합하는 방안이 바람직하겠다.

　종합상황실이 운용될 경우, 그 주요기능으로는 첫째, 기능별로 운용되는 상황의 국가차원 종합상황 유지를 들 수 있다. 각 부처상황 및 소방, 민방위, 각종 재난에 종합적으로 대처하고 관련 정보 공유 및 유관기관과 공조체제를 구축하게 된다는 것이다. 둘째, 위기발생시 지휘통제본부 기능의 동시수행을 들 수 있다. 즉, 전시기구의 상시가동으로 국가시스템 활성화, 전·평시 연계를 유지하게 된다는 점이다. 셋째,

---

23) 평시 행정기관별 업무기능별 운용 상황실

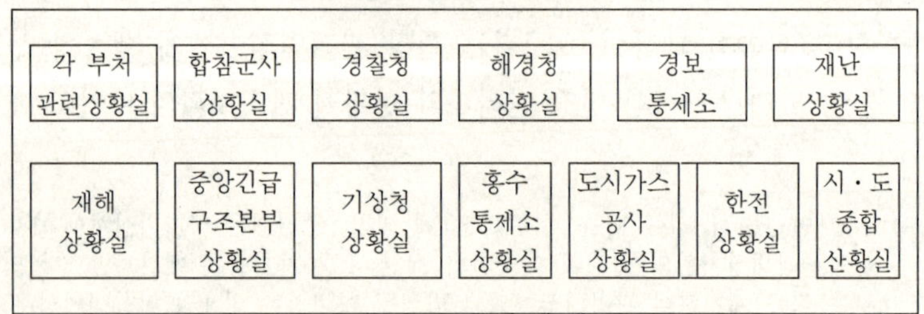

　　출처: 김강녕, "새로운 형태의 위기에 대한 효율적인 통제 및 비상기획위원회 기능강화방안," 비상기획위원회 세미나, 2002.1, p. 83.
24) 『국방일보』, 2004.9.9, 제2면.

〈그림 9-2〉 종합상황실 편성안[25]

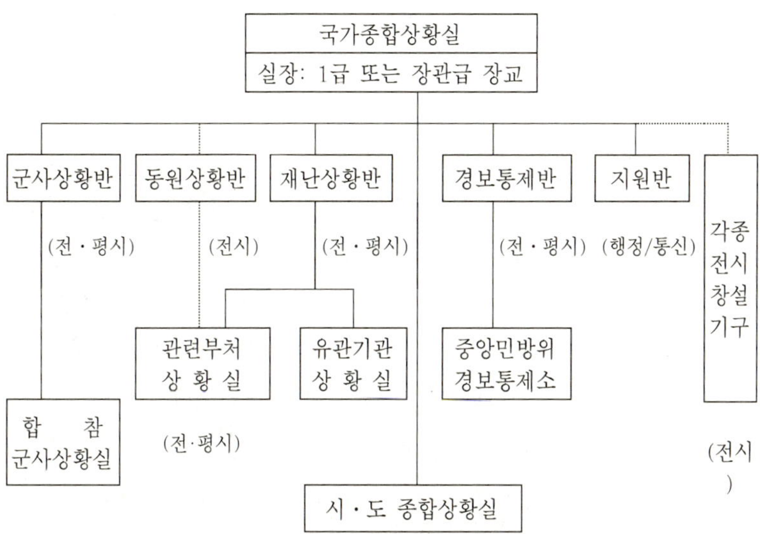

국가상황의 전반적인 파악, 국가조직의 활성화, 자료 축적 등의 기능을 기대할 수 있다.[26]

4. 복구(후속조치)

비상대비업무에서 복구에 관한 내용은 비상대비계획(충무계획) 긴급복구 항에 명시되어 있다.[27] 이 업무는 비상기획위원회 동원기획국 시설장비동원담당관이 총괄·조정하는 것으로 되어 있다.[28] 동원업

---

25) 김강녕, "새로운 형태의 위기에 대한 효율적인 통제 및 비상기획위원회 기능강화방안," p. 85.
26) 김강녕, "새로운 형태의 위기에 대한 효율적인 통제 및 비상기획위원회 기능강화방안," p. 86.
27) 세부사항은 본 연구 제3장 '비상대비업무 수행체계'를 참조할 것.
28) 시설장비동원담당관의 업무는 ①전시 긴급복구에 관한 사항의 총괄·조정 ②

무에 관한 법률안이 전·평시 이원화되어 전시 이외의 국가 비상사태 시 복구를 위한 물자 동원에 제한이 있는 것은 위의 조직 및 제도면에서 언급하였다. 그러나 전시를 가정한 상황하에서도 국가중요시설 및 기능에 대한 복구에서 다음과 같은 문제점이 있다.

지방자치제의 활성화에 의한 지방 분권화가 이루어지고 있으나 지방의 비상대비업무를 관장하는 담당부서와 인력에 제한이 있다. 현재 비상대비계획에 대한 업무의 총괄과 조정은 비상기획위원회가 담당하고 있고 중앙행정기관에서는 비상계획관이 담당하고 있다. 시·도에는 민방위 비상대책과에서, 시·군·구에는 민방위 재난관리과에서 각각 비상대비업무 및 복구를 위한 동원업무를 관장하고 있다. 중앙행정기관 외의 시·도나 시·군·구의 경우에는 실질적인 비상대비 실시계획을 수립하여 보고하고 시행하는 기관이다. 그러나 업무담당부서의 인력과 능력면에서 많이 미흡한 실정이다. 현대전의 특징은 국가총력전, 속전속결전, 대량화력전, 전·후방 동시 전장화 등으로 대변될 수 있다. 즉, 유사시 수도권을 중심으로 각 지방에도 동시에 피해가 발생할 수 있음을 의미한다. 따라서 중앙집권적인 복구계획의 수립과 실제 복구의 실행은 지방자치단체별로 시·군·구에서 시행하는 것이다. 실제 복구업무를 시행하는 지역의 담당부서의 기능과 역할의 확대와 능력면에서의 보강이 요구된다. 또한 산업화에 따라 지역 간 자산의 불균형이 심화되고 있다. 이러한 동원자산의 지역별 격차를 비상기획위원회에서 전체적으로 조정·통제하여 완화시켜야 할 것이다.

현행 16개 광역자치단체의 업무관장 부서를 보면, 중앙행정기관 및

건물·토지 등 시설동원에 관한 사항 ③육상·해상 등 수송 동원에 관한 사항 ④수산물 동원에 관한 사항 ⑤정보통신 동원에 관한 사항 ⑥국가지도통신 등 전시 통신운영에 관한 사항 ⑦전시 수자원·환경오염 등에 관한사항 ⑧전시 대량 폐기물의 처리에 관한 사항 등이다.

서울시 등은 대체로 비상계획관이 비상대비업무를 수행하고 있으며, 지방조직인 광역시·도는 대체로 행정자치국 내의 민방위비상대책과에서 비상대책 및 민방위분야를 각각 담당자를 두어 업무를 수행하고 있다. 통합방위 및 예비군 업무는 대개 총무과에서 담당하고 있다. 그리고 기초자치단체인 시·군·구는 대체로 민방위담당이나 비상대책담당이 비상대비 및 동원업무와 관련된 모든 업무를 겸하고 있으나 부서명칭은 동일하지 않다. 1998년 이전, 광역자치단체들은 통일적으로 '민방위재난관리국' 산하의 '민방위비상대책과'와 '재난관리과'를 두어 민방위, 비상대비, 재난관리업무를 하나의 부서에서 운영하였으나 정부조직 개편 이후는 자치단체별로 그 담당부서의 명칭과 임무 등이 일률적이지 못하다. 특히 지방조직은 업무를 통합하여 한 부서에서 담당할 수밖에 없는 현실적 문제가 있으나 업무의 전문성과 부처 이기주의가 작용할 때 발생할지도 모르는 업무추진의 공동화현상을 우려하지 않을 수 없다. 특히 기초단체 수준에서는 담당자의 전문성 여부를 떠나서 적은 인원으로 재난관리까지 포함하는 위기관련 업무를 담당하고 있어 문제가 적지 않으며 자치단체장 혹은 담당자의 인식 내지 성향에 따라 위기관리업무의 경중이 좌우될 수 있음도 유의해야 할 것이다.29) 더욱이 각종 피해가 동시에 발생하는 복합적인 상황의 경우, 효율적인 복구임무수행은 제한이 따를 것으로 판단된다.

이와 같은 문제점을 개선시키기 위한 방안은 첫째, 비상기획위원회에서 복구에 소요되는 전시 동원자산을 효율적으로 관리·조정·통제할 수 있는 전산시스템의 지속적인 보완과 동시에 시·군·구 비상대비담당부서와 연계되는 통합동원자산관리시스템을 발전시켜야 한다. 현재 비상기획위원회에서는 900여 개의 동원품목과 5,600여 개의 중점관리지정업체를 관리하고 있다. 이와 같이 방대한 양의 동원자원에

---

29) 이동훈, "비상기획위원회 창설 33주년에 즈음하여," pp. 7-8.

대한 효율적인 관리방법은 종합정보시스템을 구축하여 관리하는 것이 최상의 방법이나 전·평시 모든 동원정보들을 구축하는 것은 쉽지 않을 것이다. 따라서 평시 효율적인 데이터 관리 및 시스템 운영을 위해서는 자원조사결과를 포함하여 주요자원 및 충무계획을 부·처 및 시·도 단위별로 개별관리하고 기초데이터도 관련 행정기관에서 직접 입력될 수 있도록 개편해야 하며 시스템 운영 면에서도 통합 데이터망을 이용하여 비상기획위원회의 주전산 장비를 이용, 중앙집중식으로 운영하면서 관련 행정기관별 주요자원 운영실태를 직접 조정·통제할 수 있도록 해야 한다.[30]

둘째, 시·군·구의 비상대비업무에 대한 조직의 통합과 역량의 확대이다. 이는 실제적으로 복구업무를 시행하는 기관으로서 실제 임무가 가능하도록 부여된 자산을 통제하고 추가적인 소요를 판단하여 조치할 수 있는 전문 인력과 담당인력의 확보가 선행되어야 할 것이고 이를 위한 중앙정부의 지원도 병행되어야 할 것이다. 또한 비상기획위원회에서 시·군·구의 비상대비담당부서 및 담당자들에 대한 교육과 지도방문, 행정지원 등의 제도적 지원조치계획이 수립되어 실질적인 지방의 역량확보에 노력해야 한다.

II. 민방위 업무의 문제점과 개선방안

1. 민방위 조직 및 제도

「민방위 기본법」(법률 제2776호)은 범국민적인 총력안보태세의 중요성 때문에 1975년 7월 25일 제정되었다. 이후 민방위 제도는 정부

---

30) 박만호, "비상대비 정보시스템 발전방향," pp. 365-366.

각 부서로부터 비상대비 및 소방, 방재 등의 업무를 인수 받았다. 그리고 현재까지는 최종적으로 2004년 3월 11일(법률 제 07186호) 각종 재난에 대한 예방·대응 및 복구 기능을 강화하고 효율적인 안전관리체계를 구축하기 위한 소방방재청을 신설함으로써 민방위에 관한 총괄·조정을 소방방재청장의 보좌를 받은 국무총리가 실시하도록 했다. 하지만 소방방재청의 신설에도 불구하고 민방위 조직 및 제도에 몇 가지 문제점을 안고 있는데 이를 살펴보면 다음과 같다.

첫째, 민방위 제도의 총괄 및 집행조직에 대한 전시와 평시 업무를 구분한 민방위 조직의 운용이 필요하다. 민방위의 정의에서 알 수 있듯이 민방위는 적의 침공이나 전국 또는 일부지방의 안녕질서를 위태롭게 할 재난으로부터 주민의 생명과 재산을 보호하기 위하여 정부의 지도하에 주민이 수행해야 할 방공, 응급적인 방재·구조·복구 및 군사작전상 필요한 노력지원 등 일체를 자위적 활동을 통해 행하는 조직이다. 이처럼 민방위 조직은 전시와 평시의 군사 및 비군사적 활동을 포함하고 있어 전시 비상대비와 평시 재난 및 안전관리를 위한 실질적인 활동조직이다. 그렇다보니 민방위대는 「비상대비자원관리법」에 인적자원으로 포함되어 있고 동시에 「재난 및 안전관리기본법」상에 동원조직으로 포함되어 있다. 하지만 민방위에 관한 기본적인 사항과 민방위대의 설치·조직·편성과 동원 등에 관한 사항은 「민방위 기본법」에서 모든 것을 규정하게 되어있는데 전·평시 개념이 아닌 평시 재난 관리에 초점이 맞추어져 있다. 특히, 행정자치부 소속의 소방방재청 신설로 평시 재난에 대한 안전관리체계 구축에 초점이 맞추어져 있고 더욱이 모든 민방위에 관한 사항을 소방방재청장 주도하에 이루어지도록 「민방위 기본법」을 개편한 측면도 이러한 평시 재난에 대비 안전관리 위주로 민방위 조직을 활용하기 위한 측면으로 이해된다.

따라서 「민방위 기본법」에는 민방위의 정의가 내포하고 있는 모든 민방위 사태에 적용될 수 있는 민방위 조직의 총괄 및 집행기관이 구체화 되어야 한다. 민방위 조직에 대한 총괄·조정을 국무총리가 집행하지만 그 보좌자로서 전시와 평시를 구분하여 평시 재난관리와 국가비상사태 발생시 민방위 조직의 활용에 혼선이 없도록 그 책임자를 평시 재난 업무 관련과 국가 비상사태 관련으로 구분해야 한다.

둘째, 민방위대 동원체제의 일원화가 되어야 한다. 2004년 3월 「정부조직법개정안」과 「재난 및 안전관리기본법」이 통과되면서 행정자치부는 신설 소방방재청의 상급 중앙부서로서 재난관리에 대한 전반적인 책임을 진다. 하지만 민방위 조직의 동원에 있어서는 행정자치부장관보다는 소방방재청장이 우위에 위치한 제도를 유지하고 있다. 「민방위 기본법」에 의하면 민방위대의 동원은 소방방재청장을 통해 할 수 있도록 개정되었다.31) 하지만 「재난 및 안전관리기본법」 제39조에 의하면 중앙재난안전대책본부장인 행정자치부장관이 「민방위 기본법」 제22조 규정에 의거 민방위대를 동원해야 한다고 명시되어 있다.32)

---

31) 제8조 (협조) ①각 중앙관서의 장은 민방위사태에 있어서 민방위대의 동원이 필요하다고 인정하는 경우에는 소방방재청장에게 그 동원을 요청할 수 있다. 다만, 긴급을 요할 때에는 지방행정기관의 장 또는 군부대의 장은 그 소재지를 관할하는 시·도지사 또는 시장·군수·구청장에게 민방위대의 동원을 요청할 수 있다〈개정 1979.12.28, 1996.12.30, 2000.1.12, 2004.3.11〉.
제22조 (동원) ①소방방재청장은 민방위사태가 발생하거나 발생할 우려가 있는 때에 민방위를 위하여 민방위대의 동원이 필요하다고 인정할 때에는 대통령령이 정하는 바에 따라 그 동원을 명할 수 있다〈개정 2000.1.12, 2004.3.11〉. ②시·도지사, 시장·군수·구청장 또는 읍·면·동장은 제27조제1항의 경우에 있어서는 대통령령이 정하는 바에 따라 민방위대의 동원을 명할 수 있다. 이 경우 동원명령자는 지체없이 그 사실을 소방방재청장에게 보고하여야 한다〈개정 1979.12.28, 1996.12.30, 2000.1.12, 2004.3.11〉.
32) 제39조 (동원명령 등) ①중앙본부장 및 지역본부장은 재난이 발생하거나 발생할 우려가 있다고 인정하는 때에는 다음 각호의 조치를 할 수 있다. 1. 민방위기본법 제22조의 규정에 의한 민방위대의 동원. 2. 재난관리책임기관의 장에게 응급조치를 위하여 관계직원의 출동 또는 제35조의 규정에 의한 물자 및 지정된 장비·인력 등의 동원 등 필요한 조치를 취하여 주도록 요청. 3. 국방부

이처럼 행정차치부가 소방방재청의 상위기관으로 재난관리에 대한 전반적인 책임을 지지만 실질적인 활동조직인 민방위대의 동원은 소방방재청에 책임을 둠으로써 재난 발생시 최고상위기관으로부터의 각 부문의 활동을 유기적으로 조정하고 통제하는 데 어려울 수 있다.

따라서, 민방위대 동원체제는 초동단계에서 지역본부의 독자적 판단에 따라 신속하게 민방위대를 동원하여 재난에 대응할 수 있는 체제를 갖추되 중앙본부에서는 최고의 권한을 가진 조직에 권한을 집중해서 지역본부와의 유기적인 연계활동이 가능하도록 해야한다. 즉, 민방위대 동원체제를 '톱-다운(Top-down)'식으로 일원화하고 시·군·구 조직의 독자적인 활동을 보장하면서 이러한 기관들을 조정·통제할 수 있는 민방위대 동원체제를 제도화해야 한다.

셋째, 민방위 업무의 통합 조직체계가 구축되어야 한다. 민방위 사태는 「비상대비자원관리법」에서 정의한 비상사태와 「재난 및 안전관리기본법」에서 정의한 재난을 모두 포함하고 있다. 이렇다보니 동일한 재난발생시 현행법상으로 상호 중복성을 가지고 있다. 또한 국무총리가 위원장인 중앙민방위협의회와 중앙안전관리위원회 각각의 분과위원회를 구성하여 임무를 수행하게 되어있어 업무상 중복성이 있다.33)

또한 행정자치부는 민방위 제도에 관한 사무를, 소방방재청은 민방위 운영에 관한 사무를 분담하도록 되어 있다. 이에 따라 행정자치부 예하 안전정책관에 의해 민방위 및 재난관련 법령과 제도에 대한 연구

장관에게 군부대의 지원 요청.

33) 중앙민방위협의회의 분과위원회는 민방위기획위원회, 재해대책위원회, 재해구호대책위원회, 농업대책위원회, 방사능재해대책위원회가 활동하며, 중앙안전관리위원회의 분과위원회는 풍수해대책위원회, 화재·폭발사고 대책위원회, 국가기반체계보호대책위원회, 교통안전대책위원회, 시설물재난대책위원회, 전기·유류·가스사고대책위원회, 환경오염사고대책위원회, 방사능사고대책위원회가 활동을 하게 되어 있다.

와 개선, 중앙민방위협의회의 운영, 민방위 업무에 관한 각 중앙행정
기관 간의 업무조정, 통합방위업무 지원, 동원명령 등을 담당하고 있
다. 이는 소방방재청의 예방기획국의 민방위 업무와 상당히 중복된다.
게다가 안전정책관과 예방기획국의 장은 이사관, 시설이사관, 부이사
관 또는 시설 부이사관 등 동일한 직급으로 보직하게 되어 있다. 이처
럼 민방위 관련 제도와 운영이 통합되어 있지 않고 분리되어 있어 국
가 위기상황발생시 지휘 및 통제 그리고 민방위대의 활용에 있어 혼선
이 있을 수 있으며 자칫 부처 간의 이익다툼의 문제 등이 발생할 경우
체계적이고 종합적인 연구 및 발전이 더더욱 힘들다. 따라서 국가의
재난 등의 위기상황이 발생할 시 총괄적으로 민방위대를 운영할 수 있
는 통합된 제도와 법체제가 갖추어진 통합 민방위 운영체제가 정립되
어야 한다.

2. 예방

소방방재청은 인력의 효율적 운영과 각종 재난사태에의 대응능력을
극대화하기 위해 종전의 민방위, 소방, 방재 등 재난 유형별 조직에서
예방, 대응, 복구 등의 과정별 조직으로 전환했다. 이중 민방위와 관련
된 업무를 하는 곳이 예방기획국으로 인위재난 업무까지 여기에서 담
당한다. 민방위 업무가 여기에 포함된 이유는 민방위가 예방단계에서
중요한 요소이기 때문이다.
예방 기획국의 민방위 계획과에서 주로 하는 기능은 민방위법령의
입안 및 제도의 연구/발전, 민방위계획의 수립/지도 및 종합, 민방위
업무 지도/감독, 중앙민방위협의회의 운영/지원, 민방위 경보제도, 민
방위대 조직편성/자원 관리, 민방위훈련계획 수립/시행 및 평가/개선,
화생방 계획의 수립 및 시행 등을 담당하면서 예방단계에서 민방위 조

직을 활용하여 다음 단계인 재난 대응단계에서 효율적인 재난관리를 위한 발판으로 간주하고 있다. 하지만 사전예방 대책의 대폭강화라는 측면에서 기능을 보강했지만 민방위의 실질적인 훈련 및 준비 활용측 면에서 여전히 많은 문제점을 안고 있다. 따라서 민방위 업무의 예방 단계의 문제점을 짚어보고 대안을 제시해 보겠다.

첫째, 민방위관련 교육내용과 훈련계획을 민방위의 임무와 동원요 건에 맞게 조정해야 한다. 현재 민방위의 날 훈련은 매월 15일 실시를 원칙으로 하고 있다. 서울시의 경우 비상사태시 대피 훈련 2회(4월, 10월), 방재훈련 6회(3월, 5월, 6월, 7월, 9월, 11월) 그리고 소집훈 련 1회(2월: 직장민방위, 3월: 지역민방위, 4월: 보충소집 점검)를 실시하고 있다.34) 이처럼 민방위 훈련이 화재, 풍수, 유독가스, 테러, 지진 등의 방재대비훈련 위주이고 비상사태대비 및 비상소집훈련은 대폭 감소되고 있다. 특히, 민방위 훈련시 대부분 유관기관만 참여하 는 훈련 및 시범식 교육이 되고 있다. 이렇다 보니 실질적인 비상사태 시 민방위 대원의 임무와 역할 수행이 미흡하고, 인위 및 자연재난시 관서의 인원들만 참여한 예방 및 대처가 이루어지고 있으며, 민방위대 는 형식적인 기구로 전락하고 있다.

민방위대의 임무는 「민방위기본법 시행령」 제15조에 평시와 민방 위사태가 발생하였거나 우려가 있는 경우로 분명히 구분되어있다.35)

---

34) 서울특별시 민방위 담당관, "2004년 민방위 훈련," www.seoul.go.kr(검색일: 2004.9.17).

35) 1. 평상시의 경우: 가) 거동수상자 및 민방위사태등의 신고망 관리·운영, 나) 경보망관리와 경보체제확립, 다) 공동지하양수시설·대피소·대피지역 및 통 제소의 설치·관리, 라) 민방위를 위하여 필요한 물자의 비축, 마) 등화·음향 관제의 훈련, 바) 자체시설의 보호, 사) 소방 및 화생방오염방지장비의 설치· 관리, 아) 민방위교육훈련, 자) 기타 민방위사태 예방에 관한 사항.
2. 민방위사태가 발생하였거나 발생할 우려가 있는 경우: 가) 경보 및 대피, 나) 주민통제 및 소산, 다) 교통통제 및 등화관제, 라) 소화활동, 마) 인명구조

또한 「민방위시행규칙」 제39조에 민방위대원의 동원요건에 의하면 민
방위대원의 주 임무가 비상사태에 대비한 임무이고 자연 또는 인위적
재난시 관서의 기능이 제한될 경우 동원하도록 되어있다.[36] 따라서
평시에는 민방위의 임무 수행에 대한 감독을 강화하고 민방위의 날 행
사시 유관기관만의 훈련이 아닌 민방위 대원의 동원 요건에 중점을 둔
전반적인 민방위 역량을 향상시킬 수 있도록 민방위의 날 훈련을 실시
해야 한다.

둘째, 민방위 교육을 강의 및 실습식 교육에서 체험식 교육으로 조
정해야 한다. 현재 서울시의 경우 민방위 교육 대상자는 민방위대 편
입 후 1년에서 4년차 대원을 대상으로 하고, 교육 내용은 통일안보·
정신교육·가정에서의 응급처치·지진발생시 행동절차·화생방 방호
요령 등에 대해 강의와 VTR 시청 및 실기실습으로 연2회 8시간 교육
을 하고 있다.[37] 교육시간 및 전문 강사의 부족과 주입식 교육으로 인
해 교육의 효과를 높이는 데 어려움이 많다. 이러한 교육은 오히려 민
방위 교육에 대한 국민의 인식을 떨어뜨릴 수 있다.

국방부가 예비군 훈련 중 시가지 전투 훈련에 서바이벌 게임을 도입
한 이유는 바로 훈련의 질을 향상시키고 훈련에 능동적으로 참여할 수

및 의료활동, 바) 불발탄등 위험물 미리 살핌 및 경고, 사) 파손된 중요시설물
의 응급복구, 아) 민심안정을 위한 계몽 및 승전의식의 고취를 위한 주민지도,
자) 적의 침공시 군사작전에 필요한 물자의 운반등 노력지원, 차) 기타 민방위
사태를 수습하기 위하여 필요한 사항.
36) ① 전면전·국지전·공습·화생방전등 적의 침공이 있거나 있을 것이 확실할
때, ② 무장공비의 기습·파괴 및 살상행위로 인하여 경찰력만으로는 치안 확
보가 곤란할 것으로 판단되어 군사병력을 당해지역에 상당기간 투입하여 대공
비작전을 수행하게 될 때, ③ 다른 법령에 의하여 대통령이 인적자원의 동원을
위하여 국가동원령을 발하였을 때, ④ 자연 또는 인위적 재난이 있을 경우 그
재난을 예방하고 복구하여야 할 관서의 기능만으로는 그 사태수습이 곤란할 때.
37) 서울특별시 민방위 담당관, "민방위 교육," www.seoul.go.kr(검색일 2004.9.
17).

있게 하기 위함이다. 이와 마찬가지로 민방위 교육에도 다양한 민방위 사태에 맞는 체험식 훈련을 개발 활용하면 교육의 질을 향상할 수 있고 유사시 민방위대원들이 실질적으로 무엇을 해야 하는지 쉽게 터득할 수 있을 것이다. 더구나 우수한 IT 기술로 전시, 인위·자연 재난 등 가상 시뮬레이션장을 만들어 평시 민방위 교육뿐만 아니라 주민교육, 학교교육 등에 활용함으로써 위기예방 활동의 생활화가 가능하리라 판단된다.

셋째, 민방위 훈련에 필요한 실무교육을 위한 기자재가 충분히 확보되어야 한다. 2004년 9월 19일 국회행정자치위원회의 분석에 의하면 울산과 충청남북도 등 7개 광역자치단체에 안전사고예방에 필수적인 가스탐지기와 가스안전 실습모형도 등 기자재가 전혀 없고 대구, 인천, 대전, 경북 등 4곳은 관련 자재가 한 개에 그치는 등 민방위 대원들의 실질적인 실습장비가 부족한 것으로 나타났다.[38]

이러한 자재의 부족은 민방위 교육 및 훈련시간의 단축과 더불어 실질인 민방위의 재난대비 능력의 저하를 가져오는 직접적인 원인이며 주요 재난시 민방위대가 제역할을 수행하지 못하고 있는 이유 중의 하나이다. 따라서 부족한 자재의 조기 확보와 실질적으로 민방위대에 필요한 기자재가 무엇인지를 정확히 판단해서 불필요한 예산의 낭비를 줄이고 실질적인 국가위기상황에 만전을 기해야 한다.

넷째, 민방위 준비명령은 도시계획 및 건축계획과 연계되어야 한다. 현재 민방위기본법에는 민방위 준비명령을 중앙관서의 장이 해당 건축물 및 시설물의 소유자·점유자·관리자에게 명하도록 되어 있고, 불이행시 관계기관의 고발 등 민방위 명령 이행에 필요한 조치를 취하도록 되어 있다. 이러한 민방위기본법으로는 효율적인 민방위 준비를

---

38) 김문경, "지자체 민방위 기자재 부족심각," 『YTN』, 2004.9.19(검색일: 2004.9.24).

위한 시설·장비·물자를 준비하는 데 어렵고 형식적인 준비가 이루
어지는 결과를 초래할 수 있다. 따라서 민방위 준비를 위한 대피시설,
소방 및 방공장비 등은 사전 도시계획법이나 건축계획법에 포함하여
정부차원의 사전 관리 감독이 이루어지도록 하고 필요시 정부차원에
서 보조지원으로 민방위 준비를 강화할 필요도 있다. 왜냐하면, 이러
한 계획은 민방위 사태시 국민의 생명과 안전을 보호할 수 있는 최후
의 수단이기 때문이다. 이러한 민방위 준비가 민간업자의 실익 때문에
허술하게 준비된다면 오히려 피해를 방지하기 위한 것이 아니라 피해
를 가중하는 결과를 초래할 수 있다.

3. 대비 및 대응

민방위 업무의 대비 및 대응단계에서의 문제점을 짚어보고 대안을
제시해 보겠다. 첫째, 민방위 교육과 훈련은 주민편익 제공보다는 재
난대응능력 향상에 역점을 두어야 한다. 이와 같은 현상은 산업화시
대, 분권화시대, IT시대라는 명목하에 민방위 교육이 점차로 축소되거
나 편익 위주로 실시되는 경향으로 나타나고 있다.[39] 2004년 행정자

---

[39] 620만 민방위대원에 대한 교육: ① 민방위대에 편성된 후 1년에서 4년까지 대
원(140만 명)은 지금까지 연간 8시간 집합교육을 일률적으로 받았으나, 금년
부터는 민방위대 편성 3년차와 4년차 대원 70만 명에 대하여 상반기 4시간의
집합교육을 비상소집 점검으로 대체하여 교육부담을 경감하고, 유사시 동원 체
제를 강화토록 할 계획이다. ② 또한 민방위대 5년차 이상인 대원 480만 명에
대하여는 지금까지 연 1회 받는 비상소집점검을 읍면동장 주관하에 대규모 집
합방식으로 실시하여 왔으나, 올해부터는 민방위 대장이 주관하는 민방위대별
소규모 집합방식으로 전환하여 지역과 주민의 자율역량을 높이고, 동일 장소
대규모 집합에서 오는 불편도 해소될 수 있게 하였다. ③ 아울러 일요교육, 야
간교육, 체류지 교육 등의 편익 증진 시책을 확대해 나가는 한편, PC 보급률,
인터넷 이용률 등을 감안하여 인터넷에 의한 민방위교육이 가능하다고 판단되
는 시군구에서는 자체적으로 인터넷교육도 병행 실시할 수 있도록 허용하고,

치부의 보도에 의하면 명목상은 지역 및 직장 민방위대장에게 소집점검 권한을 부여하여 실질적인 지역단위 재난대응역량을 높이기 위함이라고 하지만 이는 주민편익 제공을 위한 형식적인 민방위대원에 대한 교육 및 훈련을 실시하도록 하는 경향을 부추기고 있다. 위기는 닥쳐봐야 그 심각성을 인식할 수 있으며 '소 잃고 외양간 고치기'식의 업무가 되어서는 안 된다.

산업화, 도시화, 지구 온난화 현상, 불확실한 안보환경 등으로 인해 과거 어느 때 보다 재난이 증가하고 있으며 그 규모 또한 상상을 초월한다. 이러한 시기에 주민의 생명을 보호하고 사전 예방해야 하는 최말단의 실행조직에 대한 교육 및 훈련은 강화되어야 한다. 편익 위주로 개선되어서는 안 된다. 더구나 2004년 9월 3일 일본 정부가 내년부터 외국의 무력공격을 가정한 민방위 훈련을 처음 실시한다고 발표했다.[40] 이러한 것은 무엇을 의미하는지를 분명히 알아야 한다. 따라서 민방위 대원에 대한 교육은 연차별 구분 없이 비상소집점검과 교육을 동시에 병행해야 한다. 왜냐하면 민방위 사태발생시 민방위대의 조직력과 기능발휘를 최대로 하기 위해서는 평시부터 교육과 훈련이 필요하다. 그 이유는 철저한 교육과 훈련이 위기시 피해를 최소한으로 줄일 수 있기 때문이다.

둘째, 민방위 조직이 대응 단계에서 실질적인 실행조직의 역할과 함께 통제 및 보호대상 집단으로 발전시켜야 한다. 소방방재청 신설로 인해 민방위, 소방, 방재 등의 재난유형별 조직에서 예방, 대응, 복구 등의 과정별 조직으로 전환되어 실질적으로 민방위 업무를 예방기획

도서와 오지 거주 대원에 대한 서면교육도 적극 추진하게 된다. 행정자치부 민방위 운영과, "금년도 민방위 교육·훈련 주민 편익증진과 분권화 시대에 맞게 대폭 개선된다," 행정자치부 보도자료(2004.1.30).
40) "일본 내년부터 민방위 훈련," 『인터넷판 중앙일보』, 2004.9.3(검색일: 2004. 9.24).

국의 민방위 계획과에서 담당하고 있다. 예방기획국은 소방방재청 신설시 사전예방 정책을 대폭 강화하자는 측면에서 도입된 기능이다. 그렇다 보니 민방위의 기능 및 업무 역시 사전예방 측면만 강조되고 실질적 대응 및 복구단계에서 활용할 수 있는 실행조직으로의 발전이 힘들게 되었다.

예방단계에서 민방위 업무는 민방위 준비사항 및 민방위의 평시 임무 등도 매우 중요하다. 하지만 더욱 중요시 되는 민방위 업무는 민방위 사태에 따른 민방위대의 동원단계에서부터 활동단계 그리고 복구시까지의 민방위 활용과 타조직과 연계 등이다. 따라서 재난유형별 조직에서 과정별 조직으로 전환되었더라도 모든 과정별 조직에 민방위 관련업무가 포함되어 세분화되어야 할 것이다. 또한 유형별·단계별 가상 시나리오를 설정한 대응 매뉴얼에도 민방위 조직의 활동영역 및 수준이 각 관련 조직들의 세부적인 대응 내용에 포함되어야 한다.

그러나 민방위대원은 대응의 주체라기보다는 통제 및 보호대상 집단으로서의 기능도 고려해야 한다. 왜냐하면 민방위 대원은 전문기능의 집단이 아니기 때문이다. 따라서 이러한 실행조직과 병행한 통제 및 보호집단으로서의 민방위 조직에 대한 구체적인 법령, 계획의 발전과 연구가 절실하며 이를 통하여 재난 발생시 피해를 최소화할 수 있을 것이다.

셋째, 민방위대의 역할·임무와 국가위기상황에서 운용될 수 있는 전문조직의 역할·임무가 명확히 구분되어야 한다. 이는 앞에서 제시한 대응의 주체라기보다는 통제 및 보호집단이라는 측면의 민방위대를 의미한다. 현재 민방위대 대원은 20세가 되는 해의 1월 1일부터 45세가 되는 해의 12월 31일까지의 대한민국 국민인 남자로 조직하도록 되어있다.[41] 이에 따라 현재 민방위대를 구성하는 총인적자원은

---

41) 「민방위기본법」 제17조 3항에 의하면 전국의 안녕질서를 위태롭게 하는 적의

해당연령의 인구대비 58%에 해당하는 643만 명이다. 이중 기술지원 민방위대의 인원은 2.6%인 1만 7천여 명이다.[42] 또한 이들은 군인, 군무원, 향토예비군, 의용소방대원, 경찰공무원 등을 제외한 인원들로 주로 생업에 종사하는 30대에서 45세 미만이 주축이다.[43] 따라서 민방위대 대원들이 초동 대응 및 대형재난의 현장투입이나 작전에 투입되어 어떤 역할을 기대하기에는 다소 어려움이 있다. 오히려 실질적인 측면에서 민방위대 대원이 민방위 사태현장에서 본인이라도 현명하게 대피할 수 있고 주변의 몇 명을 지도해서 같이 대피할 수 있는 능력을 갖추도록 하고 대형재난의 경우 충분히 숙달되고 제대로 훈련된 요원들에 의해 대응이 이루어져야 피해를 줄일 수 있고 신속한 복구가 가능하리라 본다.

이런 측면에서 민방위대 대원의 역할과 임무를 경보 및 대피, 주민통제 및 소산, 교통통제, 안전의식 고취, 필요한 물자의 운반 등 실질적으로 활동 가능한 분야에서의 노력동원이 될 수 있도록 역할을 구분해야겠다. 또한 현재 민방위대 대원의 조직을 국민의 부담경감과 인력자원의 적절한 관리를 위해 편성연령을 단축했는데 연령의 단축보다는 실질적이고 현실적인 민방위대 역할과 임무가 정비되도록 하는 게 우선되어야 한다.

침공이 있는 경우 중앙협의회의 심의를 거쳐 50세가 되는 해의 12월 31일까지의 대한민국 국민인 남자로 조직하게 할 수 있다.

42) 행정자치부 혁신담당관실, "2004 행정자치통계연보 자료," www.mogaha.go.kr(검색일: 2004.9.30).

43) 국회의원·지방의회의원·교육위원회의 교육위원·경찰공무원·소방공무원·교정직공무원·소년보호직공무원·군인·군무원·향토예비군·등대원·청원경찰·의용소방대원·주한외국군부대의 고용원·원양어선 또는 외항선의 선원으로서 연 6월 이상 승선하는 자, 「도서·벽지교육진흥법」 제2조의 규정에 의한 도서벽지에서 근무하는 교원·현역병입영대상자(공익근무요원소집대상자를 포함한다) 기타 대통령령이 정하는 학생·공공직업능력개발훈련생·심신장애인과 만성허약자를 제외한다.

이렇게 되면 우리의 일상생활에서 민방위 활동이 활성화될 수 있으며 국민 모두가 국가 위기상황시 민방위대로 편성되어 본인은 물론이고 주변인까지 재난에서 벗어나게 할 수 있을 것이다.

4. 복구

복구단계에서 민방위대의 발전방향을 제시해 보면 아래와 같다.

민방위대의 복구 활동에 참여할 수 있는 여건을 보장해야 한다. 특히, 대규모 피해지역에 피해를 입지 않은 인근 민방위대의 피해 복구 지원을 법적으로 보장을 함으로써 신속한 복구 달성과 추가적인 피해를 예방할 수 있다.

물론 민방위기본법 제23조의 직장보장을 규정하고[44] 있지만 대부분 재난상황이 종료되면 민방위 동원은 해제되고 본업으로 돌아가 복구는 피해 당사자가 알아서 하거나 또는 마냥 유관기관의 지원을 기다릴 수 밖에 없다.

따라서 대규모 재난의 경우 복구 여부에 따라 민방위대의 동원을 해제하고 이에 따른 추가적인 보상은 국가차원에서 실시함으로써 대응단계에서 복구의 전 단계까지 민방위대의 인력을 활용할 수 있는 방안을 강구해야 한다.

---

44) 「민방위기본법」 제23조 (직장보장) 타인을 고용하는 자는 그가 고용하는 자가 민방위대원으로 동원되거나 교육 또는 훈련을 받는 때에는 그 기간을 휴무로 하거나 이를 이유로 불이익한 처우를 하여서는 아니 된다〈개정 1996.12.30〉.

III. 재난관리 업무의 문제점과 개선방안

1. 재난관리 조직 및 제도

소방방재청이 신설됨으로써 재난을 전문적으로 관리할 수 있는 조직이 탄생하였다. 그럼에도 불구하고 새로운 재난관리 조직에는 몇 가지 문제점이 내포되어 있다. 이를 살펴보면 다음과 같다.

첫째, 재난관리 조직을 일원화해야 하고 소방방재청의 명칭도 변경해야 한다. 새로 제정된 「재난 및 안전관리기본법」에는 재난을 자연재난과 인적재난 및 사회적 재난으로 분류하고 있고, 재난관리 체제의 일원화를 위해 소방방재청이 설립되었다. 그러나 자연재난과 인위재난에 대해서는 소방방재청이 담당하고 사회적 재난은 행자부 '기반체계보호담당관실'에서 담당함으로써 재난관리 조직이 이원화되는 결과를 가져왔다. 재난의 개념을 확대하여 국가기반체계의 마비를 재난의 범주에 포함시키고, 또 재난관리체제의 일원화를 위해 소방방재청이 설립되었음에도 불구하고 사회적 재난관리를 행자부에서 담당하고 있는 것은 「재난 및 안전관리기본법」의 제정정신과 소방방재청의 설립정신에 위배된다.

소방방재청의 설립으로 기존의 행자부 소속 민방위재난통제본부가 해체되었고 대부분의 직원들은 소방방재청으로 소속을 옮겼다. 그럼에도 불구하고 사회적 재난부분을 담당하기 위해 행자부에 기반체계보호담당관실을 설립한 것은 부처 이기주의 때문이다. 따라서 기반체계 마비에 대처하기 위한 사회적 재난도 소방방재청에서 담당해야 새로운 법의 제정정신과 소방방재청의 설립정신을 존중하는 것이라고 본다.

소방방재청의 명칭도 변경해야 한다. 이름만 듣고서도 그곳이 무엇을 하는 곳인지를 알게 하기위해서는 현재의 소방방재청의 명칭은 곤란하다. 현재의 명칭을 풀어보면 화재가 발생했을 때 그 화재를 제압한다는 소방의 의미와 재난을 방지한다는 방재의 의미가 결합된 것이다. 그러나 소방방재청이 재난관련 정책심의 및 총괄조정, 재난예방에 대한 인식제고 및 예방투자 강화, 구조, 구급 및 현장 수습 등 현장대응체제 강화, 자치단체의 재난관리기능 및 민관 협조체제 강화, 안전의식 제고를 위한 대국민 홍보 등 예방체제를 확립할 목적으로 설립되었다는 점을 고려해 볼 때 그 명칭을 소방방재청보다는 '재난관리청'으로 개칭하는 것이 목적에 맞는 명칭이라고 본다.

둘째, 재난관리의 단계를 4단계에서 3단계로 조정해야 한다. 일본의 재난관리는 재해예방, 재해응급, 재해복구 및 부흥이라는 3단계로 구분되어 있고, 관련법도 예방관계법, 응급대책법, 그리고 재해복구·부흥·재정금융조치법 등으로 구분되어 재난관리가 단계별로 명확하게 이루어지고 있다. 그러나 한국의 「재난 및 안전관리 기본법」 제1조에는 재난관리를 예방·대비·대응·복구 등 4단계로 구분하여 재난관리를 보다 체계적으로 하겠다는 의지가 배어있다.

그러나 실제 적용상에는 예방과 대비를 하나로 묶어서 표현하고 있고 또 예방과 대비 간의 명확한 구별을 하지 못하고 있다. 즉, 「재난 및 안전관리기본법」 제4장, '재난의 예방' 부분에서는 예방과 대비활동을 묶어서 예방활동에 포함시킴으로써 예방과 대비를 구분하지 않고 예방의 범위 속에 대비의 개념을 포함하고 있다. 또한 소방방재청의 기구도 예방기획국, 대응관리국, 그리고 복구지원국으로 편성되어 있어 재난관리가 3단계의 기능으로 이루어진다는 것을 보여주고 있다. 「재난 및 안전관리기본법」은 재난관리에 대한 의지를 4단계로 표현하고 있으나 실제로는 3단계의 재난관리가 이루어짐을 의미한다.

기본법 제9조에서도 재난의 대비·대응·복구를 묶어서 수습이라는 표현을 사용함으로써 혼란을 가중시키고 있다. 수습이 '어수선한 사태를 거두어 바로 잡는다'라는 의미를 가지고 있음에도 불구하고 재난이 발생하기 전에 준비하는 단계인 대비를 수습 속에 포함시키는 것은 모순이다. 이런 모순은 또 발견된다. 제15조에는 '중앙본부장은 재난의 효율적인 수습을 위하여 중앙수습지원단을 구성하고, 필요하다고 인정되는 경우에는 중앙수습지원단을 현지에 파견할 수 있다'고 명시하고 있다. 여기에 사용된 수습이라는 의미는 대응과 복구의 의미만 있지 대비의 의미는 없다. 따라서 용어의 혼란을 없애고 재난관리의 혼선을 회피하기 위해서는 정확한 용어 사용과 함께 재난관리의 단계를 단순화할 필요가 있다. 따라서 재난관리의 단계는 일본처럼 예방, 대응, 복구(또는 복구 및 부흥)로 구분하고 또 수습이라는 용어도 올바르게 정의되는 것이 바람직하다.

셋째, 재난관리가 유형별이 아니라 기능별로 이루어져야 한다. 소방방재청은 예방기획국, 대응관리국, 그리고 복구지원국으로 편성되어 있어 기구표만 보면 재난관리가 기능별로 이루어지는 것처럼 보이지만 실제로는 그렇지 않다. 예방기획국의 특수재난관리과는 특수재난과 관련된 임무를 수행하는 것처럼 보이나, 실제로는 전반적인 인위재난과 관련된 업무를 수행하고, 복구지원국의 수습대책과는 재난이 발생했을 때 수습하는 기능을 수행하는 것처럼 보이나, 실제로는 자연재난과 관련된 업무를 수행한다. 따라서 인위재난과 자연재난이 통합되지 못하고 여전히 분리된 상태로 유형별로 관리되고 있다. 더군다나 사회적 재난은 행자부의 기반체계보호담당관실에서 그 업무를 수행하고 있어 유형별 관리는 더욱 뚜렷하게 부각된다.

소방방재청이 신설됨으로써 외형상으로는 기능별로 재난관리가 이루어지고 있는 것처럼 보이나 실제로는 자연재난과 인위재난, 그리고 사회적 재난이 과거의 조직 속에서 벗어나지 못하고 여전히 재난 유형별로 관리되고 있다. 따라서 3가지 재난을 통폐합하고 유형별 관리를 기능별 관리로 전환함으로써 인력과 예산의 낭비를 제거하고 재난관리 업무의 효율성과 전문성을 제고해 나가야 할 것이다. 앞에서도 언급했듯이 일본은 재난의 관리가 3단계로 구분되어 있고 관련법도 3단계에 맞춰서 입법되어 있으며, 재난관리기구도 3단계에 맞춰서 방재예방담당, 재해응급대책담당, 그리고 재해복구 및 부흥담당으로 편성되어 있다. 우리가 꼭 일본을 따라가야 할 이유는 없지만 재난관리의 단계와 법체계, 그리고 재난관리 기능을 수행하는 기구가 너무나 일치되어 있다는 점은 본받아야 할 부분이라고 생각한다.

넷째, 지방자치단체가 중심이 되는 재난관리체제가 구축되어야 한다. 재난관리의 일차적인 책임은 시·군·구이다. 이차 책임은 시·도이며, 중앙재난관리기구는 3차 책임을 지고 있다. 그럼에도 불구하고 중앙에서의 재난관리체제는 비교적 정비되어 있으나 지방자치단체의 재난관리체제는 아직도 미흡한 부분이 많다. 특히, 재난을 담당하는 상설조직이 없는 시·군·구도 있고, 있는 경우에도 한두 명의 인력이 담당하고 있어 재난을 관리하기 보다는 행정보고 및 현황파악에도 어려운 실정이다.45) 민선 지방자치단체장들도 재난관리에 대한 전문지식이 부족할 뿐만 아니라 언제 닥칠지 모르는 재난관리에 인력을 투입하기 보다는 다른 관심분야에 인력을 투입하려는 경향이 있기 때문이다.

재난관리는 재난이 발생하고 난 뒤가 중요한 것이 아니라 재난이 발생하기 전에 미리 예방하는 것이 중요하며, 특히 자연재난이 발생하려고 할 때 조직을 동원하여 어떻게 대응하느냐가 훨씬 더 중요하다. 태

---

45) 이재은, "국가 위기관리체계 현황과 발전방향," 〈바른 사회를 위한 시민회의〉가 주최한 (2002년 10월 10일, 프레스 센터) 『재해·재난관리 체계의 문제점과 개선방안』에서 발표한 논문, p. 51.

풍 매미가 한반도를 가로질러 북상했을 때에도 자치단체가 어떻게 대
응했느냐에 따라 재난의 정도는 달랐다. 따라서 지방자치단체도 평상
시 재난관리 조직을 편성하여 재난을 예방하고 대응할 수 있는 상시관
리체제를 마련해야 한다. 따라서 재난시 동원할 수 있는 군, 경찰, 소
방대, 행정관료 조직체, 민간기업의 안전방재기관, 자원봉사단체 등이
긴밀한 협조와 기능 및 역할분담, 그리고 현장의 활동조정 및 통제가
일사분란하게 이루어지도록 방재체계를 상시 갖추고 있어야 한다.46)

2. 예방

재난관리의 단계 중에서 가장 중요한 단계가 재난의 예방이다. 자연
재난이라고 해서 예방할 수 없는 것은 아니다. 첨단 장비를 확보하고
상습침수지역을 사전에 관리하고 재난경보체제가 충분히 갖추어져 있
다면 재난을 피할 수는 없어도 적어도 그 피해를 줄일 수 있다. 부연하
자면, 재난을 완화할 수 있다는 뜻이다. 재난의 완화도 일종의 예방일
수 있다. 학자에 따라서 예방이라는 용어대신 완화라는 용어를 사용하
는 이유도 바로 여기에 있다고 본다. 한국 재난예방의 문제점을 짚어
보고 그 대안을 제시해 보면 다음과 같다.

첫째, 재난에 대한 체계적인 연구와 전문가 양성이 시급하다. 재난
을 체계적으로 관리할 필요성이 제기되어 소방방재청같은 재난 전담
기구가 창설되고 재난관련 기본법이 제정되었지만, 재난관리에 대한
체계적인 연구의 부족과 전문가가 부족한 실정이다. "각종 재난으로부
터 국민의 안전을 도모하기 위하여 재난의 연구・응급대책・복구 등
에 관한 방재정책 연구 및 방재기술 개발을 수행하고 또한 재해경감을

---

46) 김경동, "연구의 요약과 결론 및 제언," 김경동 편, 『일본사회의 재해연구: 고베
　　지진의 사례연구』(서울: 서울대학교 출판부, 1997), p. 304.

위한 국제교류협력 사무관장을 위해 설립"47)한 소방방재청 소속의 국
립방재연구소가 1997년 개소되었지만 연구인력이 턱없이 부족하고
연구의 대상도 주로 홍수/지반방재(연구1팀), 하천/가뭄방재(연구2
팀), 지진 및 해일방재/재난방재(연구3팀) 등 자연재난과 관련된 연구
를 실시하고 있는 실정이다. 이런 수준의 연구인력으로는 체계적인 재
난연구를 할 수 없다. 따라서 자연재난과 인적재난, 그리고 사회적 재
난을 연구할 수 있는 인력을 선발하여 외국의 재난관리 전공학과에 위
탁교육을 실시함으로써 유능한 인력을 확보해야 한다. 토목연구사가
주종을 차지하고 있는 국립방재연구소는 전반적인 재난관리를 연구하
는 「재난관리연구소」로 탈바꿈되어야 한다.

둘째, 재난관리책임자에 대해 재난관리 교육이 체계적으로 이루어
져야 한다. 재난관리책임기관에서 재난관리를 전담하는 인원들은 많
다. 그럼에도 불구하고 이런 인원들이 재난관리에 대해 체계적으로 교
육받을 기회와 다양한 과정을 이수할 기회는 별로 없다.48) 중앙차원

---

47) www.nema.go.kr/index.html
48) 국가전문행정연수원 자치행정연수부의 민방위교육과는 재난과 관련하여 6개의
    과정을 개설하고 있다. 이를 살펴보면 시·도 및 시·군·구의 5급이상 재난관
    리담당과장을 대상으로 실시하는 재난관리자과정(1개기, 인원 40명, 1주교
    육), 6급이하를 대상으로 실시하는 재난실무자과정(2개기, 기당 80명, 1주교
    육), 시·도 및 시·군·구의 5급이상 재해관리담당과장을 대상으로 실시하는
    재해관리자과정(1개기, 인원 40명, 1주교육), 6급 이하를 대상으로 실시하는
    재해실무자과정(2개기, 기당 80명, 1주교육) 등이 있다. 재난관리자과정의 교
    육내용은 재난관리 주요시책/방향(1시간), 재난관리와 민방위(2시간), 재난관
    리체계와 예방대책(2시간), 국가안전관리정보시스템(2시간), 교량안전관리(2
    시간), 재난관리의 현주소와 발전방향(2시간), 재난사고의 효율적 수습방안(2
    시간), 수습복구사례(2시간), 재난구호(1시간)등으로 편성되어 있으며 재난실
    무자과정은 이에 더하여 시설물안전점검기법(3시간), 재난관리법 해설(2시간)
    등이다. 재해관리과정의 교육내용은 지자체 저감시설 도입 및 해소화 추진, 각
    종 시설물 소방기준 선정계획, 산사태 사전예측 기법/피해사례, 비상시 긴급대
    처 및 구호, 재해영향평가, 재해관리, 기상변화와 기상재해, 재해상황관리 및
    복구계획 수립 등으로 구성되어 있다. 과정에 대해서는 www.nipa.go.kr/

의 교육은 국가전문행정연수원 민방위 교육과와 중앙소방학교에서 담당하고 지방차원의 교육은 지방공무원교육원과 시·도소방학교에서 담당하고 있으나 교육의 대상자와 내용이 지극히 제한적이다. 또한 지방자치단체의 경우에는 공무원들이 재난관리부서의 근무를 꺼려할 뿐만 아니라 기회만 주어지면 다른 부서에서 근무하기를 선호하고 있기 때문에 재난과 관련하여 받은 교육과 재난관리에 대한 경험이 축적될 시간조차 없다. 더군다나, 중앙부서의 재난관련 담당자들이 교육받을 과정은 전무하다. 또한 민선으로 당선되는 지방자치단체장도 재난관리에 대한 전문지식이 부족하다. 이런 상황 속에서 재난관리가 체계적으로 이루어지리라고 바라는 것은 무리이다. 따라서 재난관리책임자를 대상으로 재난관리에 대한 교육을 시킬 필요가 있다.

FEMA소속의 국가비상사태훈련센터(TETC: National Emergency Training Center)에는 비상사태관리연구소(Emergency Management Institute)와 소방학교(National Fire Academy)가 있다. 여기에서 비상사태관리자, 소방수, 그리고 선출직 관료들로 학급을 편성하여 비상사태 기획, 연습 방안(design), 재난관리 평가, 비축 물자 관리 및 화재관련 관리 등에 대해 교육한다. 교육과정도 단일 과정이 아니라 교육의 대상자에 따라 다양한 과정이 개설되어 있으며 교육기간도 수일로부터 수주에 이르는 등 다양하게 편성되어 있다. 한국도 다양한 교육 과정(courses)을 개발하여 재난관리 책임자가 재난을 보다 효율적으로 관리할 수 있도록 제도적인 노력을 기울여야 한다.

어디에서 이런 교육을 담당할 지에 대해서는 국가전문행정연수원, 국립소방학교, 국립방재연구소가 대안이 될 수 있으며, 교육 프로그램은 NETC 자료를 참고하여 한국화하면 될 것으로 본다. 재난에 대응

---

nipa/civil/을 참고하기 바라며 교육내용은 실무자와 전화 통화한 내용을 정리한 것임.

할 수 있는 훈련도 정기적, 혹은 부정기적으로 이루어져야 한다.

셋째, 안전 및 재난대응에 대한 교육이 생활화되어야 한다. 2003년도에도 시민안전봉사자 교육, 언론매체 홍보 및 전단 배부, 안전한 휴가보내기 캠페인 등 정부차원에서 안전문화운동을 추진[49]해 왔지만 이 정도의 단편적인 활동만으로는 안전 및 재난대응 문화가 생활화될 수 없다. 학교에서, 가정에서, 그리고 직장에서의 안전 및 재난대응 교육이 필수적이다.

학교에서의 교육이 제대로 되기 위해서는 초등학교, 중·고등학교의 교과서에 안전 및 재난대응에 대한 교육이 수준별로 편성되어야 하고 또 실제 훈련도 이루어져야 한다. 일본에서는 교과서를 통하여 안전에 대한 교육을 시킬 뿐만 아니라 지진대비 훈련 등을 필수적으로 실시하고 있다.

가정에서는 가정교육을 통하여, 그리고 직장에서는 직장 교육을 통하여 교육이 이루어져야 하며, 특히, 공사 현장에서의 안전교육은 필수적이다. 따라서 정부는 가정과 직장이 무엇을 교육시킬 것인가에 대한 내용을 가정과 직장에 전파하여야 한다.

넷째, 안전관리 규정을 정비하고 끊임없이 보완해야 한다. 모든 시설 및 건축물에 대해서는 안전평가와 함께 재난에 대응할 수 있는 방재대책 평가도 이루어질 수 있도록 법적, 제도적 장치를 갖추어야 한다. 또한 허가제가 아닌 신고제의 업소라고 하더라도 재난대응에 대한 평가는 신고와 동시에 평가가 이루어져야 하며 결함사항이 있을 경우에는 이를 시정한 후 영업을 할 수 있도록 해야 한다. 특히, 찜질방 등 새로운 다중이용시설에 대해서는 사고가 난 이후에 이에 대한 후속조치를 취할 것이 아니라 사전에 안전과 재난대응에 대한 조치가 강구되어야 한다.

---

49) 국무총리실, 『2004년도 국가재난관리계획』(서울: 국무총리실, 2003), p. 9.

다섯째, 안전과 재난 방지를 위한 매뉴얼을 사전 준비하고, 이 매뉴얼을 생활화해야 한다. 미국 등 선진국의 경우, 각 운영기관이 비상대응계획을 수립하고 국가기관이 검토·승인토록 법제화되어 있으며, 모든 비상사태별 대응 매뉴얼을 제도화해서 관련 모든 직원이 매뉴얼에 따라 초기에 대처하도록 의무화되어 있다. 대구지하철 사고를 살펴보면, 관련 비상대비 매뉴얼이 없어 기관사는 사령실에 보고 후 명령에 따라 열차의 정차, 발차, 출입문 개방 등 모든 조치를 함으로써 현장에서의 초기 대처가 지연되어 피해가 확산되었다.[50]

모든 발생 가능한 시나리오별 대응요령이라고 할 수 있는 매뉴얼을 사전에 작성하여 이에 따른 훈련을 실시하고 또 생활화한다면 사고에 즉각적으로 대응할 수 있게 될 것이다. 특히, 다중이용시설(기차, 지하철, 버스, 항공기, 여객선, 백화점, 극장, 대형 식당, 예술관, 박물관, 대형서점 등)이 기업일 경우, 이들도 매뉴얼을 작성하여 생활화할 수 있도록 계도해 나가야 할 것이다.

여섯째, 재난관련 산업을 육성하고 또 지원하여야 한다. 「재난 및 안전관리기본법」에서는 안전관련산업을 육성하고 지원할 수 있는 법률이 처음으로 제정되었지만 그 수준은 상당히 미흡하다. 안전, 방재, 그리고 재난 구조 등에 필요한 최신 장비를 확보해야 생산적인 구조가 가능하다. 따라서 재난관련 산업의 육성으로 민간의 방재 역량이 사회 전반에 환류되도록 유도하고, 소방기기 관련 국제기준의 연구개발 및 대응과 신기술 개발 및 소방산업 육성 등이 필요하다.

또한 사회기반시설 재난 예방기술의 개발, 재난을 감소시키기 위한 재난관련 신기술 개발, 재난피해를 측정하거나 추정할 수 있는 기술

---

50) 김찬오, "국가 재난관리 종합대책," 서울보건대학·안전연대·경기안실련이 공동으로 주최(2003년 10월 9일, 국회의원회관 소회의실)한 〈국가재난관리시스템 선진화를 위한 재난안전 심포지엄〉에서 발표한 논문, pp. 100-103.

개발, 재난예방을 위한 교육 및 오락 게임 개발, IT기술을 이용한 긴급상황관리 시스템 개발, 재난구호물류관리 시스템 개발, 재난피해조사 장비 개발 등 재난과 관련된 산업은 많다. 이러한 산업은 비단 국내에서만 활용되는 것이 아니라 해외시장을 통한 고부가가치를 창출할 수도 있다.51)

일곱째, 국가재난관리 종합정보통신시스템을 개선해야 한다.52) 국민의 생명과 재산을 위협하는 위험요소에 대한 재난의 관리와 사후분석 및 평가를 위한 국가재난관리 종합정보통신시스템을 구축해야 한다. 이 시스템의 목표는 재난관리의 단계별 업무를 언제, 어디서라도 수행할 수 있는 유비쿼터스 환경을 구축함으로써 정보수집·처리와 대응의 동시성(synchronization)을 확보하고, 재난관리책임기관·민간단체·해외재난관련기관과 정보를 공유(collaboration)할 수 있는 시스템을 구축하고, 홍수범람·특수재난에 대비한 피해예측 시스템의 구축, 재난 사례별 표준처리지침 및 과거사례 등을 DB화한 지식관리시스템(KMS)을 개발하고 데이터웨어하우스로 발전시키며 가상훈련시스템을 통한 재난교육과 모의훈련을 실시할 수 있는 정보의 지능성(intelligence)을 추구하는 것이다.

이 시스템을 구축하기 위해서는 ①국가안전관리정보시스템의 기능보완 및 긴급구조시스템의 전국 확대 구축 후 정보공유를 위한 연계추진 및 정보유통을 통한 범국가적 재난관리 종합정보시스템(portal site)으로 확대 구축, ②재난관련 정보시스템 표준화 추진, 지리정보시스템(GIS), 위치정보시스템(GPS), 위성영상정보시스템 등을 연결한 의사결정 지원 및 종합지휘통제시스템으로의 발전, 재난사례 및 유형별 대응요령을 DB화한 지식관리시스템(KMS)구축 등 정보시스템

---

51) 김찬오, "국가 재난관리 종합대책," p. 78, p. 100.
52) 김찬오, "국가 재난관리 종합대책," pp. 118-130.

의 기능 보강 및 고도화 추진, ③위성관측시스템을 이용한 홍수예측, 피해조사, 위험시설물 감시 등 재난경감시스템 구축, GIS기반의 홍수 범람 예측시스템 구축 및 홍수위험지도 작성 및 보급, 국토자원 훼손 방지 및 재난 위험지역 감시를 위한 고밀도영상감시시스템 구축 등을 통한 IT · 첨단과학기술을 이용한 재난경감시스템 구축, ④라디오 · TV 및 위성 케이블에 경보방송 자동수신 기능을 내장하여 모든 국민 들이 즉각적으로 대피할 수 있는 시스템의 개발, 재난예방 및 안전교 육과 홍보 등을 위한 재난방송국을 운영하는 등 재난관련 종합 경보체 계의 구축, ⑤개별적으로 구축하여 운영중인 국가기관 통합무선망 (TRS)을 단계적으로 통합하는 종합통신망 등을 구축함으로써 국가재 난관리 종합정보 통신시스템을 완성해야 한다.

국무총리실 산하에 한시적으로 존재했던 국가재난관리시스템기획 단(2004년 3월~2004년 12월)이 2004년부터 2011년까지 국가재난 관리종합정보시스템 구축을 위해 3개 분야 17개 과제로 구성된 재난 관리 정보화 로드맵을 확정하고 총 1조 3400억 원을 투입한다는 계획 을 발표했으나 그 실행여부는 아직 미정이다.[53]

3. 대비 및 대응

첫째, 사전 경보가 가능할 경우, 재난발생 예상지역에 중앙수습단을 미리 파견하여 재난대응의 효율성을 기해야 한다. 특히 자연재난의 경 우, 사전에 경보로 어느 정도 알 수 있기 때문에 소방방재청이 지정하 는 국장을 단장으로 하는 중앙수습단을 해당 지자체로 사전에 파견하 여 재난에 대비 및 대응하도록 해야 한다. 중앙수습단장은 지자체 대 응팀과 상주하면서 긴급대응활동을 협의 및 조정하고, 또 중앙정부의

---

53) 『디지털 타임스』, 2003.12.29.

대응수단을 원활히 이용할 수 있도록 지원한다.

둘째, 현장지휘소에서는 통합 통신망이 구축되어야 한다. 새로운 법은 재난현장에서의 긴급구조활동의 지휘를 긴급구조통제단장이 하도록 명시함으로써 지휘관계를 명확히 했다. 이때 긴급구조지원기관과 함께 민간긴급구조지원기관도 참여하게 되는데 다양한 구조지원기관에서 파견된 인력 및 장비의 배치와 운용이 무엇보다도 중요하다. 그러나 긴급구조기관과 긴급구조지원기관과의 통신망이 연결되어 있지 않다면 효과적인 구조활동을 전개할 수 없다. 따라서 소방서와 경찰, 그리고 긴급구조활동에 참여하는 지상 및 공중에서 임무를 수행하는 군과의 통신소통은 대단히 중요하다. 그럼에도 불구하고 헬기와 긴급구조통제단장과 직접 연결할 수 있는 통신망이 아직 구축되어 있지 않다. 긴급구조활동이 원활히 이루어질 수 있도록 시·군·구와 시·도별로 긴급구조 통신망을 구축하여 이를 활용하여야 하며, 긴급구조활동에 참여하는 인원은 통제단장의 지휘하에 임무를 수행해야 한다.

셋째, 재난안전대책본부가 재난상황을 정확하게 파악할 수 있도록 인공위성과 영상장비를 갖춘 헬기로부터 정보를 획득할 수 있는 체계가 구축되어야 한다. 재난관리기관은 기관별로 재난상황실을 운용하도록 되어있는데, 재난과 관련된 정보는 각종 통신수단을 이용하여 재난의 범위와 피해정도를 파악하게 된다. 그러나 재난 현장이 아닌 상황실에 있는 실무요원들이나 재난안전대책본부장은 재난의 정도와 피해정도에 대해 감각이 떨어질 수 있다. 따라서 재난상황실 요원들과 재난대응요원들이 현장과 비슷한 감각을 유지하기 위해서는 영상정보가 가장 중요하다.

미국이나 일본은 많은 인공위성을 보유하고 있어 재난과 관련된 정보를 실시간으로 파악할 수 있으나 한국의 경우 인공위성은 지극히 제한적이다. 따라서 헬기를 이용한 영상정보의 확보는 대단히 중요하다.

미국의 로스앤젤레스는 노스릿지 지진(Northridge Earthquake)이 발생했을 때 영상카메라가 탑재된 헬기를 이용하여 지진의 범위와 피해정도를 상세하게 생중계하였다. WESCAM제 카메라가 탑재된 헬기 2대는 피해지역을 비행하면서 한 대는 라이프 라인의 점검이나 도로 상황 등의 피해상황을 생생하게 긴급대책본부에 전송하고, 다른 한 대는 전반적인 상황을 파악하여 종합적인 정보를 제공해 주었다. 긴급대책본부에 상주하던 인원들은 화면을 통하여 도로의 통행금지와 우회로에 대한 적절한 조치, 소방활동의 우선순위 결정, 파손된 가옥과 방치차량의 제거방법 판단 등에 결정적인 영향을 미쳤다.[54]

한국도 영상촬영과 동시 전송이 가능한 헬기를 보유하여 재난이 발생했을 때 그 재난현장을 영상으로 보면서 즉각적인 조치가 취해질 수 있도록 해야 한다.

넷째, 응급구호의료체계를 정비하여야 한다.[55] 응급의료는 환자가 발생한 현장에서부터 시행되는 응급처치(현장처치)를 포함하여 구급차로 이송되는 동안의 응급처치(이송처치), 그리고 응급의료센터의 전문처치까지를 통칭한다. 통상의 경우 응급환자의 80~85%는 비교적 경증의 환자이며 10~15%만이 전문적인 응급처치를 필요로 하는 중증의 응급환자이다. 경증환자는 신속히 병원으로 이송하고 중증환자는 현장에서 전문적인 응급처치를 시행하여야 한다. 따라서 구급대원은 이에 대한 충분한 지식을 갖추고 있어야 한다.

삼풍백화점이 붕괴되었을 때 현장 응급의료소가 미설치되어 부상자에 대한 전문의의 응급처치없이 병원으로 이송되었으며, 환자의 인적사항 파악이 곤란하여 정확한 통계관리가 어려웠다. 보건복지부 계획

---

54) 이연, 『위기관리와 커뮤니케이션』(서울: 학문사, 2003), pp. 186-187.
55) 임송태, "긴급구조구난체계의 확립방안," 한국지방행정연구원 연구보고서 96-19(제240권), 1996년 10월, pp. 49-57.

에 의하면 재난시 보건소장이 현장응급의료소를 설치하여 소장 1명과
분류반, 응급처치반 및 이송반을 두고 의료소장은 현장응급의료소의
설치 및 운영에 관한 전반적인 사항에 대해 지휘 감독하도록 규정되어
있다.56) 그럼에도 불구하고 한국에서 재난이 발생했을 때 현장응급의
료소가 설치되어 체계적인 응급의료가 실시되었다는 보도를 접한 적
이 없다. 사정이 이렇다 보니 긴급 출동한 119에 의해 응급환자가 응
급처치도 제대로 받지 못한 채 병원으로 이송되고 있는 실정이다. 보
건복지부와 소방방재청의 긴급구조통제단이 합심해서 응급의료체계를
정비해야 할 것이다.

다섯째, 재난에 즉각적이고도 효율적으로 대응할 수 있도록 물자 및
자재가 비축되어야 한다. 한국의 재난관리 비축물자 관리체제는 시·
군·구 단위가 기본이다. 시·도에서는 시·도에 따라 포크레인 등 대
형장비를 일부 보유하고 있거나 아예 보유하지 않으며, 국가 단위에서
는 보유하지 않고 있다. 시·군·구에서 재난관리 물자 및 자재를 비
축하는 것은 시·군·구가 재난관리의 일차적인 책임기관이기 때문에
일견 당연한 체제일수도 있다. 그러나 이러한 체제도 다시 고려해 볼
필요가 있다.

재난에 대응하기 위한 물자 및 자재는 시·군·구 단위로 관리하는
것보다는 시·도단위로 관리하는 것이 보다 효율적이다. 그 이유는 각
시·군·구 단위별로 관리할 경우, 각 시·군·구별로 관리장소와 관
리인원 등이 필요하고 물자 및 자재의 이용이 비축물량으로 한정될 수
밖에 없기 때문이다. 그러나 시·군·구의 책임하에 시·도 단위로 몇
개의 권역으로 나누어서 공동으로 비축하면 장소와 인원을 줄일 수 있
고, 추가 품목을 쉽게 확보할 수 있다는 장점이 있다. 시·군·구는 재
난이 발생했을 때 시·도에서 비축하고 있는 자기 시·군·구의 품목

---

56) 국무총리실, 『2004년도 재난관리계획』, 보건복지부편, pp. 649-654.

을 가져가고, 재난이 발생하지 않은 인접 시·군·구의 비축품을 차용해 갈 수 있다.

시·군·구는 인접 시·군·구와 재난발생시 상호 비축물자를 사용할 수 있도록 하는 협정을 체결할 필요가 있다. 이러한 협정체결은 상호간에 이득이 된다. 한쪽은 재난에 대응할 수 있는 필요한 물량을 확보할 수 있고 또 다른 한쪽은 재고품을 환류시킬 수 있는 기회가 되기 때문이다. 이는 재난에 대응하는 공동 커뮤니티 구축의 기반이 될 수 있을 것이다.

여섯째, 재난관련 주요 직위자들의 신속한 소집이 가능하도록 동시다발적인 비상연락체계를 유지하여야 한다. 만약 비상연락체계가 과거처럼 단순한 피라미드식 연락망도의 형태를 띤다면 상황전파 시간이 과다하게 소요되고 또 상황에 대한 공통적인 인식을 갖기 어렵다. 따라서 이러한 피라미드식 연락체계의 문제점을 극복할 수 있는 대안으로 동시다발적인 비상연락체계를 구축해야 한다. 동시다발적인 비상연락체계는 평상시 중앙 및 시·군·구 상황실에서 주요 직위자들의 휴대폰 등에 동시에 메시지를 전송할 수 있는 시스템을 갖추고 있다가 상황발생시 이를 시행하는 것이다.

중요한 것은 중앙 및 지자체의 연동체계를 갖추어야 한다는 점이다. 즉 어느 한 지역에서 상황이 발생하여 해당 상황실에서 메시지 전송을 하면 관련된 중앙 및 기타 지역의 주요 직위자들에게 그 메시지가 전송이 되어 그들이 모두 상황을 공유할 수 있도록 해야 한다는 것이다. 이러한 동시 메시지 전송시스템은 현재의 IT기술로 얼마든지 가능하기 때문에 관련 통신회사와 협조하면 충분히 실현이 가능할 것이다.

4. 복구

첫째, 복구의 개념을 재정립해야 한다. 복구는 원래 상태로 돌아가는 것을 의미하는데 대규모 재난이 발생했을 경우에는 일본처럼 복구보다는 부흥의 개념으로 접근하는 것이 바람직하다.

둘째, 복구는 재난이 재발되지 않도록 적기에 철저하게 이루어져야 한다. 예산집행이 늦어져 전년도에 입었던 피해를 복구하기도 전에 똑같은 지역이 똑 같은 이유로 재난을 당하게 해서는 안 된다. 조기에 예산을 집행할 수 있도록 관련 법령을 정비하고 해당 지방자치단체에서도 동일한 재난이 발생하지 않도록 적기에 철저한 복구가 이루어지도록 해야 한다.

IV. 대테러 업무의 문제점과 개선방안

1. 테러의 변화추세와 한국(인)에 대한 테러 위협

1) 테러 환경의 변화

9·11테러와 연이어 발생한 탄저균 테러는 미래의 테러가 어떻게 발전할 것인지를 극명하게 보여주었다. 또한 3·11테러를 포함한 9·11 이후에 발생한 테러도 국제사회의 대테러 제도화와 관계없이 여전히 대규모 살상을 초래하는 테러가 발생할 수 있음을 보여주었다. 어떤 환경 때문에 이런 대규모 테러가 가능한지 살펴보자.[57]

대규모 테러가 발생하고 또 테러의 빈도가 증가하게 된 원인 중의

---

57) 김열수, "9·11테러 이후 테러리즘의 양상과 전망," 『전사』 제6호(2004.6), pp. 358-360.

하나는 국경의 개방으로 인해 자유로운 이동이 가능해졌다는 점이다. 대형 항공기들은 쉼 없이 여행객들을 실어 나르고, 아버지 세대의 이민으로 그 친척의 이민이 쉬워졌으며 이민 2, 3세대들도 늘어났다. 따라서 테러범들은 여행객, 사업자, 또는 유학생으로 가장하여 세계를 돌아다닐 수 있다. 또한 서로 다른 민족이 서로 다른 국가에 이민하여 살고 있는 관계로 겉모습만으로 테러범과 순수한 자국민을 식별할 수도 없다. 국경의 개방으로 테러범들의 활동 공간이 넓어진 셈이다.

두 번째 이유는 정보·통신의 발달에 기인한 것이다. 정보통신의 발달로 인해 테러분자들은 보다 쉽게 정보를 입수하고, 인터넷을 통해 능력을 발전시킬 수 있으며, 다른 테러분자들을 지원할 수도 있다. 테러집단들은 휴대용 전화와 위성통신망을 이용하기도 하고, 이 메일(e-mail)이나 인터넷 채팅방을 이용하기도 하며, 비디오 테이프나 CD-Rom을 이용하여 정보를 교환한다. 오늘날의 테러분자들은 그들의 선배들과는 달리 리더십과 훈련, 그리고 군수품을 국가나 지역 차원이 아닌 전 세계적으로 전파함에 있어서 정보·통신 기술의 발전이 가져다 준 이점을 최대한 활용하고 있는 셈이다.[58]

셋째, 테러범들은 그들 스스로의 활동자금을 마련함으로써 점차 자생력을 높여나가고 있다. 콜롬비아 혁명군(FRAC)은 코카인 무역을 통해서, 알 카에다는 아프가니스탄에서의 마약재배를 통해서, 아부 사예프(Abu Sayyaf)는 필리핀에서 납치활동을 통해서 이득을 챙기고 있는데 이들은 자금 확보를 위해 점차 범죄활동을 넓혀 나가고 있다. 또한 테러범들은 사업가, 마약밀매자, 신용카드 불법제조자, 납치범, 그리고 은밀한 지원자들로부터 자금을 모은다. 이렇게 획득된 자금은 수많은 은행과 환전소 그리고 송금시스템을 이용하여 테러분자들에게

---

58) U.S. Department of State, *National Strategy for Combating Terrorism* (Washington: DoS, February 2003), pp. 7-8.

전달된다. 이것도 전 세계 금융시스템을 하나로 묶는 정보 네트워크의
결과이다.

넷째, 테러범들의 초국가적인 네트워크 망 구축에 기인한다. 현대
기술에 의해 보다 유연하면서도 초국가적인 네트워크 망을 구축하고
있는 테러집단들은 집단들 내외에서 보다 느슨한 형태의 상호 결집성
을 가지고 있다. 이런 환경에서 테러범들은 자금모집, 정보 공유, 훈
련, 군수, 기획, 테러 실행 등을 같이하게 된다. 한 국가나 지역에서
같은 목표를 가지고 있는 테러집단들은 그 세력을 확장할 수 있고 다
른 지역의 테러집단들로부터 지원을 받게 된다. 테러집단들은 최초 한
국가 내에서만 활동하나 환경의 변화로 인해 지역적으로 활동범위를
넓히게 되고 결국에는 전 지구적으로 그 활동범위를 확대한다.[59]

다섯째, 도시화와 건물의 대형화에 기인한다. 테러의 주체가 세계화
된 지구적 환경을 최대한 이용하는 반면 테러의 객체는 대규모 테러에
더욱 취약한 환경을 가지게 되었다. 국내외 여행객들을 최대한 많이
이동시키기 위해 항공기들은 대형화되었고, 도시화의 영향으로 초고
속 철도와 지하철이 보편화되기 시작했으며 하나의 수원지에 수백만
명의 시민이 식수를 의존하고 있다. 기업가들의 이윤 극대화와 고객의
편의를 위해 백화점과 공연장, 영화관과 슈퍼마켓들은 대형화되었다.
바다를 가로지르는 여객선들도 대형화되었다. 왜 대규모 테러가 가능
한 지 도시화와 대형화가 이를 설명해 준다.

2) 테러 특징의 변화

테러는 변하고 있다. 테러의 목적도 변하고 있고 테러의 주체와 객
체도 변하고 있다. 최근에 발생하고 있는 테러의 특징을 요약해 보면
다음과 같다.[60]

---

59) *Ibid.*, p. 8.

첫째, 요구조건과 공격주체가 불명확하여 추적이 곤란하다는 점이다. 서방 및 특정국가에 대한 적대감이나 지역패권에 대한 반대 등 추상적인 이유를 내세운 테러들이 발생하고 있다. 또한 테러단체들은 공포효과를 극대화하기 위해 요구조건을 제시하지도 않고 정체도 밝히지 않는 소위 '얼굴 없는 테러'를 자행하고 있기 때문에 이들을 색출하기가 매우 어려워지고 있다.

둘째, 전쟁수준의 무차별 공격으로 대규모 피해가 발생한다는 점이다. 과거의 테러는 상징성을 띤 대상을 공격함으로써 테러단체의 대의명분을 선전하고 공포심을 유발하는 수법을 사용하였다. 그러나 최근에는 전쟁수준의 무차별 인명살상을 시도함으로써 그 피해가 상상을 초월한다.

셋째, 테러의 긴박성으로 대처시간이 부족하다는 점이다. 9·11 테러사건의 경우 테러에 소요된 시간은 항공기를 납치하여 빌딩에 자살충돌 하기까지 40~50분 만에 상황이 종료되었다. 이와 같이 대처시간이 절대 부족하기 때문에 사전에 신속하고 효율적인 대응체계의 확립에 보다 많은 자원과 노력이 요구된다.

넷째, 다양한 테러장비의 사용으로 색출 및 예방이 곤란하다는 점이다. 전통적인 테러장비는 무성총기, 폭발물 등이었기 때문에 공항이나 행사장에서 보안검색을 강화할 경우에는 사전에 색출이 가능했었다. 그러나 최근 테러에 사용된 무기들은 생활주변에서 활용되는 물건들로써, 사용방법에 따라 파괴력이 큰 테러장비로 전환될 수 있기 때문에 사전 색출 및 예방이 어렵다. 테러범들은 일격에 테러의 목적 및 효과를 달성할 수 있는 원격조정폭파, 항공기 및 차량을 이용한 자살테

---

60) 이정훈, "제3차 세계대전은 시작되는가," 『신동아』(2001년 10월호), pp. 147-148: 문광건 외 2명, 『뉴 테러리즘의 오늘과 내일』(서울: 한국국방연구원, 2003), pp. 132-161.

리, 정보 및 컴퓨터시설에 대한 사이버 테러를 자행하고 있지만 이를 예방하거나 색출하기가 쉽지 않다.

다섯째, 언론의 발달로 공포의 확산이 용이하다. 현대는 '글로벌 커뮤니케이션'시대로 지구촌 사건소식이 신속하게 전 세계로 전파되고, 테러현장의 생생한 모습이 실시간대에 방송됨으로써 극단적인 공포감을 지구촌 전체로 동시에 확산시킬 수 있다.

여섯째, 사건의 대형화로 국가안보 부담이 증대되고 있다. 과거에는 협상타결 또는 특공대의 투입으로 테러가 종료되었으나, 최근에는 국가적 재난 수준으로 대형화됨에 따라 국가 안보차원에서 예방하고 수습해야 한다. 국가의 안보 부담이 증대되고 있는 것이다.

일곱째, 테러 방법이 점차 지능화되고 과학화되고 있다. 1990년대까지의 테러범들은 대부분 사회적 소외계층 출신이었으나, 최근의 테러범들은 대부분 중산층 출신들로 고학력자들이며 지능화되어가고 있다. 특히 이과 전공자들이 테러에 적극 가담하여 고도로 과학화되는 추세에 있다.

3) 테러의 유형변화: WMD 테러와 사이버 테러

테러의 유형도 변화하고 있다. 과거에는 요인 암살, 항공기 납치, 인질 납치 등의 전통적 테러가 주류를 이루었지만, 오늘날에는 자살폭탄테러, 사이버 테러, 그리고 WMD에 의한 테러가 뉴테러리즘으로 등장하고 있다. 여기에서는 WMD 테러와 사이버 테러에 대해서만 알아보자.

(1) WMD 테러

세계화된 지구적 환경으로 인해 테러분자들은 새로운 테러를 준비하고 있다. 그 중에서도 가장 가능성의 높은 것이 WMD에 의한 테러

이다. WMD관련 과학자들이 테러분자들에게 협조할 가능성과 수송의
용이성으로 인해 테러분자들은 보다 쉽게 WMD를 획득하고 제조하고
전개하고 사용할 가능성이 높아진 것이다. 1998년 빈 라덴은 WMD
를 확보하는 것은 '종교적 의무'라고 주장했으며 아프가니스탄에서 이
러한 의무를 수행하려 했다는 여러 증거들이 포착되기도 했다.61)
WMD를 획득하고 사용하고자 하는 테러분자들의 위협은 명확하다.
테러는 새로운 것이 아니지만 테러분자들의 위협은 과거와는 분명히
다르다. 현대 기술은 테러분자들에게 전 세계를 대상으로 새로운 테러
를 할 수 있는 환경을 제공해 주고 있다. 테러분자들의 상호 연계성과
WMD의 사용 가능성은 테러의 양상을 본질적으로 변화시킬 수 있다.

탄저균 테러는 WMD에 의한 테러가 확실히 새로운 테러의 수단이
될 수 있다는 것을 보여주었다. WMD에 의한 테러는 탄저균 테러 이
전에도 있었다. 1984년 미국 오리건 주에서 식당 물컵 및 샐러드 바
에서 살모넬라균이 살포되어 751명의 환자가 발생한 생물학 테러 사
건이나, 일본에서 옴 진리교에 의한 화학 테러사건이 그것이다. 그러
나 2001년 10월에 발생한 탄저균 테러는 WMD 테러가 더 이상 예외
적인 테러의 수단이 될 수 없다는 것을 보여주었다. 탄저균 테러는 테
러의 공포를 세계적으로 확산시켰다. 국제원자력기구(IAEA)는 항공
기를 원자력 발전소에 충돌시키거나 재래식 폭탄에 방사능 물질을 채
운 '더러운 폭탄(dirty bomb)'62)을 폭발시킬 가능성63)에 대해 경고
한 후 이러한 공포는 더욱 확산되었다.

---

61) U.S. Department of State, *National Strategy for Combating Terrorism*,
   p. 10.
62) 미 Washing Post는 12월 4일, "빈 라덴이 사용 후 핵 연료나 의료용 세슘
   137 등 방사능 물질을 재래식 폭탄으로 포장해 방사능 폭탄을 만들 능력이 있
   다"라고 보도했다. 『중앙일보』, 2001년 12월 6일.
63) 『조선일보』, 2001년 11월 2일.

테러분자들이 생화학무기를 생산하거나 또는 탈취하여 수원지, 공
공건물, 지하철, 백화점, 영화관, 관광센터, 경기장 등에 동시다발적으
로 사용된다면, 인류는 역사상 한번도 경험하지 못한 아마겟돈식 집단
공포증을 갖게 될 것이다. 테러분자들은 탄저균이라는 소리없는 무기
가 어떤 공포심을 유발했는가를 명확히 인식하고 있을 뿐만 아니라
WMD를 획득하기 위한 노력도 계속할 것이다.

(2) 사이버 테러

새로운 테러의 두 번째 유형은 사이버 테러이다. 정보기술의 급진적
인 발전은 테러분자들에게 새로운 기회를 제공하고 있다. 정보기술
(IT: Information Technology)산업은 인류에게 시공을 초월한 다양
한 혜택을 누리게 해 주고 있다. 그러나 초고속 네트워크 사회가 되면
될 수록 정보화의 역기능이 문제가 될 수 있다. 음란·폭력물 등의 불
건전 정보의 유통, 개인정보의 유출 및 오남용, 지적재산권 침해, 스팸
메일 등이 사회적 역기능이라고 한다면 해킹이나 컴퓨터 바이러스 생
성 및 유포로 인한 시스템 파괴는 국가안보에까지 심각한 영향을 미
친다.

사이버 테러는 사이버 공간에서 사이버 수단을 이용하여 테러의 목
적을 달성하고자 한다. 1999년 유고 사태 중에는 미국의 유고 공격에
반대하는 유고의 개인과 단체들이 미 국방성 및 백악관 웹 사이트에
대량의 전자우편 폭탄 및 바이러스에 감염된 메일을 보내어 메일과 웹
서버를 24시간 다운시킨 사례가 있으며 한·중·일 간에도 일본의 역
사 교과서 왜곡 사건으로 사이버 시위를 한 사례가 있다.[64)

사이버 테러는 테러 수행비용이 저렴하면서도 막대한 피해를 입힐

---

64) 사이버 테러 사례에 대해서는 남길현, "사이버테러와 국가안보," 『국방연구』 제
　　45권 제1호(2002. 6), pp. 165-167을 참고할 것.

수 있고, 사건 예측이 불가능하며 익명성의 보장되고 전후방과 전선의 구분이 따로 없다는 특징을 가지고 있다. 해킹이나 컴퓨터 바이러스의 전파, 서비스 거부 공격 등이 고전적인 사이버 테러라고 한다면 하드웨어 내에도 원하지 않는 기능을 삽입시키는 치핑(Chipping), 컴퓨터 내부에 침투하여 전자회로기판을 작동 불능케 하는 나노 머신(Nano Machine), 무선 주파수를 전자적 목표물에 발사하여 그 기능을 마비시킬 수 있는 헤르프 건(High Energy Radio Frequency: HERF gun), 강력한 전자기장을 형성해 주변의 모든 전자시설을 파괴하는 전자기장(EMP: Electro-Magnetic Pulse) 폭탄, 장비의 통신채널을 방행하여 정보를 수신할 수 없도록 하는 전파방해(Electronic Jamming) 등은 새로운 위협 무기가 되고 있다.[65]

4) 한국(인)에 대한 테러의 위협

한국(인)에 대한 테러 위협은, 크게 북한에 의한 국내에서의 테러, 외국 테러 집단에 의한 한국에서의 테러, 그리고 북한 및 국제테러 집단에 의한 해외에서의 테러로 구분할 수 있다

(1) 북한에 의한 국내에서의 테러

북한의 대남테러는 1950년대 중반부터 본격화되었으며, 1960년대부터는 국내외에서 주로 한국인을 대상으로 조직적인 테러를 자행하였다. 북한은 노동당 중앙위원회 산하 비서국 예하에 대외연락부(일명, 사회문화부), 35호실(일명, 대외조사부), 작전부, 통일전선부가 편성되어 있다. 이들 부서는 테러 및 공작 요원을 양성하여 남한에 침투시켜 남한 내의 혁명역량을 구축하고, 정보수집과 사회 혼란을 조성하며, 필요시 요인암살, 납치, 파괴 등의 테러를 전담하는 임무를 수행

---

65) 남길현, "사이버테러와 국가안보," pp. 171-173.

한다.[66]

대외연락부는 공작원을 양성하여 남한에 침투시켜 혁명역량을 구축하는 임무를 수행한다. 35호실은 남한사회의 정치·경제·사회 분야의 움직임과 미국과 일본의 대 한반도정책, 대북정책, 한·미 유대관계 및 국제정세와 동향을 파악하고, 그와 관련된 정보를 수집한다. 또한 대남 테러 공작 임무를 담당하고 있는데, 이들은 1978년의 최은희·신상옥 납치사건, 1987년의 KAL기 폭파사건, 1997년의 이한영 암살사건 등을 주도한 것으로 알려지고 있다. 작전부는 한국과 제3국에 침투하는 공작원을 일정한 장소까지 안내하는 임무와 요인 암살 및 납치, 군사정찰, 폭파 등의 임무를 수행한다. 통일전선부는 북한의 대남공작기관 중에서 가장 방대한 조직으로 적화통일을 위한 국내외적 여건과 분위기 조성을 목표로 주로 해외 교포사회에 침투하여 친북세력을 확보하고 모든 형태의 남북교류와 대북 협상전략을 수립·조정한다. 이들 노동당 예하의 테러 조직원은 1만 3,000여 명에 달하는 것으로 알려지고 있다.

이런 방대한 조직을 가진 북한의 대남 테러행위를 연대별로 요약해 보면 다음 〈표 9-1〉과 같다.

북한은 아직도 미국이 지정한 테러후원 국가(State-Sponsored Terrorism)의 명단에서 제외되지 못하고 있다. 한국을 대상으로 한 테러와, 1970년의 요도호 납치사건과 연관된 일본 적군파에 대한 피난처 제공 문제와, 납치범 가족의 귀환문제가 걸려있기 때문이다. 테러후원 국가로 지정되면 미국 정부로부터 무기관련 수출 및 판매 금지, 이중 목적 사용이 가능한 품목의 수출통제, 경제 지원금지, 그리고 기타 재정 및 제재 부과 등의 4가지 제재를 받게 된다. 북한은 이러한 제재로부터 벗어나기 위해 고이즈미 일본 수상과의 정상회담에서 일

---

66) 김현기, "북한군 특수부대의 실체," 『국방저널』, 2001년 11월호, pp. 29-30.

<표 9-1> 연대별 북한의 대남테러 주요 사례

연대별	1960년대 이전	1960년대	1970년대	1980년대	1990년대	2000년 이후
사건	·재일본인 북송 ·KNA기 납치	·청와대 기습 ·울진·삼척 공비 침투 ·프에블로호 납북사건	·국립묘지 현충문 폭파 ·8.15 대통령 저격 미수 ·간첩단 침투	·아웅산 폭파 ·KAL 858기 폭파 ·김포공항 폭파	·이한영 피살 ·최덕근 주러 총영사 피살 ·동해 잠수함 침투	·서해교전 ·남해 잠수정 침투
특징	·남한 내 기지 구축	·월남전 배경 ·전면전쟁 유인	·국가지도 체제 혼란 조성	·경제발전 저해 ·86아시안 게임, 88올림픽 방해	·지하당 전술 ·반북인사암살 ·무력도발, 인질	·남한내 혼란 조성 ·전면전 유인
행위자	·특수요원	·특수 게릴라 ·군인	·특수요원 ·제일동포	·특수요원 ·민간인	·군인 ·북한공작원 ·남파된 간첩	·군인 ·고정간첩 ·북한 동조원
목적	·자체역량 비축	·정세혼란 조성 ·무력적화 통일	·정치·경제·사회 질서 파괴 ·통혁당 사건	·올림픽 무산 ·학내소요 및 노동쟁의 선동 ·정부 전복	·북한체제 보호 ·경제실리 추구	·남한내 혼란 조성
방법 (전술)	·유인납치	·게릴라전 ·비정규전 ·무차별 살상	·비정규전 ·요인암살 ·시설폭파	·비정규전 ·암살, 폭파	·요인 암살 ·지하조직 구축	·배합전술 ·요인암살
대상	·재일본인 ·항공기	·대통령 위해 ·시설물 파괴	·대통령 위해 ·요인 납치	·대통령 위해 ·86아시안게임/88올림픽 무산	·탈북자 요인	·군인 ·주요인사
결과	·자체 부족 역량 비축	·사회혼란 조성 ·게릴라기지 구축 ·4대 군사노선 추구	·특수부대 통합 개편 ·전후방 동시 전장화 기도	·노·학연계 폭력투쟁 유도 ·자체역량 비축	·김정일 체제 구축 ·사상교육 강화 ·체제 전복 및 학내 폭력 조직	·강성대국 노선 ·여야 정국 혼란조성 ·남한 국제 고립 조성

출처: 임강수, "장차 테러전 대비 군 대응방안에 관한 연구," 국방대학교 합동참모대학, 2003년도 연구보고서(서울: 국방대, 2003), p.39의 내용을 일부 수정.

본인 납치 문제를 시인하고 납치된 일본인 5명의 귀국을 허용하는 등
의 조치를 취하기도 했다.67) 또한 북한은 유엔 안보리에 '테러방지 이
행 보고서'를 제출(2001.12.20)하는 등의 가시적인 조치를 취했음에
도 불구하고 북한이 테러 행위를 중단할지에 대해서는 아무도 속단할
수 없다. 국내외에서 북한에 의한 한국(인)에 대한 테러 가능성에 대
해서는 여전히 높은 경계심이 요구된다.

(2) 외국 테러집단에 의한 한국에서의 테러

미국이 아프가니스탄과 이라크를 공격하고 또 한국의 자이툰 부대
가 이라크에서 활동함에 따라 외국 테러리스트들이 한국을 대상으로
테러를 할 수 있는 명분이 마련되었다. 특히, 미국을 증오하는 국제테
러집단들68)이 한국 내의 미군과 미군시설에 대해 테러를 할 수도 있
고 미국과 동맹관계를 맺고 있는 한국인과 한국 내 중요 시설에 대해
서도 테러를 할 수 있다. 주로 미국과 적대적인 극단적 이슬람 단체와
반한단체에 의한 테러가 예상된다.

2004년에 접어들면서 외국의 반한단체가 한국에 대한 테러를 하겠
다는 협박편지가 현지 대사관에 날아들고 있다. 태국의 AKIA(Anti
Korea Interest Agency)가 그 대표적이며, 심지어 태국 주재 한국
대사관에 'Yellow-Red Overseas Organization'이라는 정체불명의
단체가 "한국, 일본, 태국, 필리핀, 싱가포르, 호주, 쿠웨이트, 파키스
탄 등 이라크 파병 8개국을 대상으로 테러공격을 하겠다"는 협박편지
를 보내기도 했다.69) 이 뿐만이 아니다. 국가정보원은 알 카에다 조직

---

67) U.S. Department of State, *Patterns of Global Terrorism 2003*
   (Washington: DoS, April 2004), p. 85, pp. 91-92.
68) 2004년 미국이 지명한 국제 테러집단은 총 34개이며, 이 중 이슬람에 근간을
   두고 있는 테러 집단은 총 24개에 달한다. 여기에 대해서는 U.S. Department
   of State, *Patterns of Global Terrorism 2003*, pp. 113-138을 참고할 것.

원이 지난 10년 사이 두 차례에 걸쳐 한국에 들어온 일이 있다고 밝혔다.[70] 또한 알 카에다의 2인자로 알려진 아이만알 자와히리는 알 자지라 방송을 통해 한국을 포함한 전 세계 동맹들의 시설을 공격하기 위해 지도부를 구성해 조직적인 저항에 나서라(2004.10.1)고 촉구하기도 했다.[71] 이는 한국이 더 이상 국제테러 집단으로부터도 테러의 안전지대가 아니라는 것을 보여주고 있다.

또 하나의 테러 가능성은 한국에 거주하는 노동자에 의해 테러가 발생할 수 있다는 점이다. 2002년 6월 현재, 한국에 거주하는 외국 노동자는 31만 명에 달한다.[72] 물론 합법적인 노동자도 있지만 불법적인 노동자도 많다. 외국의 테러집단이 이들과 연관된다면 테러는 더욱 쉽게 일어날 수 있다. 국내에 거주하는 외국 노동자들은 테러의 수단을 국내에서 쉽게 확보할 수 있고 또 한국 내의 정보에 밝다는 이점이 있다. 국내에 거주하는 외국인 노동자들을 차별해서도 안 되지만 테러의 가능성을 완전히 배제하는 것도 곤란하다.

(3) 북한 및 국제테러 집단에 의한 외국에서의 테러

재외국민에 대한 테러도 빈번하게 발생하고 있다. 한국의 국제적 위상이 높아짐에 따라 해외 유학생들과 해외여행객들이 증가했으며 민

---

69) AKIA는 태국 주재 한국 대사관을 포함한 한국의 주요 기관과 국적 항공기 등을 겨냥해 테러공격을 하겠다는 협박편지를 보냈고(2004.1.8), 구체적인 테러 공격 일자가 명시된 편지도 보냈다(2004.1.16). 또한 태국의 돈무앙 공항내 대한항공 사무소에 테러 협박편지가 접수(2004.4.23)되기도 했다. 여기에 대해서는 최진태, "한국 관련 테러 공격 협박 사건 분석," www.terrorism.or.kr 을 참고할 것(검색일: 2004.11.27).

70) "알 카에다 조직원들 10년간 2차례 한국 입국,"『한겨레』, 2003년 11월 20일.

71) 『연합뉴스』, 2004년 10월 12일.

72) www.kdaq.empas.com/dbdic/db-view.fsp?.num=3581207&ps=src&pq= (검색일: 2004.11.27).

간기업의 해외 주재원들도 증가했기 때문이다. 해외에 거주하고 있는 한국인들이 증가함에 따라 재외국민들도 테러의 위협에 노출될 확률이 높아졌다. 재외국민을 대상으로 한 테러는 크게 3가지 유형으로 구분할 수 있다.

첫째, 해외여행자에 대한 테러이다. 1990년대 해외여행이 자유화되면서 한국인의 해외 여행이 급속도로 증가하고 있다. 한국인의 해외여행 증가는 단순한 관광뿐만 아니라 기업의 해외진출을 위한 여행도 포함된다. 또한 여행지역도 과거의 서구권에서 벗어나 전 세계를 대상으로 하고 있다. 테러집단들이 단순히 한국인을 대상으로 테러를 감행하겠다고 결심하면, 굳이 한국으로 입국하여 테러를 할 필요가 없다. 해외에 단체여행 중인 한국인을 대상으로 테러를 하면 되기 때문이다. 1995년 러시아에서 현대전자연수단 29명이 탑승한 버스가 권총으로 무장한 복면괴한에 피랍된 사건이 발생했으며, 2002년에는 프랑스 어학연수 중이던 한국 여학생이 영국 여행 중에 실종되어 사체로 발견되었고 영국 유학 중이던 여학생 한 명도 실종되는 사건이 발생했다.[73]

둘째, 해외주재 공관원이나 상사원에 대한 테러이다. 해외주재 공관원에 대한 테러도 발생하고 있다. 최덕근 주러 총영사가 1996년 러시아에서 피살당했으며, 1998년에는 예멘 주재 한국 공관원 가족 등 3명이 무장괴한에 의해 피랍되었다가 4일 후에 석방된 사례도 있다. 한국의 해외주재 상사원들이나 기술자들도 테러의 대상이 된다. 한국 기업들이 테러세력이 준동하고 있는 지역이나 심지어 전쟁이 진행 중인 지역에서도 기업활동을 하고 있기 때문이다. 이라크에서 전기공사 중에 살해당한 오무전기의 직원이나 김선일씨의 참수사건이 그 대표적인 사례이다. 또한 현지의 테러단체들이 그들의 활동 자금을 확보하기

---

73) 정보위원회 수석전문연구실, 『테러관계 자료집』(서울: 국회 정보위원회 수석전문연구실, 2002), p. 87.

위해 한국의 상사원들이나 기술자를 인질로 삼을 수도 있다. 필리핀에서는 국도 확장 공사를 하던 경남기업 현장 사무소가 '신인민군'의 습격을 받아 금품을 강탈당했으며(1999), 인도네시아 '자유 파푸아 운동(OPM)'이 코린도사의 한국인 직원 2명과 현지인 11명을 인질로 납치한 사례가 대표적이다.

셋째, 해외교포에 대한 테러이다. 개인적 이유에서도 테러를 당할 수 있지만 한국인이라는 이유만으로 테러를 당할 수도 있다. 1992년 미국에서 발생한 LA 폭동과 2000년 타지키스탄의 두샨베이에서 발생한 이슬람 세력에 의한 폭탄테러가 그 대표적인 사례이다.

테러에 유리한 환경이 조성되어 가고 있고 또 테러의 특징도 변화되어 가고 있다. 이러한 환경과 테러의 특징 속에서 한국(인)은 다양한 위협의 출처로부터 테러의 대상이 되어가고 있다. 그렇다면 21세기 테러의 위협에 대응하기 위해 정부는 어떤 대테러 정책을 수립해야 하는 것인가?

2. 대테러 정책의 기본 방향

테러의 예방차원에서 보면, 9·11테러나 3·11테러, 그리고 이한영 테러는 예방에 실패한 사례들이다. 테러의 대응차원에서 보면, 1985년 이집트 특공대의 몰타 공항에서의 테러 진압작전과 2002년 극장에서 인질로 잡혀있던 러시아군의 민간인 구출작전은 대응에 실패한 사례들이다. 테러는 예방하기도 힘들지만 진압하기도 쉽지 않다. 그럼에도 불구하고 한국의 대테러 정책은 테러예방과 대응이라는 두 가지 방향에서 이루어질 수밖에 없다.

예방단계에서는 테러의 주체, 수단 및 방법, 그리고 테러 대상에 대한 정보를 수집하고 통합하고 전파해야 하며, 테러분자들이 테러 대상에 접근할 수 없도록 이를 거부해야 하고, 또 테러 대상을 보호해야 한다. 대응단계에서는 테러가 발생했을 때 유형별로 대응해서 효율적으로 제압해야 하며, 테러의 배후자를 끝까지 밝혀내야 한다. 테러가 발생한 이후에 대응하는 것보다 테러가 발생하지 않도록 사전에 예방하는 것이 대테러 정책의 핵심이다.

1) 대테러 정보망 구축

테러 예방을 위한 가장 중요한 정책 중의 하나는 테러에 관한 정보를 획득하고 이를 활용하는 대테러 정보화 정책이다. 이 정책의 핵심은 테러에 관한 정보를 수집, 통합, 해석, 전파, 및 활용하는 것이다. 먼저, 정보의 수집이다. 정보 수집의 대상은 테러분자들과 집단에 대한 정보와 이들의 지휘체계와 테러집단들과의 연계에 관한 내용, 이들의 자금확보 방법과 훈련 및 활동내용, 최근 테러 수단과 방법의 변화에 대한 내용, 테러 대상에 대한 내용 등이다. 특히, 국제 테러집단에 대한 정보를 획득하기 위해서는 우방국들과의 협조가 가장 중요하다.

둘째, 정보의 통합이다. 국내외의 다양한 기관에서 정보가 수집된다고 하더라도 이것이 통합되지 않으면 아무런 소용이 없다. 부처 이기주의에서 벗어나 특정한 기관이 대표가 되어 테러에 관한 모든 정보를 통합해야 한다. 정보의 수집원이 다양할수록 수집된 자료는 첩보의 수준을 벗어나 정보의 수준에 이르게 된다.

셋째, 정보의 해석과 전파 및 활용이다. 정보 통합을 하는 기관에서 정보를 해석해야 하나 해석 과정에서의 실수를 줄이기 위해 해당 정보를 수집한 기관과 협조를 통해 해석이 이루어져야 한다. 또한 정보의 해석이 이루어지고 나면, 이를 즉시 관계 기관에 전파해야 하고, 관련 기관은 이를 대테러 활동에 활용해야 한다.

미국도 9·11 테러 이후 가장 문제가 되었던 부분이 테러 정보에 관한 것이었다는 점을 인식하였다. 다양한 기관에서 수집된 정보들이 서로 전파 및 활용되지 않았다는 반성 하에 미국은 2003년 5월 테러위협통합센터(TTIC: Terrorist Threat Integration Center)을 설치하였다. TTIC는 국내는 물론 국외로부터 테러 관련 정보를 수집·분석·평가하여 이를 2,000여 개 관련 기관에 제공하는 책임을 가지고 있다.74)

대테러 정보화 정책에서 관심을 가져야 할 것은 단지 테러분자와 집단에 대한 정보만이 아니라 첫째 항에서 제시한 다양한 내용의 정보가 망라되어야 한다는 점이다.

2) 테러 대상에 대한 테러분자들의 접근거부

테러를 예방하기 위해서는 테러집단들이 테러대상에 접근하지 못하도록 해야 한다. 한국(인)에 대한 테러 위협의 출처는 북한에 의한 테러, 외국 테러 집단에 의한 한국에서의 테러, 그리고 재외국민에 대한 테러로 구분할 수 있다. 이들 테러분자들이 접근하지 못하도록 거부정책을 수립해야 한다.

첫째, 북한 테러분자들이 접근하지 못하도록 해야 한다. 한국은 북한에 대해 나쁜 선례를 남겼다. 1·21사태나 KAL기 폭파사고, 아웅산 테러 사건 등에서 북한이 국가적 차원에서 테러를 계획하고 지원했음에도 불구하고 이에 대한 보복을 하지 않았다는 점이다. 재발 방지를 위한 엄포성 경고만 있었을 뿐 제재나 보복은 없었다. 이러한 한국의 정책이 북한으로 하여금 테러의 유혹을 벗어나지 못하게 하고 있다.

---

74) John O. Brennan, "Terrorist Threat Integration Center Statement," www.apfn.net/messageboard/08-07-03/discussion.cgi.93.html(검색일: 2003.7.8), 이대우, "한국의 국가안보와 대테러 대책," 세종연구소, 『테러와 한국의 국가안보』, p.169에서 재인용.

　남북한 간의 신뢰구축이 이루어지기 전에는 북한이 이러한 유혹을 벗어날 수 없다는 태생적 한계가 있다. 따라서 정부는 북한 테러분자들이 한국에 잠입하여 테러를 하지 못하도록 조치를 취해야 한다. 육상이나 해상 침투에 의한 접근도 거부해야 하지만 탈북자에 대한 관심도 제고할 필요가 있다.75) 민족이라는 감정적 차원보다는 국가안보라는 현실적 차원의 접근도 필요하다. 북한이 조직적으로 한국에 대해 테러를 하지 못하도록 거부하기 위해서는 '반드시 응징'한다는 내부 정책을 먼저 수립하고 이를 다양한 계통을 통해서 북측에 전달해야 한다.

　둘째, 외국 테러집단들이 국내에 입국하지 못하도록 해야 한다. 테러분자들에 대한 정보만 획득된다면 이들의 접근을 차단하는 것은 비교적 쉬울 수 있다. 3면이 바다이고 북쪽에는 철책선이 있어 해안과 공항에서의 출입국 심사만 철저히 이루어진다면 이들의 접근은 차단될 수 있기 때문이다. 물론 현지 영사관에서의 철저한 비자 심사가 우선되어야 한다.

　해외 근로자는 한국의 3D산업을 받쳐주는 마지막 보루이다. 이들의 노동력이 투입되지 않는다면 3D산업은 큰 타격을 받을 수 있다. 미국은 9·11 테러 이후 외국인에 대한 광범위한 체포, 구금, 사찰 활동을 하고 있다. 물론 9·11테러의 주역들이 합법적으로 미국의 비행학교에서 훈련을 받았다는 점을 염두에 두었을 것이다. 미국은 테러 혐의가 있는 외국인에 대해 영장 없이 7일 간을 구금할 수 있고 유학생에 대한 감시도 어학연수생과 직업교육생으로 확대할 정도로 외국인을 감시하고 있다. 하지만 한국은 30여만 명의 외국 근로자들이 한국에

---

75) 탈북자 수는 1999년 처음 100명을 넘어선 데 이어 2000년 312명, 2001년 583명, 2002년 1139명에 이어 지난해에는 1281명을 기록했다. 지난 7월에는 468명이 제3국을 경유하여 집단으로 탈북하기도 했다. 탈북자 중에는 한국 국적을 취득한 후에 간첩활동 혐의로 조사를 받은 사람들도 있다. 여기에 대해서는 『중앙일보』, 2004년 12월 2일, 3일을 참고할 것.

거주하고 있지만 아직 이들에 의해 테러가 발생하지 않았다는 점에서 9·11테러를 당한 미국의 정책을 모방할 필요는 없다. 그러나 이들이 테러에 접근하지 못하도록 정책을 세우는 것과 아무런 정책이 없는 것과는 천양지차의 결과를 가져온다는 점을 염두에 둘 필요가 있다. 정책은 두 가지 차원에서 이루어져야 한다. 하나는 이들이 모멸감과 차별에 의해 반한감정이 생기지 않도록 세심한 배려를 하는 정책을 수립해야 하며, 또 다른 하나는 이들이 테러분자와 연계되지 않도록 하고 이들 스스로가 테러를 자행하지 않도록 적절한 조치를 취해야 한다. 한국에 테러를 가할 특별한 이유가 없는 태국의 AKIA가 왜 한국을 대상으로 테러협박을 하고 있는지를 고민해 볼 필요가 있다.

셋째, 테러분자들이 해외주재 공관원, 해외 지사 회사원 및 근로자, 유학생, 해외 여행객, 그리고 해외교포 등에게 테러를 목적으로 접근하지 못하도록 이를 예방해야 한다. 테러의 경보 정도에 따라 해외주재 공관원은 경비요원의 증가를 주재국에 요청해야 한다. 그 외의 해외여행객들은 안전이 담보되지 않는 곳으로 여행하게 해서는 안 된다. 산업자원부에서는 해외 건설을 허용해주고 외통부에서는 이 사실을 모르는 상황이 계속되어서는 안 된다. 해외여행을 하는 개인이 안전에 일차적인 책임을 져야 하겠지만 국가도 책임이 있다. 해외 여행객들에게는 해당 지역에서의 테러 관련 정보가 어떤 형태로든지 개인에게 전달되어야 한다. 이것이 국가가 해야 할 일이다. 해외동포들도 동포끼리의 공동체만 참여할 것이 아니라 지역 주민의 공동체에도 적극 참여함으로써 조직적 반한활동이 테러로 연결되지 않도록 해야 한다.

3) 테러 대상의 보호

테러 대상은 크게 사람과 시설이다. 그러나 오늘날의 테러가 불특정 다수를 대상으로 하고 있다는 특징을 고려한다면, 시설에 대한 보호대책이 우선되어져야 한다.

이를 위해서는 국가 중요시설인 핵시설, 수원지, 정보통신시설, 공항, 항만 등과 미군 시설에 대한 보호 대책이 마련되어져야 한다. 또한 사람들이 많이 이용하는 다중이용시설인 지하철, KTX, 백화점, 영화관, 관광센터, 경기장 등에 대한 보호대책은 물론, 화학 및 생물학 약품 처리 시설 및 판매소 등에서의 보호대책도 마련되어져야 한다. 모든 시설의 출입인원에 대해 공항 검색대처럼 검색대를 통과해야 시민들이 사용할 수 있도록 할 수는 없지만 그래도 각 시설의 책임자가 자체의 시설을 보호하기 위한 대책을 세우도록 정부 차원에서 정책을 마련해야 한다.

4) 유형별·효율적인 테러 진압

테러가 발생했을 때, 테러를 진압하는 것은 테러의 양상에 따라 달라야 한다. 인질을 잡고 있을 때와 WMD에 의한 테러에 대해 대응하는 방식이 달라야 한다는 뜻이다. 대테러 진압임무를 담당하는 경찰청 소속의 특공대나 국방부 소속의 특공대는 테러분자들이 전통적인 테러가 발생했을 때 필요한 조직일 뿐이다. 때문에 테러 유형별로 대응 조직이 필요하다.

즉, 사이버 테러에 대해서는 대사이버 테러 조직이 있어야 하고, WMD에 의한 테러에 대응하기 위해서는 또 다른 조직이 필요하다. 따라서 테러 유형별로 새로운 조직을 만들거나 유사시 즉각적으로 투입될 수 있도록 준비해야 한다. 물론 테러 유형별 대응요령에 대한 세부 매뉴얼이 개발되어져야 하고 훈련되어져야 한다.

전통적 테러에 대응하는 특공요원들에 대한 지휘체계와 장비보강, 훈련 지원 등에 대한 정책도 수립되어져야 한다. 전통적 테러가 발생하면 신속한 출동과 현장보존, 테러범과의 접촉유지, 안전통제 및 피해확산 방지를 위한 조치가 취해져야 한다. 또한 협상을 통한 해결이 가능하도록 전문 협상팀이 운영되어야 한다. 협상이 불가능할 경우 무력진압작전을 수행하게 되는데 테러 진압작전의 역사는 성공보다 실패가 더 많았다는 점을 고려해야 한다. 이러한 테러의 진압과정에서 언론의 협조는 필수적이다.

5) 테러의 진상 규명

자살폭탄 테러나 첨단 IT기술을 이용한 테러의 증가로 테러범들을 체포하기란 용이하지 않다. 그럼에도 불구하고 테러의 배후자는 밝혀내야 한다. 비록 미국이 9·11을 막지는 못했지만, 미 CIA에서 테러 발생 2일 후에 테러범들의 신상을 공개했다는 것은 미국의 정보력을 보여주는 단면이다. 신속하게 테러의 배후를 밝혀내고 진상을 규명할 수 있다면 추가테러를 막는 데에도 도움이 될 것이다.

대테러 정보망을 구축하고, 테러 대상에 대한 접근을 거부하며, 테러 대상을 보호하고, 유형별 효율적인 대테러 작전을 시행하고, 테러의 진상을 규명한다는 것은 그리 쉬운 일이 아니다. 테러를 완전히 근절한다는 것이 그만큼 어렵다는 뜻이다.[76] 그럼에도 불구하고 정부는 대테러 정책의 기본 방향을 수립하고 이를 시행할 수 있도록 법적, 제도적, 운용적 측면에서 이를 정비해 나가야 한다.

3. 법적·기구적·운용적 정비 방안

1) 법적인 정비 방안: 대테러법 제정

9·11테러를 계기로 전 세계는 테러에 대비하기 위한 각종 제도를

---

76) 이에 대해서는 김열수, "테러리즘 근절이 어려운 원인: 제도화의 한계와 국제사회의 균열," 『국가전략』 제8권 3호(2002년 가을)를 참고할 것.

정비하고 있다. 가장 대표적인 국가가 미국이다. 미국의 대테러 정책은 두 가지 방향에서 진행되고 있다. 하나는 국내에서의 테러 방지와 관련된 것이고 다른 하나는 국외에서의 테러방지와 관련된 것이다. 미국은 애국법을 제정하고 전통적 군사안보 이외의 국가안보와 관련된 각종 기구를 흡수하여 국토안보부를 창설했다. 또한 국외에서의 테러 근절을 위해 유엔 결의안과 각종 국제회담에서 대테러 결의안을 체결하도록 하는 지도력을 발휘했다.[77] 다른 국가들도 국제적 협력을 모색하는 가운데 국내의 대테러 활동을 위한 제도적 조치를 강화하였다. 영국은 9·11 테러가 발생하기 1년 전에 '테러법'(Terrorism, 2000)을 제정했으며, 독일은 9·11테러 이후 기존의 테러 관련법을 통폐합하여 새로운 '대테러 대책법'을 제정하였고, 캐나다도 9·11테러 직후 '대테러법'(Anti Terrorism, 2002)을 제정하였다. 일본은 2001년 '대테러대책 특별조치법'을 제정했으며, 러시아와 프랑스는 기존의 대테러법을 강화하였다.[78] 개별 국가가 테러 예방과 대응을 위해 각종 조치를 행동으로 옮겨가고 있음에도 불구하고 한국은 아직 가시적인 조치를 취한 것이 별로 없다.

---

77) 미국은 유엔 안전보장이사회에서 '대테러리즘에 대한 광범위한 지원'이라는 결의안(결의안 1373호, 2001년 9월 28일)을 이끌어 내었고, 136개국이 각종 형태의 군사지원에 참여케 했으며, 142개국이 테러분자들과 관련된 자산들을 동결시키도록 지도력을 발휘했다. 9·11이후 미국은 테러리스트 조직의 재산 3천 3백만 달러 이상을 차단했으며 다른 국가들도 3천 3백만 달러 정도를 차단했다. 대테러 연대의 구체적인 결과에 대해서는 송대성, "미국의 반테러 전쟁 평가와 향후 전망." 『정세와 정책』 세종연구소, 통권 67호(2002-02), pp. 1-4 와 The Coalition Information Centers, "The Global War on Terrorism: The First 100 Days," pp. 9-10을 참고할 것. (http://www.whitehouse.gov/news/releases/2001/12/100dayreport.html, 검색일: 2002년 5월 9일).

78) 정보위원회 수석전문연구실, 『테러관계 자료집』, pp.59-72; 김태진, "국제테러 조직 동향과 대응책." 『대테러정책 연구논총』, 제1호(2004.1), pp. 119-121.

각 국가가 대테러법을 제정하여 테러에 적극적으로 대처해 나가고 있음에도 불구하고 한국은 아직 대테러법을 제정하지 못하고 있다. 한국은 대테러 관련 12개 국제규범에 모두 가입한 상태이나 이를 구현하고 집행할 대테러법이 존재하지 않는다. 현재 우리 정부는 1982년에 제정되고 1997년에 개정된 대통령 훈령 제47호인 '국가 대테러 활동 지침'에 의거하여 대테러활동을 전개하고 있다. '국가 대테러 활동 지침'은 크게 대테러 대책기구 설치운영에 관한 분야, 대테러 대응조직에 관한 분야, 대테러 예방 및 대응활동에 관한 분야, 그리고 관계기관과의 임무를 규정한 분야로 구분되어 있다. 그러나 대통령 훈령은 테러를 사전에 예방한다는 차원보다는 테러가 발생했을 때 피해를 최소화하는 것에 목적을 둔 소극적 차원의 지침이라고 볼 수 있다.

대통령 훈령은 행정기관 간의 관계를 규정한 행정조치로써 대외적으로 구속력을 발휘하는데 한계가 있다. 또한 개인의 권리 및 의무에 대한 사항은 규제가 불가능하고 동 규정을 위반하더라도 대내적인 책임문제가 발생할 뿐, 위법행위로써 처벌의 어려움이 있다.

9·11 테러가 발생하자 유엔 안전보장이사회는 '테러와의 전투를 수행하기 위한 행동(Mandatory Action to Fight Terrorism)'을 결의(SCR 1373, 2001.9.28)하였다. 결의안의 핵심 내용은 테러자금 조달지원 행위를 예방 및 억제하고 이를 범죄화, 테러관련 자금·금융자산 또는 경제적 지원을 즉시 동결, 테러리스트나 테러조직을 위한 어떤 형태의 지원도 금지, 테러 예비·음모 및 자금조달지원 행위를 처벌하고, 이들 행위를 중대범죄로 설정, "테러 자금조달 억제에 관한 협정(2002)" 에 조속한 가입 촉구 등이다.

9·11테러의 후속조치와 유엔 안보리의 권고에 의해, 김대중 정부는 2001년 9월 국무회의를 통해 범 정부적인 대응체제 구축 차원에서 테러방지법을 입법하기로 결정했다. 국가정보원에 의한 초안 작성과

의견수렴 과정을 거쳐 11월 27일 국무회의에서 5장 29개 조로 구성
된 테러방지법안을 의결하여 국회에 제출되었다. 그러나 국회에 제출
된 이 법안이 인권침해의 소지가 있다는 점과 주관부처의 권한 확대
등이 쟁점79)이 되었다. 그 이후 국가인권위원회가 주관하는 청문회
(2001.12.7)와 국회 정보위원회가 주관한 전문가 의견 청취
(2002.3.11) 및 공청회(2003.11.3) 등을 거쳐 2003년 11월 14일
정기국회 정보위원회는 만장일치로 대테러법안을 의결하고 법사위에
제출하였다. 그러나 시기적으로 17대 국회의원 선거와 맞물려 이 법
은 국회의 의결을 얻지 못하고 2004년 5월, 16대 국회의 임기가 종료
됨에 따라 자동 폐기되었다.80)

대테러법은 17대 정기국회에도 상정되어 있다. 수차례에 걸쳐 수정
되어 제출된 대테러법은 시민단체들의 요구사항인 인권 보호 분야가
많이 반영되어 있다. 테러예방법이 2004년 국회에서 통과되어야 시행
령이 제정되고 시행규칙인 대통령령이 수정될 수 있다. 한국의 대테러
정책이 테러예방과 진압이라는 두 가지 방향에서 원활하게 수행되려
면 대테러법이 반드시 제정되어야 한다.

2) 기구적 정비방안: 대테러 전담기구 설치

현 제도상, 정부 각 부처는 국가 대테러활동지침에 따라 국가 대테
러체계를 구축한다. 우선 국무총리를 위원장으로 하고 각 부처 장관급
을 위원으로 하는 비상설기구인 「대테러 대책위원회」가 구성되고, 행
정자치부장관을 위원장으로 하고 각 부처 국장급을 위원으로 하는 비

---

79) 쟁점이 되어 수정된 내용은 주로 테러의 정의 부분, 인권침해 및 오해의 소지
부분, 테러범 미신고죄 신설, 군 출동시 인권침해 우려 배제, 국정원의 권한 강
화 소지 해소 등이다.
80) 이대우, "한국의 국가안보와 대테러 대책," 세종연구소, 『테러와 한국의 국가안
보』, p. 160.

상설기구인 「대테러 실무위원회」가 구성된다.

대테러 활동을 담당하는 관계기관은 대통령 훈령상에 부여된 임무를 수행한다. 국가정보원은 국가 대테러 기본운영계획을 수립하고 국제 대테러 정보협력을 수행하며 국가 주요행사 안전대책을 강구한다. 외교통상부는 국외 테러사건 종합대책을 강구하고 외교적 대테러협력체제를 유지한다. 행자부 및 경찰청은 국내사건 종합대책을 강구한다. 법무부, 대검찰청과 관세청은 테러분자 입국을 저지하고 테러를 위한 물품 반입을 봉쇄하는 한편, 테러사건에 대한 사법처리를 담당한다. 건설교통부와 해양수산부, 해양경찰청은 항공기 및 선박 테러사건 대책을 강구하고 항공, 해양 분야 국제협력체제를 유지하며, 국방부와 경찰청은 특공대를 운용하여 국내외 테러진압작전을 지원한다.[81]

테러사건 발생시 대응조직으로 현장지휘소를 설치하며 현장지휘소는 협상팀, 특공대, 지원팀으로 구성하되, 협상팀은 협상전문요원, 통역요원, 실무요원으로 구성되고, 특공대는 육군, 해군, 경찰로 각각 구성하며, 지원팀은 정보, 외교, 수사, 통신, 홍보, 소방, 의료 및 기타 지원반으로 구성한다. 이러한 대테러작전 수행체계를 도표로 나타내면 다음 〈그림 9-3〉과 같다.

현행 대테러 수행체계의 가장 큰 문제점은 대테러 활동에 대한 종합기획조정기구가 없다는 점이다. 따라서 실행은 각 부서별로 담당하되 평시부터 이를 계획하고 준비하며 유사시에는 대 테러작전을 지휘할 수 있는 종합적인 대테러 전담기구가 설치되어야 한다.[82] 대테러 전담기구는 대테러 정보망 구축의 주역이 되어야 하며, 테러 대상에 대

---

81) 김열수 외, "전쟁이외의 군사활동," 한국전략문제연구소, 『2004년 육군전투발전: 미래 지상작전 개념 및 구현전략』(서울: 한국전략문제연구소, 2004), p. 470.

82) 김윤수, "국가지원 테러리즘에 관한 연구: 북한의 대남한 테러리즘을 중심으로," 동국대학교 박사학위 논문(1991년 12월), pp. 196-198.

〈그림 9-3〉 대테러 수행 체계

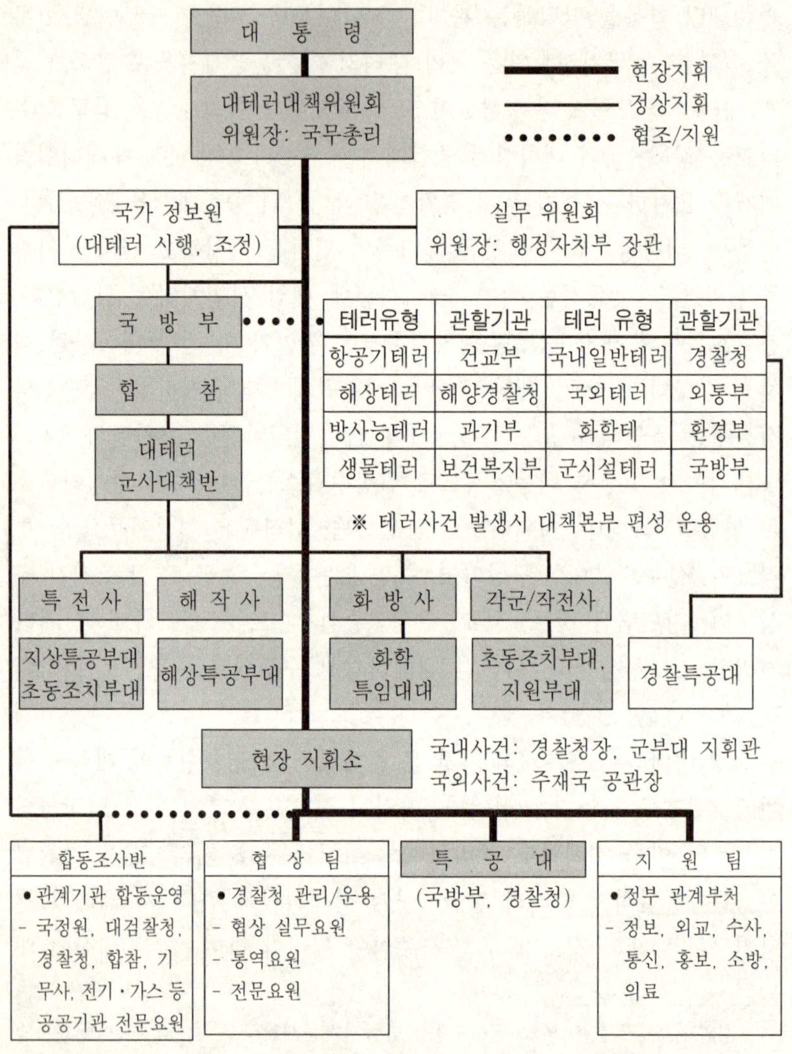

출처: 김열수 외, "전쟁이외의 군사활동," 한국전략문제연구소, 『2004년 육군전투발전: 미래 지상작전 개념 및 구현전략』(서울: 한국전략문제연구소, 2004), p. 471.

한 접근 거부와 테러 대상을 보호하고, 유형별 효율적인 대테러 작전을 시행하고, 테러의 진상을 규명하기 위해 대테러활동에 대한 기획·지도 및 조정업무와 분야별 대책본부에 대한 지원을 해야 한다.

대테러 전담기구를 어느 부서에 설치해야 하는 문제는 단기와 중장기로 나누어 생각할 수 있다. 단기적으로는 현재의 '국가 대테러 활동지침' 상 정보수집 및 전파, 대테러 시행·감독·조정, 대테러 지원 등의 기능을 수행하는 국가정보원에 대테러 전담기구를 설치하는 것이 바람직하다고 본다.

그러나 장기적인 차원에서 보면 미국의 국토안보부가 모델이 될 수 있다. 미국의 국토안보부가 전통적 국가안보 이외의 안보분야를 총괄하는 부서로 활동한다는 점은 우리에게 시사하는 바가 크다. 미국의 국토안보부가 9·11 테러를 계기로 창설되었다는 점에서 테러문제만 담당하는 것처럼 생각될 수 있으나 사실은 그렇지 않다. 국토안보부는 테러관련 정보 수집 및 분석, 국경 및 교통안보, 국내 대테러 역량 강화, 국가기반시설 보호, 재난대비, 위기대비태세 등의 임무를 수행한다. 결국 미국의 국토안보부는 미국의 본토와 미국인을 보호하기 위해 미국으로 들어오는 모든 물건과 사람에 대해 이를 감시하고 테러를 예방하고 대응하기 위한 기구로 탄생했다.

미국의 국토안보부가 비전통적 안보분야를 모두 책임진다는 차원에서 국토안보부의 한국화를 생각해 볼 수 있다. 이것은 국가 재난을 총괄적으로 관리할 수 있는 위기관리 기구의 창설과 연계되어 있다. 특정한 위기가 발생할 때 마다 해당 기구의 확대 개편을 논의하고 관련 법을 제정하거나 개정해야 하는 등의 소모적 행정을 지양하면서 위기관리를 전담할 부서의 창설을 깊이 고민해 볼 필요가 있다는 뜻이다. 위기관리 전담 부서가 창설된다면 대테러 전담기구는 이곳으로 이동해야 할 것이다. 다음 절에서 이 부분을 다룰 것이다.

3) 운용적 정비방안

대테러 활동을 효율적으로 전개하기 위해 운용적인 측면에서의 개선도 필요하다. 몇 가지만 제시해 보면 다음과 같다.

첫째, 각 부서는 테러의 유형을 세부적으로 분류하여 이에 대한 예방 및 대응전략과 행동양식이 포함된 매뉴얼을 작성해야 한다. 물론 대테러 전담기구는 매뉴얼의 작성 지침을 제공하고 이를 감독해야 한다. 또한 주기적 훈련을 통해 미비점을 보완해야 한다.

둘째, 테러전담기구는 유형별 테러에 대해 주 담당부서와 보조 담당부서를 사전에 지정해 두어야 한다. 예를 들어, 탄저균으로 의심되는 생물학 테러에 대해서는 보건복지부가 주 책임부서로, 국방부와 행자부가 보조부서로 사전에 명시되어야 한다는 뜻이다. 그래야 테러 유형별로 지휘체제가 구축될 수 있다. 재난이 발생했을 때 재난 유형별로 주·부 책임부서가 명시되어 있는 미국의 연방비상관리청(Federal Emergency Management Agency)의 기능별 임무분담표를 참고할 필요가 있다.

셋째, 특히, CBRNE 테러와 사이버 테러에 대한 종합적인 대책을 수립해야 한다. 한국은 북한의 화생방전 능력과 한국내에 산재해 있는 화생방 취약요소를 검토하여 이에 대한 준비를 해야 할 것이다. 미국은 화생무기 사건 대응부대(CBIRF)를 창설하고, 미 육군 화생방전 사령부(CBCOM)는 각 도시의 경찰과 소방요원, 의료종사자에 대해 화생무기 테러공격시 화생무기 긴급판정초기탐지(RAID)팀이 도착할 때까지 수행해야 할 일에 대해 교육을 실시하고 있다.[83] 한국도 국가적 차원에서 CBRNE 테러에 대해 군에 모든 것을 맡길 것이 아니라 국가차원에서 종합적인 대책을 마련해야 한다. 또한 사이버 테러에 대

---

83) 에바다겐스게, "화생방 테러대책을 본격화 한 미국,"『세계주보』(1999년 1월), 합동참모본부 역, 『군사참고』 99-3호, pp.13-15.

한 종합 대책도 수립되어야 한다.

넷째, 대테러 장비 및 무기를 최신화해야 한다. 특히, CBRNE 분야 중에서 비교적 준비가 덜 된 분야에 대해 중점적인 장비의 도입이 이루어져야 한다. 또한 테러는 갈수록 다양화 및 세계화 되어가고 있으므로 무기 및 장비도 상황에 대처할 수 있도록 개발되고 도입되어야 한다.

V. 위기관리 업무의 통합방안

우리는 앞에서 개별 제도의 문제점 및 대책에 대해서 살펴보았다. 한국 위기관리제도는 이러한 개별제도의 문제점이외에도 각 제도의 연계에서 발생하는 종합적인 문제점을 내포하고 있다. 이번 절에서는 앞에서 서술되었던 한·미·일 간의 위기관리체제를 비교해 보고, 이에 따른 한국 위기관리제도 전반에 대한 문제점 검토와 개선방향을 제시해 보고자 한다.

1. 한·미·일 위기관리체제 비교

한·미·일 3국의 위기관리체제를 비상대비, 민방위, 재난관리로 나누어 비교해 보면 〈표 9-2〉와 같다.

다음의 표에서 알 수 있듯이 한국의 위기관리체제는 민방위, 비상대비, 재난관리가 각각 분리되어 있는 반면, 일본의 위기관리체제는 민방위란 개념이 별도로 없이 재난관리와 비상대비로 형성되어 있고, 미국의 위기관리체제는 민방위, 비상대비, 재난관리가 국토안보부에 의해 통합적으로 조정 및 관리되고 있다.

특히, 미국은 지난 9·11 테러이후 국토안보부를 창설하면서 기존

〈표 9-2〉 한·미·일 위기관리체제 비교[84]

구분	한국	미국	일본
비상대비(동원)	·물적·산업동원 주관: 비상기획위원회 ·인적동원 주관: 비상기획위원회 및 병무청(징병) ·기능: 전시동원, 비상대비훈련, 전쟁수행지원 등 크게 정부기능 유지, 군사작전 지원, 국민생활안정도모의 역할 수행	·주관: 국토안보부(DHS) ·'79.3.대통령직속기구로 FEMA를 설치하여 동원·민방위·재난업무를 통합[85] ·2002.11. DHS가 FEMA를 하위기구로 흡수함 ·전시동원계획관실 편성, 산업동원 준비태세 유지 및 민간사업 주도형 물자 동원체제 유지	·주관: 방위청 ·동원인력은 자위대 유경험자 (즉응예비자위관, 예비자위관)와 미경험자(예비자위관보)로 구성됨. ·분쟁 또는 재난파견시 방위청 장관이 소집명령 하달 ※예비자위관보는 소집 대상에서 제외, 현역 출신위주로 소집
민방위	·주관: 행자부(소방방재청) ·심의/조정기구: 중앙 및 지방민방위협의회 ·조직: 지역민방위대, 직장민방위대 ·기능: 적의 침공 및 재난으로부터 주민의 생명과 재산을 보호하기 위한 방공, 방재. 군사작전지원 등 자위적 활동	·주관: 국토안보부의 FEMA ·'79.3. 설치이후 민방위 및 재난업무를 통합하여 주관 ·민방위 요원은 지원제로 충원 ※ 연방대응계획(FRP)의 국가대응계획(NRP)으로 발전을 모색하는 등 연방정부 위주의 민방위 및 재난관리체제의 강화	·주관: 소방청 ·각종 재난시 경보·피난통지 ·피해정보 수집/제공 등 국민보호 업무를 담당 ※2004.6.18. 한국의 「민방위기본법」에 해당하는 「국민보호법」을 제정, 민방위체계의 발전을 모색. ·소방청내 '통합위기관리센터'설치/운용

---

84) 출처: 방위청, 『방위백서 2002』, 국방정보본부 역 (서울: 2002), p. 339. ; 행정자치부, "2003년도 민방위업무 추진계획』(서울: 2003), p. 16. ; www.nema.go.kr/"미국과 일본의 민방위 재난 예방정책연수를...," (검색일: 2004. 12.12); 국방부 동원국, 『외국의 동원제도』(서울: 국방부, 2003), pp. 50-55.
85) 대통령 직속의 '비상동원 준비위원회'(EMPB: Emergency Mobilization Preparedness Board: 1981년 설치)는 '국가동원방침'을 설정하고, '긴급준비

구분	한국	미국	일본
재난관리	· 주관: 행자부(소방방재청) · 심의/조정기구: 중앙 및 지역 안전관리위원회 · 재난대응기구: 중앙재난안전대책본부, 중앙사고수습 본부, 중앙수습지원단 등 · 기능: 자연 및 인위재난 관리		· 주관: 내각부 방재담당조직/중앙방재회의 · 지자체 위주의 대응체제에서 중앙정부 위주의 대응체제로 전환을 시도 중 ※내각부: 재난대책의 수립/시행을 담당, 지방정부: 예방 및 복구 담당

에 분리되어 있던 재난관리와 민방위, 비상대비 업무를 하나로 통합하여 위기관리에 있어 가장 선진화된 모습을 보이고 있다. 일본도 선진화된 미국의 위기관리체제를 답습하여 위기관리에서 중앙정부의 역할을 확대하고 있으며, 내각관방의 위기관리감과 방재담당관의 유기적인 협조체제를 강조하고 있다.

이상에서 알 수 있듯이 미·일 등 선진국들의 위기관리체제의 정비추세는 점차적으로 중앙의 통합적 기능과 통제기능을 강화하고 지방 및 하부조직의 기능을 보강함과 동시에 중앙과 지방과의 유기적인 협조를 강조하고 있다. 또한 위기관리분야에서도 전통적인 안보위기보다는 재난관리와 뉴테러리즘에 대한 대비분야가 더욱 강화되는 경향을 보이고 있다.

태세'를 위한 국가계획의 집행을 감독한다. 또, 국방성은 많은 동원 분야중 '병력 및 군수동원'을 담당한다. 국방부, 육군성, 기타 8개 자원주관부처에 동원 관련 전담조직이 편성되어 있으나, 비상대비를 총괄하는 실제적인 조직은 현재로서는 국토안보부(DHS)이다. 국방부 동원국, 『외국의 동원제도』, pp. 52-53.

2. 현행 위기관리의 문제점

한국 위기관리체제의 문제점을 하나로 요약하면 '통합적 구조의 부재와 유기적인 협력구조의 부족'으로 정리될 수 있다. 즉, 한국 위기관리체제는 민방위와 재난, 비상대비 등을 통괄하는 조직이 발달하지 못한 채 개별적으로 발달했고 또 이들 간의 협력도 유기적으로 이뤄지지 못했다.

여기서는 이러한 문제점이 왜 발생하게 되었는가와 또 이러한 문제가 파생한 부차적인 문제들은 어떤 것들이 있는지를 살펴보고자 한다.[86]

1) 위기관련 용어의 상호관계 미정립

한국 위기관리체제의 통합이 이뤄지지 못한 근본적인 이유는 개별제도에서 사용되는 위기관련 용어들의 관계가 명확히 정리되지 않았다는 것이다. 이러한 용어의 정의와 서로의 관계에 대한 정리는 통상 관여범위와 필요자산을 포함하고 있어 관계 법령과 조직 형성에 근본적인 영향을 미친다. 따라서 이러한 용어 정립의 미흡에서 발생한 문제점은 이후에 언급될 다른 문제점들의 원인이 되는 경우가 많다.

한국의 개별제도에서 사용되는 위기와 관련된 용어들은 크게 「민방위 사태」, 「비상사태」, 「재난」 등이 있다. 민방위기본법에서는 민방위 사태를 "적의 침공이나 전국 또는 일부지방의 안녕질서를 위태롭게 할 재난"으로 정의하고 있으며, 비상대비자원관리법에서는 비상사태를 "전시·사변 또는 이에 준하는 비상시"로 정의하고 있다. 또한 재난 및

---

86) 이 부분은 김열수, "세계 위기관리 추세변화와 한국 위기관리체제 발전방향," 『비상대비연구논총』 제31집(2004), pp. 56-88의 내용을 일부 수정하여 기술하였음을 밝혀둔다.

안전관리기본법에서 재난은 "국민의 생명·신체 및 재산과 국가에 피해를 주거나 줄 수 있는 것으로 태풍·홍수·호우(豪雨)·폭풍·해일(海溢)·폭설·가뭄·지진·황사(黃砂)·적조 그 밖에 이에 준하는 자연현상으로 인하여 발생하는 재해와, 화재·붕괴·폭발·교통사고·화생방사고·환경오염사고 그 밖에 이와 유사한 사고로 대통령령이 정하는 규모 이상의 피해, 그리고 에너지·통신·교통·금융·의료·수도 등 국가기반체계의 마비와 전염병 확산 등으로 인한 피해"로 정의되고 있다.

용어들의 개념 비교를 통해 볼 때, 민방위사태는 적의 침공이라는 안보사항과 전국 및 지역적 재난에 관계된 사항을 모두 포함하고 있고, 비상사태는 전·평시 모두를 포함하고 있지만 주로 전시대비 위주의 안보사항을, 재난은 평시 자연 및 인위적 재해와 관련된 사항을 핵심내용으로 하고 있어 민방위 사태가 가장 상위개념임을 알 수 있다. 그러나 한국의 위기관리체제는 이러한 용어 관계의 명확한 정립없이 그 때 그 때의 필요에 따라 개별적으로 발전해 왔다. 즉, 어떤 때는 비상사태에 중점을 두고 발전하였고 또 어떤 때는 재난을 중심으로 한 체제로 발전되기도 한 것이다.

한국의 위기관리는 전시대비업무는 비상기획위원회가, 재난과 전·평시 민방위업무는 행정자치부와 소방방재청이 담당하면서 상호 연계성이 부족한 채 별도로 수행되고 있다. 이처럼 각종 위기관련 사항들이 개별적인 법과 조직으로 관리되고 있어 종합적인 대책이나 총괄조정기능이 마련되지 못해 사전점검, 수습이 효율적으로 이루어지지 못하고 있으며, 기능면에서 볼 때도 계획·집행·관리문제가 다원화되어 있다. 제3장 제2절과 제3절에서 살펴보았듯이 미국, 일본, 프랑스, 독일과 같은 선진국에서는 민방위와 비상대비, 재난을 통할하여 대처할 수 있는 위기관리제도를 발전시켜 왔다.

따라서 한국에서 통합된 위기관리체제가 올바르게 형성되기 위해서는 이러한 개별 용어의 관계정립이 선행되어야 할 것이다.

2) 법률구조체계의 모호성

비록 2004년 3월 「재난 및 안전관리기본법」이 제정되어 재난관련 법령에 대해서는 어느 정도 정비가 이루어졌지만 아직도 민방위는 「민방위기본법」에 의해, 비상대비는 「비상대비자원관리법」에 의해 따로따로 운영되고 있다. 게다가 각각 법에서 언급한 위기관련 대책본부와 위원회 및 협의회는 그 기능이 유사함에도 불구하고 각각 별개로 운영됨으로써 법적용 및 집행에 많은 혼선이 야기되어 그 실효성마저 떨어지고 있는 상황이다.

예를 들어 현재의 민방위기본법에는 중앙민방위협의회 밑에 민방위기획위원회(소방방재청장), 재해대책위원회(소방방재청장), 재해구호대책위원회(보건복지부장관), 농업재해대책위원회(농림부장관), 방사능재해대책위원회(과학기술부장관) 등 5개의 분과위원회를 두고 있고, 「재난 및 안전관리 기본법」에는 풍수해대책위원회(행자부장관), 화재·폭발사고대책위원회(행자부장관), 국가기반체계보호대책위원회(행자부장관), 교통안전대책위원회(건설교통부장관), 시설물재난대책위원회(건설교통부장관), 전기·유류·가스사고대책위원회(산업자원부장관), 환경오염사고대책위원회(환경부장관), 방사능사고대책위원회(과학기술부장관) 등 8개 분과위원회를 중앙위원회 밑에 설치하도록 되어 있다.

그러나 이 두 분과위원회를 자세히 비교해 보면 유사한 기능이 중복되어 편성되어 있거나 또는 민방위기본법에서는 분과위원회에서 담당하는 기능을 재난 및 안전관리기본법에서는 이를 더욱 세분화하여 여러 위원회로 재편성한 인상을 준다. 또한 두 법에서 명시한 각종 분과

<표 9-3> 분과위원회 비교

민방위 분과위원회	재난 분과위원회
민방위기획위원회(소방방재청장)	관련 위원회 없음
재난대책위원회(소방방재청장) 재난구호대책위원회(보건복지부장관) 농업재난대책위원회(농림부장관)	화재·폭발사고대책위원회(행자부장관) 풍수해대책위원회(행자부장관) 국가기반체계보호대책위원회(행자부장관) 교통안전대책위원회(건설교통부장관) 시설물재난대책위원회(건설교통부장관) 전기·유류·가스사고대책위원회(산업 　자원부장관) 환경오염사고대책위원회(환경부장관)
방사능재난대책위원회(과학기술부장관)	방사능사고대책위원회(과학기술부장관)

위원회의 장이 동일한 장관인 경우가 대부분이며 심지어는 중앙위원
회(협의회)의 간사도 소방방재청장으로 동일하게 편성되어 그 차별성
을 찾아보기 힘들다.

　두 법에서 명시된 분과위원회를 유사기능별로 정리해보면 <표 9-3>
과 같다.

　이렇게 볼 때, 현재의 위기관리는 이러한 복잡한 법률구조로 인해 대
형 사고 등 각종 국가위기 발생시 이에 대한 총괄적인 심의·조정·예
방, 그리고 수습 등에 관한 통합적인 관리가 이루어지지 못할 수 있다.

3) 위기관리 조직구성의 비합리성

조직구조의 비합리성은 크게 4가지로 분류된다.

　첫째, 한국 위기관리 조직구성의 비합리성은 먼저 민방위와 재난관
리 조직에서 나타난다. 민방위는 그 정의에서 볼 때 재난보다는 상위
개념임에 틀림없다. 그러나 현 제도는 이러한 구분없이 주(主)·부
(副)가 전도된 기이한 조직이 형성되어 운영되고 있다. 첫 번째 모순

은 두 업무를 총괄하는 책임 부처의 상·하가 뒤바뀌었다는 것이다. 현행법상 재난에 대한 총괄 및 집행책임은 행자부장관이 지게 되어있고, 민방위에 대해서는 그보다 하위직인 소방방재청장이 지게 되어있다. 이는 하위 분야의 업무책임을 상위직급의 장이 지고 상위분야의 업무책임은 그보다 하급직급의 장이 지는 모순을 보이고 있다.

둘째, 소방방재청의 신설로 오히려 민방위 관련조직은 축소되고 재난관련조직이 확대되었다. 민방위 업무는 기존의 행정자치부에서 소방방재청으로 이관되었다. 기존의 행정자치부 민방위재난관리국이 확대·개편되어 소방방재청이 신설됨으로써 소방방재청이 민방위와 관련된 업무를 총괄·조정하게 한 것이다. 이는 외형상으로는 민방위 조직이 매우 확대된 것으로 보인다. 그러나 실상은 그러하지 못하다. 기존의 민방위재난관리국은 민방위기획과와 민방위운영과, 재난관리과로 구성되어 그래도 전체적인 운영은 민방위가 중심이 되는 구조를 가지고 있었다. 다만 재난의 중요성을 인식하여 재난관리과를 별도 편성했을 뿐이다. 그러나 현 소방방재청은 민방위 업무를 예방기획국내의 민방위계획과에서만 담당하게 하고 있어 민방위업무가 재난관리업무와 동격을 이루거나 오히려 재난관리업무의 일부로 취급되는 기형적인 구조를 가지고 있다.

셋째, 현 소방방재청은 본래의 취지와는 달리, 민방위와 재난을 총괄하는 기관으로서의 완전한 기능을 수행할 수 없는 구조로 되어있다는 것이다. 즉, 현 민방위 및 재난관리 체제는 민방위 제도와 법령에 대한 검토와 국가기반체계보호에 관계된 업무는 행정자치부의 안전정책담당관실에서 담당하고, 민방위의 운영과 재난관리는 소방방재청에서 하고 있다. 아직까지 소방방재청의 기능이 원활하지 못한 시기적인 이유도 있지만, 현재와 같은 이원적 구조는 소방방재청이 완전한 민방위 및 재난 전담기구로 역할을 하기에는 제한된다는 측면이 있다.

넷째, 전시대비 기관 특히, 동원과 관련된 기관이 이원화되어 있다는 점이다. 한국은 안보적인 문제가 심각하기 때문에 평시대비업무와는 별도로 동원문제를 별개의 기관에서 취급하고 있다. 즉, 물적동원은 비상기획위원회가, 인적동원은 병무청이 담당하는 모순적인 구조를 갖고 있다. 따라서 전시대비기능의 핵심인 자원동원문제를 효과적으로 통합하는 문제도 검토되어야 한다.

4) 정보수집 및 상황유지체계의 비효율성

위기는 언제, 어디서, 어떠한 형태로 발생할지 모르기 때문에 예방을 위해서 관련 징후에 대한 정보수집이 매우 중요하다. 또한 위기가 발생한 직후부터는 현장에 대한 정확한 정보파악이 수습과 복구를 위해 매우 중요한 역할을 한다. 위기관리조직의 일반적인 구성에서 이러한 역할을 담당하는 것이 상황실이다. 그렇기 때문에 일반적으로 상황실은 발생할지 모르는 위기상황을 모니터하기 위해 평상시부터 지속적으로 운영을 하고, 상황이 발생하면 필요한 기능을 보강한다. 또한 정보의 왜곡을 방지하고 수집된 정보의 정확한 처리를 위해서는 다수의 상황실을 운영하는 것보다 통합된 단일 상황실을 운영하는 것이 효과적이다.

한국의 위기관련 상황파악은 정부 각 기관에서 개별적으로 실시하고 있다. 대표적으로, 비상기획위원회는 자체에 종합상황실을 운영하여 국가비상사태에 관련되는 제반사항의 접수와 기록, 보고 및 전파를 담당하도록 하고 있으며, 소방방재청도 소방방재청장 산하에 재난상황실을 설치해 재난대책종합상황의 관리/총괄조정, 기상 등 재난위험상황 예측/분석, 국내 언론보도 등 재난정보의 수집, 분석, 전파, 해외 재난정보 수집, 분석, 전파, 상시 모니터링 시스템 구축/운영, 재난진행상황 파악 및 전달/처리, 재난피해정보의 수집/분석/전파를 하도록

하고 있다. 또한 외교통상부를 비롯한 다른 행정기관에서도 소관업무
에 관한 상황을 파악하기 위한 개별 상황실을 운영하고 있다.

　이러한 정보수집 및 상황유지 체계에서는 정보의 누락을 방지하고
또 각 분야별 전문기관에서 상황을 정확하게 판단할 수 있는 장점을
가지고 있다. 하지만 이러한 체계에서는 사건발생시 초기상황파악부
터 정보수집 책임부서가 정해질 때까지 동일사항에 대해 중복된 정보
가 수집되어 인력과 자산 등 노력의 낭비가 발생할 소지가 있고, 또 동
일사안에 대해서도 각각의 입장에서 의사결정권자에게 개별적으로 보
고하기 때문에 의사결정권자는 상황에 대해 정확한 판단을 하기가 어
려울 수도 있다.

　비록, 2003년에는 정보수집 및 유통경로의 단일화를 위해 국가안전
보장회의 사무처 내에 국가위기관리센터를 신설하였으나 이 또한 인
력 및 전문성 부족 등의 문제점을 내포하고 있다. 현재 위기관리센터
는 통일·외교·국방 등 안보관련부처와 중앙재해대책본부 및 중앙긴
급구조본부 등 25개 유관기관 핫라인과 영상망, 데이터 통신망을 연
결하는 유기적인 네트워크 망을 구성하고 있다. 또한 위기관리센터는
주요 국가적 위기의 예방과 관리에 관한 법령의 제정과 조직의 신설
및 네트워크 구축 등과 같은 국가위기관리 체계의 기획 조정, 사이버
보안대책의 수립 조정 등 국가위기관리시스템 전반의 기획·조정 업
무를 수행한다. 그러나 현재의 위기관리센터는 총 15명 정도의 소수
인원이 위기관리 2개 팀과 상황실 등에 배치되어 임무를 수행하고 있
어 수집된 정보에 대한 종합적인 분석 및 판단이 어려워 단순 사실확
인의 수준에 머무르고 있다.87) 따라서 현재의 위기관리센터는 국가의

---

87) 2004년 6월 22일 김선일 참수사건 발생시 대통령께서 위기관리센터에서 상황
　　파악을 하려했으나 정보유통과 정보에 대한 정확한 평가가 어렵자, 외교통상부
　　상황실로 자리를 옮긴 일도 위기관리센터가 아직은 불완전하게 운영되고 있음

종합적인 위기관리업무를 담당하는 데 인력과 전문성 면에서 미약한 측면이 있다. 물론 청와대 내의 직제상의 어려움도 배제할 수 없으나 현재의 인력으로는 많은 문제점이 발생할 것으로 노정되는 바 위기관리센터의 확충에 대한 검토가 조급한 시일 내에 이루어질 필요가 있다고 판단된다.

5) 임무, 자원, 수단의 중복성

앞서 지적했듯이 한국의 위기관리체계는 구심점이 없이 그 때의 필요에 따라 특정분야(민방위 또는 재난 또는 비상대비 등)의 업무를 중심으로 발전하였다. 중심이 된 특정분야는 중심체로서 원활한 임무수행을 위해 타 분야의 기능까지 일부 흡수하여야 했는데, 이러한 행태가 현재의 임무와 자원, 수단의 중복을 일으킨 원인이 된 것으로 판단된다. 특히 비상기획위원회의 전시 수행기능 및 임무와 기타 기구들의 평시 비상상황 관리기능 및 임무는 매우 유사하고 중복적이다. 즉, 비상기획위원회는 유사시 정부기능 유지와 군사작전 지원 그리고 국민생활 안정도모의 기능을 담당하는데, 민방위와 재난관리기구도 이러한 기능들을 부분적으로 보유하고 있다. 특히, 민방위는 군사작전 지원과 국민생활 안정도모의 측면에서, 재난관리는 정부기능 유지와 국민생활안정도모의 측면에서 비상기획위원회의 기능과 중복된다.

또한 각 분야의 개별법에서 규정한 비상사태시 활용 가능한 대응수단도 군 병력 및 장비, 경찰, 소방, 민방위대, 향토예비군 등으로 사실상 동일하고, 이에 필요한 소요자원도 사실상 동일한 자원을 전·평시 및 상황별 자원으로 구분 관리하고 있는 실정이다. 예를 들어 「비상대비자원관리법」제2조에서는 인력자원의 대상범위를 "중점관리 업체의 종사자로서 20세가 되는 해의 1월 1일부터 50세가 되는 해의 12월

───────────────

을 보여주는 예로 인식된다.

31일까지의 대한민국 국민인 남자와 과학기술자와 면허 또는 자격을 취득한 자로서 20세가 되는 해의 1월 1일부터 60세가 되는 해의 12월 31일까지의 대한민국국민인 자"로 규정하고 있고,「민방위기본법」 제17조에는 민방위대를 "20세가 되는 해의 1월 1일부터 45세가 되는 해의 12월 31일까지의 대한민국 국민인 남자"로 조직하고 이중 수방·방공·의료·전기·통신·토목·건축·화생방등 기술을 가진 민방위대원을 읍·면·동장 또는 직장민방위대장의 추천을 받아 시장·군수·구청장이 선발한 자로 민방위기술지원대를 편성하도록 규정하고 있다.

따라서 이러한 중복된 기능/조직 구조와 평시 대비 및 자원관리는 유사시 효율적인 기능발휘를 어렵게 할 가능성이 있다.

6) 지방자치단체 위기관리의 문제점(조직축소, 전문성의 약화)

현행 16개 광역자치단체의 업무관장 부서를 보면, 중앙행정기관 및 서울시 등은 대체로 비상계획관이 비상대비업무를 수행하고 있으며, 지방조직인 광역시·도는 대체로 행정자치국 내의 민방위비상대책과에서 비상대책 및 민방위분야를 각각 담당자를 두어 업무를 수행하고 있고 통합방위·예비군 업무는 대개 총무과에서 담당하고 있다. 그리고 기초자치단체인 시·군·구는 대체로 민방위담당이나 비상대책담당이 비상대비·동원업무관련 모두를 겸하고 있으나 부서 명칭은 동일하지 않다.

1998년 이전에는 광역자치단체들은 통일적으로 '민방위재난관리국' 산하에 '민방위비상대책과'와 '재난관리과'를 두어 민방위, 비상대비, 재난관리업무를 하나의 부서(국)에서 운영하였으나, 정부조직 개편이후는 자치단체별로 그 담당부서의 명칭과 임무 등이 일률적이지 못하다. 특히 지방조직은 업무를 통합하여 한 부서에서 담당할 수밖에 없는 현실문제가 있으며 또한 업무의 전문성과 부처 이기주의가 작용할 때 발생할지도 모르는 업무추진의 공동화현상도 우려된다.

3. 위기관리체제의 개선방향

한국의 현행 국가위기관리체계는 변화하는 국제정세 속에 가공할 만한 각종 테러의 위협과 급증하는 인위재난과 자연재해에 완벽하게 대비할 수 있는 구조가 아니다. 따라서 한국도 앞서 언급한 선진 각국의 위기관리체제 혁신노력을 참조하여 복잡한 현재의 위기관리체제를 혁신 및 재정리할 필요가 있다.

여기서는 현 위기관리체제의 개선방향을 법률적인 측면과 조직 및 기구적인 측면으로 나누어 제시해보고자 한다.

1) 위기관리 법률체계의 개선방향

한국의 위기관리 법률체계는 「민방위 기본법」, 「비상대비 자원관리법」, 「재난 및 안전관리 기본법」의 3원적 구조로 이뤄져 있는데 앞서 문제점에서 지적했듯이 각 법이 유사기능을 중복규정하고 있어 업무적 혼선과 법률적 충돌이 야기되고 있다. 따라서 효율적인 위기관리를 위해서는 현 법률체계를 개선하여 통합된 법률체계를 정립해야 하는데, 여기에는 단일법률체계를 구성하는 방안과, 기존의 법들의 유사기능을 부분 통합하여 전시대비와 평시위기(재난)대비의 이원적 법률체계를 구성하는 방안 등이 고려될 수 있다.

(1) 방안 1: 단일 법률체계 구성(위기관리기본법 제정)

먼저 단일 법률체계를 구성하는 방안이다. 이는 기존의 「민방위 기본법」, 「비상대비 자원관리법」, 「재난 및 안전관리기본법」, 그리고

「대테러활동 지침」 등 개별법의 모든 기능을 총괄할 수 있는 「위기관리 기본법」(가칭)의 제정을 통해 기존 법령체계를 정비하는 것이다. 위기관리법을 제정하는 방법은 기존 개별법은 존치하고 이보다 상위법으로 위기관리기본법을 제정하는 방안과 기존의 개별법은 모두 폐지하고 단일법으로 제정한 후 개별 기능에 대해서는 시행령으로 세분화하는 방법이 있다.

첫 번째 방법은 「위기관리법」이 상위법으로서 각 분야별 임무와 기능, 자원사용 및 대응수단의 활용의 우선권 등 개별법의 관계만을 추가로 규정하면 되기 때문에 개정소요가 적은 장점이 있으나, 기존 개별법들의 곳곳에서 중복되거나 충돌하는 분야를 일일이 찾아 법조항으로 규정하기 어려운 문제점이 있다.

두 번째 방법은 각 분야별 임무/기능을 하나의 틀 안에서 새로이 정립할 수 있어 업무와 자원 및 대응수단 사용의 중복과 충돌을 회피할 수 있으나 법률 정비의 소요가 크다는 단점이 있다. 그러나 두 방법 중 어떠한 것이 효율적인지에 관해서는 별도의 연구를 통해 결정해야 할 것이다.

그러나 어떠한 형태의 「위기관리 기본법」이든 이러한 법에는 각 위기관련 용어들을 통괄할 수 있도록 '국가위기'에 대한 명확한 정의가 규정되어야 하고 또 민방위, 비상대비, 재난관리의 상호관계도 명확히 규정되어야 한다. 상호관계에는 분야별 책임 및 협조 범위와 자원사용의 우선권 등이 명시되어야 한다.

(2) 방안 2: 이원적 법률체계 구성(「비상대비법」, 「재난 및 안전관리 기본법」으로 개정)

다음은 이원적 법률체계를 구성하는 방안으로 이는 위기관리를 「전시대비 분야」와 「평시 위기(재난)관리 분야」의 2가지로 나누어, 기존 개별법의 유사기능을 이 두 가지 분야로 각각 통합하는 방안이다.

한국의 위기관리는 비군사분야의 전시대비 사항은 「비상대비 자원
관리법」과 「민방위 기본법」에서 중첩해서 다루고 있다. 또 재난에 관
해서는 「재난 및 안전관리 기본법」이 핵심법이지만 「민방위 기본법」
도 이에 관해 상당한 분량을 언급하고 있다. 따라서 전시와 평시의 이
원적인 법률체계를 구성하려면 현행 위기관련법 중에서 전시대비와
평시 재난관리의 기능을 포괄적으로 포함하고 있는 「민방위 기본법」
에 대한 정비가 요구된다.

「민방위 기본법」의 기능을 나누어 각 분야로 통합하는 것은 2가지
방안이 있다. 첫 번째는 「비상대비 자원관리법」을 「민방위 기본법」에
흡수시키는 방안으로 기존의 「민방위 기본법」 중 재난관련 분야의 역
할과 기능을 「재난 및 안전관리법」에 이관하고 「민방위 기본법」은 「비
상대비 자원관리법」을 흡수하여 전시대비분야만 담당하도록 하는 방
안이다. 즉, 법률구조는 「민방위 기본법」과 「재난 및 안전관리법」의
이원적 구조로 되는 것이다. 「대테러 활동지침」은 「재난 및 안전관리
법」에 흡수하면 된다.

두 번째는 「민방위 기본법」을 해체하고 그 기능 중 비상대비와 관련
된 사항은 「비상대비 자원관리법」으로 재난에 관계된 사항은 「재난 및
안전관리 기본법」으로 이관하는 것이다. 이렇게 되면 기존의 「비상대
비 자원관리법」은 그 담당범위가 전시 비상대비 자원관리만 한정된 것
이 아닌 총괄적인 전시대비업무를 다루는 것이 되므로 그 명칭을 「비
상대비법」 또는 「비군사 전시대비법」(가칭) 등으로 확대·개정하여야
할 것이다. 이러한 방법으로 법률개정이 완료되면 현 위기관리 법률체
계는 「비상대비법」과 「재난 및 안전관리 기본법」의 이원적 구조로 바
뀌게 될 것이다.

그러나 이 두 가지 방법은 어느 법에 어느 법을 통합하여 어느 법명

칭을 사용할 것인가의 단순한 차이만 보일 뿐 비군사분야 전시대비와
재난관리로 구분하여 관리하려는 근본적인 취지에는 차이가 없다. 그
러나 어떠한 방법으로 통합이 되든지 간에 각각의 법에는 서로간의 연
계성 및 유기성에 대한 언급이 반드시 명시되어야 한다.

즉, 전·평시 별도의 개별 체제로 운영하는 것인지, 아니면 평시엔
재난관리 체계로 운영되다 전시상황이 발생되면 이를 전환하여 사용
하는 지에 대한 규명이 필요하다. 이렇게 될 경우, 어떠한 절차로 전시
체계로 전환되는가와 지휘권, 전·평시 자원관리 및 동원의 책임 등이
더불어 설정되어야 한다.

(3) 방안의 비교

위에서 제시된 두 대안의 장·단점을 비교하면 〈표 9-4〉와 같다.

먼저, 단일 법률체계의 구성은 현행 법령체계를 대대적으로 개정해
야 하는 등 개정소요의 과중이라는 문제점이 있으나, 각 분야의 통합
과 명확한 업무분장을 통해 노력의 중복회피와 자원의 효율적 활용,
또 분야별 유기적 협조를 달성할 수 있다는 장점을 지니고 있다. 즉,
전·평시 기능의 통합 및 일원화, 위기관리관련 인적·물적자원의 총
합체계적 관리, 부·처·청 / 지자체와 긴밀한 협조 및 효율적 조정·
통제, 위기관리 주요 대응수단인 군·경찰·민방위요원 등의 총체
적·효율적 운영보장이 가능하다.

이원적 법률체계의 장점은 먼저 업무자체를 전·평시로 구분함으로
써 업무의 혼선과 충돌을 방지할 수 있고 또 부분적인 개정만으로도
법령정비가 가능하다는 것이다. 그러나 전·평시 업무의 유기적 전환
은 법률상 명시만으로 쉽게 달성되는 것이 아니기 때문에 평시 부단한
전시전환절차 숙달 등의 노력이 요구된다. 또 현대의 세계 각국의 위
기관리 추세가 테러 등으로 인해 전·평시 구분을 하지 않고 통합적으

〈표 9-4〉 법률체계 개선방안의 비교

구분	단일 법률체계 구성	이원적 법률체계 구성
장점	· 전 · 평시 기능의 통합 및 일원화 가능 · 위기관리관련 인적 · 물적자원의 총합 및 체계적 관리 가능 · 부 · 처 · 청/지자체와 긴밀한 협조 및 효율적 조정 · 통제 가능 · 위기관리 주요 대응수단인 군 · 경찰 · 민방위요원 등의 총체적 · 효율적 운영 가능	· 명확한 업무분장으로 분야별 혼선과 충돌방지 가능 · 부분적 개정만으로도 법령정비 가능
단점	· 법령개정소요 과다	· 부단한 전시전환절차 숙달 필요 · 세계적 변화 추세에 역행

로 발전하고 있기 때문에 자칫 시대에 뒤떨어진 법률체계가 될 수 있는 문제점이 있다.

따라서 세계적인 위기관리 변환 추세와 두 방안의 장 · 단점 비교를 통해서 볼 때, 장점을 더 많이 가진 단일 법률체계 구성안이 보다 바람직한 방안으로 판단된다.

2) 위기관리기구의 개편방향

현행 위기관리기구를 개편하기 위한 방안으로 다음 3가지 대안을 제시해 보고자 한다. 첫 번째는 가칭「국가비상관리처」를 통한 위기관리기구의 일원화 방안이고, 두 번째는 소방방재청의 기능을 보강한 가칭「재난관리처」중심의 재해관리체제와 가칭「비상동원관리처」의 비군사 전시대비체제로 이원화하고자 하는 것이다. 세 번째는 국가위기를「전통적 안보」와「재난」,「국가핵심기반」의 3개 분야로 나누어 관리하고자 하는 것이다. 이를 상세히 살펴보면 다음과 같다.

(1) 방안 1: 위기관리기구의 1원화(국가안전관리부의 신설)[88]

이 방안의 개요는 국무총리실의 비상기획위원회와 행정자치부, 병무청, 소방방재청, 그리고 대테러센터를 통합하여 전시와 평시의 모든 형태의 국가비상사태에 대한 관장을 담당하는 중앙기구로서 '국가안전관리부'를 신설하고,[89] 지방의 경우, 광역 지방자치단체의 민방위, 비상대책(동원 및 병무), 소방, 자연재해 및 인위재난 업무를 통합관리하는 위기관리본부를 시·도지사 직속으로 설치하는 것이다. 결과적으로 국가안전관리부는 행정자치부(소방방재청) 소관의 민방위 업무와 재난관리업무, 병무청의 징병업무, 비상기획위원회의 동원업무, 그리고 국가정보원의 대테러센터 등을 통할하게 되어 미국의 국토안보부와 유사한 형태와 기능을 보유하게 된다. 이렇게 되면 현재의 행정자치부는 민방위 및 재난관리 기능을 잃게 되어 그 조직을 과거「총무처」와 같은 기구로 축소하는 것이 바람직하다.

국가안전관리부의 신설은 기존의 조직과 정원 및 중복기능을 조정하여 최대한으로 축소 편성할 수 있고 각종 대책본부 및 위원회의 통폐합이 가능하며 수행체계의 일원화가 가능하다. 또한 이러한 기구의 운용은 비상대비업무의 활성화와 국가 재난 대비 종합상황실의 평시 운영체제가 가능하며, 국가 자원의 효율적 운용과 기구의 활성화로 국

---

88) 백영옥, "전·평시 비상대비 및 재난재해의 효율적인 관리방안 연구," pp. 134-148의 내용을 일부 수정한 것임.

89) 통합된 위기관리기구를 어디에 설치할 것인가에 대해서는 2가지 방안을 고려해 볼 수 있다. 첫째는, 현재의 비상기획위원처럼 대통령 또는 국무총리 직속기구로 설치하는 방안이고 둘째는, 독립된 행정기구로 설치하는 방안이다. 직속기구로 설치할 경우는 기구의 위상이 강화되는 장점이 있으나 자칫 전문성이 약화될 우려가 있고, 그 반대로 독립된 기구로 설치할 경우는 전문성을 제고할 수 있는 장점은 있으나 자칫 통합기구로서의 위상이 약화될 우려가 있다. 따라서 새로운 신설기구의 조직모형은 독립된 행정기구의 기능에서 접근하되 범정부적 차원에서 대통령실 또는 총리실과 연계하는 것이 바람직하다.

가 재난에 대한 국가의 역할을 명확히 시행할 수 있다. 이를 위한 관련 법령의 정비는 앞의 법률체계 개선방향에서 언급한 단일 법률체계 구성안을 따른다.

국가안전관리부의 기능을 살펴보면 다음과 같다. 첫째, 전·평시 위기관리(국가동원, 정부기능유지, 국민생활안정, 민방위, 대테러, 재난관리활동 등)에 관한 제반정책과 계획을 수립하고 총괄적으로 조정·통제·협조하는 기능을 갖는다. 둘째, 평소 위협분석 및 조기경보, 예방활동과 사태발생시 상황파악 및 전파, 조치를 위한 국가위기 정부종합상황실을 운영한다. 셋째, 전시대비 연습을 수행하고 민방위, 재난관리 교육 등 전반적인 대비 훈련에 대한 기획과 통제 및 집행 기능을 갖는다. 넷째, 각종 예방활동, 정기감사 및 평가와 조사연구를 통한 가용자원의 총괄유지 및 유사시 할당, 조정·통제의 기능을 갖는다. 다섯째, 비상사태 발생시에 대비하여 민·관·군 상호지원 및 협조체제로 발전시킨다. 여섯째, 전·평시 비상대비에 관한 홍보활동을 전개하고 국민을 계도한다. 마지막으로 국제사회 비상대비기구와의 협력을 도모한다.

국가안전관리부의 편성(안)은 〈그림 9-4〉와 같다.

이를 간략히 설명하면 다음과 같다. 전·평시의 기능을 일원화하고 유사기능을 통폐합하기 위하여 민방위 업무는 비상기획본부의 동원운영 및 비상훈련 분야에 통합하고, 동원분야의 전시 긴급 복구 업무는 재난관리본부에 통합하며 전·평시 비상대비훈련은 연습훈련업무로 일원화한다. 또한 병무청의 징병 및 징모업무는 비상기획본부의 동원기획 및 운영 분야에 통합한다.

또한 기존의 소방방재청 산하의 중앙소방학교를 종합위기관리학교로 통합·개편하여 비상대비교육과 재난관리교육, 그리고 민방위 관련 교육을 종합적으로 교육하도록 하며, 방재연구소를 학교 내 부설

〈그림 9-4〉 국가안전관리부의 편성(안)

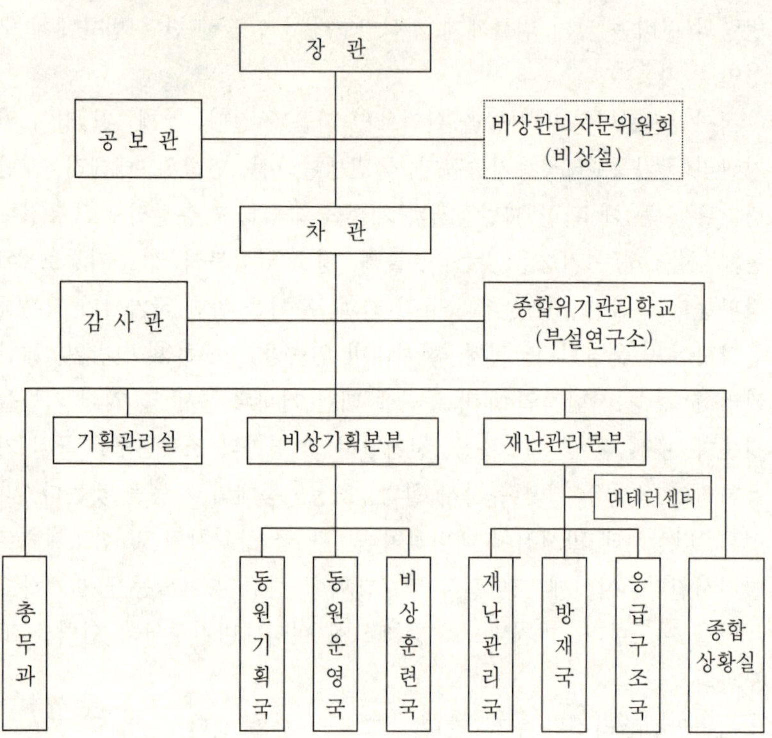

연구소로 전환하여 운영한다.

업무수행체계를 살펴보면 〈그림 9-5〉와 같다.

이를 간략히 설명하면 다음과 같다. 먼저 사고대책본부 및 재해대책본부 등 각종 대책본부를 통폐합하여 위기관리본부로 일원화한다. 둘째, 각종 위원회 및 협의회를 통폐합한다. 즉, 안전관리위원회, 민방위협의회 등을 위기관리협의회로 일원화한다. 셋째, 중앙 및 지방의 긴급구조본부의 기능은 재난수습통제본부에서 담당한다. 넷째, 관련부처의 사태별 대책본부는 업무의 전문성을 고려하여 재난유형별로 해

〈그림 9-5〉 업무수행체계

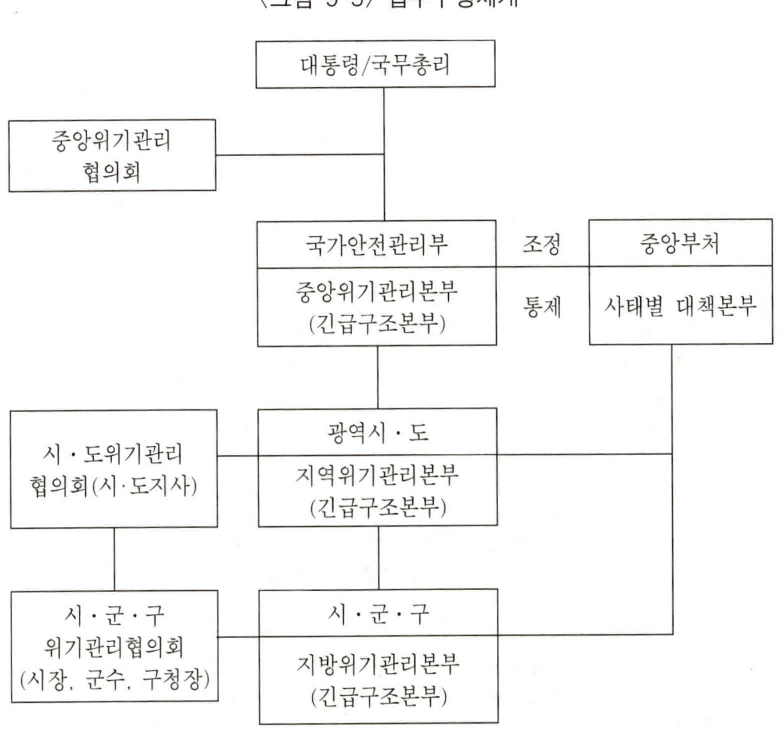

당부처에 대책본부(예: 과기부의 방사능재난대책본부)를 두도록 하며 중앙위기관리본부에서 조정·통제하는 기능을 수행한다.

전담부서와 행정부처 및 시·도 간의 업무관계는 〈그림 9-6〉의 내용과 같다.

이와 같은 업무를 수행하기 위하여 행정부처 및 시·도 조직편성을 일원화하는 것이 필요한데, 이를 개략적으로 살펴보면 다음의 〈그림 9-7〉, 〈그림 9-8〉, 〈그림 9-9〉의 조직편성도와 같다.

즉, 시·군·구는 시·도에 준해 편성함으로써 업무의 연계성을 유지한다.

<그림 9-6> 전담부서와 행정부처 및 시·도 간 업무관계

국가안전관리본부	행정부처
ㅇ 전시대비 및 재난관리업무에 관한 총괄조정 및 통제 ㅇ 전시대비 및 재난관리정책 수립(테러 포함) ㅇ 충무 및 재난관리 기본계획수립 ㅇ 행정부처 집행계획 심의 및 승인 ㅇ 전·평시 비상대비종합훈련 및 지도 및 감독 ㅇ 전·평시 비상대비업무 조사연구 및 전문교육 ㅇ 상시 비상대비태세 유지 ㅇ 행정부처와 협조체제 유지	ㅇ 해당정부기능유지 및 비상대비 세부정책 발전 ㅇ 전시대비 및 재난관리 관련분야 세부대책 발전(테러 포함) ㅇ 충무 및 재난관리기본계획 기초, 집행계획 작성 ㅇ 시·도 시행계획 심의 및 승인, 지도·감독 ㅇ 전·평시 비상대비 종합훈련 시행 및 산하기관 지도 ㅇ 전·평시 비상대비업무에 관하여 국가비상관리처와 협조

시·도	ㅇ 전시대비 및 재난관리업무 시행, 세부대책 발전(테러 포함) ㅇ 충무 및 재난관리 시행계획 작성, 시·군·구 실시계획 승인 및 지도·감독 ㅇ 전·평시 비상대비종합훈련 및 전문교육 실시 ㅇ 관할지역내 재난관리지역 및 업체 점검, 지도 ㅇ 상시 비상대비태세 유지

<그림 9-7> 행정부처의 조직편성

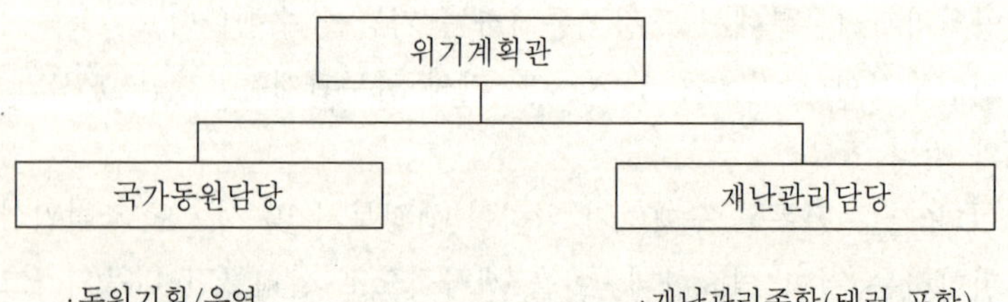

·동원기획/운영   ·재난관리종합(테러 포함)
·정부기능유지   ·재난대책/예방방호
·연습평가/분석   ·대비훈련/안전지도

※ 전담부서 및 관련기관과 협조 등 대외 단일창구

<그림 9-8〉 시·도의 조직편성

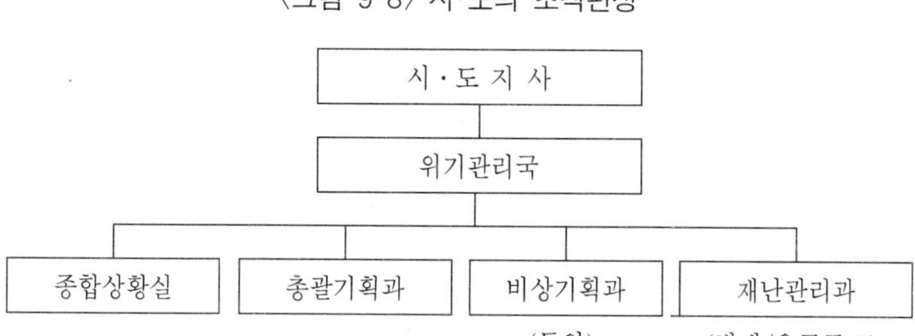

※ 시·도별 비상대비업무 부서 단일화 및 소방본부 통합

<그림 9-9〉 시·군·구의 조직편성

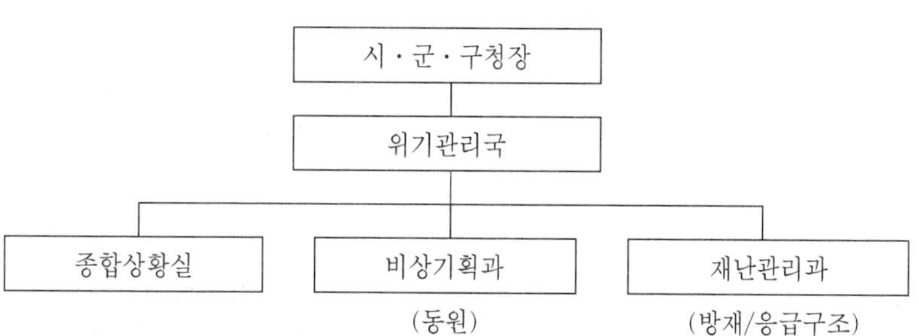

(2) 방안 2: 위기관리기구의 2원화(재난관리처와 비상동원관리처로
   개편)

　이 방안의 요지는 앞의 위기관리 법률체계의 개선방향에서 언급한 이원적 법률체계 구성안을 바탕으로 국가 위기관리조직체계를 재난관리처(가칭) 중심의 재난관리체제와 비상동원관리처(가칭)의 전시대비체제로 이원화하는 것이다. 이를 위해서는 현재의 소방방재청의 재난 및 민방위 기능을 좀더 보강하여 재난관리처로 승격하고, 전시대비업무를 일원화하기 위해 비상기획위원회와 병무청을 통합하는 작업이 이루어져야 한다.

이를 부연설명하면, 먼저 현 소방방재청의 기능을 보강하여 재난관리처로 확대·개편한다. 이를 위해서는 현재 행정자치부의 안전정책관실에서 담당하고 있는 민방위 업무와 국가기반체계보호 업무를 현 소방방재청(재난관리처)으로 모두 이관하여야 한다. 즉, 민방위 법령 및 제도의 지원을 위해 일부 남아있는 민방위안전정책담당관실의 민방위관련 기능을 현재 소방방재청의 민방위계획과로 모두 이관하고, 국가기반체계보호 담당관실은 예방기획국 내에 독립된 과로 설치하는 것이 바람직하다. 또한 앞의 일원화 방안에서와 마찬가지로 중앙소방학교를 종합재난관리학교로 통합개편하고 방재연구소를 학교 내 부설연구소로 전환하여 운영한다. 이 경우도 행정자치부는 그 기능축소로 인해 과거의 총무처와 같은 형태로 기구의 개편이 이뤄져야 한다.

재난관리처의 조직도는 다음 〈그림 9-10〉과 같다.

그리고 현재 행정자치부 장관이 위원장으로 되어있는 재난관련 분과위원회와 소방방재처장이 위원장을 하고 있는 민방위 분과위원회는 같이 재난관리처장이 위원장직을 맡는 단일지휘체계를 구성하고 또 중복된 업무를 수행하는 각 분과위원회는 통합 및 폐지하여 조직을 단순화하여야 한다. 이렇게 되면 재난관리처는 비로소 재난 및 민방위를 통괄하는 독립적인 평시 위기관리기구로서 그 역할을 할 수 있게 될 것이다. 대테러센터는 재난관리처로 편성되어야 한다.

다음으로 비상기획위원회와 병무청을 통합하여 비상동원관리처를 구성한다. 병무청과 비상기획위원회의 통합은 비상기획위원회의 기획조정, 연습평가, 동원기획 및 동원운영과 병무청의 기획관리, 징병·징모와 동원소집 기능을 통합하여 기획·조정, 연습평가, 동원기획, 동원운영, 징병·징모 및 동원소집 기능으로 통합하고 전·평시 동원업무 및 연습기능을 확보하며 본부에서는 기획과 동원기능을 통합하고 교육 및 훈련을 담당한다. 또한 종합상황실을 운영하고 공보 및 감

〈그림 9-10〉 재난관리처의 조직(안)

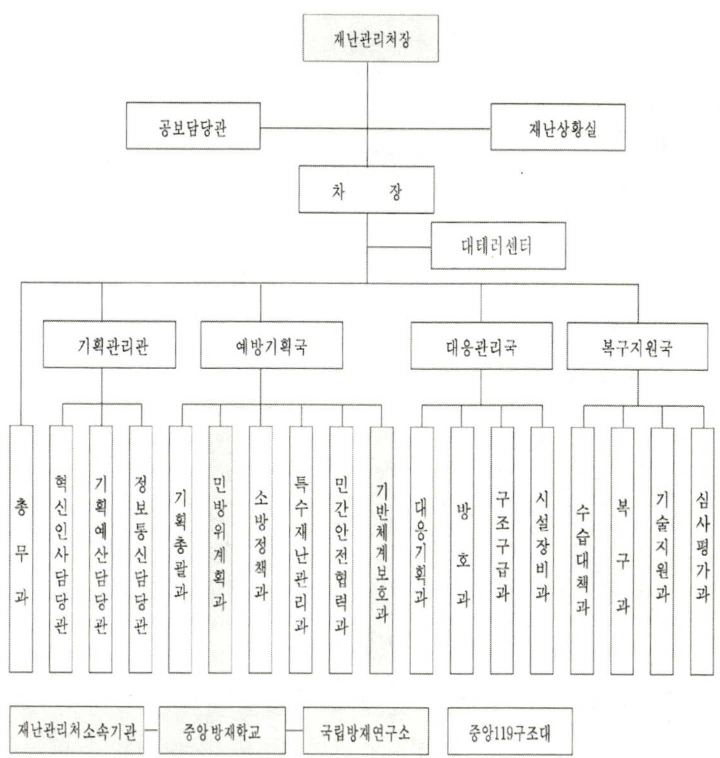

사활동을 보강하여 담당관제를 두어 체계적이고 통합적인 기획과 운영의 효율성을 제고한다. 또한 지방병무청을 시·도로 이관하고 읍·면·동사무소의 병무 업무를 폐쇄하여 인력을 감축한다. 징병검사 기능은 징병검사소를 신설하여 책임이 있는 운영을 함으로써 징병검사의 효율화를 도모하는 대안을 고려해 볼 수 있다.90)

─────────────

90) 세부내용은 백영옥, "전·평시 비상대비 및 재난재해의 효율적인 관리방안 연구," pp. 131-132를 참조할 것.

<그림 9-11> 비상동원관리처의 조직(안)

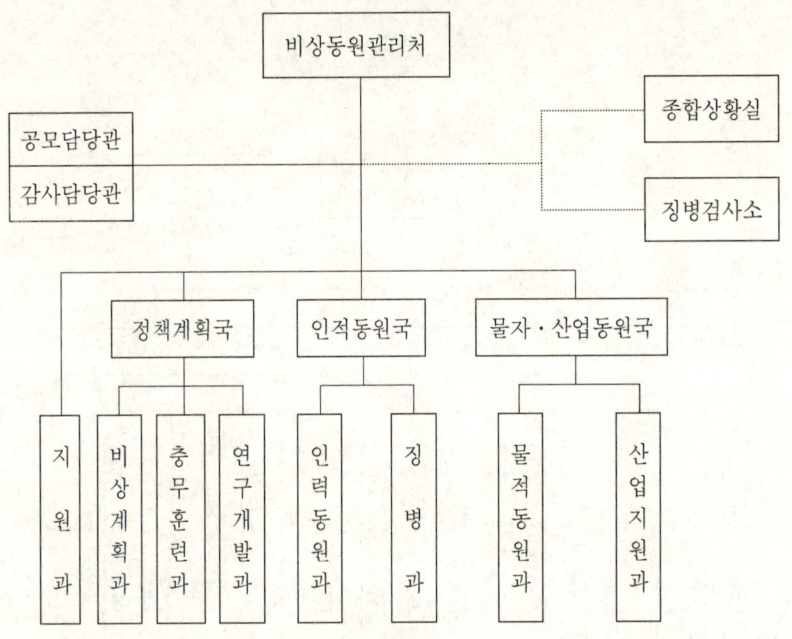

(3) 방안 3: 위기관리기구의 3원화(전통적 안보, 재난, 국가핵심기반)

이것은 현 정부에서 추진하고자 하는 방안으로 요지는 국가위기를 「전통적 안보」와 「재난」, 「국가핵심기반」의 3개 분야로 나누어 관리하고자 하는 것이다. 정부는 2004년 7월 국가 위기발생시 이를 효과적으로 관리하기 위한 「국가위기관리기본지침」을 제정하였다. 대통령 훈령으로 제정된 이 기본지침에서 국가위기를 기존의 군사·외교 등에 한정된 전통적 안보 개념이 아닌 포괄적 안보개념을 적용하였다. 이 정의에 의하면 국가위기는 크게 「전통적 안보」, 「재난」, 「국가핵심기반」 등 세 분야로 구분된다. 이 가운데 국가핵심기반 분야는 에너지·식용수, 의료·보건, 정보·통신, 사이버, 금융, 수송, 원자력, 주요산업단지, 정부 중요시설 등 국민의 생명·재산·안전보호, 국가경제와 정부의 기본기능유지에 중대한 영향을 미치는 인적·물적 기능체계 10개 분야를 일컫는다.

전통적 안보 분야는 분쟁방지와 통일·외교·국방 분야 대비 계획의 연계성 강화에, 재난 분야는 예방·피해 최소화와 현장 중심의 대응체계 강화에, 국가핵심기반분야는 어떤 상황에서도 최소한의 기능을 유지하고 대체자원 관리체계를 구축·운영하는 데 중점을 두고 있다.

또 국가 위기에 해당하는 각 분야에 따라 위기관리 의사결정구조를 달리하는데 전통적 안보분야는 국가안전보장회의(NSC)가, 재난분야는 중앙안전관리위원회가, 국가핵심기반분야는 국정현안정책조정회의가 최고 의사결정기구의 역할을 하게 된다.91)

그러나 이러한 국가위기관리기본지침은 아직까지는 국가 위기관리의 범주와 방향을 설정하기 위한 지침을 제공할 뿐, 기존의 조직 및 법령을 어떻게 정비할지 구체적인 방안은 제시하고 있지 못한 상태이다.

따라서 현 대통령훈령으로 제정된 위기관리지침은 법령 및 조직개

〈표 9-5〉 참여정부의 위기관리 지침

위기의 구분	전통적 안보	재난	국가핵심기반
중점관리내용	분쟁방지와 통일·외교·국방 분야 대비 계획의 연계성 강화	예방·피해 최소화와 현장 중심의 대응체계 강화	어떤 상황에서도 최소한의 기능을 유지하고 대체자원 관리체계를 구축·운영
최고 의사결정기구	국가안전보장회의	중앙안전관리위원회	국정현안정책 조정회의

91) "국가 위기관리 지침 제정," "통일·국방·외교 위기관리 NSC서," 『국방일보』, 2004.9.9.

편을 통한 근본적인 해결책이라기 보다는 기존 법령과 조직을 효과적으로 활용하기 위한 단기적인 개선책으로 여겨진다.

(4) 방안의 비교

국가위기관리체계가 갖추어야 할 구조적 속성은 통합성, 유기성, 협력성, 학습성이다. 여기서는 위에서 제시한 3가지 방안이 각각 이러한 속성을 얼마만큼 갖추고 있는지 비교해 보고자 한다.

첫 번째로 통합성면에서 볼 때 통합의 정도는 1방안, 2방안, 3방안 순으로 일원화된 조직구성을 갖춘 1방안의 통합성이 가장 높다. 1방안은 위기관리 각 단계를 총체적으로 조망하는 가운데 모든 단계를 통합적으로 중재할 수 있는 총체성이 뛰어나다. 그러나 2원적 구조와 3원적 구조를 가진 2방안 및 3방안은 총체성이 부족하여 자칫 임기응변적이며 산만한 관리가 될 수 있다.

또 1방안은 분산적으로 진행되면서 발생하는 인적·물적 낭비를 최대한 방지하고 한정된 자원과 노력을 효율적으로 관리할 가능성이 높다. 반면에 2방안과 3방안은 전문조직에 의한 보다 효율적인 결정이 유도될 가능성은 높으나 개별조직을 운영함으로써 생기는 업무의 중복과 이로 인한 인적·물적인 낭비가 심하다. 게다가 2·3방안은 현장에서 지휘계통에 혼선을 빚을 수 있고 책임소재가 불명확하므로 조직적이고 적극적인 현장대응활동이 어렵다. 반면에 1방안은 지휘계통과 책임소재가 명확하며 축적된 경험을 통합되게 동원하여 실효성 있는 현장대응으로 나아갈 수 있다.

법적일관성에 있어서도 2·3방안은 여러가지 관련법령들이 비체계적으로 작동함으로써 대응과정에 혼선과 충돌을 야기할 수 있는 반면, 1방안은 한 가지 체계로 정비된 관련법령들이 활동과 책임의 소재를 명확히 해주므로 혼선과 잡음이 있을 수 없다.

두 번째로 유기성 측면을 살펴보자. 유기적인 조직이 되기 위해서는 중첩성과 분권성이 실현되어야 한다. 중첩적 구조는 명확한 계서제의 원리에 입각한 조직구조가 아니라 조직의 구성요소를 의도적으로 중첩시켜 외부환경에 대한 대응을 중첩적으로 수행할 수 있도록 고안하는 것을 의미한다. 또 분권화란 조직원들의 의사결정에의 참여를 증진시키고 권한의 위임을 확대하는 것을 의미한다.

이 두 가지 요소를 통해서 볼 때, 각 분야별로 독립된 조직을 갖도록 한 3방안이 가장 유기성이 높고 중앙집권적 조직을 가진 1방안이 제일 낮다. 가장 분권적인 조직형태를 취하는 3방안은 정보수집이 중첩적으로 이루어져 다양한 개인들과 조직들이 정보를 공유하면서 전략을 논의할 수 있고 또한 위험요인을 간과할 수 있는 가능성을 줄일 수 있다. 또한 가능한 한 권한과 권력이 최고관리자나 핵심부서에서 하부조직으로 위임되어 자연스럽게 조직의 구조가 수평화되면서 급변하는 환경에 신속하게 대응할 수 있다.

그러나 1방안이 가장 중앙집권적이라 하더라도 내부조직은 수평적인 이원화된 구조를 가지고 있어 각 분야별 권한 및 자유재량권이 제한되어 능동적인 대응이 어려운 것은 아니다.

세 번째로 협력성 측면을 살펴보자. 조직이 협력적이라고 함은 관련기관들을 상호 협조·조정할 수 있는 메커니즘이 형성되어 있음을 뜻한다. 이는 주로 조직의 통합을 통해 형성되는 경우가 많다. 이러한 이유로 협력성은 조직이 갖추어야 할 특성들 중 통합성과 가장 관련이 깊다. 따라서 통합성이 높은 조직이 협력성이 높은 조직일 가능성이 크다.

이러한 측면에서 볼 때 상기 대안 중 가장 협력적인 구조를 가지고 있다고 볼 수 있는 방안은 통합성이 가장 높은 첫 번째 방안이고 두 번째, 세 번째로 갈수록 그 가능성은 낮다. 1방안은 사전예방단계에서 다양한 기관들과의 협조체계 속에서 상황에 가장 적합하고 효과적인 예방활동을 수행할 수 있으며, 또 다양한 위기발생 가능부문에서 축적된 지식들이 국가위기관리체계의 지식 및 경험자원으로 적절하게 활용될 수 있다. 또 전문기관들과의 유기적인 공조체제로 준비단계에서부터 첨단화·과학화를 실현할 수 있다. 게다가 위기대응단계에서 요구되는 여러 가지 인적·물적·기술적 자원의 효과적인 동원이 용이하고 복구단계에서는 필요한 군 및 민간의 활동지원을 원활히 받을 수 있다.

마지막으로 학습성 측면을 살펴보자. 국가위기관리체계는 학습을 통해 새롭게 펼쳐지는 환경에 적응하며 환경을 제어해 나가는 능력을 구비할 수 있도록 조직되어야 한다. 이를 위해서는 부문별 산재한 경험과 지식을 모아 국가적인 경험으로 승화시키고 이를 모두가 공유할 수 있도록 해야 한다.

이런 측면에서 볼 때 중앙에서 정보수집과 연구를 통제하는 1방안이 가장 유리한 점이 많으나 자칫 재난유형과 상황적 특수성을 간과한 보편적인 규제만을 형식적으로 강조할 수 있고, 관료적인 체계의 특성상 하부 조직의 반성과 지적이 제대로 반영되지 않을 가능성이 크다. 반면에 2방안과 3방안은 재난유형별로 보다 전문적인 학습효과를 기대할 수 있는 장점이 있으나 분야별 경험 및 지식의 공유가 어려워 동일한 시행착오를 각 분야별로 반복할 수 있다.

이상의 4가지 위기관리체제의 구조적 속성을 가지고 비교한 결과를 도표로 표시하면 다음과 같다.

다음의 〈표 9-5〉에서 볼 때 위기관리체제의 구조적 속성을 가장 많이 가지고 있는 방안은 1방안이다. 따라서 하부조직(비상기획본부, 재난관리본부)의 구성요소를 중첩시켜 외부환경에 중첩적으로 대응할 수 있도록 하는 중첩성과 조직원들의 의사결정 참여 증진 등 분권화

〈표 9-6〉 방안의 구조적 속성 비교

구분	1방안 (1원화)	2방안 (2원화)	3방안 (3원화)
통합성	높음	중간	낮음
유기성	낮음	중간	높음
협력성	높음	중간	낮음
학습성	높음	중간	낮음

측면만 좀더 보완한다면 국가비상관리처를 중심으로 한 통합된 위기관리체제를 갖추는 1방안이 현 위기관리체제의 문제점을 극복할 수 있는 가장효과적인 대안으로 판단된다.

　게다가 전문 인력부족과 조직축소로 민방위와 재난, 비상대비업무에 관한 개별 전담조직이 없이 한 부서에서 이를 모두 담당하는 현 시·군·구를 위해서라도 하나로 통합된 중앙조직이 필요하다고 하겠다.

▣ 참고문헌 ▣

1. 단행본

가. 국문

국가정보원.『9·11테러와 아프간 전쟁』. 서울: 국가정보원, 2002.

국방군사연구소 역.『걸프전쟁』. 서울: 국방군사연구소, 1992.

권문술.『쿠바의 외교정책전망에 관한 연구(Ⅰ)』. 서울: 국방대학교, 1986.

권문술·민만식.『전환기의 라틴아메리카: 정치적 상황과 국제관계』. 서울: 탐구당, 1985.

김경동 편.『일본사회의 재해관리: 고베지진의 사례연구』. 서울: 서울대학교 출판부, 1997.

노병천.『마라톤에서 사막 폭풍까지』. 서울: 가나, 1993.

문장렬. "국가안전보장회의의 발전방안,"『안보정책총서』. 서울: 국방대학교, 2004.

박웅진.『현대 국제정치사』. 서울: 형설출판사, 1978.

방위청.『방위백서 2001』. 국방정보본부 역. 서울: 2001.

______.『방위백서 2002』. 국방정보본부 역. 서울: 2002.

______.『방위백서 2003』. 국방정보본부 역. 서울: 2003.

비상기획위원회.『비상대비 30년사』. 서울: 비상기획위원회, 1999.

우리말사전편찬회.『우리말 대사전』. 서울: 삼성문화사, 1997.

이극찬.『정치학』. 서울: 법문사, 1999.

이동훈.『위기관리의 사회학』. 서울: 집문당, 1999.

이 연.『위기관리와 커뮤니케이션』. 서울: 학문사, 2003.

일본 내각부 편,『평성 15년판 방재백서』. 동경: 국립인쇄소, 2003.

조영갑.『한국위기관리론』. 서울: 팔복원, 2000.

채경석. 『위기관리 정책론』. 서울: 대왕사, 2004.

최 영. 『현대 핵전략이론』. 서울: 일지사, 1987.

하영선. 『한반도의 핵무기와 세계질서』. 서울: 나남, 1991.

황병무. 『전쟁과 평화의 이해』. 서울: 오름, 2001.

나. 영문

Allison, T. Graham. *Essence of Decision: Explaining the Cuban Missile Crisis*. Boston: Little, Brown and Company, 1971.

Cindy C. Combs. *Terrorism in the 21st Century*. New Jersey: Prentice Hall, Inc., 1997.

George, Alexander L. 『위기관리의 실패와 성공』. 이은득 역. 국방대학교, 1996.

______. *Avoiding War: Problem of Crisis Management*. San Francisco: Westview Press, 1991.

Powell, L. Colin. *My American Journey*. New York: Random House, 1995.

Pratt, W. Julius. *A History of United States Foreign Policy*. New Jersey: Prentice Hall, 1965.

Schwarzkopf, Norman H. 『영웅은 필요없다(하)』. 송형석 역. 서울: 성훈, 1993.

Spanier, John. *American Foreign Policy Since World War II*. New York: Congressional Quarterly, 1992.

U.S. Department of State. *National Strategy for Combating Terrorism*. Washington: DoS, February 2003.

______. *Patterns of Global Terrorism 2003*. Washington: DoS, April 2004.

Ward, Bob Wood. 『사령관들』. 이광식 역. 서울: 중앙, 1991.

칼레드 빈 술탄·패트릭 실.『사막의 전사』. 이진영·백인기·이재훈·박
    영준 공역. 서울: 민예원, 1998.

2. 논문 및 연구보고서, 정기간행물

가. 국문

국가재난관리시스템기획단. "「재난 및 안전관리 기본법」 설명자료." 2003.
    11.

길정일. "미국 국가안보회의(NSC) 운영사례 연구."『국가전략』제6권 2호.
    2000.

김강녕. "새로운 형태의 위기에 대한 효율적인 통제 및 비상기획위원회 기
    능강화방안." 비상기획위원회 세미나 발표 논문. 2002.

김열수. "9·11테러 이후 미국의 대테러전 평가."『교수논총』제27집. 서
    울: 국방대학교, 2002.

_____. "국가 재난관리의 문제점과 개선방안." 국방대학교 안보문제연구소,
    안보연구시리즈 제5집.『자주국방과 한반도 안보』. 서울: 국방대학교
    안보문제연구소, 2004.

_____. "세계 위기관리 추세변화와 한국 위기관리체제 발전방향."『비상대
    비연구논총』제31집. 2004.

_____. "테러리즘 근절이 어려운 원인: 제도화의 한계와 국제사회의 균열."
    『국가전략』제8권 3호. 2002.

_____. "9·11테러 이후 테러리즘의 양상과 전망."『전사』제6호. 2004.

_____. "전쟁이외의 군사활동." 한국전략문제연구소,『2004년 육군전투발
    전: 미래지상작전 개념 및 구현전략』. 서울: 한국전략문제연구소,
    2004.

김윤수. "국가지원 테러리즘에 관한 연구: 북한의 대남한 테러리즘을 중심
    으로." 동국대학교 박사학위 논문, 1991년 12월.

김태준·최종철. "북한의 NLL침범사례 분석과 대응방안." 국방대학교 안보
    문제연구소 정책연구과제. 서울: 국방대학교 안보문제연구소, 2004.
김태진. "국제테러조직 동향과 대응책."『대테러정책 연구논총』제1호.
    2004.
김현기. "북한군 특수부대의 실체."『국방저널』2001년 11월.
김흥태. "지방자치단체의 방재계획제도의 확립에 관한 연구." 서울: 한남대
    석사 학위 논문, 1993.
남길현. "사이버테러와 국가안보."『국방연구』제45권 제1호. 2002.
남주홍. "한국의 위기관리체제 발전방향."『비상대비연구논총』제30집.
    2003.
문광건 외 2명.「뉴 테러리즘의 오늘과 내일」. 서울: 한국국방연구원, 2003.
문정인. "걸프전쟁과 아랍 및 세계질서의 재편."『한국과 국제정치』Vol. 7,
    No. 2. 1991.
박만호. "비상대비 정보시스템 발전방향."『비상대비논총』제30집. 2003.
박주이. "2002년은 비상대비업무의 향후진로에 특별한 의미가 있다."『비상
    기획보』통권 제95호. 2002.
박헌옥, "지방자치단체의 비상대비체제 발전방향." 비상기획위원회 정책연
    구보고서. 2004.
백영옥. "전·평시 비상대비 및 재난재해의 효율적인 관리방안 연구." 비상
    기획위원회 연구보고서. 2001.
송대성. "미국의 반테러 전쟁 평가와 향후 전망."『정세와 정책』세종연구소
    2002-02(통권 67호).
신명철. "지진재해 수습체계 및 대응능력 연구." 서울: 국립재난방재연구소
    연구보고서. 1998.
유수택. "전시 및 재난대비 민방위의 효율화방안." 정책연구보고서. 서울:
    국방대학교, 1994.
윤형근 역. "미국의 대테러 전쟁." 국방대학교 안보정책자료 시리즈 02-1,

제159호 서울: 2002.

이대우. "한국의 국가안보와 대테러 대책." 세종연구소. 『테러와 한국의 국가안보』. 성남: 세종연구소, 2004.

이동훈. "비상기획위원회 창설 33주년에 즈음하여." 『비상기획보』 통권 제60호. 2002.

이민룡. "잠수함 침투사건에서의 한국의 위기관리." 서울: 육군사관학교 화랑대연구소. 1998.

이 연. "재난보도의 문제점과 재난보도 준칙(가이드라인)제정방안에 대한 연구." 제24회 기자포럼. 2003.

이은득. "한국의 위기관리: 이론과 발전방향." 국방대학교 교육학술연구과제. 2003.

이정훈. "제3차 세계대전은 시작되는가." 『신동아』(2001년 10월호).

임강수. "장차 테러전 대비 군 대응방안에 관한 연구." 국방대학교 합동참모대학 2003년도 연구보고서.

임강호. "연평해전의 작전술적 분석." 해군대학 연구논문. 2000.

임송태. "재난종합관리체제에 관한 연구." 한국지방행정연구원 연구보고서 95-19(제221권). 1996.

에바다겐스게. "화생방 테러대책을 본격화 한 미국." 『세계주보』(1999년 1월). 합동참모본부 역. 『군사참고』 99-3호(1999).

장문석. "전쟁수단의 변화에 따른 미래의 전쟁양상 전망: 걸프전을 중심으로." 『國防硏究』 제35권 제1호. 1992.

정보위원회 수석전문연구실. 『테러관계 자료집』. 서울: 국회 정보위원회 수석전문연구실. 2002.

정인화. "서울시 지진재해 대응전략모색." 『방재연구』 제2권 제4호. 2000.

정춘일 외. "국가위기관리체계 정비 방안 연구." 서울: KIDA, 1998.

조성권. "테러 발생시 미치는 경제·사회적 파급영향." 세종연구소. 『테러와 한국의 국가안보』.

조영갑. "전환기 국가 위기관리정책." 제20회 비상대비세미나. 2003.

조중연. "국가위기관리체제 발전방향: 연평해전과 서해교전을 중심으로." 국방대학교 안보과정 연구논문. 2000.

최운도. "일본의 위기관리와 유사법제." 서울: 연세대학교 동서문제연구원, 2004.

최재경. "세계의 비상대비변화추세 분석과 우리의 대응." 『비상기획보』 통권 61호. 2002.

최진태. "한국 관련 테러 공격 협박 사건 분석." www.terrorism.or.com.

황군택. "국가위기관리체계 발전방향." 국방대학교 합동참모대학 연구보고서. 2003.

나. 영문

Cooley, K. John. "Pre-War Gulf Diplomacy." *Survival*, Vol. 33, No. 2. March/April 1991.

Huntington, P. Samuel. "The Lonely Superpower." *Foreign Affairs*, Vol. 78. No. 2. March/April 1999.

Fischer, A. Beth. "Perception, Intelligence Errors, and the Cuban Missile Crisis." *Intelligence and National Security*, Vol. 13, No. 3. Autumn 1998.

John O. Brennan. "Terrorist Threat Integration Center Statement." www.apfn.net/messageboard/08-07-03/discussion.cgi.93.html

Karsh, Efraim and Rausti Inari. "Why Saddam Hussein Invaded Kuwait." *Survival*, Vol. 33, No. 1. Jan./Feb. 1991.

Nye, S. Joseph. "Redefining The National Interest." *Foreign Affairs*, Vol. 78, No. 4. July/August 1999.

The Coalition Information Centers. "The Global War on Terrorism: The First 100 Days." www.whitehouse.gov/news/releases/2001/

12/100dayreport.html

3. 신문기사 및 방송

『경향신문』. 1996.11.6./1999.10.6./2002.12.28.

『국민일보』. 1995.4./1995.5.28/2004.9.9./2004.10.19.

『국방일보』. 1999.6.17./1999.6.18./2002.7.2./2004.9.9.

『동아일보』. 1996.9.19./1996.12.30./2002.9.2./2002.11.21./2004.9.
　　20./2002.11.21.

『매일경제』. 2004.9.29.

『문화일보』. 2002.9.2.

『서울신문』. 1996.9.19/2003.2.22/2003.9.16./2004.8.20.

『세계일보』. 1995.7.1./1996.9.20./1996.11.6./2004.6.4.

『연합뉴스』. 2004.10.12.

「요미우리 신문」. 2004.6.15.

『조선일보』. 1996.9.17./2001.11.2./2003.9.20./2004.3.27.

『중앙일보』. 1996.6.17./1996.9.19./2001.12.6/2004.9.8./2004.12.2./
　　2004.12.3

『한겨레』. 2003.9.26./2003.11.20.

『한국일보』. 1995.6.30./1996.12.10./2004.5.12.

김문경. "지자체 민방위 기자재 부족심각." 『YTN』. 2004.9.19.

"부시, 전시내각 구성." 『연합뉴스』. 2001.9.19.

"日정부, 일본판 NSC 신설 추진." 『연합뉴스』. 2003.6.29.

"일본 내년부터 민방위 훈련." 『인터넷판 중앙일보』. 2004.9.3.

"日 자위대에 선제공격권 검토." 『인터넷판 중앙일보』. 2003.12.31.

4. 인터넷

www.cas.go.jp(일본 내각관방부 장관보 홈페이지).

www.cnn.com/chronology(CNN 홈페이지).

www.daegu.go.kr(대구 시청 홈페이지).

www.dhs.gov(미 국토안보부 홈페이지).

www.ekida.kida.mil(한국 국방연구원 홈페이지).

www. fema. gov(미 연방비상관리청 홈페이지).

www.fincen. gov(미 재무부 재무 관련형사법 시행 네트워크 홈페이지).

www.nema.go.kr(소방방재청 홈페이지).

www.nipa.go.kr(국가전문행정연수원 민방위교육관 홈페이지).

www.mogaha.go.kr(행정자치부 홈페이지).

www.moleg.go.kr(법제처 홈패이지).

www.ocipep-bpiepc.gc.ca(캐나다 기반시설보호 및 비상대비청 홈페이지).

www.seoul.go.kr(서울특별시청 홈페이지).

www.ukresilience.info(영국 민간비상대비사무처 홈페이지).

www. whitehouse. gov(미 백악관 홈페이지).

www.kdaq.empas.com/dbdic/db-view.fsp?.num=3581207&ps=src&
    pq=.

5. 법령

「국가안전보장회의법」.

「국가안전보장회의 운영 등에 관한 규정」.

「민방위기본법」.

「민방위기본법 시행령」.

「비상대비자원관리법」.

「비상대비자원관리법 시행령」.

「일 안전보장회의설치법시행령」.

「재난 및 안전관리기본법」.

「재난 및 안전관리기본법 시행령」.

『테러방지법(수정안)』(2002).

「통합방위법」.

「통합방위법 시행령」.

NSPD〔National Security Presidential Directives〕-1.

보론

통합방위체제

1. 통합방위의 개요

현재와 같은 한국의 통합방위체제는 1997년 1월에 「통합방위법」이 법률 제5264호로 제정되면서 정립되었다. 「통합방위법」은 1996년에 발생한 강릉무장공비침투사건의 교훈과 기존의 「대통령 훈령28호」가 통합방위 관련 기구 및 작전요소에 대한 법적 통제 및 구속력이 미약하다는 문제점 등이 제기되어 제정되었다.[1]

"통합방위"라 함은 적의 침투·도발이나 그 위협에 있어서 각종 국가방위요소를 통합하고 지휘체계를 일원화하여 국가를 방위하는 것을 말한다. 이는 과거 '대간첩작전'으로 불리우던 후방지역작전이 변경된

---

1) 한국국방연구원, "「(가칭)통합방위기본법」 일반법률(안) 연구," 한국국방연구원 연구보고서(서울: 한국국방연구원, 1997), p. 20.

것으로 평시 대간첩작전은 물론 전시 후방지역작전의 수행까지 연계할 수 있는 작전개념이다.

"국가방위요소"라 함은 통합방위작전의 수행에 필요한 방위전력 또는 그 지원요소를 말하는 것으로 여기에는 국군조직법 제2조의 규정에 의한 국군, 경찰청·해양경찰청 및 그 소속기관, 국가기관 및 지방자치단체, 향토예비군설치법 제1조의 규정에 의한 향토예비군, 민방위기본법 제16조의 규정에 의한 민방위대, 통합방위협의회를 두는 직장 등이 속한다.

"통합방위사태"라 함은 적의 침투·도발이나 그 위협에 대응하여 선포하는 단계별 사태를 말한다. 여기에는 갑종, 을종, 병종사태가 있다. "갑종사태"라 함은 일정한 조직체계를 갖춘 적의 대규모 병력 침투 또는 대량살상무기 공격 등의 도발로 인한 비상사태로서 통합방위본부장 또는 지역군사령관의 지휘·통제하에 통합방위작전을 수행하여야 할 사태를 말한다. "을종사태"라 함은 일부 또는 수 개 지역에서 적의 침투·도발로 인하여 단기간 내에 치안회복이 어려워 지역군사령관의 지휘·통제하에 통합방위작전을 수행하여야 할 사태를 말한다. "병종사태"라 함은 적의 침투·도발위협이 예상되거나 소규모의 적이 침투한 때에 지방경찰청장·지역군사령관 또는 함대사령관의 지휘·통제하에 통합방위작전을 수행하여 단기간 내에 치안이 회복될 수 있는 사태를 말한다.

"통합방위작전"이라 함은 통합방위사태가 선포된 지역에서 그 사태의 구분에 따라 통합방위법 제13조의 규정에 의하여 통합방위본부장·지역군사령관·함대사령관 또는 지방경찰청장이 국가방위요소를 통합하여 지휘·통제하는 방위작전을 말한다. 여기서 "지역군사령관"이라 함은 통합방위작전 관할구역 안에 소재하는 군부대의 여단장급 이상 지휘관 중에서 통합방위본부장이 정하는 자를 말한다.

"침투"라 함은 적이 특정임무를 수행하기 위하여 대한민국영역을 침범한 상태를 말한다. 또한 "도발"이라 함은 적이 특정임무를 수행하기 위하여 대한민국 국민 또는 영역에 가하는 일체의 위해행위를 말한다. "위협"은 침투 및 도발이 예상되는 적의 능력과 기도가 드러난 상태를 말한다. "방호"라 함은 적의 각종 도발과 위협으로부터 인원·시설 및 장비의 피해를 방지하고 제반 기능을 정상적으로 유지할 수 있도록 보호하는 작전활동을 말한다. 또한 "국가중요시설"이라 함은 공공기관, 공항·항만, 주요 산업시설 등 적에 의하여 점령 또는 파괴되거나 기능이 마비될 경우 국가안보 및 국민생활에 심대한 영향을 미치는 시설을 말한다.

2. 통합방위의 조직과 기능

1) 통합방위협의회

통합방위협의회는 중앙통합방위협의회와 지역통합방위협의회, 그리고 직장통합방위회로 구분된다.

(1) 중앙통합방위협의회

중앙통합방위협의회(이하 "중앙협의회")는 국무총리 소속기관으로 중앙협의회의 의장은 국무총리가 되고, 위원은 재정경제부장관·교육인적자원부장관·통일부장관·외교통상부장관·법무부장관·국방부장관·행정자치부장관·과학기술부장관·문화관광부장관·농림부장관·산업자원부장관·정보통신부장관·보건복지부장관·환경부장관·노동부장관·여성부장관·건설교통부장관·해양수산부장관·기획예산처장관·국무조정실장·법제처장·국정홍보처장·국가보훈처장·비상기획위원회위원장·국가정보원장 및 통합방위본부장과 그밖에 대통령령이 정하는 자가 된다. 중앙협의회의 간사(1명)는 통합방위본부의 부본부장이 된다.

중앙협의회는 통합방위정책 통합방위작전·훈련 및 지침, 통합방위사태의 선포 또는 해제, 기타 통합방위에 관하여 대통령령이 정하는 사항을 심의한다.

중앙협의회의 회의는 의장이 필요하다고 인정하는 때에 소집한다. 회의는 이 영에 특별한 규정이 없는 한 재적위원 과반수의 출석과 출석위원 과반수의 찬성으로 의결한다.

(2) 지역통합방위협의회 및 직장통합방위협의회

특별시장·광역시장·도지사(이하 "시·도지사") 소속하에 특별시·광역시·도 통합방위협의회(이하 "시·도협의회")를 두되, 그 의장은 시·도지사가 된다.

시장·군수·구청장 소속하에 시·군·구 통합방위협의회를 두고, 그 의장은 시장·군수·구청장이 된다.2)

---

2) 특별시·광역시·도 통합방위협의회 및 시·군·구 통합방위협의회는 다음에 해당하는 자로 구성한다.
  1. 당해지역의 작전책임을 담당하는 군부대의 장
  2. 당해지역 국군기무부대의 장 또는 그 부대원
  3. 국가정보원관계자
  4. 지방검찰청 검사장·지청장 또는 검사
  5. 지방경찰청장 또는 경찰서장
  6. 해양경찰서장 또는 해양경찰지서장
  7. 지방교정청장 또는 교정시설의 장
  8. 지방병무관서의 장
  9. 교육감 또는 교육장
  10. 지방의회 의장
  11. 기타 지역협의회 의장이 위촉하는 자
  지역협의회의 회의는 정기회의와 임시회의로 구분하되, 정기회의는 분기 1회 소집함을 원칙으로 하고, 임시회의는 의장이 필요하다고 인정하는 때에 소집한다.

시·도 협의회와 시·군·구 통합방위협의회(이하 "지역협의회")는 통합방위 대비책, 을종 및 병종사태의 선포 또는 해제(시·도 협의회의 경우에 한한다), 통합방위작전·훈련의 지원대책, 국가방위요소의 효율적 육성·운용 및 지원대책, 기타 조례로 정하는 사항을 심의한다.

직장에는 직장통합방위협의회(이하 "직장협의회")를 두되, 그 의장은 직장의 장이 된다. 직장협의회를 두어야 하는 직장의 범위[3]와 직장협의회의 운영 등에 관하여 필요한 사항은 대통령령으로 정한다. 직장협의회는 직장단위 방위대책 및 그 지원계획의 수립·시행에 관한 사항, 직장예비군의 운영·육성 및 지원에 관한 사항을 심의한다.

중앙협의회·지역협의회 및 직장협의회는 대통령령이 정하는 기준에 의하여 「향토예비군 설치법」 제14조의 규정에 의한 방위협의회, 「민방위 기본법」 제5조 또는 제6조의 규정에 의한 중앙민방위협의회

<그림 보론-1> 통합방위협의회

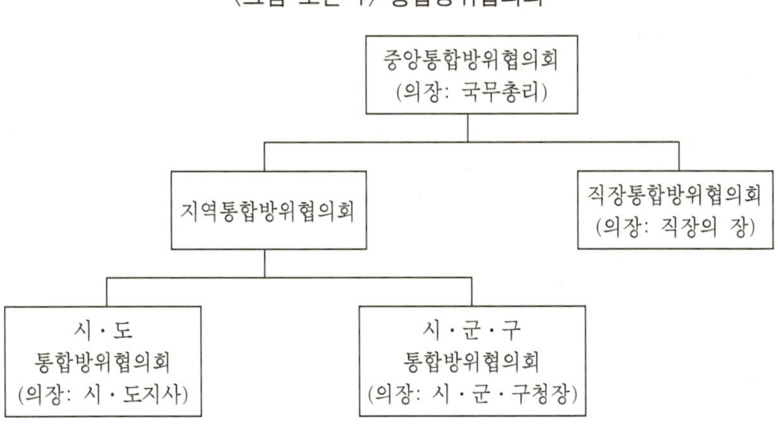

3) 직장통합방위협의회를 두어야 하는 직장의 범위는 다음과 같다.
　　1. 중대급이상의 예비군 부대가 편성된 직장(소대급의 직장예비군 자원이 있는 직장도 원에 의하여 직장협의회를 둘 수 있다)
　　2. 법 제15조의 규정에 의하여 지정된 국가중요시설인 직장.

또는 지역민방위협의회와 통합·운영할 수 있다.

2) 통합방위본부

합동참모본부에는 통합방위본부를 설치한다. 통합방위본부의 본부장은 합동참모의장이 되고, 부본부장은 합동참모본부 작전본부장이 된다.

통합방위본부는 통합방위정책의 수립·조정, 통합방위 대비태세의 확인·감독, 통합방위작전상황의 종합분석 및 대비책의 수립, 통합방위작전·훈련지침 및 계획의 수립과 그 시행의 조정·통제, 통합방위 관계기관 간의 업무협조 및 사업집행사항의 협의·조정 등의 임무를 수행한다.

통합방위본부에 통합방위에 관한 정부 내 업무협조 기타 통합방위 업무의 원활한 수행을 위하여 통합방위실무위원회4)(이하 "실무위원회")를 두는데, 실무위원회의 구성 및 운영 등에 관하여 필요한 사항은 대통령령으로 정한다.

---

4) ① 통합방위실무위원회의 의장은 통합방위본부부본부장이 되고, 위원은 다음 각 호의 1에 해당하는 자로 한다.
   1. 통합방위본부장이 지명하는 합동참모본부의 부장급 장교
   2. 각 중앙협의회위원이 지명하는 소속 국장급 공무원 각 1인
   3. 각 관계기관의 장이 지명하는 소속 국장급 공무원 각 1인
   ② 통합방위실무위원회는 다음 각호의 사항을 심의한다.
   1. 통합방위 대비책
   2. 정부 각 부처간 통합방위업무에 대한 조정
   3. 통합방위 관련 법규의 개정에 관한 사항
   4. 제11조 제2항의 규정에 의한 포상 및 법 제19조의 규정에 의한 문책요구에 관한 사항
   ③ 통합방위실무위원회의 회의는 정기회의와 임시회의로 구분하되, 정기회의는 분기 1회 소집함을 원칙으로 하고, 임시회의는 의장이 필요하다고 인정하는 때에 소집하며, 회의는 재적위원 과반수의 출석과 출석위원 과반수의 찬성으로 의결한다.

〈그림 보론-2〉 통합방위본부

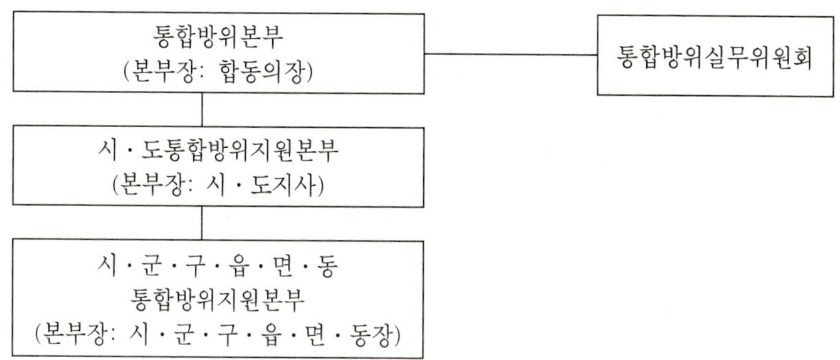

시·도에는 시·도 지사 소속하에 시·도 통합방위지원본부를, 시장·군수·구청장·읍장·면장·동장 소속하에 시·군·구·읍·면·동 통합방위지원본부를 설치한다.

시·도 통합방위지원본부와 시·군·구·읍·면·동 통합방위지원본부(이하 "통합방위지원본부")는 관할지역별로 통합방위작전 및 훈련에 대한 지원계획의 수립·시행, 통합방위종합상황실의 설치·운영, 국가방위요소의 육성·지원, 통합방위 취약지의 주민신고체제 확립, 기타 대통령령 또는 조례로 정하는 사항 등의 임무를 수행한다. 각 통합방위지원본부의 조직 및 운영에 관하여 필요한 사항은 대통령령이 정하는 기준에 의하여 조례로 정한다.

2. 통합방위 수행체계

1) 통합방위사태의 선포 및 해제

통합방위사태는 갑종사태·을종사태 또는 병종사태로 구분하여 선포한다.

국방부장관은 갑종사태에 해당하는 상황이 발생한 때 또는 2개 이

상의 특별시·광역시·도(이하 "시·도")에 걸쳐 을종사태에 해당하는
상황이 발생한 때에, 행정자치부장관 또는 국방부장관은 2개 이상의
시·도에 걸쳐 병종사태에 해당하는 상황이 발생한 때에 즉시 국무총
리를 거쳐 대통령에게 통합방위사태의 선포를 건의하여야 한다. 대통
령은 국방부장관으로부터 위와 같은 건의를 받은 때에는 중앙협의회
와 국무회의의 심의를 거쳐 통합방위사태를 선포할 수 있다.

지방경찰청장 또는 지역군사령관은 을종사태나 병종사태에 해당하
는 상황이 발생한 때에는 즉시 시·도지사에게 통합방위사태의 선포
를 건의하여야 한다. 건의를 받은 시·도지사는 시·도협의회의 심의
를 거쳐 을종사태 또는 병종사태를 선포할 수 있다. 시·도지사는 을
종사태 또는 병종사태를 선포한 때에는 지체없이 행정자치부장관 및
국방부장관과 국무총리를 거쳐 대통령에게 그 사실을 보고하여야 한다.

통합방위사태를 선포할 때에는 그 이유, 종류, 선포일시, 구역 및
작전지휘관에 관한 사항을 공고하여야 한다.

시·도지사가 통합방위사태를 선포한 지역에 대하여 대통령이 통합
방위사태를 선포한 때에는 그 때부터 시·도지사가 선포한 통합방위
사태는 효력을 상실한다.

대통령은 통합방위사태를 선포한 때에는 지체없이 그 사실을 국회
에 통고하여야 하고, 시·도지사는 통합방위사태를 선포한 때에는 지
체없이 그 사실을 시·도의회에 통고하여야 한다.

대통령은 통합방위사태가 평상상태로 회복되거나 국회가 해제요구
를 한 때에는 지체없이 당해 통합방위사태를 해제하고 이를 공고하여
야 한다. 대통령은 통합방위사태를 해제하고자 할 때에는 중앙협의회
와 국무회의의 심의를 거쳐야 한다. 다만, 국회가 해제요구를 한 때에
는 국무회의의 심의가 필요없다.

국방부장관 또는 행정자치부장관은 통합방위사태가 평상상태로 회

<표 보론-1> 통합방위사태의 선포

사태	선포건의	승인권자	비고
갑종사태, 을종사태 (2개 시·도 이상)	국방부장관 (국무총리 경유)	대통령	중앙협의회와 국무회의의 심의
병종사태 (2개 시·도 이상)	국방부장관 행자부장관 (국무총리 경유)	대통령	
을종 및 병종사태	지방경찰청장 지역군사령관 (행정자치부장관 및 국방부장관과 국무총리 경유)	시·도지사	시·도협의회의 심의

복된 때에는 국무총리를 거쳐 대통령에게 통합방위사태의 해제를 건의하여야 한다. 시·도지사는 통합방위사태가 평상상태로 회복되거나 시·도의회에서 해제요구를 한 때에는 지체없이 통합방위사태를 해제하고 이를 공고하여야 한다. 이 경우 시·도지사는 그 통합방위사태의 해제사실을 행정자치부장관 및 국방부장관과 국무총리를 거쳐 대통령에게 보고하여야 한다. 시·도지사가 통합방위사태를 해제하고자 할 때에는 시·도협의회의 심의를 거쳐야 한다. 다만, 시·도의회가 해제요구를 한 때에는 시·도협의회의 심의가 필요없다. 지방경찰청장 또는 지역군사령관은 통합방위사태가 평상상태로 회복된 때에는 시·도지사에게 통합방위사태의 해제를 건의하여야 한다.

2) 통합방위작전

통합방위작전은 다음과 같이 3개 관할구역으로 나뉘어 수행된다.
① 지상관할구역: 특정경비지역·군관할지역 및 경찰관할지역
② 해상관할구역: 특정경비해역 및 일반경비해역

③ 공중관할구역: 비행금지공역 및 일반공역

통합방위사태가 선포될 때, 지휘관은 경찰관할지역은 지방경찰청장이, 특정경비지역 및 군관할지역은 지역군사령관이, 특정경비해역 및 일반경비해역은 함대사령관이, 비행금지공역 및 일반공역은 공군작전사령관이 담당한다. 또한 공군작전사령관의 경우에는 통합방위지원작전을 수행한다. 다만, 을종사태가 선포된 경우에는 지역군사령관이, 갑종사태가 선포된 경우에는 통합방위본부장 또는 지역군사령관이 각각 통합방위작전을 수행한다.

통합방위작전 관할구역의 세부범위 기타 통합방위작전의 시행 등에 관하여 필요한 사항은 실무위원회의 심의를 거쳐 통합방위본부장이 정한다.

<표 보론-2> 작전관할구역 및 지휘관

구역	관할구역	지휘관
지상관할구역	특정경비지역·군관할지역 및 경찰관할지역	경찰관할지역(지방경찰청장), 특정경비지역 및 군관할지역(지역군사령관)
해상관할구역	특정경비해역 및 일반경비해역	함대사령관
공중관할구역	비행금지공역 및 일반공역	공군작전사령관

3) 기 타

통합방위작전의 임무를 수행하는 자는 그 작전지역 안에서 대통령령이 정하는 바에 의하여 임무의 수행에 필요한 검문을 할 수 있다.

시·도지사 또는 시장·군수·구청장은 통합방위사태가 선포된 때에는 대통령령이 정하는 바에 의하여 인명·신체에 대한 위해를 방지하기 위하여 필요한 통제구역을 설정하고, 통합방위작전에 관련되지 아니한 자에 대하여는 출입을 금지·제한하거나 그 통제구역으로부터 퇴거할 것을 명할 수 있다. 통제구역의 설정기준·절차 및 공고방법 등에 관하여 필요한 사항은 대통령령으로 정한다.

시·도지사 또는 시장·군수·구청장은 통합방위사태가 선포된 때에는 인명·신체에 대한 위해를 방지하기 위하여 즉시 작전지역 안에 있는 주민이나 체재자에 대하여 대피할 것을 명할 수 있다.

국가중요시설의 소유자 또는 관리자(이하 "시설주")는 경비·보안책임을 지며, 통합방위사태에 대비하여 자체방호계획을 수립하여야 한다. 이 경우 국가중요시설의 시설주는 자체방호계획의 수립에 관하여 필요한 경우에는 지방경찰청장 또는 지역군사령관에게 협조를 요청할 수 있다. 지방경찰청장 또는 지역군사령관은 통합방위사태에 대비하여 국가중요시설에 대한 방호지원계획을 수립·시행하여야 한다.

국가중요시설의 평시 경비·보안활동에 대한 지도·감독은 관계행정기관의 장과 국가정보원장이 행한다. 국가중요시설은 국방부장관이 관계행정기관의 장 및 국가정보원장과 협의하여 지정한다. 국가중요시설의 자체방호·방호지원계획 및 그 밖에 필요한 사항은 대통령령으로 정한다.

작전지휘관은 대통령령이 정하는 바에 의하여 언론기관의 취재활동을 지원하여야 한다. 작전지휘관은 통합방위 진행상황 및 대국민 협조사항등을 알리기 위하여 필요한 경우에는 합동보도본부를 설치·운영할 수 있다. 통합방위작전을 수행함에 있어 병력 또는 장비의 이동·배치·성능이나 작전계획에 관련된 사항은 이를 공개하지 아니한다. 다만, 통합방위작전의 수행에 지장을 주지 아니하는 범위안에서 국민 또는 지역주민에게 알릴 필요가 있는 사항은 그러하지 아니하다.

통합방위본부장은 다음에 해당하는 지역 중 실무위원회의 심의를 거쳐 적의 침투 또는 은거활동이 용이한 지역을 취약지역으로 선정하여 해당 시·도지사에게 통보할 수 있다.

① 교통 및 통신시설이 낙후되어 즉각적인 통합방위작전이 어려운 오지 또는 벽지.

② 간첩 및 무장공비가 침투한 사실이 있거나 이들의 은거활동이 용이한 지역.

③ 적의 저공 또는 저속항공기의 착륙이 용이한 개활지 또는 호수.

④ 기타 대통령령이 정하는 지역.

시·도지사는 취약지역에 대한 장애물의 설치 등 필요한 취약지역 대비책을 강구하여야 한다.

지방경찰청장·지역군사령관은 관할지역 중에서 적의 침투가 예상되는 곳 등에 검문소를 설치·운용할 수 있다. 검문소의 지휘·통신체계 및 운용 등에 관하여 필요한 사항은 대통령령으로 정한다.

통합방위본부장은 통합방위업무를 담당하는 공무원 또는 통합방위작전 및 훈련에 참여한 자가 그 직무를 게을리하여 국가안전보장이나 통합방위업무에 중대한 지장을 초래한 때에는 그 소속기관 또는 직장의 장에게 해당자의 명단을 통보할 수 있다. 통보를 받은 소속기관 또는 는 직장의 장은 특별한 사유가 없는 한 징계 등 적절한 조치를 하여야 하고, 그 결과를 통합방위본부장에게 통보하여야 한다. 통합방위본부장은 국가중요시설에 대한 방호태세 유지를 위하여 필요한 경우에는 제15조의2 제1항 및 제2항의 규정에 의하여 수립된 국가중요시설의 자체방호계획 및 방호지원계획에 대하여 시정을 요구할 수 있다.

「통합방위법」 제14조 제1항의 규정에 의한 금지·제한 또는 퇴거명령에 위반한 자는 1년 이하의 징역 또는 500만 원 이하의 벌금에 처한다. 제15조 제1항의 규정에 의한 대피명령에 위반한 자는 300만 원 이하의 벌금에 처한다.

3. 통합방위체제의 특징 및 문제점

1997년 제정된 「통합방위법」에 의해 형성된 현 통합방위체제는 다음과 같은 특징이 있다.

첫째, 대통령훈령 제28호의 법률적 취약성을 보완하여 통합방위를 위한 법적근간을 마련하였다. 대통령훈령 제28호는 훈령이라는 법률적 한계로 제 국가방위요소의 통합에 제약이 따르고, 또 그 내용에 자세한 작전지침까지 포함되어 있어 모든 내용을 일반법화하는 데는 무리가 있었다. 「통합방위법」은 이러한 단점을 보완하여 법률로서 그 지위를 격상하였고, 또 일반법화된 내용의 세부사항은 시행령에서 수용하고, 사태구분, 작전책임지역, 지휘협조체제, 작전운용 등 국방기밀에 관한 사항은 훈령으로 운용하도록 하고 있다.

둘째, 통합방위작전을 수행하기 위해 작전요소에 대한 통합성(통제력)을 강화하였다. 통합방위태세 확립을 위해 정부에게는 국가방위요소의 육성과 통합방위태세의 확립을 위하여 필요한 시책을 강구하도록 요구하고 있으며, 각급 행정기관 및 군부대의 장에게는 원활한 통합방위작전의 수행을 위하여 서로 지원과 협조를 하도록 강조하고 있다. 또한, 통합방위본부장으로 하여금 통합방위업무를 담당하는 공무원 또는 통합방위작전 및 훈련에 참여한 자가 그 직무를 게을리하여 국가안전보장이나 통합방위업무에 중대한 지장을 초래한 때에는 그 해당자의 소속기관 및 직장의 장에게 문책 및 시정을 요구할 수 있도록 하고 있다.

그러나 비록 「통합방위법」이 통합방위사태에 대해서 국가의 제 방위요소를 통합할 수 있도록 법적근간을 마련하고 통제력을 강화하였다 하더라도 국가위기사태 전반을 다루는 통합적인 위기관리법이 못된다는 것이다. 즉, 「통합방위법」에서 명시한 통합방위사태가 전통적

인 안보위기의 일부분인 국지도발을 의미하기 때문에 전면적인 전쟁
과 국가재난 등에는 「통합방위법」을 적용하여 이러한 통합체계를 제
공하기 어려운 문제점이 있다.

　따라서 일간에서 거론되고 있는 「통합방위법」을 '통합적인 위기관리
법'으로 발전시키고자 하는 의견이 실행되려면, 먼저 통합방위사태 개
념의 확대와 「민방위기본법」, 「비상대비 자원관리법」, 「재난 및 안전
관리 기본법」 등 국가 위기관련 법령들과의 관계 재정립이 선행되어야
할 것이다.

부 록

▶▶▶ 부록 1   위기관리체제의 발전과정

1) 민방위 체제[1]

(1) 민방위 체제의 형성개요

한국에서 현대적 의미의 민방위제도가 처음으로 시작된 것은 6.25 동란 직후로써 1951년 1월 중순경 계엄사령부에 민방공총본부를 설치하고 각 지역 계엄사령부에서 시·도지부를 설치하여 방공업무를 통괄·관장하도록 하는 데서 비롯되었다. 민방공업무는 같은 해 1월 26일 계엄사령관의 요청에 의하여 내무부 치안국으로 이관되어 중앙에서는 치안국 책임하에, 각 시·도는 경찰국장의 책임하에 그 업무를 수행하여 왔다. 또 같은 해 3월 22일에는 「방공법」(법률 제183호)을 4월 12일에는 「방공법 시행령」을 개정하여 민방위업무를 수행토록 하였으나 조직이 미흡하여 업무수행이 원활하지 못하였다.

그 후 1952년 8월 25일 시·읍·면 「방공단 조직령」을 개정하여 각 시·읍·면 단위까지 민방공조직을 확대하였다. 그러나 국가 총력전에 대응할 수 있는 민방위체제를 갖추기 위해서는 분야별로 다원화되어 있는 민방위 업무를 총괄, 조정할 수 있는 정부기구와 범국민적 주민자위조직이 필요하게 되어 1961년 국방부에 비상대책위원회를

---

1) 내용은 행정자치부(www.mogaha.go.kr) 및 소방방재청 홈페이지(www.nema.go.kr/index.html) 그리고 국가전문행정연수원 민방위교육관 홈페이지(www.nipa.go.kr/nipa/civil/)의 민방위 연혁과 법제처 홈페이지 민방위관계법의 개정연혁(www.moleg.go.kr)을 참고로 정리하였다.

수립하였다. 위원회는 1962년 정부이동 및 전쟁자원 철수계획을 수립하였으며, 1963년 국가방공계획을 수립하는 등의 업적을 남겼는데, 위원회의 활동지원을 위하여 합동참모본부 작전기획국에 민방위과를 설치하였다.

그 후 1965년 국가안전보장회의 산하에 민방위개선위원회를 구성하고, 1967년 내무부 치안국에도 방위과를 설치함으로써 방위과가 종래 소방과 소관이던 민방공 업무를 담당토록 하였다. 1968년 1·21 사태를 계기로 같은 해 4월 향토예비군이 창설되었으며, 1969년 국가안전보장회의 산하에 비상기획위원회가 설치되었다. 1972년 치안국 방위과에 민방공계가 설치되어 민방공 업무를 수행토록 하던 중, 1975년 월남의 패망과 인도차이나 반도의 공산화로 우리의 안보가 직접적으로 큰 위협을 받게 되자 범국민적인 총력안보태세의 중요성이 부각되어 같은 해 7월 25일 「민방위기본법」(법률 제2776호)이 제정되었으며, 같은 해 8월 22일에는 「민방위기본법시행령」(대통령령 제7753호)이 공포됨으로써 선진국과 같은 형태의 민방위제도가 확립되게 되었다.2)

이 후 민방위제도는 비약적인 발전을 하게 되는데, 민방위본부는 1975년 8월 26에 치안본부로부터 소방업무를 인수하였고, 1976년 3월 31에는 보사부로부터 전시인력동원업무를 인수 받았다가 1985년 「비상대비자원관리법」이 제정됨에 따라 이를 비상기획위원회와 병무청으로 이관하였다. 또한 민방위본부는 1976년 10월 31에는 치안본부로부터 민방공 경보망을 인수받았고, 1991년 4월 23일에는 건설부로부터 재해대책업무를 인수받았다.

민방위제도는 그 후 여러 차례 법령의 정비와 조직개편을 거친 후

---

2) 유수택, "전시 및 재난대비 민방위의 효율화방안," 정책연구보고서(서울: 국방대학교, 1994), pp.15-17.

현재와 같이 소방방재청을 중심으로 확대·개편되었다.

(2) 민방위 법령의 정비

한국에서 민방위와 관련된 법령은 1951년 3월 22일 제정된 「방공법」(법률 제183호)이 그 시초이다. 이 법에서는 방공을 "전시 또는 사변에 제(際)하여 항공기의 내습으로 인하여 생활 위해를 방지하고 이로 인한 피해를 경감하기 위하여 육·해·공군이 행하는 방위에 응하여 육·해·공군 이외의 자가 행하는 등화관제, 소방, 방독, 피난구호와 차등(此等)에 관하여 필요한 감시, 통신 또는 경보"로 규정하였다. 이 법은 비록 적 항공기의 내습에 대응이라는 제한적인 범위를 가지지만 최초로 비상사태에 대처하기 위한 범국민적 대응조치를 규정한 법이라는 의의를 가지고 있다. 이 후 이 법을 근거로 「방공법 시행령」, 「등화관제 규정」, 「관공서 방공 규칙」, 「민병대령」, 「방공·소방의 날에 관한 규정」 등 세부 조직과 운영에 관계된 약 20여 개의 법령이 후속 제정되었다.

오늘날과 같은 의미의 민방위 제도의 법적 기틀이 형성된 것은 1975년 7월 25일 「민방위 기본법」(법률 제2776호)이 제정되고 난 이후부터이다. 「민방위 기본법」에서는 민방위를 "적의 침공이나 전국 또는 일부지방의 안녕질서를 위태롭게 할 재난(민방위사태)으로부터 주민의 생명과 재산을 보호하기 위하여 정부의 지도 하에 주민이 수행하여야 할 방공, 응급적인 방재·구조·복구 및 군사작전상 필요한 노력지원 등 일체의 자위적 활동"으로 규정하였다. 이는 기존의 「방공법」에 명시된 비상시의 개념을 보다 확대하였고, 정부가 주도하되 민간이 중심이 되는 국가 총력적 대응을 규정하였다.

1979년 정부는 「민방위 기본법」 제정시행 이후 실제 운영상의 미비사항을 보완함으로써 민방위대의 동원운영과 교육훈련의 합리화를 기하는 동시에 민방위훈련을 법적으로 제도화하여 민방위사태에 대한 대응능력을 향상시키는 한편, 방공법은 그 내용이 「민방위 기본법」과 유사하므로 「방공법」을 폐지하고 「민방위 기본법」에 흡수 통합함으로써 법체계를 단일화하여 운영상의 혼선을 제거하였다. 이로써 기존의 「방공법」과 관련된 20가지 법령은 모두 폐지되고 현재와 같이 「민방위 기본법」, 「민방위 기본법 시행령」, 「민방위 기본법 시행규칙」의 3가지 법령만 남게 되었다.

(3) 민방위 조직의 변천과정

민방위·재난관리 조직이 뿌리를 내리기 시작한 것은 1975년 8월 26일(대통령령 제7760호)에 있었던 민방위본부의 출범에서 시작된다.[3] 민방위 본부의 신설은 1975년 4월 월남패망 등에서 기인하는 안보적 측면과 재난·재해사고 등이 증가함에 따른 경제·사회적 측면에서 같은 해 7월 25일 「민방위 기본법」(법률 제2776호)이 제정되어 민방위 제도가 도입되고, 같은 해 7월 23일 「정부 조직법」이 개정(법률 제2772호)되어 내무부의 기능에 민방위업무가 추가된 데서 비롯된다.

민방위 본부는 1991년 4월 건설부로부터 이관받은 재해대책 업무 수행을 위하여 방재계획관을 신설했다가, 1994년 12월에는 이를 방재국으로 확대하였다. 또한 국가재난관리체제 강화를 위해 '95년 5월(대통령령 제14649호)에는 소방국에 구조·구급과를 신설하였고, 같은 해 10월(대통령령 제14791호)에는 민방위본부가 민방위재난통제본부로 개편되고 재난관리국이 신설되는 등 비약적 발전이 있었다. 또한 중앙소방학교에 중앙119구조대를 신설하고 소방국 조직도 개편하여 소방지휘통신 및 구조장비의 확충과 효율적인 관리 운영을 위하여

---

3) 1본부 2국 7과.

〈표 부록-1〉 민방위재난통제본부 조직 변천(1948.11~2004.5)

연월일	개편내용
'48. 11 .4 (대령 제18호)	·치안국에 소방과 설치
'50. 3. 31 (대령 제304호)	·치안국의 소방과 폐지
'61. 10. 2 (각령 제166호)	·치안국에 소방과 신설
'75. 8. 26 (대령 제7760호)	·민방위본부 신설(민방위국과 소방국을 설치) ·민방위국에 기획과, 민방위시설과, 편성운영과, 교육훈련과를 둠 ·소방국에 소방과, 방호과, 예방과를 둠
'76. 4. 15 (대령 제8078호)	·민방위국의 민방위시설과를 시설과로 개칭
'81. 11. 2 (대령 제10504호)	·민방위국의 시설과를 폐지
'91. 4. 23 (대령 제13357호)	·민방위국에 방재계획관(3급), 방재과 신설
'94. 12. 23 (대령 제14440호)	·방재계획관을 방재국으로 확대개편 ·방재계획과, 재해대책과, 재해복구과를 신설
'95. 10. 19 (대령 제14791호)	·민방위본부를 민방위재난통제본부로 개편 ·재난관리국을 신설하고 재난총괄과, 재난관리과, 안전지도과를 둠 ·소방국에 구조구급과, 장비통신과를 신설
'98. 2. 28 (대령 제15715호) (부령 제1호)	〈행정자치부 출범〉 ·민방위재난통제본부설치, 민방위재난관리국, 방재국, 소방국을 둠 ·민방위재난관리국에 기획과, 편성운영과, 민방위훈련과, 재난관리과, 안전지도과를 둠 ·방재국에 방재계획과, 재해대책과, 재해복구과를 둠 ·소방국에 소방과, 방호과, 예방과, 구조구급과, 장비통신과를 둠

연월일	개편내용
'98. 7. 22 (대령 제15841호) (부령 제10호)	· 민방위재난관리국의 편성운영과 민방위훈련과를 통합, 민방위운영과로 개편 · 민방위재난관리국의 기획과를 민방위기획과로 개칭 · 소방국의 소방과와 장비통신과를 통합하여 소방행정과로 개편
'99. 5. 24 (대령 제16341호) (부령 제51호)	· 민방위재난관리국과 방재국을 민방위방재국으로 통합하고, 민방위방재국장 예하에 방재관(3급)을 둠 · 민방위방재국의 안전지도과를 폐지하여 그 기능을 재난관리과로 이관
'00. 6. 7 (대령 제16832호) (부령 제98호)	· 방재관을 민방위재난통제본부장 직속으로 조정하고 방재계획담당관, 재해대책담당과, 재해복구담당관을 둠 · 민방위방재국의 명칭을 민방위재난관리국으로 변경하고 민방위기획과, 민방위운영과, 재난관리과를 둠
'04. 6. 1 (법률 제7186호) (대령 18390호, 대령 18392호)	· 소방방재청 신설 · 행정자치부에 안전정책관실 신설

출처: 행정자치부 www.mogaha.go.kr (검색일: 2004.12.15).

장비통신과를 신설하였다. 이러한 개편은 같은 해 6월에 있었던 삼풍백화점 붕괴사건 등 일련의 대형사건에서 영향을 받은 것이나, 민방위재난통제본부의 출범으로 재난관리체제가 한층 강화되었다

행정자치부가 출범한 다음해인 1999년 5월에 민방위재난관리국과 방재국을 민방위방재국으로 통합하였고, 2000년 6월에 다시 방재관을 민방위재난통제본부장 직속으로 조정하는 등 변화를 겪으면서 오늘에 이르렀으며 2004년 5월 31일, 29년의 민방위재난통제본부의 역사를 마감하고 6월 1일부터 소방방재청이 신설됨으로써 이에 흡수되었다.

2) 비상대비 체제[4]

(1) 비상대비 체제의 형성과정

한국에서 정부차원의 비상대비 업무가 실질적으로 시작된 것은 1968년 1월 1·21사태가 발생되어 대통령자문기구인 국가안전보장회의 국가동원체제연구위원회 내에 충무계획반을 설치하여 충무계획을 작성(1968.2.27)하고 최초로 정부가 주관하는 비상대비훈련인 「태극연습(훈련)」을 실시(1968.7.5~7)한 데서 비롯되었다.

그 후 충무계획반에서 추진한 전시대비계획이 방대하고 장기적으로 발전시켜야 할 성격일 뿐만 아니라 총괄·조정의 필요성이 대두되어 1969년 3월 24일 국가동원체제연구위원회를 모체로 국가안전보장회의 소속기관으로 비상기획위원회(대통령령 제3818호)가 설치되어 전시대비업무를 수행해 오다가 1984년 8월 4일 「비상대비자원 관리법」의 제정(법률 제 3745호) 시행으로 국무총리 보좌기관으로 전환되었다.

그 후 1998년 5월 25일 「국가안전보장회의법」 및 「국가안전보장회의 운영 등에 관한 규정」이 개정되어 국가안전보장회의가 대통령실 소속으로 옮겨감에 따라 비상기획위원회는 오늘날과 같은 체제를 유지하게 되었다.[5]

(2) 비상대비 법령의 정비

한국 안보 및 비상대비체제의 법적인 근간은 「헌법」 제91조 「국가

---

[4] 비상기획위원회 홈페이지의의 비상기획위원회 연혁(www.epc.go.kr)과 국가안전보장회의법 및 비상기획위원회규정 등 관계법령의 개정연혁을 참조하여 정리하였다.

[5] 김강녕, "새로운 형태의 위기에 대한 효율적인 통제 및 비상기획위원회 기능강화방안," 『비상기획보』 통권 제61호 (2002년 여름호), p. 89.

안전보장회의 설치」6)와 제76조 1~2항 「대통령 긴급처분 및 명령권」7)
그리고 제77조 「계엄 선포권」8) 등으로 볼 수 있다. 그러나 구체적인
비상대비 업무는 1963년 12월 14일 제정된 「국가안전보장회의법」
(법률 제1508호)을 근거로 시작되었다. 이 법에 의하여 국가안전보장
회의는 국가안전보장에 관련되는 대외정책·군사정책과 국내정책의
수립에 관하여 국무회의이전에 대통령에게 자문을 하는 역할을 하게
되었다.9)

---

6) 헌법 제91조
  ① 국가안전보장에 관련되는 대외정책·군사정책과 국내정책의 수립에 관하여 국
  무회의의 심의에 앞서 대통령의 자문에 응하기 위하여 국가안전보장회의를 둔다.
  ② 국가안전보장회의는 대통령이 주재한다.
  ③ 국가안전보장회의의 조직·직무범위 기타 필요한 사항은 법률로 정한다.
7) 헌법 제76조
  ① 대통령은 내우·외환·천재·지변 또는 중대한 재정·경제상의 위기에 있어서
  국가의 안전보장 또는 공공의 안녕질서를 유지하기 위하여 긴급한 조치가 필요하
  고 국회의 집회를 기다릴 여유가 없을 때에 한하여 최소한으로 필요한 재정·경
  제상의 처분을 하거나 이에 관하여 법률의 효력을 가지는 명령을 발할 수 있다.
  ② 대통령은 국가의 안위에 관계되는 중대한 교전상태에 있어서 국가를 보위하기
  위하여 긴급한 조치가 필요하고 국회의 집회가 불가능한 때에 한하여 법률의 효
  력을 가지는 명령을 발할 수 있다.
8) 헌법 제77조
  ① 대통령은 전시·사변 또는 이에 준하는 국가비상사태에 있어서 병력으로써 군
  사상의 필요에 응하거나 공공의 안녕질서를 유지할 필요가 있을 때에는 법률이
  정하는 바에 의하여 계엄을 선포할 수 있다.
  ② 계엄은 비상계엄과 경비계엄으로 한다.
  ③ 비상계엄이 선포된 때에는 법률이 정하는 바에 의하여 영장제도, 언론·출판·
  집회·결사의 자유, 정부나 법원의 권한에 관하여 특별한 조치를 할 수 있다.
  ④ 계엄을 선포한 때에는 대통령은 지체없이 국회에 통고하여야 한다.
  ⑤ 국회가 재적의원 과반수의 찬성으로 계엄의 해제를 요구한 때에는 대통령은
  이를 해제하여야 한다.
9) 국가안전보장회의는 국가안전보장에 관련되는 대외정책과 국내정책 및 군사정책
  의 수립에 관한 대통령자문기관으로 설치되었지만 제5공화국 이후부터는 점차 그
  기능이 축소되었고, 국민의 정부에서부터 안보회의의 역할이 정상화되는 모습을
  보이고 있다. 이민룡, 『한반도 안보전략론』(서울: 봉명 출판사, 2001), p. 148.

　이후 국가안전보장회의의 세부 조직 구성을 위한 「국가안전보장회의운영 등에 관한 규정」(대통령령 제1833호)이 이듬해 6월 8일 제정되었고, 또한 기구의 기능을 보강하기 위해 「국가동원체제연구위원회규정」과 「비상사태대책위원회규정」이 제정되었다가 두 위원회를 비상기획위원회로 대체하기 위한 「비상관리위원회규정」(1969. 3. 24 대통령령 제3818호)이 제정됨으로써 이 두 규정은 폐지되었다.

　1984년 8월 4일 비상대비업무를 위한 실질적인 법령이 제정되었는데 그 것이 바로 「비상대비자원 관리법」(법률 제3745호)이다. 이 법은 「비상사태」에 대한 정의를 비롯하여 이에 대비하기 위한 계획의 수립·자원조사 및 훈련 등에 관하여 필요한 사항을 규정하고 있다. 이 법에 근거하여 비상대비에 관한 총괄책임을 총리에게 부여하고 비상기획위원회도 총리를 보좌하는 기관으로 전환되었다. 이후 동법의 시행을 위한 「비상대비자원 관리법 시행령」(1984. 11. 17 대통령령 제11545호)이 제정되었다. 이후 비상대비를 위한 법령들은 수차례 개정·보완절차를 거쳐 오늘날과 같은 모습으로 정비되었다.

(3) 비상대비 조직의 변천과정

가) 국가안전보장회의의 조직변천과정

　오늘과 같은 비상대비 조직이 공식 구축된 것은 국가안전보장회의가 설치된 제3공화국부터였다. 그 이전의 1, 2공화국 시절에는 행정부의 기본조직을 통해서 비상대비문제가 부분적으로 관리되었다.

　국가안전보장회의의 조직 변천과정은 다음과 같다.

　국가안전보장회의는 처음에는 총무과와 정책기획실, 조사동원실로 구성된 사무국을 설치함으로써 안보회의에 관한 업무를 담당하게 하였다. 그러다가 1971년 8월 비상기획위원회가 국가안전보장회의 산하에 동원업무 전담기구로 설치되자 업무요원은 34명으로 증가되는 등 조직이 확대되었다. 그러나 1979년 2월 15일에 비상기획위원회가 별도규정에 의해 국가안전보장회의 사무국과 분리되자 사무국도 총무과(總務課)와 의사과(議事課)로 개편되었다.

1981년 11월 2일에는 국정지표의 효율적 추진체제를 구축하기 위한 정부조직정비 방침에 따라 비상기획위원회가 국가안전보장회의 산하에 재설치되었으며, 기존의 사무국은 폐지되고 행정실이 새로 설치되었다. 이 때 행정실 인원은 총 15명으로 사무국때보다 6명이 감소되었다.

또한 1986년 6월 5일에는 행정실이 다시 폐지되고 행정업무를 비상기획위원회가 지원하도록 조직을 개편하였는데 비상기획위원장이 국가안전보장회의 상근위원을 겸임하였다. 이렇듯 국가안전보장회의는 3공화국 이후 점차 그 역할 및 조직이 축소되다가 국민의 정부에 들어서서 점차 정상화되는 경향을 보였다.[10]

1998년 5월에는 국가안전보장에 관련되는 정책의 수립과정을 체계화하고 정부의 위기관리능력을 높이기 위하여 국가안전보장회의의 위원 구성과 회의 운영체계를 개선하고 사무처를 설치하는 등 국가안전보장회의의 운영을 활성화하기 위하여 국가안전보장회의법이 개정되었다. 개정된 법에서 국가안전보장 관련 정책의 수립에 관하여 대통령을 보다 효율적으로 보좌한다는 모법의 위임에 따라 법률에서 정한 위원 외에 대통령 비서실장과 국가안전보장회의 사무처장(외교안보 수석비서관이 겸직)을 국가안전보장회의의 위원으로 정하였고, 국가안전보장 관련 정책에 관한 사항을 정기적으로 협의하기 위하여 통일부장관·외교통상부장관·국방부장관·국가안전기획부장 및 국가안전보장회의 사무처장을 위원으로 하여 상임위원회를 구성하였다. 상임

───────────────

10) 이민룡, 『한반도 안보전략론』, p. 148.

위원회의 운영을 효율적으로 지원하기 위하여 국가안전보장 관련 부처의 차관보급 공무원으로 구성된 실무조정회의와 정세평가회의를 설치·운영하도록 하였고, 국가안전보장회의 사무처장을 보조하기 위하여 사무차장(1급 또는 장관급 장교)을 두고, 사무처에 정원 12인(1급 또는 장관급 장교 1, 2급 1, 3급 1, 4급 3, 5급 3, 7급 1, 기능직 2)을 두었다.

국가안전보장회의의 역할 및 기능은 참여정부가 들어서면서 더욱 강화되었는데, 참여정부는 2003년 3월 관련법 개정(대통령령 제17944호)을 통해 국가안전보장회의 상임위원회위원장을 통일부장관에서 대통령이 임명하는 상임위원으로 변경하고, 국가안전보장회의사무처의 기능에 국가안전보장 관련 중장기 정책의 수립·조정, 국가

〈표 부록-2〉 국가안전보장회의 조직 변천(1963. 12~2003. 3)

연월일	개편내용
'63.12.6 (각령 제1754호)	· 국가안전보장회의에 사무국이 설치됨(총무과, 정책기획실, 조사동원실)
'70.6.13. (대령 제5034호)	· 비상기획위원회가 사무국 산하에 동원업무 전담기구로 설치됨
'79.2.15 (대령 제9331호)	· 비상기획위원회가 사무국에서 분리됨 · 사무국이 총무과(總務課)와 의사과(議事課)로 개편
'81.11.2 (대령 제10610호)	· 비상기획위원회가 국가안전보장회의 산하에 재설치 · 사무국이 폐지되고 행정실이 신설됨
'86.6.5 (대령 제11913호)	· 행정실이 폐지됨 · 비상기획위원회가 행정지원 업무 전담함
'98.5.25, (법률 제5543호)	· 비상기획위원회가 국무총리 산하기구로 조정됨 · 사무처가 재설치됨
'03.3.22 (대령 제17944호)	· 사무처에 전략기획실·정책조정실·정보관리실 및 위기관리센터를 신설

안전보장 관련 현안정책 및 업무의 조정 등을 추가하였다. 또한 국가안전보장회의 사무처의 사무차장 직급을 1급 또는 1급 상당에서 정무직으로 승급시켰고, 국가안전보장회의 사무처에 전략기획실·정책조정실·정보관리실 및 위기관리센터를 신설하고 이에 필요한 인력 33인을 증원함으로써 오늘과 같은 조직의 모습을 갖추게 되었다.

나) 비상기획위원회의 조직변천과정

비상기획위원회는 1984년 2월 8일 대통령령 제11349호에 의거하여 비상대비업무의 지속적인 발전과 효율성을 높이기 위하여 비상대비업무에 관한 연구체제를 보강하고, 기능을 합리적으로 배분하고자 하부기구를 조정하였는데 연습기획실(2부, 3담당관)을 조사연구실(2부, 4담당관)로 개편하여, 비상기획실의 비상대비조사·연구기능과 연습기획실의 비상대비검열기능을 분장하도록 하였다.

또한 「비상대비자원 관리법」의 시행으로 국가안전보장회의 소속으로 되어 있던 비상기획위원회가 국무총리 보좌기관으로 그 소속이 변경됨에 따라 1986년 6월 종전에는 비상기획위원회의 하부조직으로 기획통제실, 동원기획실 및 조사연구실 만을 두던 것을 서무 및 기타 행정사무를 담당하고 국가안전보장회의의 행정사무를 지원하기 위하여 행정실을 신설하였다. 또한 조사연구실에서 국가안전보장회의의 의사업무의 지원과 국가안보에 관련된 정책의 연구업무를 담당하도록 하였다.

1992년 8월에는 국내·외의 안보환경 변화에 효율적으로 대처하기 위하여 「비상대비자원 관리법 시행령」이 개정됨에 따라, 이와 관련된 비상기획위원회의 일부 조직 및 그 기능이 조정되었다. 즉, 충무계획이 1부처 1계획으로 통합됨에 따라 동원기획실 제1부는 총괄기능을, 제2부는 경제부처소관, 제3부는 비경제부처소관의 비상대비계획기능

을 각각 담당하도록 조정되고, 아울러 동원기획실 제3부의 인력·병력동
원과 자원조사업무를 담당하던 제3담당관은 폐지되고, 기획통제실 제2
부에 비상대비교육과 충무훈련업무를 담당할 제2담당관이 신설되었다.

　1994년 10월에는 일부 중앙행정기관 소관의 비상대비계획 등에 관
한 사항을 분장하던 동원기획실 제3부가 폐지되면서, 그 기능은 동원
기획실의 제1부 및 제2부로 이관되었고, 동원기획실 제1부에 제3담당
관이 신설되었으며 조사연구실의 제1부장 및 제1담당관은 직무의 중
요성을 고려하여 일반직 국가공무원으로 보직하도록 하고, 업무의 전
문성을 기하기 위하여 제1부와 제2부의 직능이 상호 조정되었다. 또
동원기획실 제3부의 폐지에 따라 정원 4인(별정직 2급 상당 1, 별정
직 4급 상당 1, 기능직 2)이 감축되고, 비상대비업무의 전산화 추진을
위하여 정원 2인(전산사무관 또는 별정직 5급 상당 1, 전산주사 1)이
증원되었다. 그러나 1998년 2월에는 정부조직법이 개정됨에 따라 부
위원장(차관급)이 폐지되고 기획통제실·동원기획실 및 조사연구실의
기능이 조정되어 기획운영실 및 자원동원실로 개편되는 등 비상기획
위원회 정원 18인이 감축되었다.

　현재와 같은 비상기획위원회의 조직은 1999년 개정된 규정에 의해
형성되었는데, 이에 따라 비상기획위원회의 하부조직은 실·부 및 담
당관에서 사무처·국·과 및 담당관으로 개편되었고, 사무처장은 상
근위원 1인이 겸직하도록 되었으며, 사무처에 총무과·동원기획국 및
비상관리국이 편성되되 사무처장 밑에 기획평가관이 조직되었다. 또
한 기획평가관 밑에 기획예산담당관·평가관리담당관 및 정보화담당
관을, 동원기획국에 동원정책과·산업동원과. 인력재정동원과 및 시
설장비동원담당관을, 비상관리국에 정부기능과·비상대비훈련 담당
관 및 비상대비운영 담당관을 각각 두도록 함으로써 정원 5인이 감축
되었다.

〈표 부록-3〉 비상기획위원회 조직 변천(1984. 2~1999. 5)

연월일	개편내용
'84. 2. 8. (대령 제11349호)	·연습기획실(2부, 3담당관)이 조사연구실(2부, 4담당관)로 개편됨
'92.9.22 (대령 제13730호)	·충무계획이 1부처 1계획으로 통합됨에 따라 동원기획실 제1부는 총괄기능을, 제2부는 경제부처소관, 제3부는 비경제부처소관의 비상대비계획기능을 각각 담당하도록 조정되고, 동원기획실 제3부의 인력·병력동원과 자원조사업무를 담당하던 제3담당관은 폐지되고, 기획통제실 제2부에 비상대비교육과 충무훈련업무를 담당할 제2담당관이 신설됨
'94.10.21 (대령 제14406호)	·일부 중앙행정기관소관의 비상대비계획등에 관한 사항을 분장하던 동원기획실 제3부를 폐지하되, 그 기능은 동원기획실의 제1부 및 제2부로 이관하도록 하고, 동원기획실 제1부에 제3담당관을 신설함 ·조사연구실의 제1부장 및 제1담당관은 직무의 중요성을 고려하여 일반직국가공무원으로 보하도록 하고, 업무의 전문성을 기하기 위하여 제1부와 제2부의 직능을 상호 조정함
'98.2.28 (대령 제15700호)	·부위원장(차관급)을 폐지함 ·기획통제실·동원기획실 및 조사연구실의 기능을 조정하여 기획운영실 및 자원동원실로 개편함으로써 1실(1급)을 감축함.
'99.5.24 (대령 제16321호)	·실·부 및 담당관에서 사무처·국·과 및 담당관으로 개편하고, 사무처장은 상근위원 1인이 겸직하도록 하며, 사무처에 총무과·동원 기획국 및 비상관리국을 두고 사무처장밑에 기획평가관을 두도록 함 ·기획평가관밑에 기획예산담당관·평가관리담당관 및 정보화담당관을, 동원기획국에 동원·정책과·산업동원과·인력재정동원과 및 시설장비 동원담당관을, 비상관리국에 정부기능과·비상대비훈련담당관 및 비상대비운영담당관을 각각 두도록 함

3) 재난대비 체제[11]

(1) 재난대비 체제의 형성과정

한국에서 현재와 같은 재난관리체제가 나타나기 시작한 것은 1960년대 이후 자연재난의 관리로부터라고 할 수 있다. 즉, 1961년 전북 남원과 경북 영주 지방의 수해로 인한 피해를 복구하기 위해 당시 국토건설청 소속의 수해복구사무소를 설치한 것을 시작으로 1963년 건설부 수자원국에 방재과를 설치하여 재해대책업무의 기틀을 마련하고 1967년 「풍수해 대책법」을 마련함으로써 자연재해의 관리를 위한 토대가 마련되었다. 이후 풍수해에 대한 관리는 약 30년 동안 건설부의 주관아래 수행되어 오다가 정부정책의 변경으로 1991년 재해대책 업무를 내무부로 이관 조치하여 지방행정조직과 민방위조직을 연계하여 중앙재해대책본부로 새로이 개편하고, 풍수해 대책의 종합적 관리를 위해 건설부와의 유기적 협조뿐 아니라, 당시 17개 관련부처로부터의 지원체제를 갖추고, 실질적인 재해대책업무의 관장을 위해 민방위 본부 산하에 방재국을 설치함으로써 자연재해에 대한 관리체계를 갖추었다.[12]

한편, 자연재해가 아닌 인위재난에 대한 관리체계는 뒤늦게 구축되었다. 1990년대에 이르러 성수대교 붕괴, 대구 지하철공사장 폭발, 삼풍백화점 붕괴 등 각종 대형사고가 빈발하여 막대한 인명 및 재산피해를 초래하여 국민생활 안전에 대한 불안감이 증대되고 아울러 경제발전으로 인한 절대빈곤 해결 등 생활수준이 향상됨에 따라 안전하고 쾌적한 삶을 추구하려는 욕구 증대와 맞물려 더 이상의 재난사고를 방

---

11) 행정자치부 및 소방방재청의 연혁(홈페이지: www.mogaha.go.kr, www.nema.go.kr)과 재해관련법의 개정연혁 등을 참조하여 정리하였다.
12) 김홍태, "지방자치단체의 방재계획제도의 확립에 관한 연구," 한남대 석사학위논문(1993), p. 57.

치할 수 없다는 국민적 공감대가 형성되자, 정부는 1995년 5월 24
일 「재난관리법」을 마련하여 같은 해 7월 18일 공포하여 이를 시행하
였다.13) 기존의 「건축법」, 「소방법」 등 60여 개의 안전관리에 대한
개별법령이 각 분야에 대한 사고의 예방과 사전허가 절차, 안전점검
활동 등에 관한 규정만을 다루어 대형 복합재난의 경우 수습상에 많은
혼선이 있었으나 재난관리법이 제정되어 국가재난관리에 대한 조직상
의 체계 및 재난의 예방과 수습처리, 긴급구조재난에 대한 종합적이고
체계적인 운영의 기틀을 마련하게 되었다.

전쟁에 의한 재난이든 자연재난 또는 인위재난이든 재난의 관리과
정이 비슷함에도 불구하고, 민방위와 자연재해 및 인위재난이 서로 다
른 법에 근거하여 운영되는 불합리성을 해결할 필요성이 제기되었다.
따라서 재해·재난 관련법의 통합 필요성과 현장대응능력의 강화 필
요성이 제기되고 전통적 재난개념에 더하여 국가기반체계의 마비 등
새로운 형태의 재난을 추가할 필요성이 제기되자, 노무현 정부는
2003년 3월 17일부터 14개 부처 7개 연구기관 60명의 파견 인원으
로 구성된 『국가재난관리시스템기획단』을 창설했다. 이 기획단에 의
해 재난관리 종합대책 공청회와 국민 토론회의 과정을 거쳐 자연재
난·인위재난·사회재난을 아우르는 「재난안전관리기본법」이 2004
년 3월 15일부로 공표되었고, 재난관련 업무체제의 일원화를 통한 정
책심의 및 총괄조정 기능을 강화할 수 있는 소방방재청이 2004년 6월
1일부로 창설되었다.14)

---

13) 행정자치부, 『재난관리 6년의 발자취』, p. 17.
14) 행정자치부 국가재난관리시스템기획단, 『재난 및 안전관리 기본법』 설명자료
    (2003년 11월), p. 2.

(2) 재난대비 법령의 정비

안전관리 및 재난과 관련된 법률은 60개 가까이 된다. 자연재난과 관련된 법령은 1961년 제정된 「수난구호법」이 시초가 되었으며, 1967년에는 집중호우나 태풍뿐만 아니라, 지진과 가뭄 등이 포함된 「풍수해대책법」이 제정되었다. 이 법은 1995년 12월 6일부로 「자연재해대책법」(법률 제4950호)으로 그 명칭이 바뀌었다. 1999년, 2003년 등 몇 차례에 걸쳐 개정된 「자연재해대책법」(법률 제6900호)은 현재 그 효력을 발휘하고 있으나, 자연재난과 인위재난의 통합으로 개정의 필요성이 제기되어 올해 새로운 법이 입법 예고될 예정이다.

인위재난과 관련된 법률은 1995년 삼풍백화점의 붕괴가 계기가 되어 그해 「재난관리법」(법률 제4950호)이 제정되었으며 1997년, 1999년, 2004년 등 몇 차례에 걸쳐 개정되었다. 2004년, 「재난 및 안전관리기본법」(법률 제7188호)과 「재난 및 안전관리기본법 시행령」(대통령령 제18407호)이 제정되어 공표됨으로써 재난관련 법령은 어느 정도 정비되었다고 본다.

(3) 재난대비 조직의 변천과정

1991년 재해대책업무가 내무부로 이관 조치되면서 민방위국과 소방국으로 구성된 기존 민방위본부조직에 민방위국 부속으로 방재담당관이 신설되었고, 1994년 4월에는 방재담당관이 민방위국에서 분리되어 방재기획관으로 개편되었으며, 1994년 12월에는 방재기획관이 방재국으로 확대됨으로써 민방위본부는 민방위국, 방재국, 소방국으로 개편되었다.

1990년 이후 잇따른 대형사고의 발생으로 인하여 1995년 재난관리법의 제정과 함께 재난관리조직의 대폭적인 변화가 있었다. 주요 시설물의 안전관리 점검을 대폭 강화하기 위하여 중앙부처의 안전관리

담당조직을 국(局)단위로 확대·개편하는 한편, 중앙부처 소속 집행
기관을 신설하고 국무총리 행정조정실에 안전관리심의관을 신설함으

<표 부록-4> 재난대비 조직 변천(1991. 4~2004. 6)

연월일	개편내용
'91. 4. 23 (대령 제13357호)	·민방위국에 방재계획관(3급), 방재과 신설
'94. 12. 23 (대령 제14440호)	·방재계획관을 방재국으로 확대개편 ·방재계획과, 재해대책과, 재해복구과를 신설
'95. 10. 19 (대령 제14791호)	·민방위본부를 민방위재난통제본부로 개편 ·재난관리국을 신설하고 재난총괄과, 재난관리과, 안전지도과를 둠 ·소방국에 구조구급과, 장비통신과를 신설
'98. 2. 28 (대령 제15715호) (부령 제1호)	<행정자치부 출범> ·민방위재난통제본부설치, 민방위재난관리국, 방재국, 소방국을 둠 ·민방위재난관리국에 기획과, 편성운영과, 민방위훈련과, 재난관리과, 안전지도과를 둠 ·방재국에 방재계획과, 재해대책과, 재해복구과를 둠 ·소방국에 소방과, 방호과, 예방과, 구조구급과, 장비통신과를 둠
'99. 5. 24 (대령 제16341호) (부령 제 51호)	·민방위재난관리국과 방재국을 민방위방재국으로 통합하고, 민방위방재국장 예하에 방재관(3급)을 둠 ·민방위방재국의 안전지도과를 폐지하여 그 기능을 재난관리과로 이관
'00. 6. 7 (대령 제16832호) (부령제98호)	·방재관을 민방위재난통제본부장 직속으로 조정하고 방재계획담당관, 재해대책담당과, 재해복구담당관을 둠 ·민방위방재국의 명칭을 민방위재난관리국으로 변경하고 민방위기획과, 민방위운영과, 재난관리과를 둠
'04. 6. 1 (법률 제7186호) (대령18390호, 대령18392호)	·소방방재청 신설 ·행정자치부에 안전정책관실 신설

로써 안전관리에 관한 정부부처간 정책의 종합·조정·평가기능을 수행하도록 하였다.

 1995년 10월, 재난관리국이 신설됨으로써 민방위본부는 민방위재난통제본부로 확대 개편되었고, 1998년 2월에는 민방위국과 재난관리국을 통합한 민방위재난관리국이 설치되었다. 1999년 5월 민방위재난관리국과 방재국을 통합하여 민방위방재국이 설치되었고, 2000년 6월에는 민방위재난관리국을 다시 분할함으로써 행정자치부의 민방위통제본부는 민방위재난관리국(민방위기획과, 민방위운영과, 재난관리과), 방재관실(방재계획담당관실, 재해대책담당관실, 방재기준담당관실), 소방국(소방행정과, 방호과, 예방과, 구조구급과)으로 개편되었다. 2004년 6월 1일부로 소방방재청이 창설됨으로써 재난관리에 대한 전담부서가 만들어졌다.

▶▶▶ 부록 2   비상기획위원회의 국과별 기능

국·과		소관업무
기획평가관실	혁신기획 담당관	• 혁신업무총괄 • 기획종합업무 • 예산 및 행정관리 • 비상대비 정책홍보 업무 • 국회업무
	평가업무 담당관	• 비상대비평가 종합업무 • 전쟁지원능력 분석평가 업무 • 법령심사 업무 • 국외 업무
	정보화담당관	• 전산기획업무 • 행정정보화 업무 • 전산관리 운영 업무
동원기획국	동원정책과	• 국가동원업무의 종합·조정 • 비상대비계획지침의 작성·종합·조정 및 시달 • 비상대비기본계획의 수립·종합·조정 및 시달 • 비상대비집행계획의 승인·종합 및 조정 • 비상대비시행태세의 점검에 관한 사항 • 비상대비 비축물자의 관리 등 비상대비사업의 총괄 • 정부연습실시 보고의 총괄 • 전시 관계법령 및 동원관계법령의 종합·조정 • 전시 국가종합상황실의 운영에 관한 사항 • 국가동원 전산화 사업에 관한 사항 • 비상대비와 관련되는 국내외 정책 및 군사정책의 연구
	산업동원과	• 공산품 및 농산물 동원에 관한 사항 • 에너지자원 동원에 관한 사항 • 의료·의약품·식품 동원에 관한 사항 • 전시 의료구호 및 사상자 처리에 관한 사항 • 전재민(戰災民)수용구호에 관한 사항 • 동원소요심의위원회의 운영 • 동원자원 소요의 심의·조정 및 총괄

국·과		소관업무
동원기획국	인력재정 동원과	• 병력 및 인력 동원에 관한 사항 • 재정경제 동원과 전시 민생안정시책에 관한 사항 • 전시 예산편성의 협의 • 전시 기능인력 양성 및 교육훈련에 관한 사항 • 전시 과학기술인력에 관한 사항 • 학도호국단의 운영에 관한 사항 • 중점관리자원의 조사계획 수립 및 실시 • 중점관리자원의 조사표 제작 및 개발 • 중점관리지정업체 등 중점관리자원의 현황 관리
	시설장비 동원담당관	• 전시 긴급복구에 관한 사항의 총괄·조정 • 건물·토지 등 시설 동원에 관한 사항 • 육상·해상 등 수송 동원에 관한 사항 • 수산물 동원에 관한 사항 • 정보통신 동원에 관한 사항 • 국가지도통신 등 전시 통신운영에 관한 사항 • 전시 수자원·환경오염 등에 관한 사항 • 전시 대량폐기물의 처리에 관한 사항
비상관리국	정부기능과	• 수도권 대비태세 등 관련사항의 총괄·조정 • 전시전환체제 유지에 관한 사항 • 접적지역 및 수도권 주민·차량 이동통제에 관한 사항 • 정부기관의 소산·이동 및 소산시설에 관한 사항 • 화생방·비상급수·비상대피시설 등 전시 민방위에 관한 사항 • 전시 문화재 소산에 관한 사항 • 전시 주민홍보 및 심리전에 관한 사항 • 전시 치안 및 통합방위에 관한 사항 • 통일·외교통상·법무·행정자치·문화관광·국정홍보 분야의 비상대비업무에 관한 사항
	비상대비 운영담당관	• 비상대비교육지침의 작성 • 비상대비교육계획의 수립 및 실시 • 각급 공무원교육훈련기관의 비상대비교육 지도 • 비상대비교육 및 성과분석에 관한 사항 • 기타 비상대비교육 및 비상대비업무담당자 운영에 관한 사항

국·과		소관업무
비상관리국	비상대비 훈련담당관	• 비상대비훈련지침의 작성 및 전쟁지원업무의 종합 • 정부연습의 기획·통제 및 실시 • 중앙계획·통제단 설치 운영 • 정부연습의 준비 및 종합강평 보고에 관한 사항 • 정부연습의 사후처리에 관한 사항 • 위기관리연습의 기획 및 통제 • 각급 행정기관 자체연습의 기획 및 통제 • 지역단위종합훈련의 기획·통제 및 실시, 전시 피해 복구의 종합·조정 • 지역단위종합훈련시 보상 및 사후처리에 관한 사항 • 전쟁지원 및 정부연습·훈련의 과학화에 관한 사항 • 전시 안보정세 및 전쟁지원에 관한 사항의 분석·평가 • 기타 비상대비훈련에 관한 사항
종합상황실		• 국가비상사태에 관련되는 제반상황의 접수·기록유지·보고 및 전파에 관한 사항을 처리
연습지원단		• 을지연습 각본 작성 • 정부-군사연습 상호연계업무 • SDM/안보영상물 작성업무

참고: 총무과는 위원회의 행정 및 인사, 사무, 예산 등에 관한 지원업무를 수행한다.

▶▶▶ 부록 3   비상대비계획(충무계획)의 개요

가. 정의: 전시·사변 또는 이에 준하는 국가비상사태에 대처하기 위하여 정부가 수립하는 비군사분야의 전시대비 계획

나. 목적: 전시 군사작전의 효율적 지원, 전시 정부기능의 유지, 전시 국민 생활안정 도모

다. 충무계획의 주요내용
1) 전시 군사작전의 효율적 지원을 위한 자원동원 및 주민·차량 통제
   (가) 인적동원: 병력동원(전시 군부대 증·창설병력), 인력동원(기능, 기술인력 및 업체 종사자)
   (나) 물자동원: 군수·관수·민수에 대한 물자, 설비 및 업체의 동원 및 인도
   (다) 주민 및 차량통제: 군 작전로, 행정로 확보를 위한 교통통제와 주민보호를 위한 주민 소산이동, 접적지역 주민 이동 등
2) 전시 정부기능 유지
   (가) 전시행정체제로의 전환: 행정기관의 축소·통합·확대 및 행정권한의 위임·위탁·확대 등
   (나) 국가전쟁수행체제 강화: 국가종합상황실 설치·운영, 행

정기관의 충무시설로 소산 (시·도 이상) 등
3) 전시 국민생활 안정도모
   (가) 전시 생필품 안정공급: 생필품 수급계획, 유통질서 확립
        대책, 배급제 및 생필품 가정비축 권장(10품목) 등
   (나) 단전·단수 대비전력, 수도, 가스 공급대책과 피해시설
        의 긴급복구 대책
   (다) 전상자 진료 및 전재민(戰災民) 수용구호 대책 등

라. 국가동원
   1) 대상자원

동원구분	동원내용
인적동원	○병력동원: 전시 정규군 소요병력(동원 전시 근무소집 등) ○인력동원: 중점관리지정업체 종사자(20세~50세 남자), 기능, 기술, 인력의 20세~60세 남녀
물적동원	○물자동원: 군용물자, 공산품류, 위생용물자, 수송·건설용 장비, 건물·통신·농수산물자 ○업체동원: 물자동원 관련업체

   2) 동원계획 수립 및 집행
      (가) 계획수립을 위한 사전절차
           ○동원소요 제기: 동원소요부처(군, 관, 민수)
           ○자원: 자원주무부처
           ○동원소요심의: 물자(비기위), 인력(행정자치부)별로
             동원공급부처의 결정, 수량조절 등
           ○동원할당 및 배분: 시·도별, 업체별 동원공급량 할당
             및 공급우선 순위에 따른 소요처 배분

○동원업체지정: 임무고지권자는 주무부장관, 시·도지사, 임무고지 내용은 동원 품목, 물량 등

○보충 및 통제: 동원능력 부족에 대한 보충대책, 주요물자 수급을 위한 통제대책

(나) 동원의 집행

① 동원령선포: 대통령(충무○종사태)

② 집행절차

구분	동원명령	동원영장·발부	동원영장교부
인력동원	행정자치부장관	시·도지사	읍면동장
물자동원	주무부장관	〃	구청장, 시장, 군수

③ 동원규제

○사용동원: 중장비, 토지, 업체 등 (복원 필요)

○수용동원: 소모성 (복원 불요)

○통제운영: 생산, 수리, 가공, 유통과정의 통제

○동시동원: 장비, 조작요원 함께 동원

3) 동원의 해제, 복원, 보상 등

(가) 동원해제: 국가동원령 해제시

(나) 복원: 원상태 반환원칙 (사용동원)

(다) 보상: 공시지가, 과세표준액 등 정당보상 (사용동원)

마. 충무계획의 시행

1) 국가비상사태(충무사태) 선포

(가) 목적

○충무사태하에서 각급 기관의 행동기준과 필요한 사전

조치 강구

(나) 충무사태 선포절차 및 전파

　　ㅇ절차: 국방장관 건의 → 국무회의 심의 → 대통령 선포

　　ㅇ전파: 비상지령대를 이용한 전국 동시 전파

2) 충무사태 구분 및 충무계획 적용

사태구분	내용	충무계획적용	군사상황
충무3종사태	전쟁징후증가(높은 준비태세)	충무계획시행준비	DEFCON Ⅲ
충무2종사태	전쟁위협농후(고도의 준비태세)	충무계획일부시행	DEFCON Ⅱ
충무1종사태	전쟁임박(최고의 준비태세)	충무계획전면시행	DEFCON Ⅰ

> ※ 을지연습 및 군사연습시 사태구분
> 　O 을지연습시: 을지3종, 을지2종, 을지1종
> 　O 군사연습시: Round house, Fast pace, Cocked pistol

바. 긴급복구

1) 목적

적의 공격으로 국가의 중요시설이 파괴될 경우 그 기능을 신속히 복원함으로써 군사작전 및 국민생활안정 도모

2) 방침

(가) 군사작전, 국민생활안정에 긴요한 시설피해 우선 복구

(나) 자체능력 복구원칙, 능력부족시 시·도 지원요청

(다) 중앙복구목표, 지역복구목표는 복구업체 지정

3) 종류

(가) 긴급복구: 피해시설의 본래 기능회복이 목적, 최단시간에 피해부분 복구

(나) 긴급대체: 복구시간 과다와 자재확보 곤란시 기능 대신

할 타시설 이용

(다) 피해물 정리: 파괴물의 신속정리로 기능의 조속 회복

※ 출처: www.epc.go.kr(검색일: 2004.12.15).

▶▶▶ 부록 4   소방방재청의 국·과별 기능[15)]

국	과	기능
기획 관리관실	혁신인사 담당관	청내 행정혁신 업무 총괄, 소속기관 및 산하단체 감사
	기획예산 담당관	각종 정책과 계획의 수립/종합/조정, 예산, 소송사무, 국제협력
	정보통신 담당관	국가재난관리종합정보시스템 및 프로그램 운영/관리, 각종 정보통신시스템 연계/표준화계획의 수립/종합 및 조정, 재난종합통신시스템 및 통합무선통신망 구축/운영, 긴급구조현장지휘시스템 구축 운영, 소방 유무선 지휘통신망 구성 및 운영지도 등
예방 기획국	기획총괄과	민방위·재난관련 예방정책의 기획·운영 총괄, 안전관리계획수립에 관한 사항, 각 안전관리위원회 운영/지원과 지도/지원, 유관기관과 지원/협조체제 구축, 재난유형별 표준대응방법의 개발/보급 총괄
	민방위계획과	민방위법령의 입안 및 제도의 연구/발전, 민방위계획의 수립/지도 및 종합, 민방위업무 지도/감독, 중앙민방위협의회의 운영/지원, 민방위 경보제도, 민방위대 조직편성/자원 관리, 민방위훈련계획 수립/시행 및 평가/개선, 화생방 계획의 수립 및 시행 등
	소방정책과	소방법령의 입안 및 제도의 연구/운영에 관한 사항, 소방안전종합대책의 수립 및 운영지도, 국가화재안전에 관한 기준과 관련 고시의 재/개정 및 운영, 건축물 허가 등의 동의, 위험물시설 설치기준 및 제도 운영, 위험물 시설의 안전관리 종합계획 수립/시행
	특수재난 관리과	인위재난관련 법령의 입안 및 운영에 관한 사항, 특정관리대상시설의 지정/관리/정비, 안전점검/진단에 관한 사항, 인위재난 관리를 위한 각종 기법 개발 및 보급, 재난대비 물자/자원/장비 파악 및 동원계획의 수립/운영, 인위재난 표준대응방법 개발/보급, 유/도선 사업의 관리/지도, 재난관리기금에 관한 사항, 긴급안전점검

---

15) www.nema.go.kr/index.html.

국	과	기능
예방 기획국	민간안전 협력과	안전문화운동에 관한 종합계획의 수립/종합 및 조정, 재난예방에 관한 교육훈련 및 홍보프로그램 개발/보급, 재난홍보관련 시설의 설치/운영에 관한 사항, 자원봉사자 육성/지원, 안전관련 비영리 법인 설립 지원, 안전관리 헌장/안전점검의 날 제정/지정/운영 등
대응 관리국	대응기획과	긴급재난대응관련 법령의 입안 및 제도 연구, 긴급재난대응계획의 수립/종합 및 조정, 긴급재난현장지휘체계의 구축 및 긴급 구조활동의 평가에 관한 사항, 소방 및 긴급 재난현장대응관련 정책의 기획/총괄, 지방소방행정에 대한 지도/감독, 소방공무원 교육훈련
	방호과	화재진압 기본계획의 수립/운영, 화재조사/화재관련 제도/교육에 관한 사항, 화재의 경계 및 진화훈련 지도, 다중이용업 시설 화재시 긴급대응대책의 수립 및 시행에 관한 사항, 의용소방대 운영
	구조구급과	구조구급에 관한 법령 입안 및 제도의 연구/발전에 관한 사항, 중앙긴급구조통제단의 구성/운영과 지역긴급구조통제단의 운영지원, 긴급구조지원기관 및 응급의료지원기관과의 지원/협조체제 구축, 재난현장의 응급조치에 관한 사항, 중앙119구조대의 긴급구조/구난활동의 지휘, 소방항공대의 편성/운영의 지도, 소방관서 소속 공중보건의 운영 및 복무에 관한 사항, 긴급구조활동 평가
	시설장비과	소방시설의 설치에 관한 기준의 재개정, 소방시설의 설계/감리/공사업체의 운영지도, 소방관련 제품개발 및 관련산업 육성지도, 소방용 기계/기구 형식승인 및 성능시험, 우수품질 인증제 운영
복구 지원국	수습대책과	자연재난관련 법령의 입안 및 운영에 관한 사항, 자연재난 관리계획의 수립/종합 및 조정, 중앙재난안전대책본부의 운영 및 지역본부 운영지원, 중앙수습지원단 구성/운영과 수습요원의 파견 및 인력관리, 자연재난 표준대응방법의 개발/보급에 관한 사항, 자연재난의 사전대비/대응 및 수습 총괄, 재난사태 선포/해제에 관한 사항, 자연재난대비 인력/장비 동원계획의 수립, 수방자재 확보/비축 및 현대화 추진, 자연재난 응급복구대책의 수립/추진

국	과	기능
복구 지원국	복구과	재난복구계획의 수립 및 복구예산에 관한 사항, 자연재난으로 인한 피해 복구사업의 지도/감독, 이재민 구호/복구 지원에 관한 사항, 중앙합동조사단의 구성/운영, 재해대책기금의 적립/운영에 관항 사항, 특별재난지역 선포에 관한 사항, 재난 보험제도 사항
	기술지원과	재난 및 안전관련 기술개발 종합계획 수립에 관한 사항, 재난 및 안전관련 산업의 육성/지원, 방재시설기준의 설정/운영/지도, 소하천정비종합계획의 수립/추진, 내진설계기준의 제정/운영/지도
	심사평가과	재난관리 심사평가계획의 수립/종합 및 조정, 재난관리체계에 대한 평가, 재해영향평가제의 운영에 관한 사항, 재난관련 국민여론 및 국민안전의식 조사, 재난관리 민관 종합 네트워크 구축 평가

출처: www.nema.go.kr/index.html

▶▶▶ 부록 5   관련 법령

가. 국가안전보장회의법
〔일부개정 1999.1.21 법률 제05681호〕

제1조 (목적) 이 법은 헌법 제91조의 규정에 의하여 국가안전보장회의의 조직·직무범위 기타 필요한 사항을 규정함을 목적으로 한다.〈개정 1998.5.25〉

제2조 (구성)
① 국가안전보장회의(이하 "회의"라 한다)는 대통령·국무총리·통일부장관·외교통상부장관·국방부장관 및 국가정보원장과 대통령령이 정하는 약간의 위원으로 구성한다.〈개정 1998.5.25, 1999.1.21〉
② 대통령은 회의의 의장이 된다.

제3조 (직능) 회의는 국가안전보장에 관련되는 대외정책·군사정책과 국내정책의 수립에 관하여 대통령의 자문에 응한다.

제4조 (의장의 직무)
① 의장은 회의를 소집하고 이를 주재한다.
② 의장은 국무총리로 하여금 그 직무를 대행하게 할 수 있다.

제5조 삭제〈1998.5.25〉

제6조 (출석·발언) 의장은 필요하다고 인정하는 경우에는 관계부처의 장, 비상기획위원회위원장, 합동참모회의의장 기타의 관계자를 회의에 출석하여

발언하게 할 수 있다.
〔전문개정 1998.5.25〕

제7조 (상임위원회)
① 회의에서 위임한 사항을 처리하기 위하여 상임위원회를 둔다.
② 상임위원회는 위원중에서 대통령령이 정하는 자로 구성한다.
③ 상임위원회의 구성·운영 기타 필요한 사항은 대통령령으로 정한다.
〔본조신설 1998.5.25〕
〔종전 제7조는 제9조로 이동〈1998.5.25〉〕

제8조 (사무기구)
① 회의의 사무를 처리하기 위하여 국가안전보장회의사무처(이하 "사무처"
라 한다)를 둔다.
② 사무처에 사무처장 1인과 필요한 공무원을 둔다.
③ 사무처장은 대통령비서실의 외교안보 분야를 보좌하는 정무직인 비서관
이 겸직한다.
④ 사무처의 조직·직무범위와 사무처에 두는 공무원의 종류·정원 기타
필요한 사항은 대통령령으로 정한다.
〔본조신설 1998.5.25〕
〔종전 제8조는 제10조로 이동〈1998.5.25〉〕

제9조 (관계부처의 협조) 회의는 관계부처에 대하여 자료의 제출 및 기타
필요한 사항에 관하여 협조를 요구할 수 있다.
〔제7조에서 이동〈1998.5.25〉〕

제10조 (국가정보원와의 관계) 국가정보원장은 국가안전보장에 관련된 국
내외정보를 수집·평가하여 이를 회의에 보고하여 심의에 자하여야 한다.
〔제8조에서 이동, 종전 제10조 삭제〈1998.5.25〉〕

부칙 〈제1508호, 1963.12.14〉
이 법은 1963년 12월 17일부터 시행한다.

부칙(정부조직법) 〈제3518호, 1981.12.31〉
제1조 (시행일) 이 법은 공포한 날로부터 시행한다. 〈단서 생략〉
제2조 (다른 법률의 개정등) ①내지 ④생략
　　⑤ 국가안전보장회의법중 다음과 같이 개정한다.
　　제9조를 삭제하고, 제10조중 "회의와 사무국에 관하여"를 "회의와
　　그 운영에 관하여"로 한다.
　　⑥ 내지 ⑧생략

부칙(정부조직법) 〈제4268호, 1990.12.27〉
제1조 (시행일) 이 법은 공포한 날부터 시행한다. 〈단서 생략〉
제2조 내지 제6조 생략
제7조 (다른 법률의 개정) ① 생략
　　② 국가안전보장회의법중 다음과 같이 개정한다.
　　제2조 제1항 중 "경제기획원장관"을 "경제기획원장관·통일원장관"
　　으로 한다.
제8조 내지 제10조 생략

부칙(정부부처명칭 등의 변경에 따른 건축법 등의 정비에 관한 법률)
　　　　　　　　〈제5454호, 1997.12.13〉
이 법은 1998년 1월 1일부터 시행한다. 〈단서생략〉

부칙 〈제5543호, 1998.5.25〉
① (시행일) 이 법은 공포한 날부터 시행한다.
② (다른 법률의 개정) 비상대비자원관리법중 다음과 같이 개정한다.
제4조 제3항을 삭제한다.

부칙(국가정보원법) 〈제5681호, 1999.1.21〉
제1조 (시행일) 이 법은 공포한 날부터 시행한다.
제2조 생략
제3조 (다른 법률의 개정) ① 내지 ④ 생략
　　⑤ 국가안전보장회의법중 다음과 같이 개정한다.

제2조 제1항 중 "국가안전기획부장"을 "국가정보원장"으로 한다.

제10조의 제목 "(국가안전기획부와의 관계)"를 "(국가정보원과의 관계)"로 하고, 동조 본문중 "국가안전기획부장"을 "국가정보원장"으로 한다.

⑥ 내지 ⑭ 생략

제4조 (다른 법령과의 관계) 이 법 시행당시 다른 법령에서 국가안전기획부법을 인용한 경우에는 국가정보원법을, 국가안전기획부를 인용한 경우에는 국가정보원을, 국가안전기획부장을 인용한 경우에는 국가정보원장을 각각 인용한 것으로 본다.

나. 민방위기본법

〔일부개정 2004.3.11 법률 제07186호〕

제1조 (목적) 이 법은 적의 침공이나 전국 또는 일부지방의 안녕질서를 위태롭게 할 재난으로부터 주민의 생명과 재산을 보호하기 위하여 민방위에 관한 기본적인 사항과 민방위대의 설치·조직·편성과 동원 등에 관한 사항을 규정함을 목적으로 한다.

제2조 (정의) 이 법에서 사용하는 용어의 정의는 다음과 같다.〈개정 1981. 3.27, 1988.8.5, 1996.12.30〉
  1. "민방위"라 함은 적의 침공이나 전국 또는 일부지방의 안녕질서를 위태롭게 할 재난(이하 "민방위사태"라 한다)으로부터 주민의 생명과 재산을 보호하기 위하여 정부의 지도하에 주민이 수행하여야 할 방공, 응급적인 방재·구조·부구 및 군사작전상 필요한 노력지원 등 일체의 자위적 활동을 말한다.
  2. "중앙관서의 장"이라 함은 헌법 또는 정부조직법 기타 법률에 의하여 설치된 중앙행정기관의 장을 말한다. 다만, 국회사무총장·법원행정처장·헌법재판소 사무처장 및 중앙선거관리위원회 사무총장은 제외한다.

제3조 (국가·지방자치단체 및 국민의 의무)
  ① 국가 및 지방자치단체는 민방위사태로부터 국가와 지역사회의 안전을 보장하고 국민의 생명과 재산을 보호하기 위한 계획을 수립하고 이를 시행하여야 한다.
  ② 모든 국민은 국가 및 지방자치단체의 민방위시책에 협조하고, 이 법에서 규정한 각자의 민방위에 관한 의무를 성실히 이행하여야 한다.
  〔전문개정 1996.12.30〕

제3조의2 (재정상의 조치)
  ① 국가 및 지방자치단체는 민방위사태의 예방과 신속한 수습 및 복구 등을 위하여 필요한 재정상의 조치를 강구하여야 한다.
  ② 국가는 지방자치단체에 대하여 대통령령이 정하는 바에 의하여 제1항의 규정에 의한 조치에 소요되는 경비의 전부 또는 일부를 보조하는 등 재정상의

지원을 할 수 있다.
〔본조신설 1996.12.30〕

제4조 (타법과의 관계) 이 법은 민방위에 관한 다른 법률에 우선하여 적용된다. 다만, 군사상 필요에 의하여 제정된 법률은 이 법에 우선하여 적용된다.

제5조 (중앙민방위협의회)
① 민방위에 관한 국가의 중요정책을 심의하게 하기 위하여 국무총리소속하에 중앙민방위협의회(이하 "중앙협의회"라 한다)를 둔다.
② 중앙협의회의 구성 및 조직과 운영 기타 필요한 사항은 대통령령으로 정한다.
③ 중앙협의회는 필요에 따라 분과위원회를 둘 수 있다.

제6조 (지역민방위협의회)
① 민방위업무에 관하여 필요한 사항을 심의하게 하기 위하여 지역민방위협의회를 두되, 특별시장·광역시장·도지사(이하 "시·도지사"라 한다)소속하에 특별시·광역시·도 민방위협의회(이하 "시·도협의회"라 한다)를, 시장·군수·구청장소속하에 시·군·구 민방위협의회(이하 "시·군·구 협의회"라 한다)를, 읍·면·동장소속하에 읍·면·동민방위협의회(이하 "읍·면·동 협의회"라 한다)를 각각 둔다.〈개정 1996.12.30〉
② 지역민방위협의회의 구성 및 조직과 운영 기타 필요한 사항은 행정자치부령으로 정한다.〈개정 2000.1.12〉

제7조 (총괄 및 집행기관)
① 국무총리는 소방방재청장의 보좌를 받아 민방위에 관한 사항을 총괄·조정한다.〈개정 2000.1.12, 2004.3.11〉
② 각 중앙관서의 장은 민방위에 관한 정부조직법상의 소관업무를 집행한다.

제8조 (협조)
① 각 중앙관서의 장은 민방위사태에 있어서 민방위대의 동원이 필요하다고 인정하는 경우에는 소방방재청장에게 그 동원을 요청할 수 있다. 다만, 긴

급을 요할 때에는 지방행정기관의 장 또는 군부대의 장은 그 소재지를 관할하는 시·도지사 또는 시장·군수·구청장에게 민방위대의 동원을 요청할 수 있다.〈개정 1979.12.28, 1996.12.30, 2000.1.12, 2004.3.11〉

② 소방방재청장은 민방위업무 수행상 필요하다고 인정할 때에는 관계 중앙관서의 장에게 협조를 요청할 수 있으며 요청을 받은 중앙관서의 장은 특별한 사유가 없는 한 이에 응하여야 한다.〈개정 2000.1.12, 2004.3.11〉

③ 소방방재청장은 민방위업무수행상 필요하다고 인정할 때에는 공공단체 및 사회단체 기타 민간사업체(이하 "공공단체등"이라 한다)의 장에게 협조를 요청할 수 있으며, 요청을 받은 공공단체등의 장은 특별한 사유가 없는 한 이에 응하여야 한다.〈개정 2000.1.12, 2004.3.11〉

④ 시·도지사 또는 시장·군수·구청장은 민방위업무수행상 필요하다고 인정될 때에는 지방행정기관의 장 또는 공공단체등의 장에게 협조를 요청할 수 있으며, 요청을 받은 지방행정기관의 장 또는 공공단체등의 장은 특별한 사유가 없는 한 이에 응하여야 한다. 지방행정기관의 장 또는 공공단체 등의 장의 시·도지사 또는 시장·군수·구청장에 대한 협조요청의 경우에도 또한 같다.〈개정 1979.12.28, 1996.12.30〉

제9조 (민방위계획의 종류) 민방위업무에 관한 계획은 이를 기본계획, 집행계획, 특별시·광역시·도계획(이하 "시·도계획"이라 한다) 및 시·군·구계획으로 나눈다.
〔전문개정 1996.12.30〕

제10조 (기본계획)
① 국무총리는 대통령령이 정하는 바에 따라 민방위에 관한 기본계획지침을 작성하여 이를 관계중앙관서의 장에게 시달하여야 한다.

② 관계중앙관서의 장은 제1항의 기본계획지침에 따라 그 소관민방위업무에 관한 기본계획안을 작성하여 소방방재청장과 협의한 후 국무총리에게 제출하여야 한다.〈개정 2000.1.12, 2004.3.11〉

③ 국무총리는 제2항의 규정에 의하여 관계중앙관서의 장이 제출한 기본계획안을 종합하여 중앙협의회의 심의를 거쳐 기본계획을 작성하고 국무회의의 심의를 거쳐 대통령의 승인을 얻어 이를 확정한다.

④ 국무총리는 확정된 기본계획을 관계중앙관서의 장에게 시달하여야 한다.

제11조 (집행계획)

① 중앙관서의 장은 제10조 제4항의 규정에 의하여 시달받은 기본계획에 따라 그 소관민방위업무에 관한 집행계획을 작성하여 소방방재청장과 협의한 후 국무총리의 승인을 얻어 이를 확정한다. 〈개정 2000.1.12, 2004.3.11〉

② 중앙관서의 장은 확정된 집행계획을 시·도지사 및 대통령령이 정하는 소속지방행정기관·공공단체 또는 사회단체의 장이나 민방위계획상 중요한 시설의 관리자(이하 "지정행정기관의 장"이라 한다)에게 시달하여야 한다.〈개정 1996.12.30〉

③ 지정행정기관의 장은 제2항의 규정에 의하여 시달받은 집행계획에 따라 세부집행계획을 작성하여 관할 시·도지사와 협의한 후 소속 중앙관서의 장의 승인을 얻어 이를 확정한다.〈개정 1996.12.30〉

제12조 (시·도계획)

① 시·도지사는 제11조 제2항의 규정에 의하여 시달받은 집행계획에 따라 그 소관민방위업무에 관한 시·도계획을 작성하여 시·도협의회의 심의를 거쳐 확정하고, 소방방재청장에게 이를 보고하여야 한다.〈개정 1993.12.27, 1996.12.30, 2000.1.12, 2004.3.11〉

② 시·도지사는 확정된 시·도계획을 시장·군수·구청장에게 시달하여야 한다.〈개정 1996.12.30〉

제13조 (시·군·구계획)

시장·군수·구청장은 제12조 제2항의 규정에 의하여 시달받은 시·도계획에 따라 그 소관민방위업무에 관한 시·군·구계획을 작성하여 시·군·구협의회의 심의를 거쳐 확정하고, 시·도지사에게 이를 보고하여야 한다.〈개정 1993.12.27, 1996.12.30〉

제14조 (민방위준비명령)

중앙관서의 장, 시·도지사 또는 시장·군수·구청장은 민방위계획에 따라 대통령령이 정하는 건축물 및 시설물의 소유자·점유자·관리자에게 행정자치부령이 정하는 바에 따라 다음 각호의 전부 또는 일부에 대한 민방위준비를 명할 수 있다.〈개정 1979.12.28, 1981.

3.27, 2000.1.12〉
　　1. 대피호등 비상대피시설의 설치
　　2. 소방 및 방공장비의 비치와 정비
　　3. 기타 대통령령이 정하는 물자의 비축과 시설 또는 장비의 설치 또는 정비

제15조 (출입·확인 등)

　① 시장·군수·구청장은 제14조의 민방위준비상황을 확인하기 위하여 필요하다고 인정할 때에는 관계자에게 자료의 제공을 명하거나, 소속공무원으로 하여금 관계지역에 출입하여 확인하게 하거나 관계자에게 질문하게 할 수 있다.〈개정 1979.12.28, 1996.12.30〉

　② 제1항의 공무원이 그 직무를 수행하는 때에는 그 신분을 증명하는 증표를 제시하여야 한다.

제16조 (설치)

민방위를 수행하게 하기 위하여 지역 및 직장단위로 민방위대를 둔다.

제17조 (조직)

　① 민방위대는 20세가 되는 해의 1월 1일부터 45세가 되는 해의 12월 31일까지의 대한민국 국민인 남자로 조직한다. 다만, 국회의원·지방의회의원·교육위원회의 교육위원·경찰공무원·소방공무원·교정직공무원·소년보호직공무원·군인·군무원·향토예비군·등대원·청원경찰·의용소방대원·주한외국군부대의 고용원·원양어선 또는 외항선의 선원으로서 연 6월 이상 승선하는 자, 도서·벽지교육진흥법 제2조의 규정에 의한 도서벽지에서 근무하는 교원·현역병입영대상자(공익근무요원소집대상자를 포함한다) 기타 대통령령이 정하는 학생·공공직업능력개발훈련생·심신장애인과 만성허약자를 제외한다.〈개정 1979.12.28, 1981.3.27, 1988.12.31, 1995.8.4, 2000.1.12〉

　② 제1항에서 규정한 자 이외의 남자 및 여자는 지원에 의하여 민방위대의 대원이 될 수 있다.

　③ 국무총리는 제1항 본문의 규정에 불구하고 전국의 안녕질서를 위태롭게 하는 적의 침공이 있는 경우에는 중앙협의회의 심의를 거쳐 민방위대를 20세

가 되는 해의 1월 1일부터 50세가 되는 해의 12월 31일까지의 대한민국 국민인 남자로 조직하게 할 수 있다.〈개정 2000.1.12〉

제18조 (편성)

① 민방위대는 주소지를 단위로 하는 지역민방위대와 직장을 단위로 하는 직장민방위대로 편성한다. 다만, 대통령령이 정하는 소규모민방위대는 다른 민방위대와 통합하여 편성할 수 있다.〈개정 1981.3.27〉

② 제1항의 지역민방위대는 통·리를 단위로 하는 통·리 민방위대와 시·군·구를 단위로 하는 시·군·구 민방위기술지원대(이하 "민방위기술지원대"라 한다)로 구분한다.〈개정 1981.3.27〉

③ 통·리민방위대는 당해 통·리에 거주하는 제17조에 규정한 민방위대원으로 편성하며, 민방위기술지원대는 수방·방공·의료·전기·통신·토목·건축·화생방등 기술을 가진 민방위대원중에서 읍·면·동장 또는 직장민방위대장의 추천을 받아 시장·군수·구청장이 선발한 자로 편성한다.〈개정 1981.3.27, 1996.12.30〉

④ 직장민방위대를 두어야 할 직장은 다음 각호와 같다.

1. 대통령령으로 정하는 국가 및 지방자치단체의 기관

2. 삭제 〈1979.12.28〉

3. 대통령령이 정하는 공공기관 및 업체

⑤ 통·리 민방위대원과 민방위기술지원대원 및 직장민방위대원은 상호 중복하여 편성하지 아니한다.〈개정 1981.3.27〉

⑥ 통·리 민방위대의 대장은 통·이장이, 민방위기술지원대의 대장은 시장·군수·구청장이, 직장민방위대의 대장은 직장의 장이 된다. 다만, 대통령령이 정하는 바에 의하여 통·리 민방위대의 경우에는 읍·면·동장이 지정하는 자가, 직장민방위대의 경우에는 직장의 장이 지정하는 자가 대장이 될 수 있다.〈개정 1996.12.30〉

⑦ 제6항의 경우에는 통·이장, 시장·군수·구청장 또는 직장의 장이나 직장의 장으로부터 지정을 받은 자가 향토예비군의 대원인 때에도 제17조 제1항 단서의 규정에 불구하고 민방위대의 대장이 될 수 있다. 이 경우 향토예비군인 민방위대의 대장에 대하여는 향토예비군설치법 제5조 및 제6조의 규정에 의한 동원 및 훈련의무를 면제한다.〈개정 1981.3.27, 1996.12.30〉

⑧ 읍·면·동장과 시장·군수·구청장은 민방위를 위하여 2 이상의 민방위대가 공동대처함이 필요하다고 인정되는 경우에는 대통령령이 정하는 바에 의하여 연합민방위대를 구성하여 운영하게 할 수 있다. 이 경우 연합민방위대장은 소속민방위대장 중에서 대통령령이 정하는 자가 된다.〈신설 1988.12.31, 1996.12.30〉

⑨ 민방위대에는 자문위원을 둘 수 있다.

⑩ 이 법에 규정된 사항외에 민방위대의 조직에 관하여 필요한 사항은 대통령령으로 정한다.〈신설 1996.12.30〉

제19조 (편성절차 등)

① 읍·면·동장 또는 직장민방위대장은 제17조 제1항의 규정에 해당하는 자에 대하여 대통령령이 정하는 바에 따라 주민등록표 기타 민방위대원 편성대상자임을 확인할 수 있는 서류에 의하여 직권으로 민방위대를 편성한다. 다만, 민방위대조직에서 제외되는 사유가 발생한 자와 그 사유가 소멸된 자는 그 사실을 거주지의 읍·면·동장 또는 직장민방위대장에게 신고하여야 한다.〈개정 1995.8.4〉

② 직장민방위대장은 소속민방위대원중 퇴직하거나 당해 직장민방위대에 새로 편입한 자가 있을 때에는 읍·면·동장에게 신고하여야 한다.〈개정 1995.8.4〉

③ 읍·면·동장은 제1항의 규정에 의한 민방위대 편성결과 및 제2항의 규정에 의하여 신고받은 사항을 통·리 민방위대장에게 통보하여야 한다.〈개정 1995.8.4, 2000.1.12〉

④ 직장민방위대장은 당해 직장민방위대를 편성·해체·이전 또는 명의변경한 때에는 행정자치부령이 정하는 바에 따라 관할 시장·군수·구청장에게 이를 신고하여야 한다.〈신설 1981.3.27, 1996.12.30, 2000.1.12〉

⑤ 제17조 제1항 단서의 규정에 의하여 민방위대의 조직에서 제외되는 자가 속한 직장의 장은 당해 소속원이 그 신분을 취득 또는 상실한 때에는 행정자치부령이 정하는 바에 따라 그 소속원의 거주지 읍·면·동장에게 이를 신고하여야 한다.〈신설 1981.3.27, 2000.1.12〉

⑥ 시장·군수·구청장은 제18조 제3항의 규정에 의하여 민방위기술지원대원을 선발한 때에는 지체없이 읍·면·동장 또는 직장민방위대장에게 이를

통보하여야 한다.〈신설 1981.3.27, 1996.12.30〉

⑦ 읍·면·동장 또는 직장민방위대장은 매년 민방위대를 편성한 후 소속 민방위대원에게 민방위대 편성사실과 소속·임무 등을 통지하여야 한다.〈신설 1995.8.4〉

제20조 (민방위대의 지휘·감독〈개정 2000.1.12〉)

① 민방위대는 당해 민방위대장이 지휘한다.

② 읍·면·동장은 관내의 통·리 민방위대장을, 시장·군수·구청장은 관내의 직장민방위대장을 각각 지휘·감독한다. 다만, 제18조 제8항의 규정에 의하여 연합민방위대를 구성한 경우에 민방위사태가 발생하거나 발생할 우려가 있는 때의 민방위를 위한 민방위대의 활동에 관하여는 연합민방위대장이 읍·면·동장 또는 시장·군수·구청장의 명을 받아 소속민방위대장을 지휘한다.〈개정 1981.3.27, 1988.12.31, 1996.12.30, 2000.1.12〉

③ 민방위대의 운용에 관하여는 시장·군수·구청장은 읍·면·동장을, 시·도지사는 시장·군수·구청장을, 소방방재청장은 시·도지사를 각각 지휘·감독한다.〈개정 1996.12.30, 2000.1.12, 2004.3.11〉

제20조의2 (검열) 소방방재청장, 시·도지사 또는 시장·군수·구청장은 민방위대의 운영개선과 발전을 위하여 대통령령이 정하는 바에 따라 민방위대 편성현황, 교육훈련현황, 시설·장비현황 등에 대하여 검열을 실시할 수 있다.〈개정 2004.3.11〉

[본조신설 2000.1.12]

제21조 (민방위대원의 교육훈련〈개정 2000.1.12〉)

① 민방위대원은 대통령령이 정하는 바에 따라 연 10일, 총 50시간의 한도 내에서 민방위에 관한 교육 및 훈련을 받아야 한다. 이 경우 민방위대의 간부요원과 기술 및 기능요원(이하 "민방위대의 요원"이라 한다)에 대하여는 필요에 따라 교육 및 훈련기간을 연장할 수 있으며, 전지교육훈련을 실시할 수 있다.〈개정 1979.12.28〉

② 교육 및 훈련명령을 받은 자는 이에 응하여야 하며, 교육훈련중에 있는 민방위대원은 민방위대장과 훈련담당교관의 교육훈련상의 명령에 복종하여

야 한다.

③ 제1항의 교육 및 훈련을 받아야 할 자중 외국에 여행 또는 체류중인 자, 형의 선고를 받고 집행중인 자 기타 대통령령으로 정하는 자에 대하여는 교육 및 훈련을 면제할 수 있다.〈신설 1979.12.28〉

④ 제1항의 교육 및 훈련에는 제22조 제3항의 규정을 준용한다.

⑤ 소방방재청장 및 시·도지사는 민방위대의 요원의 교육 및 훈련을 위하여 필요한 교육기관을 따로 둘 수 있다.〈개정 1996.12.30, 2000.1.12, 2004.3.11〉

⑥ 제1항의 규정에 의한 교육 및 훈련은 대통령·국회의원·지방의회의원 및 지방자치단체의 장의 선거기간중에는 이를 실시하지 아니한다.〈개정 1988.12.31〉

제21조의2 (교육훈련통지서의 전달 등)

① 민방위대원에게 교육훈련을 실시하고자 할 때에는 대통령령이 정하는 바에 따라 본인에게 교육훈련통지서를 전달하여야 한다. 다만, 본인이 부재중인 때에는 지역민방위대에 있어서는 동일세대내의 세대주나 가족중 성년자에게, 직장민방위대에 있어서는 직장의 장에게 교육훈련통지서를 전달하여야 한다.

② 제1항 단서의 규정에 의하여 본인에 갈음하여 교육훈련통지서를 받은 자는 이를 지체없이 본인에게 전달하여야 한다.

〔본조신설 1979.12.28〕

제21조의3 (민방위훈련)

소방방재청장은 민방위역량을 향상시키기 위하여 필요하다고 인정할 때에는 정기 또는 수시로 대통령령이 정하는 바에 따라 민방위훈련을 실시할 수 있으며, 주민은 훈련에 참여하여야 한다.〈개정 2000.1.12, 2004.3.11〉

〔본조신설 1979.12.28〕

제22조 (동원)

① 소방방재청장은 민방위사태가 발생하거나 발생할 우려가 있는 때에 민방위를 위하여 민방위대의 동원이 필요하다고 인정할 때에는 대통령령이 정

하는 바에 따라 그 동원을 명할 수 있다.〈개정 2000.1.12, 2004.3.11〉

② 시·도지사, 시장·군수·구청장 또는 읍·면·동장은 제27조 제1항의 경우에 있어서는 대통령령이 정하는 바에 따라 민방위대의 동원을 명할 수 있다. 이 경우 동원명령자는 지체없이 그 사실을 소방방재청장에게 보고하여야 한다.〈개정 1979.12.28, 1996.12.30, 2000.1.12, 2004.3.11〉

③ 제1항 및 제2항의 경우에 동원명령자는 동원명령을 받은 자가 다음 각 호의 1에 해당하는 사유가 있는 때에는 직권 또는 신청에 의하여 동원을 유예할 수 있다.〈개정 1979.12.28〉

1. 신체장애로 동원이 불가능한 때

2. 관혼상제·재해·기타 부득이한 사유가 있을 때

④ 제1항 및 제2항의 규정에 의하여 동원된 민방위대원은 민방위대장의 민방위수행상의 명령에 복종하여야 한다.

⑤ 제1항 및 제2항의 규정에 의하여 민방위대원을 동원한 경우에 동원명령자는 그 동원사유가 해소된 때에는 지체없이 그 동원을 해제하여야 한다.〈개정 1979.12.28〉

제23조 (직장보장) 타인을 고용하는 자는 그가 고용하는 자가 민방위대원으로 동원되거나 교육 또는 훈련을 받는 때에는 그 기간을 휴무로 하거나 이를 이유로 부이익한 처우를 하여서는 아니된다.〈개정 1996.12.30〉

제23조의2 (재해 등에 대한 보상)

① 민방위대원으로서 동원되어 임무수행중 또는 교육훈련통지서를 받고 교육훈련중에 상이를 입거나 사망(상이로 인하여 사망한 경우를 포함한다)한 때에는 재해보상금을 지급하고, 제24조의 규정에 의한 가료로 인하여 생업에 종사하지 못한 때에는 그 기간동안 휴업보상금을 지급한다. 다만, 다른 법령에 의하여 국가 또는 지방자치단체의 부담에 의한 같은 종류의 보상금을 지급받은 자에 대하여는 그 보상금에 상당하는 금액은 이를 지급하지 아니한다.

② 제1항의 규정에 의한 보상금은 국가 또는 지방자치단체의 부담으로 한다.

③ 제1항 및 제2항의 규정에 의한 보상금의 액과 지급등에 관하여 필요한 사항은 대통령령으로 정한다.

[본조신설 1993.12.27]

제24조 (보상 및 가료) 민방위대원으로서 동원되어 임무수행중 또는 교육
훈련통지서를 받고 교육훈련중 상이를 입은 자와 사망(상이로 인하여 사망한
경우를 포함한다)한 자의 유족에 대하여는 대통령령이 정하는 바에 따라 국
가유공자 등 예우 및 지원에 관한 법률을 적용하여 보상 또는 가료한다.〈개정
1979. 12.28, 1988.12.31, 1996.12.30〉

제25조 (실비지급)
① 제21조 제1항 후단의 규정에 의하여 전지교육훈련을 받는 민방위대의
요원에 대하여는 대통령령이 정하는 바에 따라 급식 기타 실비를 지급하여야
한다.〈개정 1996.12.30〉
② 제22조 제1항 또는 제2항의 규정에 의하여 동원된 민방위대원에 대하
여는 대통령령이 정하는 바에 의하여 급식을 하거나 기타 실비를 지급할 수
있다. 동원되지 아니한 민방위대원이 민방위사태의 수습에 참여하여 대통령
령이 정하는 절차와 방법에 따라 부여받은 임무를 수행하는 경우도 또한 같
다.〈개정 1996.12.30〉
〔전문개정 1979.12.28〕

제26조 (정치운동 등의 금지)
① 민방위대장은 그 지위를 이용하여 소속대원으로 하여금 이 법에 규정된
임무 이외의 업무를 행하게 하거나 소속대원의 권리행사를 방해하여서는 아
니된다.
② 민방위대는 편성된 조직체로서 정치운동에 관여할 수 없다.

제27조 (응급조치 및 보상)
① 소방방재청장, 시·도지사 또는 시장·군수·구청장은 민방위사태가
발생하거나 발생할 것이 확실하여 민방위를 위하여 응급조치를 취하여야 할
급박한 사정이 있을 때에는 대통령령이 정하는 바에 따라 민방위에 필요한 범
위내에서 다음 각호의 조치를 할 수 있다. 다만, 응급조치를 명령할 시간적
여유가 없는 경우에는 필요한 조치를 직접 행할 수 있으며, 응급조치명령에
불응하는 경우에는 행정대집행법 제3조 제3항의 규정에 의하여 대집행할 수
있다.〈개정 1996.12.30, 2000.1.12, 2004.3.11〉

1. 주민의 피난·인마의 통행·철도·궤도·차량 기타 교통수단에 의한 사람 또는 물건의 이동과 등화 및 음향의 제한 또는 금지명령

2. 민방위상 지장이 있는 시설·물건·사업의 관리자·소유자 또는 사업주에 대한 그 시설등의 개선·이전·분산·소개 또는 전환명령

3. 민방위상 지장이 있는 영업 기타 업무의 금지·제한이나 민방위상 긴요한 영업 기타 업무의 계속·재개명령

4. 다른 사람의 토지·건물·공작물·시설·장비 기타 물품의 일시사용이나 임무수행에 지장이 있는 장애물의 변경·제거명령이나 조치

② 제1항 제2호 내지 제4호의 조치에 의하여 손실을 입은 자는 그 처분을 행한 행정기관의 장에 대하여 보상을 청구할 수 있다.〈개정 1996.12.30〉

③ 제2항의 규정에 의한 손실의 보상에 있어서는 그 처분을 행한 행정기관의 장이 손실을 받은 자와 협의하여야 한다.〈개정 1996.12. 30〉

④ 제3항의 규정에 의한 협의가 성립되지 아니한 때에는 공익사업을 위한 토지 등의 취득 및 보상에 관한 법률 제51조의 규정에 의한 관할 토지수용위원회에 재결을 신청할 수 있다.〈신설 1996.12.30, 2002.2.4〉

⑤ 제1항 내지 제3항의 규정에 의한 응급조치의 방법·절차 및 보상 등에 관하여 필요한 사항은 대통령령으로 정한다.〈신설 1996.12.30〉

〔전문개정 1979.12.28〕

제27조의2 (민방위경보) 소방방재청장, 시·도지사, 시장·군수·구청장 또는 대통령령이 정하는 자는 민방위사태가 발생하거나 발생할 우려가 있는 때 또는 민방위훈련을 실시하는 때에는 대통령령이 정하는 바에 따라 민방위경보를 발할 수 있다.〈개정 2004.3.11〉

〔전문개정 2000.1.12〕

제28조 (권한의 위임) 중앙관서의 장은 이 법에 규정한 권한의 일부를 대통령령이 정하는 바에 따라 시·도지사 또는 대통령령이 지정하는 소속지방행정기관의 장에게 위임할 수 있으며 위임을 받은 시·도지사 및 지방행정기관의 장은 시장·군수·구청장 및 그 지방행정기관의 산하행정기관의 장에게 이를 재위임할 수 있다. 다만, 시·도지사 및 지방행정기관의 장이 재위임한 경우에는 지체없이 중앙관서의 장에게 그 내용을 보고하여야 한다.〈개정

1996.12.30〉

제29조 삭제 〈2000.1.12〉

제30조 (벌칙) 다음 각호의 1에 해당하는 자는 2년 이하의 징역 또는 200만원 이하의 벌금이나 구류에 처한다.〈개정 1993.12.27〉
  1. 제26조 제1항의 규정에 위반하여 소속대원에게 임무 이외의 업무를 행하게 하거나 소속대원의 권리행사를 방해한 자
  2. 제26조 제2항의 규정에 위반하여 정치운동에 관여한 자
  〔제33조에서 이동, 종전 제30조는 33조로 이동〈1993.12.27〉〕

제31조 (벌칙) 다음 각호의 1에 해당하는 자는 1년 이하의 징역 또는 100만원 이하의 벌금이나 구류에 처한다.〈개정 1993.12.27, 1996.12.30〉
  1. 적의 침공이 있거나 침공의 우려가 있는 경우 정당한 사유없이 제22조 제1항 및 제2항의 규정에 의한 동원명령에 부응한 자
  2. 적의 침공이 있거나 침공의 우려가 있는 경우 정당한 사유없이 제22조 제4항의 규정에 의한 명령을 부이행한 자
  3. 제23조의 규정에 위반하여 불이익 처우를 한 자
  〔제32조에서 이동, 종전 제31조는 32조로 이동〈1993.12.27〉〕

제32조 (벌칙) 다음 각호의 1에 해당하는 자는 6월 이하의 징역 또는 50만원 이하의 벌금이나 구류에 처한다.〈개정 1993.12.27, 1996.12.30〉
  1. 정당한 사유없이 제14조의 규정에 의한 민방위준비명령에 불응한 자
  2. 적의 침공이 있거나 침공의 우려가 있는 경우 정당한 사유 없이 제19조의 규정에 의한 신고를 이행하지 아니한 자
  3. 정당한 사유없이 제27조 제1항 각호의 규정에 의한 명령 또는 조치에 불응하거나 방해한 자
  〔전문개정 1979.12.28〕
  〔제31조에서 이동, 종전 32조는 31조로 이동〈1993.12.27〉〕

제33조 (벌칙) 적의 침공이 있거나 침공의 우려가 있는 경우 정당한 사유

없이 제21조 제2항 또는 제21조의2 제2항의 규정에 위반한 자는 30만원 이하의 벌금이나 구류에 처한다.〈개정 1993.12.27, 1996.12.30〉

〔전문개정 1979.12.28〕

〔제30조에서 이동, 종전 제33조는 제30조로 이동 〈1993.12.27〉〕

제34조 (과태료)

① 다음 각호의 1에 해당하는 자는 30만원 이하의 과태료에 처한다. 다만, 제31조 제1호 및 제2호·제32조 제2호 또는 제33조의 규정에 해당하는 경우에는 그러하지 아니하다.〈개정 1995.8.4, 1996.12.30〉

1. 정당한 사유없이 제19조 제1항 단서·제2항·제4항 또는 제5항의 규정에 의한 신고를 이행하지 아니한 자(제19조 제1항 단서의 규정에 의하여 민방위대조직에서 제외되는 사유가 발생한 자를 제외한다)

2. 정당한 사유없이 제21조 제2항 또는 제21조의2 제2항의 규정에 위반한 자

3. 정당한 사유없이 제22조 제1항 및 제2항의 규정에 의한 동원명령에 불응한 자 및 제22조 제4항의 규정에 의한 명령을 불이행한 자

② 제1항의 규정에 의한 과태료는 대통령령이 정하는 바에 따라 시장·군수·구청장이 부과·징수한다.〈개정 1996.12.30〉

③ 제2항의 규정에 의한 과태료처분에 불복이 있는 자는 그 처분의 고지를 받은 날부터 30일 이내에 관할 시장·군수·구청장에게 이의를 제기할 수 있다.〈개정 1996.12.30〉

④ 제2항의 규정에 의하여 과태료처분을 받은 자가 제3항의 규정에 의한 이의를 제기한 때에는 시장·군수·구청장은 지체없이 관할법원에 그 사실을 통보하여야 하며, 그 통보를 받은 관할법원은 비송사건절차법에 의한 과태료의 재판을 한다.〈개정 1996.12.30〉

⑤ 제3항의 규정에 의한 기간내에 이의를 제기하지 아니하고 과태료를 납부하지 아니한 때에는 지방세체납처분의 예에 의하여 이를 징수한다.

〔본조신설 1993.12.27〕

부칙 〈제2776호, 1975.7.25〉

① (시행일) 이 법은 공포후 30일이 경과한 날로부터 시행한다.

② (중앙재해대책위원회등의 경과조치) 이 법 시행당시의 풍수해대책법의 규정에 의한 중앙재해대책위원회와 재해구호법의 규정에 의한 재해구호대책위원회는 중앙협의회의 재해대책분과위원회와 재해구호대책분과위원회로 본다. 다만, 중앙협의회가 구성될 때까지는 중앙재해대책위원회와 재해구호대책위원회는 종전의 기능을 수행한다.

③ (지방재해대책위원회의 경과조치) 이 법 시행당시의 풍수해대책법의 규정에 의한 지방재해대책위원회는 도협의회, 시군협의회의 재해대책분과위원회로 본다. 다만, 도협의회·시·군협의회가 구성될 때까지는 지방재해대책위원회는 종전의 기능을 수행한다.

④ (의용소방대등의 경과조치) 이 법 시행당시의 소방법의 규정에 의한 의용소방대 및 풍수해대책법의 규정에 의한 수방단등은 읍·면·동민방위기술지원대장의 통제하에 그 기능을 수행한다.

부칙 〈제3173호, 1979.12.28〉

① (시행일) 이 법은 공포후 30일이 경과한 날로부터 시행한다.

② (폐지법령) 방공법은 이를 폐지한다.

③ (경과조치) 이 법 시행일 이전의 방공법 위반행위에 관한 벌칙의 적용에 있어서는 종전의 예에 의한다.

부칙 〈제3402호, 1981.3.27〉

이 법은 공포후 30일이 경과한 날로부터 시행한다.

부칙(헌법재판소법) 〈제4017호, 1988.8.5〉

제1조 (시행일) 이 법은 1988년 9월 1일부터 시행한다. 〈단서 생략〉

제2조 내지 제7조 생략

제8조 (다른 법률의 개정) ① 내지 ⑧ 생략

⑨ 민방위기본법중 다음과 같이 개정한다.

제2조 제2호 중 "헌법위원회사무국장"을 "헌법재판소사무처장"으로 한다.

⑩ 및 ⑪ 생략

부칙 〈제4056호, 1988.12.31〉

이 법은 1989년 1월 1일부터 시행한다.

부칙 〈제4606호, 1993.12.27〉

이 법은 1994년 1월 1일부터 시행한다.

부칙(주민등록법) 〈제4608호, 1993.12.27〉

제1조 (시행일) 이 법은 1994년 7월 1일부터 시행한다.

제2조 및 제3조 생략

제4조 (다른 법률의 개정) ① 생략

② 민방위기본법중 다음과 같이 개정한다.

제19조 제1항 중 "전출 및 퇴직시"를 "퇴직시"로 하고, 동조 제2항 중 "전출 및 퇴직시에는 전주소지나"를 "퇴직시에는"로 한다.

부칙 〈제4958호, 1995.8.4〉

① (시행일) 이 법은 공포한 날부터 시행한다.

② (경과조치) 이 법 시행전에 종전의 제34조 제1항 제1호의 규정에 위반한 자에 대한 과태료의 적용에 있어서는 종전의 규정에 의한다.

부칙 〈제5198호, 1996.12.30〉

① (시행일) 이 법은 1997년 7월 1일부터 시행한다.

② (경과조치) 이 법 시행전의 행위에 대한 벌칙의 적용에 있어서는 종전의 규정에 의한다.

부칙 〈제6116호, 2000.1.12〉

이 법은 2000년 7월 1일부터 시행한다.

부칙(공익사업을위한토지등의취득및보상에관한법률)
〈제6656호, 2002.2.4〉

제1조 (시행일) 이 법은 2003년 1월 1일부터 시행한다.

제2조 내지 제10조 생략

제11조 (다른 법률의 개정) ① 내지 〈26〉생략

〈27〉민방위기본법중 다음과 같이 한다.

제27조 제4항 중 "토지수용법 제28조"를 "공익사업을 위한 토지 등의 취득 및 보상에 관한 법률 제51조"로 한다.

〈28〉내지 〈85〉생략

제12조 생략

부칙(정부조직법) 〈제7186호, 2004.3.11〉

제1조 (시행일) 이 법은 공포한 날부터 시행한다. 다만, 다음 각호의 사항은 각호의 구분에 의한 날부터 시행한다.

1. 제2조 제7항, …〈생략〉 부칙 제4조(제9항을 제외한다) …〈생략〉…이 법 공포후 3월 이내에 제33조 제6항의 개정규정에 의한 소방방재청의 조직에 관한 대통령령이 시행되는 날

2. 생략

제2조 및 제3조 생략

제4조 (다른 법률의 개정) ① 내지 ③ 생략

④ 민방위기본법중 다음과 같이 개정한다.

제7조 제1항, 제8조 제1항 본문·제2항·제3항, 제10조 제2항, 제11조 제1항, 제12조 제1항, 제20조 제3항, 제20조의2, 제21조 제5항, 제21조의3, 제22조 제1항·제2항 후단, 제27조 제1항 각호 외의 부분 전단 및 제27조의2중 "행정자치부장관"을 각각 "소방방재청장"으로 한다.

⑤ 내지 ⑭ 생략

제5조 생략

다. 비상대비자원관리법
〔일부개정 2001.1.16 법률 제06373호〕

제1장 총칙

제1조 (목적) 이 법은 전시·사변 또는 이에 준하는 비상시(이하 "비상사태"라 한다)에 있어서 국가의 인력·물자등 자원을 효율적으로 활용할 수 있도록 이에 대비한 계획의 수립·자원조사 및 훈련 등에 관하여 필요한 사항을 규정함을 목적으로 한다.

제2조 (대상자원의 범위)
① 이 법에서 "인력자원"이라 함은 다음 각호의 1에 해당하는 자를 말한다.
1. 제11조의 규정에 의하여 지정된 업체의 종사자로서 20세가 되는 해의 1월 1일부터 50세가 되는 해의 12월 31일까지의 대한민국 국민인 남자
2. (별표 1)에 기재된 과학기술자와 면허 또는 자격을 취득한 자로서 20세가 되는 해의 1월 1일부터 60세가 되는 해의 12월 31일까지의 대한민국국민인 자
② 이 법에서 "물적자원"이라 함은 별표 2에 기재된 물자와 업체를 말한다. 〈개정 2001.1.16〉
③ 삭제 〈2001.1.16〉

제3조 (비상대비의무) 정부는 비상사태에 대비하여 국가의 인력자원·물적자원을 효율적으로 활용하기 위하여 이 법 또는 다른 법령이 정하는 바에 의하여 필요한 계획을 수립하고 이를 실시하여야 한다. 〈개정 2001.1.16〉

제2장 비상대비기관

제4조 (총괄기관)
① 국무총리는 비상대비업무를 총괄·조정한다.
② 제1항의 업무에 관하여 국무총리를 보좌하는 비상기획위원회를 둔다.
③ 삭제 〈1998.5.25〉

④ 비상기획위원회의 조직과 운영 기타 필요한 사항은 대통령령으로 정한다.

제5조 (집행기관)

① 비상대비업무는 인력·물자등 자원에 관한 업무를 관장하는 중앙행정기관의 장(이하 "주무부장관"이라 한다)이 이를 집행한다.

제6조 (권한의 위임)　이 법에 의한 주무부장관의 권한은 그 일부를 대통령령이 정하는 바에 의하여 다른 중앙행정기관의 장이나 특별시장·광역시장·도지사 또는 소속지방행정기관의 장에게 위탁 또는 위임할 수 있다.〈개정 1997.12.13, 2001.1.16〉

제3장 비상대비조치

제7조 (기본계획)

① 국무총리는 제4조 제1항의 규정에 의한 비상대비업무에 관한 기본계획지침을 작성하여 대통령의 승인을 얻어 이를 주무부장관에게 시달하여야 한다.
② 주무부장관은 제1항의 기본계획지침에 따라 그 소관업무에 관한 기본계획안을 작성하여 국무총리에게 제출하여야 한다.
③ 국무총리는 제2항의 규정에 의하여 주무부장관이 제출한 기본계획안을 종합하여 기본계획을 작성하고 국무회의의 심의를 거쳐 대통령의 승인을 얻어 이를 관계주무부장관에게 시달하여야 한다.
④ 국무총리는 확정된 기본계획을 지체없이 국회에 통고하여야 한다.

제8조 (집행계획)

① 주무부장관은 제7조 제3항의 규정에 의하여 시달된 기본계획에 따라 그 소관업무에 관한 집행계획을 작성하여 국무총리의 승인을 얻어 이를 확정한다.
② 주무부장관은 확정된 집행계획을 관계중앙행정기관의 장·특별시장·광역시장·도지사·소속지방행정기관의 장·관계공공단체 및 중요업체의 장에게 통보 또는 시달하여야 한다.〈개정 1997.12.13〉

제9조 (시행계획)　기본계획 및 집행계획을 시행하기 위하여 필요한 사항

및 시행계획의 수립·실시등에 관하여 필요한 사항은 대통령령으로 정한다.

제10조 (자원조사 등)

① 비상대비업무를 수행하는 행정기관의 장은 인력·물자등 자원의 활용에 관한 계획의 수립과 준비 및 시행을 위하여 필요하다고 인정하는 경우에는 대통령령이 정하는 바에 의하여 소속공무원으로 하여금 인력 또는 물적자원의 실태를 파악하기 위한 조사를 하게 하거나 인력대상자, 관리대상물자의 소유자(소유자를 알 수 없는 경우에는 권원에 의하여 점유하는 자를 포함한다. 이하 같다) 및 업체의 장에 대하여 필요한 사항을 신고하게 할 수 있다.

② 국가기술자격법 또는 다른 법령에 의하여 기술에 관한 자격과 면허를 부여한 행정기관의 장은 그 발급사실을 본인의 거주지의 읍·면·동장에게 지체없이 통보하여야 한다. 그 자격과 면허를 취소한 경우에도 또한 같다.〈개정 2001.1.16〉

③ 비상대비업무를 수행하는 행정기관의 장은 관계기관의 장의 요청이 있을 때에는 제1항의 규정에 의한 조사에 그 소속공무원을 참여하게 할 수 있다.

④ 제1항의 규정에 의한 조사는 국민의 생업 또는 기업활동에 지장을 초래하지 아니하는 방법으로 이를 하여야 한다.

⑤ 제1항의 경우에 조사업무를 행하는 관계공무원은 그 권한을 표시하는 증표를 미리 관계인에게 제시하여야 한다.

제11조 (중점관리대상자원의 지정)

① 주무부장관은 효율적인 비상대비업무를 수행하기 위하여 필요하다고 인정하는 경우에는 대통령령이 정하는 바에 의하여 제2조에 규정된 인력자원·물적자원중에서 중점관리하여야 할 인력·물자 또는 업체를 지정할 수 있다.〈개정 2001.1.16〉

② 주무부장관은 제1항의 규정에 의하여 중점관리대상 인력·물자 또는 업체를 지정한 때에는 그 지정된 자와 물자의 소유자 또는 업체의 장에게 지정된 사실과 그에 따른 임무를 기재한 고지서를 송달하여야 한다.〈개정 2001.1.16〉

제12조 (지정업체 등에 대한 조치)

① 주무부장관은 제11조의 규정에 의하여 지정된 물자의 소유자 또는 업체의 장에 대하여 대통령령이 정하는 바에 따라 비상대비업무수행에 필요한 범위안에서 부담능력을 감안하여 다음과 같은 준비조치를 하게 할 수 있다.

1. 시설의 보강 및 확장

2. 기술인력의 양성과 기술의 개발(시제품의 제작을 포함한다)

② 국무총리는 필요하다고 인정하는 경우에는 제11조의 규정에 의하여 지정된 업체의 장에게 비상대비업무담당자의 지정을 명할 수 있다.

제13조 (비축)

① 정부는 비상사태에 대비하여 필요한 물자를 비축하여야 한다.

② 주무부장관은 효율적인 비상대비를 위하여 필요하다고 인정하는 경우에는 제11조의 규정에 의하여 지정된 물자의 소유자 또는 업체의 장에 대하여 자체 부담능력을 감안하여 대통령의 승인을 얻어 3월분의 범위 안에서 필요한 물자를 비축하게 할 수 있다.

③ 제1항 및 제2항의 규정에 의한 비축대상물자와 비축된 물자의 관리·비축해제 등에 관하여 필요한 사항은 대통령령으로 정한다.

제4장 비상대비훈련

제14조 (훈련의 실시)

① 정부는 비상대비업무를 효율적으로 수행하기 위하여 필요하다고 인정하는 경우에는 대통령령이 정하는 바에 의하여 전국 또는 지역이나 부문별로 훈련을 실시할 수 있다.

② 2개부처 이상의 부문에 관련되는 전국 또는 지역별 훈련의 실시명령은 국무총리가 그 훈련의 방법·기간등에 대하여 대통령의 승인을 얻어 이를 발한다.

③ 1개부처의 부문에 관련되는 전국 또는 지역의 훈련실시명령은 관계주무부장관이 그 훈련의 방법·기간등에 대하여 국무총리의 승인을 얻어 이를 발한다.

제15조 (훈련실시대상) 훈련실시대상은 제11조의 규정에 의하여 지정된 인력·물자 및 업체로 한다. 다만, 대통령령이 정하는 자에 대하여는 훈련을 면제 또는 보류할 수 있다.

제16조 (훈련의 방법 및 기간 등)
① 훈련은 실제훈련과 문서에 의한 도상훈련으로 구분하여 실시한다.
② 훈련의 기간은 년 7일을 초과할 수 없다. 다만, 시제품생산훈련과 도상훈련의 경우에는 그러하지 아니하다.
③ 훈련은 대통령선거, 임기만료에 의한 국회의원선거·지방의회의원선거 및 지방자치단체의 장 선거의 선거기간중에는 이를 실시하지 아니한다. 〈개정 2001.1.16〉

제17조 (훈련통지서의 전달 등)
① 특별시장·광역시장·도지사 또는 특별지방행정기관의 장은 제14조의 규정에 의한 훈련실시명령어 있는 경우에는 대통령령이 정하는 바에 의하여 훈련대상자·훈련대상물자의 소유자 또는 업체의 장에게 훈련통지서를 사전에 교부하여야 한다. 다만, 본인이 부재중인 때에는 동일세대내의 세대주나 가족중 성년자, 물자의 관리인이나 업체의 임원 또는 직원에게 교부하여야 한다.〈개정 1997.12.13〉
② 제1항 단서의 규정에 의하여 본인에 갈음하여 훈련통지서를 교부받은 자는 이를 지체없이 해당자에게 전달하여야 한다.

제18조 (동시관리훈련)
① 정부는 비상대비업무를 효율적으로 수행하기 위하여 필요하다고 인정하는 경우에는 다음의 물적자원과 이에 종사하는 인력자원에 대하여 동시에 훈련을 실시할 수 있다.〈개정 1993.6.11, 2001.1.16〉
1. 물자의 생산·수리 및 가공시설
2. 자동차·선박·항공기·건설기계·준설선 및 하역장비
3. 자가전기통신설비 및 사업용전기통신설비
4. 방송 및 인쇄에 관한 시설
5. 의료시설

② 제1항의 경우에는 물적자원의 관리에 관한 업무를 관장하는 주무부장관이 국무총리의 승인을 얻어 훈련실시명령을 발한다.

③ 특별시장·광역시장·도지사 또는 특별지방행정기관의 장은 제2항의 규정에 의한 훈련실시명령이 있는 경우에는 대통령령이 정하는 바에 의하여 훈련통지서를 사전에 교부하여야 한다.〈개정 1997.12.13〉

제19조 (출석 등의 의무)

① 인력훈련통지서를 교부받은 자는 부득이한 사유가 있는 경우를 제외하고는 훈련통지서에 기재된 바에 따라 지정된 일시와 장소에 출석하여 관계공무원의 직무상의 지시에 따라야 한다.

② 물적자원의 훈련통지서를 받은 자는 부득이한 사유가 있는 경우를 제외하고는 훈련통지서에 기재된 바에 따라 지정된 일시와 장소에서 물자를 지정된 자에게 제출하여야 한다. 다만, 부동산과 권리인 물자에 있어서는 지정된 기일내에 훈련통지서에 지정된 자에게 문서를 지참 열람하게 하여야 한다.

제5장 보칙

제20조 (직장보장) 사용자는 그가 고용한 자가 훈련에 참가한 때에는 그 기간을 휴무로 하거나 이를 이유로 불이익한 처우를 하여서는 아니된다.

제21조 (보상 및 가료) 훈련에 참가하여 임무수행중 상이를 입은 자와 사망(상이로 인하여 사망한 자를 포함한다)한 자의 유족에 대하여는 대통령령이 정하는 바에 의하여 국가유공자등예우 및 지원에 관한 법률을 적용하여 보상 또는 가료를 한다.〈개정 1997.1.13〉

제22조 (실비변상) 훈련에 참가한 자에 대하여는 대통령령이 정하는 바에 의하여 여비 기타 필요한 실비를 지급한다.

제23조 (보상) 정부는 훈련으로 인하여 재산상의 손실을 입은 자에 대하여는 대통령령이 정하는 바에 의하여 정당한 보상을 한다.

제24조 (보조등) 정부는 물자의 소유자 또는 업체의 장이 이 법에 의한 필요한 조치를 함에 있어 소요되는 경비의 전부 또는 일부를 대통령령이 정하는 바에 의하여 보조하거나 대여할 수 있다.

제25조 (관계기관의 협조)

① 비상대비업무를 수행하는 기관 또는 업체의 장은 업무수행상 필요한 경우에는 관계행정기관이나 공공단체등에 대하여 자료의 제출등 필요한 협조를 요청할 수 있다.

② 제1항의 규정에 의한 요청을 받은 관계행정기관이나 공공단체등은 특별한 사유가 없는 한 이에 응하여야 한다.

제26조 (비밀엄수의무) 이 법에 의한 비상대비업무에 종사하거나 종사하였던 자는 그가 직무상 알게 된 비밀을 누설하거나 이 법의 시행을 위한 목적외에 이를 이용하여서는 아니된다.

제27조 (타법과의 관계)

① 제2조에 규정된 인력대상자중 병역법에 의한 병력동원훈련과 교육소집등은 이 법에 의한 훈련에 우선한다.

② 이 법에 의한 훈련은 민방위기본법에 의한 교육 및 훈련에 우선한다.

③ 향토예비군설치법에 의한 예비군의 동원 및 훈련은 이 법에 의한 훈련에 우선한다. 다만, 제18조의 규정에 의한 동시관리훈련에 있어서는 그러하지 아니하다.

제28조 삭제 〈2001.1.16〉

제6장 벌칙

제29조 (벌칙) 제26조의 규정에 위반한 자는 3년 이하의 징역이나 5년 이하의 자격정지 또는 2천만원 이하의 벌금에 처한다.

〔전문개정 2001.1.16〕

제30조 (벌칙) 다음 각호의 1에 해당하는 자는 1년 이하의 징역 또는 200만원 이하의 벌금에 처한다.

1. 정당한 사유없이 제19조의 규정에 의한 출석 등의 의무를 이행하지 아니한 자

2. 제20조의 규정에 위반한 자

〔본조신설 2001.1.16〕

제31조 (벌칙) 다음 각호의 1에 해당하는 자는 6월 이하의 징역 또는 100만원 이하의 벌금에 처한다.

1. 제10조 제1항의 규정에 의한 조사를 거부·방해·기피한 자 또는 신고를 하지 아니하거나 허위의 신고를 한 자

2. 제11조 제2항의 규정에 의한 중점관리대상자원의 지정사실 및 임무를 기재한 고지서를 정당한 사유없이 그 수령을 거부한 자 또는 손상 기타 방법으로 그 효용을 해한 자

3. 제17조 제2항의 규정에 의하여 훈련통지서를 수령 또는 전달할 의무가 있는 자가 정당한 사유없이 그 수령을 거부하거나, 이를 전달하지 아니한 때 (전달을 지체한 때를 포함한다) 또는 손상 기타 방법으로 그 효용을 해한 때

〔본조신설 2001.1.16〕

제32조 (벌칙) 다음 각호의 1에 해당하는 자는 200만원 이하의 벌금에 처한다.

1. 제12조 제1항의 규정에 의한 준비조치명령에 위반한 자

2. 제12조 제2항의 규정에 의한 비상대비업무담당자의 지정명령에 위반한 자

3. 제13조 제2항의 규정에 의한 비축명령에 위반한 자

〔본조신설 2001.1.16〕

부칙 〈제3745호, 1984.8.4〉〕

제1조 (시행일) 이 법은 공포후 3월이 경과한 날로부터 시행한다.

제2조 (주민등록법과의 관계) 제10조 제2항의 규정에 의한 통보는 주민등록법 제10조 제1항 제12호의 규정에 의한 신고로 본다.

제3조 (경과조치) 이 법 시행당시 자원운영 등에 관한 규정에 의하여 작성

된 자원관리에 관한 계획과 준비조치는 이 법에 의한 비상대비자원관리에 관한 계획과 비상대비준비조치로 보고 각각 이 법에 의하여 작성된 것으로 본다.

제4조 (비상기획위원회에 관한 경과조치) 이 법 시행당시 종전의 비상기획위원회규정에 의한 국가안전보장회의 비상기획위원회는 이 법에 의한 비상기획위원회로 본다.

부칙(건설기계관리법) 〈제4561호, 1993.6.11〉

제1조 (시행일) 이 법은 1994년 1월 1일부터 시행한다.

제2조 내지 제8조 생략

제9조 (다른 법률의 개정등) ① 내지 ⑩ 생략

⑪ 비상대비자원관리법중 다음과 같이 개정한다.

제18조 제1항 제2호 중 "중기"를 "건설기계"로 한다.

⑫ 내지 〈20〉생략

부칙(국가유공자등예우및지원에관한법률) 〈제5291호, 1997.1.13〉

제1조 (시행일) 이 법은 공포후 6월이 경과한 날부터 시행한다.

제2조 및 제3조 생략

제4조 (다른 법률의 개정) ① 내지 〈18〉생략

〈19〉비상대비자원관리법 중 다음과 같이 개정한다.

제21조의 제목 "(원호 및 가료)"를 "(보상 및 가료)"로 하고, 동조 본문중 "군사원호보상법"을 "국가유공자 등 예우 및 지원에 관한 법률"로, "원호"를 "보상"으로 한다.

〈20〉및 〈21〉생략

제5조 생략

부칙(정부부처명칭 등의 변경에 따른 건축법 등의 정비에 관한 법률)
〈제5454호, 1997.12.13〉

이 법은 1998년 1월 1일부터 시행한다. 〈단서 생략〉

부칙(국가안전보장회의법) 〈제5543호, 1998.5.25〉

① (시행일)이 법은 공포한 날부터 시행한다.

② (다른 법률의 개정) 비상대비자원관리법중 다음과 같이 개정한다.
제4조 제3항을 삭제한다.

부칙 〈제6373호, 2001.1.16〉
이 법은 공포후 3월이 경과한 날부터 시행한다.

라. 재난 및 안전관리 기본법
〔제정 2004.3.11 법률 제07188호〕

제1장 총칙

제1조 (목적) 이 법은 각종 재난으로부터 국토를 보존하고 국민의 생명·신체 및 재산을 보호하기 위하여 국가 및 지방자치단체의 재난 및 안전관리체제를 확립하고, 재난의 예방·대비·대응·복구 그 밖에 재난 및 안전관리에 관하여 필요한 사항을 규정함을 목적으로 한다.

제2조 (기본이념) 이 법은 재난을 예방하고 재난이 발생하는 경우 그 피해를 최소한으로 줄이는 것이 국가 및 지방자치단체의 기본적 의무임을 확인하고, 모든 국민과 국가·지방자치단체가 국민의 생명 및 신체의 안전과 재산보호에 관련된 행위를 하는 때에는 안전을 우선적으로 고려함으로써 국민이 재난으로부터 안전한 사회에서 생활할 수 있도록 함을 기본이념으로 한다.

제3조 (정의) 이 법에서 사용하는 용어의 정의는 다음과 같다.
1. "재난"이라 함은 국민의 생명·신체 및 재산과 국가에 피해를 주거나 줄 수 있는 것으로서 다음 각목의 것을 말한다.
　가. 태풍·홍수·호우(豪雨)·폭풍·해일(海溢)·폭설·가뭄·지진·황사(黃砂)·적조 그 밖에 이에 준하는 자연현상으로 인하여 발생하는 재해
　나. 화재·붕괴·폭발·교통사고·화생방사고·환경오염사고 그 밖에 이와 유사한 사고로 대통령령이 정하는 규모 이상의 피해
　다. 에너지·통신·교통·금융·의료·수도 등 국가기반체계의 마비와 전염병 확산 등으로 인한 피해
2. "해외재난"이라 함은 대한민국의 영역밖에서 대한민국 국민의 생명·신체 및 재산에 피해를 주거나 줄 수 있는 재난으로서 정부차원의 대처가 필요한 재난을 말한다.
3. "재난관리"라 함은 재난의 예방·대비·대응 및 복구를 위하여 행하는 모든 활동을 말한다.
4. "안전관리"라 함은 시설 및 물질 등으로부터 사람의 생명·신체 및 재산

의 안전을 확보하기 위하여 행하는 모든 활동을 말한다.

5. "재난관리책임기관"이라 함은 재난관리업무를 행하는 다음 각목의 기관을 말한다.

가. 중앙행정기관 및 지방자치단체

나. 지방행정기관·공공기관·공공단체(공공기관 및 공공단체의 지부 등 지방조직을 포함한다) 및 재난관리의 대상이 되는 중요시설의 관리기관 등으로서 대통령령이 정하는 기관

6. "긴급구조"라 함은 재난이 발생할 우려가 현저하거나 재난이 발생한 때에 국민의 생명·신체 및 재산의 보호를 위하여 제7호의 규정에 의한 긴급구조기관과 제8호의 규정에 의한 긴급구조지원기관이 행하는 인명구조·응급처치 그 밖에 필요한 모든 긴급한 조치를 말한다.

7. "긴급구조기관"이라 함은 소방방재청·소방본부 및 소방서를 말한다. 다만, 해양에서의 재난의 경우에는 해양경찰청 및 해양경찰서를 말한다.

8. "긴급구조지원기관"이라 함은 긴급구조에 필요한 인력·시설 및 장비를 갖춘 기관 또는 단체로서 대통령령이 정하는 기관 및 단체를 말한다.

제4조 (국가 등의 책무)

① 국가 및 지방자치단체는 재난으로부터 국민의 생명·신체 및 재산을 보호할 책무를 지고, 재난의 예방과 피해경감을 위하여 노력하여야 하며, 발생한 재난을 신속히 대응·복구하기 위한 계획을 수립·시행하여야 한다.

② 제3조 제5호 나목의 규정에 의한 재난관리책임기관의 장은 소관업무와 관련된 안전관리에 관한 계획을 수립하고 이를 시행하여야 하며, 그 소재지를 관할하는 특별시·광역시·도(이하 "시·도"라 한다) 및 시·군·구(자치구를 말한다. 이하 같다)의 재난 및 안전관리업무에 협조하여야 한다.

제5조 (국민의 책무) 국민은 국가 및 지방자치단체의 재난 및 안전관리업무 수행에 최대한 협조하여야 하고, 자기가 소유하거나 사용하는 건물·시설 등으로부터 재난이 발생하지 아니하도록 노력하여야 한다.

제6조 (안전점검의 날 등) 국가는 대통령령이 정하는 바에 따라 국민의 안전의식 수준을 높이기 위하여 안전점검의 날 및 방재의 날을 정하여 필요한

행사 등을 할 수 있다.

제7조 (안전관리헌장)

① 제9조 제2항의 규정에 의한 중앙안전관리위원회위원장은 재난을 예방하고 재난이 발생하는 경우 그 피해를 최소한으로 줄이기 위하여 재난 및 안전관리업무에 종사하는 자가 지켜야 할 사항 등을 포함하는 안전관리헌장을 제정·고시하여야 한다.

② 재난관리책임기관의 장은 제1항의 규정에 의한 안전관리헌장을 재난관리업무와 관련된 시설이나 지역에 상시 게시할 수 있다.

제8조 (다른 법률과의 관계 등)

① 재난 및 안전관리에 관하여 다른 법률을 제정하거나 개정하는 경우에는 이 법의 목적과 기본이념에 부합되도록 하여야 한다.

② 제3조 제1호 가목의 규정에 해당하는 재난의 예방·복구에 관하여는 자연재해대책법이 정하는 바에 의한다.

③ 제3조 제1호 다목의 규정에 해당하는 재난에 대하여는 제18조·제30조·제31조·제67조·제68조 및 제76조의 규정을 적용하지 아니한다.

제2장 안전관리기구 및 기능

제9조 (중앙안전관리위원회)

① 안전관리에 관한 중요정책의 심의 및 총괄·조정, 안전관리를 위한 관계부처간의 협의·조정 그 밖에 이 법이 정하는 안전관리에 필요한 사항을 시행하기 위하여 국무총리소속하에 중앙안전관리위원회(이하 "중앙위원회"라 한다)를 둔다.

② 중앙위원회의 위원장은 국무총리가 되고, 위원은 대통령령이 정하는 중앙행정기관 또는 관계 기관·단체의 장이 된다.

③ 중앙위원회에 부의될 의안의 검토, 재난의 대비·대응·복구(이하 "수습"이라 한다)를 위한 관계부처간의 협의·조정사항 중 대통령령이 정하는 경미한 사항의 협의·조정 등을 위하여 중앙위원회에 행정자치부장관을 위원장으로 하는 조정위원회(이하 "조정위원회"라 한다)를 둔다. 이 경우 조정위원

회의 협의·조정을 거친 재난의 수습은 중앙위원회의 협의·조정을 거친 것
으로 본다.

④ 중앙위원회 및 조정위원회에 각각 간사위원 1인을 두되, 간사위원은 소
방방재청장이 된다.

⑤ 중앙위원회업무의 효율적 운영을 위하여 필요한 경우 분과위원회를 둘
수 있다.

⑥ 중앙위원회·조정위원회 및 분과위원회의 구성·운영 등에 관하여 필요
한 사항은 대통령령으로 정한다.

제10조 (중앙위원회의 기능 등)

① 중앙위원회는 다음 각호의 사무를 행한다. 이 경우 국가안전보장과 관
련된 사무의 경우에는 국가안전보장회의와 협의하여야 한다.

1. 안전관리에 관한 중요정책의 심의 및 총괄·조정
2. 국가안전관리기본계획안 및 집행계획안의 심의
3. 중앙행정기관이 수행하는 재난 및 안전관리업무의 협의·조정
4. 재난사태선포 건의사항과 특별재난지역선포 건의사항의 심의
5. 다른 법령에 의하여 중앙위원회의 권한에 속하는 사항의 처리
6. 그 밖에 위원장이 부의하는 사항의 심의

② 중앙위원회는 그 소관사무에 관하여 재난관리책임기관의 장이나 관계인
에 대하여 자료의 제출, 의견의 진술 그 밖의 필요한 사항에 대하여 협조를
요청할 수 있다. 이 경우 요청을 받은 자는 특별한 사유가 없는 한 이에 응하
여야 한다.

제11조 (지역위원회)

① 지역별 안전관리에 관한 중요정책의 심의 및 총괄·조정, 지역별 안전
관리업무의 협의·조정 그 밖에 이 법이 정하는 지역별 안전관리에 필요한 사
항을 행하기 위하여 특별시장·광역시장·도지사(이하 "시·도지사"라 한다)
소속하에 시·도안전관리위원회(이하 "시·도위원회"라 한다)를, 시장·군수
·구청장(자치구의 구청장을 말한다. 이하 같다)소속하에 시·군·구안전관
리위원회(이하 "시·군·구위원회"라 한다)를 둔다.

② 시·도위원회의 위원장은 시·도지사가 되고, 시·군·구위원회의 위

원장은 시장·군수·구청장이 된다.

③ 시·도위원회 및 시·군·구위원회(이하 "지역위원회"라 한다)에 부의되는 의안을 검토하고, 관계기관간의 협조사항을 정리하는 등 지역위원회의 효율적인 운영을 도모하기 위하여 지역위원회에 실무위원회를 둘 수 있다.

④ 지역위원회 및 실무위원회의 구성 및 운영에 관하여 필요한 사항은 당해 지방자치단체의 조례로 정한다.

제12조 (지역위원회의 기능) 지역위원회는 다음 각호의 사무를 행한다.
1. 당해 지역에 있어서의 안전관리정책의 심의 및 총괄·조정
2. 당해 지역에 있어서의 안전관리계획안의 심의
3. 당해 지역에 소재하는 재난관리책임기관(중앙행정기관 및 상급지방자치단체를 제외한다)이 수행하는 안전관리업무의 협의·조정
4. 다른 법령 또는 조례에 의하여 당해 지역위원회의 권한에 속하는 사항의 처리
5. 그 밖에 지역위원회의 위원장이 부의하는 사항의 심의

제13조 (지역위원회 등에 대한 지원 및 지도) 소방방재청장은 시·도위원회의 운영과 지방자치단체의 안전관리업무에 대하여, 시·도지사는 관할구역안의 시·군·구위원회의 운영과 시·군·구의 안전관리업무에 대하여 필요한 지원 및 지도를 할 수 있다.

제14조 (중앙재난안전대책본부 등)
① 대통령령이 정하는 대규모 재난의 예방·대비·대응·복구 등에 관한 사항을 총괄·조정하고 필요한 조치를 하기 위하여 행정자치부에 중앙재난안전대책본부(이하 "중앙대책본부"라 한다)를 둔다.

② 중앙대책본부의 본부장(이하 "중앙본부장"이라 한다)은 행정자치부장관이 되며, 중앙본부장은 중앙대책본부의 업무를 총괄하고 필요하다고 인정하는 경우에는 중앙재난안전대책본부회의를 소집할 수 있다.

③ 제1항의 규정에 의한 대규모 재난으로 인하여 중앙대책본부를 두는 때에는 주무부처의 장소속하에 중앙사고수습본부(이하 "수습본부"라 한다)를 둔다. 다만, 해외재난이 발생한 경우에는 외교통상부에 수습본부를 둔다.

④ 중앙본부장은 해외재난이 발생한 경우 필요하다고 인정하는 때에는 관계 중앙행정기관 및 관계 기관·단체의 임직원과 재난관리에 관한 전문가 등으로 정부합동 해외재난대책지원단을 구성하여 해외재난이 발생한 국가에 파견할 수 있다.

⑤ 제1항의 규정에 의한 중앙대책본부, 제2항의 규정에 의한 중앙재난안전대책본부회의 및 제4항의 규정에 의한 정부합동 해외재난대책지원단의 구성 및 운영에 관하여 필요한 사항은 대통령령으로 정한다.

제15조 (중앙본부장의 권한 등)

① 중앙본부장은 재난의 효율적인 수습을 위하여 관계 재난관리책임기관의 장에게 행정 및 재정상의 조치와 소속직원의 파견 그 밖의 필요한 지원을 요청할 수 있다. 이 경우 요청을 받은 관계 재난관리책임기관의 장은 특별한 사유가 없는 한 이에 응하여야 한다.

② 제1항의 규정에 의하여 파견된 직원은 재난의 수습에 필요한 소속기관의 업무를 성실히 수행하여야 하며, 재난의 수습이 종료될 때까지 중앙대책본부에서 상근하여야 한다.

③ 중앙본부장은 당해 재난의 수습에 필요한 범위안에서 제16조의 규정에 의한 지역본부장을 지휘할 수 있다.

④ 중앙본부장은 재난의 효율적인 수습을 위하여 중앙수습지원단을 구성하고, 필요하다고 인정하는 경우에는 중앙수습지원단을 현지에 파견할 수 있다.

⑤ 중앙대책본부가 설치되지 아니한 재난의 경우에는 제1항·제3항 및 제4항의 규정에 의한 중앙본부장의 권한은 주무부처의 장이 이를 행사한다.

제16조 (지역재난안전대책본부)

① 해당 관할구역안에서 재난의 예방·대비·대응·복구 등에 관한 사항을 총괄·조정하고 필요한 조치를 하기 위하여 시·도지사는 시·도재난안전대책본부(이하 "시·도대책본부"라 한다)를, 시장·군수·구청장은 시·군·구재난안전대책본부(이하 "시·군·구대책본부"라 한다)를 각각 둘 수 있다. 다만, 당해 재난과 관련하여 제14조의 규정에 의하여 중앙대책본부를 두는 경우에는 시·도지사 또는 시장·군수·구청장은 시·도대책본부 또는 시·군·구대책본부(이하 "지역대책본부"라 한다)를 두어야 한다.

② 지역대책본부의 본부장(이하 "지역본부장"이라 한다)은 시·도지사 또는 시장·군수·구청장이 된다.

③ 지역대책본부의 구성 및 운영에 관하여 필요한 사항은 당해 지방자치단체의 조례로 정한다.

제17조 (지역본부장의 권한 등)

① 지역본부장은 재난의 수습이 효율적으로 이루어질 수 있게 하기 위하여 당해 시·도 또는 시·군·구를 관할구역으로 하는 제3조 제5호 나목의 규정에 의한 재난관리책임기관의 장에게 행정 및 재정상의 조치나 그 밖의 필요한 업무협조를 요청할 수 있다. 이 경우 요청을 받은 재난관리책임기관의 장은 특별한 사유가 없는 한 이에 응하여야 한다.

② 지역본부장은 재난의 수습을 위하여 필요하다고 인정하는 때에는 당해 시·도 또는 시·군·구의 전부 또는 일부를 관할구역으로 하는 제3조 제5호 나목의 규정에 의한 재난관리책임기관의 장에게 소속직원의 파견을 요청할 수 있다. 이 경우 요청을 받은 재난관리책임기관의 장은 특별한 사유가 없는 한 즉시 이에 응하여야 한다.

③ 제2항의 규정에 의하여 파견된 직원은 지역본부장의 지휘에 따라 재난의 수습에 필요한 소속기관의 업무를 성실히 수행하여야 하며, 재난의 수습이 종료될 때까지 지역대책본부에서 상근하여야 한다.

제18조 (재난의 신고)

① 누구든지 재난의 발생이나 재난이 발생할 징후를 발견하는 때에는 즉시 그 사실을 시장·군수·구청장·긴급구조기관 그 밖의 관계 행정기관에 신고하여야 한다.

② 제1항의 규정에 의한 신고를 받은 시장·군수·구청장과 그 밖의 관계 행정기관의 장은 관할 긴급구조기관의 장에게, 긴급구조기관의 장은 그 소재지 관할 시장·군수·구청장에게 통보하여 응급대처방안을 강구할 수 있도록 조치하여야 한다.

제19조 (종합상황실 등의 설치·운영) 소방방재청장, 시·도지사, 시장·군수·구청장 및 소방서장은 재난정보의 수집·전파, 신속한 지휘 및 상황관리

를 위하여 상시 종합상황실을 설치·운영하여야 하고, 행정자치부장관은 제3조 제1호 다목의 규정에 의한 재난의 상황을 관리하기 위하여 재난상황실을 설치·운영하여야 한다.

제20조 (재난상황의 보고)

① 시장·군수·구청장은 그 관할구역안에서 재난이 발생하거나 발생할 우려가 있는 때에는 대통령령이 정하는 바에 의하여 즉시 그 재난의 상황과 응급조치 및 수습의 내용을 시·도지사에게 보고하여야 하며, 시·도지사는 이를 소방방재청장 및 관계 중앙행정기관의 장에게 보고하여야 한다. 다만, 대통령령이 정하는 사항에 대하여는 긴급구조기관의 장 또는 시장·군수·구청장이 소방방재청장에게 직접 보고하여야 한다.

② 해양경찰서장은 해양에서 재난이 발생하거나 발생할 우려가 있는 때에는 대통령령이 정하는 바에 의하여 즉시 그 재난의 상황과 응급조치 및 수습의 내용을 해양경찰청장에게 보고하여야 하고, 해양경찰청장은 대통령령이 정하는 재난에 한하여 관계 중앙행정기관의 장 및 소방방재청장에게 통보하여야 한다.

③ 제3조 제5호 나목의 규정에 의한 재난관리책임기관의 장은 소관업무에 관계되는 재난이 발생한 때에는 대통령령이 정하는 바에 의하여 즉시 그 재난의 상황과 응급조치 및 수습의 내용을 관계 중앙행정기관의 장 및 시장·군수·구청장에게 보고 또는 통보하여야 하고, 시장·군수·구청장은 보고 또는 통보를 받은 사항 중 대통령령이 정하는 사항에 관하여는 시·도지사를 거쳐 소방방재청장에게 보고하여야 한다.

④ 시장·군수·구청장 또는 소방서장은 재난이 발생한 때 또는 재난발생을 신고받거나 통보받은 때에는 즉시 이를 관계 재난관리책임기관의 장에게 통보하여야 한다.

제21조 (해외재난상황의 관리)

① 재외공관의 장은 관할구역안에서 해외재난이 발생하거나 발생할 우려가 있는 때에는 즉시 그 상황을 외교통상부장관에게 보고하여야 한다.

② 제1항의 규정에 의한 보고를 받은 외교통상부장관은 즉시 그 상황을 소방방재청장 및 관계 중앙행정기관의 장에게 통보하여야 한다.

제3장 안전관리계획

제22조 (국가안전관리기본계획의 수립 등)

① 국무총리는 대통령령이 정하는 바에 의하여 국가의 안전관리업무에 관한 기본계획(이하 "국가안전관리기본계획"이라 한다)의 수립지침을 작성하여 이를 관계 중앙행정기관의 장에게 시달하여야 한다.

② 제1항의 규정에 의한 수립지침에는 부처별로 중점적으로 추진할 안전관리기본계획의 수립에 관한 사항과 국가재난관리체계의 기본방향이 포함되어야 한다.

③ 관계 중앙행정기관의 장은 제1항의 규정에 의한 수립지침에 따라 그 소관에 속하는 안전관리업무에 관한 기본계획을 작성한 후 국무총리에게 제출하여야 한다.

④ 국무총리는 제3항의 규정에 의하여 관계 중앙행정기관의 장이 제출한 기본계획을 종합하여 국가안전관리기본계획을 작성하여 중앙위원회의 심의를 거쳐 확정한 후 이를 관계 중앙행정기관의 장에게 시달하여야 한다.

⑤ 중앙행정기관의 장은 제4항의 규정에 의하여 확정된 국가안전관리계획 중 그 소관에 관한 사항을 관계 재난관리책임기관(중앙행정기관 및 지방자치단체를 제외한다)의 장에게 시달하여야 한다.

⑥ 제1항 내지 제5항의 규정은 국가안전관리기본계획을 변경하는 경우에 이를 준용한다.

⑦ 이 조의 국가안전관리기본계획과 제23조의 집행계획, 제24조의 시·도안전관리계획 및 제25조의 시·군·구안전관리계획은 민방위기본법에 의한 민방위계획중 재난관리분야의 계획으로 본다.

⑧ 국가안전관리기본계획의 구체적 내용에 관하여 필요한 사항은 대통령령으로 정한다.

제23조 (집행계획)

① 관계 중앙행정기관의 장은 제22조 제4항의 규정에 의하여 시달받은 국가안전관리기본계획에 따라 그 소관업무에 관한 집행계획을 작성하여 행정자치부장관과 협의한 후 국무총리의 승인을 얻어 이를 확정한다

② 관계 중앙행정기관의 장은 확정된 집행계획을 행정자치부장관에게 통보

하고, 시·도지사 및 제3조 제5호 나목의 규정에 의한 재난관리책임기관의 장에게 시달하여야 한다.

③ 제3조 제5호 나목의 규정에 의한 재난관리책임기관의 장은 제2항의 규정에 의하여 시달받은 집행계획에 따라 세부집행계획을 작성하여 관할 시·도지사와 협의한 후 소속중앙행정기관의 장의 승인을 얻어 이를 확정하고 행정자치부장관에게 통보하여야 한다.

제24조 (시·도안전관리계획의 수립)

① 행정자치부장관은 소방방재청장의 의견을 들어 제22조 제4항의 규정에 의한 국가안전관리기본계획과 제23조 제1항의 규정에 의한 집행계획에 따라 시·도의 안전관리업무에 관한 계획(이하 "시·도안전관리계획"이라 한다)의 수립지침을 작성하여 이를 소방방재청장을 경유하여 시·도지사에게 시달하여야 한다.

② 시·도의 전부 또는 일부를 관할구역으로 하는 제3조 제5호 나목의 규정에 의한 재난관리책임기관의 장은 그 소관에 속하는 안전관리업무에 관한 계획을 작성하여 관할 시·도지사에게 제출하여야 한다.

③ 시·도지사는 제1항의 규정에 의하여 시달받은 수립지침과 제2항의 규정에 의하여 제출받은 안전관리업무에 관한 계획을 종합하여 시·도안전관리계획을 작성하고 시·도위원회의 심의를 거쳐 이를 확정한다.

④ 시·도지사는 제3항의 규정에 의하여 확정된 시·도안전관리계획을 소방방재청장을 거쳐 행정자치부장관에게 보고하고, 제2항의 규정에 의한 재난관리책임기관의 장에게 통보하여야 한다.

제25조 (시·군·구안전관리계획의 수립)

① 시·도지사는 제24조 제3항의 규정에 의하여 확정된 시·도안전관리계획에 따라 시·군·구의 안전관리업무에 관한 계획(이하 "시·군·구안전관리계획"이라 한다)의 수립지침을 작성하여 이를 시장·군수·구청장에게 시달하여야 한다.

② 시·군·구의 전부 또는 일부를 관할구역으로 하는 제3조 제5호 나목의 규정에 의한 재난관리책임기관의 장은 그 소관에 속하는 안전관리업무에 관한 계획을 작성하여 시장·군수·구청장에게 제출하여야 한다.

③ 시장·군수·구청장은 제1항의 규정에 의하여 시달받은 수립지침과 제 2항의 규정에 의하여 제출받은 안전관리업무에 관한 계획을 종합하여 시·군 ·구안전관리계획을 작성하고 시·군·구위원회의 심의를 거쳐 이를 확정한다.

④ 시장·군수·구청장은 제3항의 규정에 의하여 확정된 시·군·구안전 관리계획을 시·도지사에게 보고하고, 제2항의 규정에 의한 재난관리책임기 관의 장에게 통보하여야 한다.

제4장 재난의 예방

제26조 (재난관리책임기관의 장의 재난예방조치)

① 재난관리책임기관의 장은 소관 관리대상업무의 분야에서 재난의 발생을 사전에 방지하기 위하여 다음 각호의 조치를 취하여야 한다.

1. 재난에 대응할 조직의 구성 및 정비
2. 재난의 예측과 정보전달체계의 구축
3. 재난발생에 대비한 교육·훈련과 재난관리예방에 관한 홍보
4. 재난발생의 위험이 높은 분야에 대한 안전관리체계의 구축 및 안전관리 규정의 제정
5. 재난발생의 위험이 높거나 재난예방을 위하여 계속적으로 관리할 필요 가 있다고 인정되는 시설(이하 "특정관리대상시설"이라 한다)의 지정·관리 및 정비
6. 제35조의 규정에 의한 물자 및 자재의 비축, 재난방지시설의 정비와 장 비 및 인력의 지정
7. 그 밖에 재난의 예방을 위하여 필요하다고 인정되는 사항

② 재난관리책임기관의 장은 제1항의 규정에 의한 재난예방조치를 효율적 으로 시행하기 위하여 필요한 사업비를 확보하여야 한다.

③ 재난관리책임기관의 장은 다른 재난관리책임기관에서 시행하는 재난예 방대책에 적극 협조하여야 한다. 이 경우 다른 재난관리책임기관의 장은 특별 한 사유가 없는 한 이에 응하여야 한다.

④ 재난관리책임기관의 장은 재난관리의 실효성이 확보될 수 있도록 제1항 제4호의 규정에 의한 안전관리체계 및 안전관리규정을 정비·보완하여야 한다.

⑤ 재난관리책임기관의 장은 제1항 제5호의 규정에 의한 조치결과를 대통

령령이 정하는 바에 의하여 소방방재청장에게 보고 또는 통보하여야 한다.

⑥ 제1항 제5호의 규정에 의한 특정관리대상시설의 지정기준·절차·방법 등에 관하여 필요한 사항은 대통령령으로 정한다.

제27조 (특정관리대상시설의 관리 등)

① 재난관리책임기관의 장은 제26조 제1항 제5호의 규정에 의하여 특정관리대상시설을 지정하는 때에는 대통령령이 정하는 바에 의하여 다음 각호의 조치를 하여야 한다.

1. 특정관리대상시설로부터 재난발생의 위험성을 제거하기 위한 장·단기계획의 수립·시행

2. 특정관리대상시설에 대한 안전점검 또는 정밀안전진단. 이 경우 안전점검 또는 정밀안전진단은 다른 법령에 의한 안전점검 또는 정밀안전진단에 관한 기준에 의하되, 다른 법령의 적용을 받지 아니하는 시설에 대하여는 행정자치부령이 정하는 기준에 의한다.

② 소방방재청장은 제26조 제5항의 규정에 의하여 보고 또는 통보받은 사항을 대통령령이 정하는 바에 의하여 정기 또는 수시로 중앙위원회 위원장에게 보고하여야 한다.

③ 중앙위원회 위원장은 제2항의 규정에 의하여 보고를 받은 사항 중 재난의 예방을 위하여 필요하다고 인정하는 사항에 대하여는 관계 재난관리책임기관의 장에게 시정조치나 보완을 요구할 수 있다.

제28조 (지방자치단체에 대한 지원 등) 소방방재청장은 지방자치단체가 제27조의 규정에 의하여 시행하는 재난의 예방을 위한 조치 등에 필요한 지원 및 지도를 할 수 있고, 관계 중앙행정기관의 장에게 협조를 요청할 수 있다.

제29조 (재난관리체계 등의 정비·평가)

① 소방방재청장은 대통령령이 정하는 바에 의하여 다음 각호의 사항을 정기적으로 평가할 수 있다.

1. 제14조 제1항의 규정에 의한 대규모의 재난발생에 대비한 단계별 예방·대응 및 복구과정

2. 제26조 제1항 제1호의 규정에 의한 재난관리책임기관의 재난대응 조직

의 구성 및 정비 실태

　　3. 제26조 제4항의 규정에 의한 안전관리체계 및 안전관리규정

　　② 소방방재청장은 제1항의 규정에 의한 평가결과를 중앙위원회에 보고하고, 필요하다고 인정하는 경우에는 당해 재난관리책임기관의 장에게 시정조치나 보완을 요구할 수 있다.

제30조 (재난예방을 위한 긴급안전점검 등)

　　① 소방방재청장과 재난관리책임기관(행정기관에 한한다. 이하 제30조, 제31조 및 제32조에서 같다)의 장은 대통령령이 정하는 시설 및 지역에 재난의 발생이 우려되는 등 대통령령이 정하는 긴급한 사유가 있는 때에는 소속공무원으로 하여금 긴급안전점검을 실시하게 하거나 소방방재청장의 경우에는 다른 재난관리책임기관의 장에게 긴급안전점검을 실시하도록 요구할 수 있다.

　　② 제1항에 규정에 의하여 긴급안전점검을 실시하는 자는 관계인에게 필요한 질문을 하거나 관계서류 등을 열람할 수 있다.

　　③ 제1항의 규정에 의한 긴급안전점검의 절차 및 방법, 긴급안전점검결과의 기록·유지 등에 관하여 필요한 사항은 대통령령으로 정한다.

　　④ 제1항의 규정에 의하여 긴급안전점검을 실시하는 공무원은 그 권한을 표시하는 증표를 지니고 이를 관계인에게 내보여야 한다.

　　⑤ 소방방재청장은 제1항의 규정에 의하여 긴급안전점검을 실시한 경우에는 그 결과를 당해 재난관리책임기관의 장에게 통보하여야 한다.

제31조 (재난예방을 위한 긴급안전조치)

　　① 소방방재청장과 재난관리책임기관의 장은 제30조의 규정에 의한 긴급안전점검결과 재난발생의 위험이 높다고 인정되는 시설 또는 지역에 대하여는 대통령령이 정하는 바에 의하여 그 소유자·관리자 또는 점유자에게 다음 각호의 안전조치를 취할 것을 명할 수 있다.

　　1. 정밀안전진단의 실시(시설에 한한다). 이 경우 정밀안전진단은 다른 법령에 의한 정밀안전진단에 관한 기준에 의하되, 다른 법령의 적용을 받지 아니하는 시설에 대하여는 행정자치부령이 정하는 기준에 의한다.

　　2. 보수 또는 보강 등 정비

　　3. 재난을 발생시킬 위험요인의 제거

② 제1항의 규정에 의한 안전조치명령을 받은 소유자·관리자 또는 점유자는 안전조치를 실시하고, 행정자치부령이 정하는 바에 의하여 그 결과를 소방방재청장 및 재난관리책임기관의 장에게 통보하여야 한다.

③ 소방방재청장 및 재난관리책임기관의 장은 제1항의 규정에 의한 안전조치명령을 받은 자가 그 명령을 이행하지 아니하거나 이행할 수 없는 상태에 있고, 재난의 예방을 위하여 긴급하다고 판단하는 때에는 당해 시설 또는 지역에 대하여 사용을 제한하거나 금지시킬 수 있다. 이 경우 그 제한 또는 금지하는 내용을 보기 쉬운 곳에 게시하여야 한다.

④ 소방방재청장 및 재난관리책임기관의 장은 제1항 제2호 또는 제3호의 규정에 의한 안전조치명령을 받아 이를 이행하여야 하는 자가 그 명령을 이행하지 아니하거나 이행할 수 없는 상태에 있고, 재난의 예방을 위하여 긴급하다고 판단하는 때에는 그 명령을 받아 이를 이행하여야 할 자에 갈음하여 필요한 안전조치를 할 수 있다. 이 경우 행정대집행법의 규정을 준용한다.

⑤ 소방방재청장 및 재난관리책임기관의 장은 제3항의 규정에 의한 안전조치를 함에 있어서는 미리 당해 소유자·관리자 또는 점유자에게 서면으로 이를 알려 주어야 한다.

제32조 (특정관리대상시설 등의 실명관리) 재난관리책임기관의 장은 제27조 제1항 제2호 및 제30조 제1항의 규정에 의하여 안전점검 또는 긴급안전점검을 하는 경우에는 안전점검 또는 긴급안전점검을 행한 소속공무원의 실명을 유지·관리하여야 한다.

제33조 (안전관리전문기관에 대한 자료요구 등)

① 소방방재청장은 재난의 예방을 효율적으로 추진하기 위하여 대통령령이 정하는 안전관리전문기관에 대하여 안전점검결과, 주요시설물의 설계도서 등 대통령령이 정하는 안전관리에 관하여 필요한 자료를 요구할 수 있다.

② 제1항의 규정에 의하여 자료의 요구를 받은 안전관리전문기관의 장은 특별한 사유가 없는 한 이에 응하여야 한다.

제34조 (재난예방교육·홍보) 소방방재청장은 대통령령이 정하는 바에 의하여 재난의 예방을 위한 교육·홍보를 정기 또는 수시로 실시하여야 한다.

다만, 다른 법령에 재난의 예방교육 및 홍보에 관하여 특별한 규정이 있는 경우에는 그 법령에 의하여 실시할 수 있다.

제5장 응급대책

제35조 (물자·자재의 비축 등)

① 재난관리책임기관의 장은 관계법령 또는 제3장의 안전관리계획이 정하는 바에 의하여 소관업무와 관계되는 재난응급대책을 수립·시행하고 재난복구에 필요한 물자 및 자재를 비축하고 대통령령이 정하는 재난방지시설을 정비하여야 한다.

② 시장·군수·구청장은 재난의 발생에 대비하여 관계기관·소유자 또는 지정대상이 되는 자와 협의하여 제39조의 규정에 의하여 응급조치에 일시사용할 장비 및 인력을 지정할 수 있다.

제36조 (재난사태 선포)

① 중앙본부장은 대통령령이 정하는 재난이 발생하거나 발생할 우려로 인하여 사람의 생명·신체 및 재산에 미치는 중대한 영향 또는 피해를 경감하기 위하여 긴급한 조치가 필요하다고 인정하는 경우에는 중앙위원회의 심의를 거쳐 다음 각호의 구분에 따라 국무총리에게 재난사태를 선포할 것을 건의하거나 직접 선포할 수 있다.

1. 재난사태 선포 대상지역이 3개 시·도 이상인 경우: 국무총리에게 선포 건의

2. 재난사태 선포 대상지역이 2개 시·도 이하인 경우: 중앙본부장이 선포

② 제1항의 규정에 의하여 건의를 받은 국무총리는 당해 지역에 대하여 재난사태를 선포할 수 있다.

③ 중앙본부장 및 지역본부장은 제2항의 규정에 의하여 재난사태가 선포된 지역에 대하여 다음 각호의 조치를 취할 수 있다.

1. 재난경보의 발령, 인력·장비 및 물자의 동원, 위험구역 설정, 대피명령, 응원 등 이 법에 의한 응급조치

2. 당해 지역에 소재하는 행정기관 소속공무원의 비상소집

3. 당해 지역에 대한 여행 자제 권고

　4. 그 밖에 재난예방에 필요한 조치
　④ 중앙본부장은 재난이 추가적으로 발생할 우려가 해소된 경우에는 제2항의 규정에 의하여 선포된 재난사태를 즉시 해제하여야 한다.

제37조 (응급조치)

　① 제50조 제2항의 규정에 의한 시·도긴급구조통제단 및 시·군·구긴급구조통제단의 단장(이하 "지역통제단장"이라 한다)과 시장·군수·구청장은 재난이 발생할 우려가 있거나 재난이 발생한 때에는 즉시 관계법령이나 시·도 또는 시·군·구의 안전관리계획이 정하는 바에 의하여 수방(水防)·진화·구조 및 구난(救難) 그 밖에 재난의 발생을 예방하거나 피해를 경감하기 위하여 필요한 다음 각호의 응급조치를 실시하여야 한다. 다만, 지역통제단장의 경우에는 제2호 중 진화에 관한 응급조치와 제4호 및 제6호의 응급조치에 한한다.
　1. 경보의 발령 또는 전달이나 피난의 권고 또는 지시
　2. 진화·수방·지진방재 그 밖의 응급조치와 구호
　3. 피해시설의 응급복구 및 방역과 방범 그 밖의 질서의 유지
　4. 긴급수송 및 구조 수단의 확보
　5. 급수수단의 확보, 긴급피난처 및 구호품의 확보
　6. 현장지휘통신체계의 확보
　7. 그 밖에 재난의 발생을 예방하거나 경감하기 위하여 필요한 사항
　② 시·군·구의 관할구역안에 소재하는 재난관리책임기관의 장은 시장·군수·구청장 또는 지역통제단장의 요청이 있는 때에는 관계법령 또는 시·군·구안전관리계획이 정하는 바에 의하여 시장·군수·구청장 또는 지역통제단장의 지휘 또는 조정하에 그 소관업무에 관계되는 응급조치를 실시하거나 시장·군수·구청장 또는 지역통제단장이 실시하는 응급조치에 협력하여야 한다.

제38조 (재난 예보·경보의 발령 등)

　① 중앙본부장 및 지역본부장은 대통령령이 정하는 재난으로 인하여 사람의 생명·신체 및 재산에 대한 피해가 예상되는 때에는 그 피해를 예방하거나 경감하기 위하여 재난에 관한 예보 또는 경보를 실시할 수 있다. 다만, 다른

법령에 특별한 규정이 있는 때에는 그러하지 아니하다.

② 중앙본부장 및 지역본부장은 재난에 관한 예보·경보·통지나 응급조치를 실시하기 위하여 필요한 때에는 전기통신시설의 우선사용을 요청하거나 방송법 제2조 제3호의 규정에 의한 방송사업자에 대하여 필요한 정보의 신속한 방송을 요청할 수 있다. 다만, 다른 법령에 특별한 규정이 있는 때에는 그러하지 아니하다.

③ 제2항의 규정에 의한 요청을 받은 전기통신시설의 소유자 또는 관리자와 방송사업자는 특별한 사유가 없는 한 이에 응하여야 한다.

제39조 (동원명령 등)

① 중앙본부장 및 지역본부장은 재난이 발생하거나 발생할 우려가 있다고 인정하는 때에는 다음 각호의 조치를 할 수 있다.

1. 민방위기본법 제22조의 규정에 의한 민방위대의 동원

2. 재난관리책임기관의 장에게 응급조치를 위하여 관계직원의 출동 또는 제35조의 규정에 의한 물자 및 지정된 장비·인력 등의 동원 등 필요한 조치를 취하여 주도록 요청

3. 국방부장관에게 군부대의 지원 요청

② 제1항의 규정에 의하여 필요한 조치의 요청을 받은 기관의 장은 특별한 사유가 없는 한 이에 응하여야 한다.

제40조 (대피명령)

① 시장·군수·구청장과 지역통제단장(대통령령이 정하는 권한을 행사하는 경우에 한한다. 이하 제41조 내지 제43조 및 제45조에서도 같다)은 재난이 발생하거나 발생할 우려가 있는 경우에 사람의 생명 또는 신체에 대한 위해를 방지하기 위하여 필요한 때에는 당해 지역안의 주민이나 당해 지역안에 있는 자에게 대피할 것을 명할 수 있다.

② 제1항의 규정에 의한 대피명령을 받은 자는 즉시 이에 응하여야 한다.

제41조 (위험구역의 설정)

① 시장·군수·구청장 및 지역통제단장은 재난이 발생하거나 발생할 우려가 있는 경우에 사람의 생명 또는 신체에 대한 위해의 방지 또는 질서의 유지

를 위하여 필요한 때에는 위험구역을 설정하고, 응급조치에 종사하는 자외의 자에 대하여 다음 각호의 조치를 명할 수 있다.

1. 위험구역에의 출입 그 밖의 행위의 금지 또는 제한
2. 위험구역에서의 퇴거 또는 대피

② 시장·군수·구청장 및 지역통제단장은 제1항의 규정에 의하여 위험구역을 설정하는 때에는 그 구역의 범위와 제1항 제1호의 규정에 의하여 금지 또는 제한되는 행위의 내용 그 밖에 필요한 사항을 보기 쉬운 곳에 게시하여야 한다.

제42조 (강제대피조치) 시장·군수·구청장 및 지역통제단장은 제40조 제1항의 규정에 의한 대피명령을 받은 자 또는 제41조 제1항 제2호의 규정에 의한 위험구역에서의 퇴거나 대피명령을 받은 자가 그 명령을 이행하지 아니하여 위급하다고 판단되는 때에는 당해 지역 또는 위험구역안의 주민이나 당해 지역 또는 위험구역안에 있는 자를 강제대피시키거나 강제퇴거시킬 수 있다.

제43조 (통행제한 등)

① 시장·군수·구청장 및 지역통제단장은 응급조치의 실시에 필요한 물자를 긴급히 수송하거나 진화·구조 등을 위하여 필요한 때에는 대통령령이 정하는 바에 의하여 경찰관서의 장에게 도로의 구간을 지정하여 당해 긴급수송 등을 행하는 차량외의 차량의 통행을 금지하거나 제한하도록 요청할 수 있다.

② 제1항의 규정에 의한 요청을 받은 경찰관서의 장은 특별한 사유가 없는 한 이에 응하여야 한다.

제44조 (응원)

① 시장·군수·구청장은 응급조치를 위하여 필요한 때에는 다른 시·군·구 또는 관할구역안에 있는 군부대 및 관계 행정기관의 장에게 소속공무원 등의 파견 등 필요한 응원을 요청할 수 있다. 이 경우 응원의 요청을 받은 군부대의 장 및 관계 행정기관의 장은 특별한 사유가 없는 한 이에 응하여야 한다.

② 제1항의 규정에 의하여 응원에 종사하는 자는 그 응원을 요청한 시장·군수·구청장의 지휘에 따라 응급조치에 종사하여야 한다.

제45조 (응급부담) 시장·군수·구청장 및 지역통제단장은 그 관할 구역안에서 재난이 발생하거나 발생할 우려가 있어 응급조치를 하여야 할 급박한 사정이 있는 때에는 당해 재난현장에 있는 자 또는 인근에 거주하는 자에게 응급조치에 종사하게 하거나 대통령령이 정하는 바에 의하여 다른 사람의 토지·건축물·공작물 그 밖의 소유물을 일시사용할 수 있으며, 장애물을 변경 또는 는 제거할 수 있다.

제46조 (시·도지사가 실시하는 응급조치 등)
① 시·도지사는 그 관할구역안에서 재난이 발생하거나 발생할 우려가 있는 경우로서 대통령령이 정하는 경우와 둘 이상의 시·군·구에 걸쳐 재난이 발생하거나 발생할 우려가 있는 경우에는 제40조 내지 제45조의 규정에 의한 응급조치를 할 수 있다.
② 시·도지사는 제1항의 규정에 의한 응급조치의 실시를 위하여 필요한 때에는 이 장의 규정에 의하여 응급조치를 하여야 할 시장·군수·구청장에게 필요한 지시를 하거나 다른 시장·군수·구청장에게 응원을 명할 수 있다.

제47조 (재난관리책임기관의 장의 응급조치) 제3조 제5호 나목의 규정에 의한 재난관리책임기관의 장은 재난이 발생하거나 발생할 우려가 있는 때에는 즉시 그 소관업무에 관하여 필요한 응급조치를 하고, 이 장의 규정에 의하여 시·도지사, 시장·군수·구청장 또는 지역통제단장이 실시하는 응급조치가 원활히 수행될 수 있도록 필요한 협조를 하여야 한다.

제48조 (지역통제단장의 응급조치 등)
① 지역통제단장은 긴급구조를 위하여 필요한 경우 중앙본부장, 지역본부장 또는 시장·군수·구청장에게 제37조 내지 제39조 및 제44조의 규정에 의한 응급대책을 요청할 수 있고, 중앙본부장, 지역본부장 또는 시장·군수·구청장은 특별한 사유가 없는 한 이에 응하여야 한다.
② 지역통제단장이 제37조의 규정에 의한 응급조치와 제40조 내지 제43조 및 제45조의 규정에 의한 응급대책을 실시한 때에는 이를 즉시 해당 시장·군수·구청장에게 통보하여야 한다.

제6장 긴급구조

제49조 (중앙긴급구조통제단)

① 긴급구조에 관한 사항의 총괄·조정, 긴급구조기관 및 긴급구조지원기관이 행하는 긴급구조활동의 역할분담 및 지휘통제를 위하여 소방방재청에 중앙긴급구조통제단(이하 "중앙통제단"이라 한다)을 둔다.

② 중앙통제단에는 단장 1인을 두되, 단장은 소방방재청장이 된다.

③ 긴급구조에 관한 사항을 심의하기 위하여 중앙통제단에 위원장을 포함하여 15인 이상 20인 이내의 위원으로 구성되는 운영위원회를 두되, 운영위원회의 위원장은 위원중에서 중앙통제단장이 지명하고, 위원은 국방부·보건복지부·경찰청·해양경찰청 그 밖에 단장이 필요하다고 인정하는 관계기관의 장이 추천하는 소속공무원과 긴급구조에 관한 학식과 경험이 풍부한 자 중에서 단장이 위촉하는 자가 된다.

④ 중앙통제단장은 긴급구조를 위하여 필요한 경우에는 긴급구조지원기관간의 공조체제를 유지하기 위하여 관계기관·단체의 장에게 소속직원의 파견을 요청할 수 있다. 이 경우 요청을 받은 기관·단체의 장은 특별한 사유가 없는 한 이에 응하여야 한다.

⑤ 중앙통제단 및 운영위원회의 구성·기능 및 운영에 관하여 필요한 사항은 대통령령으로 정한다.

제50조 (지역긴급구조통제단)

① 지역별 긴급구조에 관한 사항의 총괄·조정, 당해 지역에 소재하는 긴급구조기관 및 긴급구조지원기관간의 역할분담과 재난현장에서의 지휘·통제를 위하여 시·도의 소방본부에 시·도긴급구조통제단을 두고, 시·군·구의 소방서에 시·군·구긴급구조통제단을 둔다.

② 시·도긴급구조통제단 및 시·군·구긴급구조통제단(이하 "지역통제단"이라 한다)에는 각각 단장 1인을 두되, 단장은 시·도긴급구조통제단의 경우에는 소방본부장이 되고 시·군·구긴급구조통제단의 경우에는 소방서장이 된다.

③ 지역통제단장은 긴급구조를 위하여 필요한 경우에는 긴급구조지원기관간의 공조체제를 유지하기 위하여 관계 기관·단체의 장에게 소속직원의 파

견을 요청할 수 있다. 이 경우 요청을 받은 기관·단체의 장은 특별한 사유가 없는 한 이에 응하여야 한다.

④ 지역통제단의 기능 및 운영에 관하여 필요한 사항은 대통령령으로 정한다.

제51조 (긴급구조)

① 지역통제단장은 재난이 발생한 때에는 소속 긴급구조요원을 당해 재난현장에 신속히 출동시켜 필요한 긴급구조활동을 하게 하여야 한다.

② 지역통제단장은 긴급구조를 위하여 필요한 경우에는 긴급구조지원기관의 장에게 소속 긴급구조지원요원을 현장에 출동시키는 등 긴급구조활동을 지원할 것을 요청할 수 있다. 이 경우 요청을 받은 기관의 장은 특별한 사유가 없는 한 즉시 이에 응하여야 한다.

③ 제2항의 규정에 의한 요청에 따라 긴급구조활동에 참여한 민간 긴급구조지원기관에 대하여는 대통령령이 정하는 바에 의하여 그 경비의 전부 또는 일부를 지원할 수 있다.

④ 긴급구조활동을 위하여 회전익항공기(이하 이 항에서 "헬기"라 한다)의 운항이 필요한 경우에는 긴급구조기관의 장이 당해 헬기의 운항과 관련되는 사항을 헬기운항통제기관에 통보하고 헬기를 운항할 수 있다. 이 경우 관계법령에 의하여 당해 헬기의 운항이 승인된 것으로 본다.

제52조 (현장지휘)

① 재난현장에서의 긴급구조활동의 지휘는 시·군·구긴급구조통제단장이 행한다. 다만, 치안활동과 관련된 사항에 대하여는 관할경찰관서의 장과 협의하여야 한다.

② 제1항의 규정에 의한 현장지휘는 다음 각호의 사항에 관하여 행한다.

1. 재난현장에서의 인명의 탐색·구조
2. 긴급구조기관 및 긴급구조지원기관의 인력 및 장비의 배치와 운용
3. 추가 재난의 방지를 위한 응급조치
4. 긴급구조지원기관 및 자원봉사자 등에 대한 임무의 부여
5. 사상자의 응급처치 및 의료기관으로의 이송
6. 긴급구조에 필요한 물자의 관리
7. 현장접근 통제, 현장주변의 교통정리 그 밖에 효율적인 긴급구조활동을

위하여 필요한 사항

③ 시·도긴급구조통제단장은 필요하다고 인정되는 경우에는 제1항의 규정에 불구하고 직접 현장지휘를 할 수 있다.

④ 중앙통제단장은 대통령령이 정하는 대규모의 재난이 발생하거나 그 밖에 필요하다고 인정하는 경우에는 제1항 및 제3항의 규정에도 불구하고 직접 현장지휘를 할 수 있다.

⑤ 재난현장에서 긴급구조활동에 임하는 긴급구조요원은 제1항·제3항 및 제4항의 규정에 의하여 현장지휘를 하는 각급 통제단장의 지휘·통제에 따라야 한다.

⑥ 중앙통제단장 및 지역통제단장은 재난현장의 긴급구조 등 현장지휘를 효과적으로 수행하기 위하여 재난현장에 현장지휘소를 설치·운영할 수 있다. 이 경우 긴급구조활동에 참여하는 긴급구조지원기관의 현장지휘자는 현장지휘소에 대통령령이 정하는 바에 의하여 연락관을 파견하여야 한다.

제53조 (긴급구조활동에 대한 평가)

① 중앙통제단장 및 지역통제단장은 대통령령이 정하는 바에 의하여 재난상황이 종료된 후 긴급구조지원기관의 활동에 대하여 종합평가를 실시하여야 한다.

② 제1항의 규정에 의한 종합평가결과를 시·군·구긴급구조통제단장은 시·도긴급구조통제단장 및 시장·군수·구청장에게, 시·도긴급구조통제단장은 소방방재청장에게 보고 또는 통보하여야 한다.

제54조 (긴급구조대응계획의 수립)

긴급구조기관의 장은 재난이 발생하는 경우 긴급구조기관 및 긴급구조지원기관이 신속하고 효율적으로 긴급구조를 수행할 수 있도록 대통령령이 정하는 바에 의하여 재난의 규모 및 유형에 따른 긴급구조대응계획을 수립·시행하여야 한다.

제55조 (재난대비능력 보강)

① 국가 및 지방자치단체는 재난관리에 필요한 인력·장비·시설의 확충, 통신망의 설치·정비 등 긴급구조능력을 보강하기 위하여 노력하고, 이를 위하여 필요한 재정상의 조치를 강구하여야 한다.

② 긴급구조기관의 장은 신속하고 효과적인 긴급구조활동을 수행할 수 있
도록 긴급구조지휘대 등 긴급구조체제를 구축하고, 상시 소속 긴급구조요원
및 장비의 출동태세를 유지하여야 한다.

③ 긴급구조업무 및 재난관리책임기관(행정기관외의 기관에 한한다)의 재
난관리업무에 종사하는 자는 대통령령이 정하는 바에 의하여 긴급구조에 관
한 교육을 받아야 한다. 다만, 다른 법령에 의하여 긴급구조에 관한 교육을
받은 경우에는 이 법에 의한 교육을 받은 것으로 본다.

④ 소방방재청장은 제3항의 규정에 의한 교육을 담당할 교육기관을 지정할
수 있다.

제56조 (해상에서의 긴급구조)

① 해양경찰청장은 해상에서의 선박 또는 항공기 등의 조난사고가 발생한
때에는 수난구호법 등 관계법령에 의하여 긴급구조활동을 수행하여야 한다.

② 해양경찰청장은 효율적인 긴급구조를 위하여 필요하다고 인정되는 때에
는 중앙행정기관의 장 또는 소방방재청장에게 구조대의 지원 그 밖의 필요한
협조를 요청할 수 있다. 이 경우 요청을 받은 중앙행정기관의 장 또는 소방방
재청장은 특별한 사유가 없는 한 이에 응하여야 한다.

제57조 (항공기 등 조난사고시의 긴급구조 등)

① 국방부장관은 항공기 또는 선박의 조난사고가 발생한 때에는 관계법령
에 의하여 긴급구조업무에 책임이 있는 기관의 긴급구조활동에 대한 군의 지
원을 신속하게 할 수 있도록 다음 각호의 조치를 취하여야 한다.

1. 탐색구조본부의 설치·운영
2. 탐색구조부대의 지정 및 출동대기태세의 유지

② 제1항 제1호의 규정에 의한 탐색구조본부의 구성 및 운영에 관하여 필
요한 사항은 국방부령으로 정한다.

제58조 (해외재난 등의 발생시 긴급구조)

① 소방방재청장은 해외재난이 발생하여 대한민국 국민을 구조하는 경우와
다른 나라의 대형재난으로 인한 인명구조를 위하여 필요한 경우에는 외교통
상부장관과 협의하여 해외긴급구조대를 구성하여 현지에 파견할 수 있다.

② 해외긴급구조대의 편성에 관하여 필요한 사항은 대통령령으로 정한다.

제7장 특별재난지역의 선포 및 복구

제59조 (특별재난지역의 선포 건의) 중앙본부장은 대통령령이 정하는 재난의 발생으로 인하여 국가의 안녕 및 사회질서의 유지에 중대한 영향을 미치거나 당해 재난으로 인한 피해의 효과적인 수습 및 복구를 위하여 특별한 조치가 필요하다고 인정되는 경우에는 중앙위원회의 심의를 거쳐 당해 지역을 특별재난지역으로 선포할 것을 대통령에게 건의할 수 있다.

제60조 (특별재난지역의 선포 등)
① 제59조의 규정에 의하여 특별재난지역의 선포를 건의받은 대통령은 당해 지역을 특별재난지역으로 선포할 수 있다.
② 재난관리책임기관의 장은 제1항의 규정에 의하여 특별재난지역이 선포되는 경우에는 재난복구계획을 수립·시행할 수 있다.

제61조 (특별재난지역에 대한 지원) 국가 또는 지방자치단체는 제60조의 규정에 의하여 특별재난지역으로 선포된 지역에 대하여는 대통령령이 정하는 바에 의하여 응급대책 및 재난구호와 복구에 필요한 행정·재정·금융·의료상의 특별지원을 할 수 있다.

제8장 재정 및 보상 등

제62조 (비용의 부담)
① 재난관리에 필요한 비용은 이 법 또는 다른 법령에 특별한 규정이 있는 경우를 제외하고는 이 법 또는 제3장의 안전관리계획이 정하는 바에 의하여 그 시행의 책임이 있는 자의 부담으로 하고, 제46조의 규정에 의하여 시·도지사 또는 시장·군수·구청장이 다른 재난관리책임기관이 시행할 재난의 응급조치를 시행한 경우 그에 소요되는 비용은 그 응급조치를 시행할 책임이 있는 재난관리책임기관의 부담으로 한다.
② 제1항 후단의 규정에 의한 비용은 관계기관이 협의하여 이를 정산한다.

제63조 (응급지원에 필요한 비용)

① 제44조 제1항의 규정에 의하여 응원을 받은 자는 그 응원에 소요되는 비용을 부담하여야 한다.

② 제1항의 경우 당해 응급조치로 인하여 다른 지방자치단체가 이익을 받은 때에는 그 수익의 범위안에서 이익을 받은 당해 지방자치단체가 그 비용의 일부를 분담하여야 한다.

③ 제62조 제2항의 규정은 제1항 및 제2항의 규정에 의한 비용의 정산에 관하여 이를 준용한다.

제64조 (손실보상)

① 국가 또는 지방자치단체는 제39조 및 제45조(제46조의 규정에 의하여 시·도지사가 행하는 경우를 포함한다)의 규정에 의한 조치로 인하여 손실이 발생한 때에는 보상하여야 한다.

② 제1항의 규정에 의한 손실의 보상에 관하여는 손실을 받은 자와 그 조치를 행한 중앙행정기관의 장, 시·도지사 또는 시장·군수·구청장이 협의하여야 한다.

③ 제2항의 규정에 의한 협의가 성립되지 아니한 때에는 대통령령이 정하는 바에 의하여 공익사업을 위한 토지 등의 취득 및 보상에 관한 법률 제51조의 규정에 의한 관할 토지수용위원회에 재결을 신청할 수 있다.

④공익사업을 위한 토지 등의 취득 및 보상에 관한 법률 제83조 내지 제86조의 규정은 제3항의 규정에 의한 재결에 관하여 이를 준용한다.

제65조 (치료 및 보상)

① 재난발생시 긴급구조활동 및 응급대책·복구 등에 참여한 자원봉사자, 제45조의 규정에 의한 응급조치 종사명령을 받은 자 및 제51조 제2항의 규정에 의하여 긴급구조활동에 참여한 민간 긴급구조지원기관의 긴급구조요원이 응급조치 또는 긴급구조 종사중 부상을 입은 때에는 치료를 실시하고, 사망(부상으로 인하여 사망한 경우를 포함한다)하거나 신체에 장애를 입은 때에는 그 유족 또는 장애를 입은 자에게 보상금을 지급한다. 다만, 다른 법령에 의하여 국가 또는 지방자치단체의 부담으로 같은 종류의 보상금을 지급받은 자에 대하여는 그 보상금에 상당하는 금액은 이를 지급하지 아니한다.

② 재난의 응급대책·복구 및 긴급구조 등에 참여한 자원봉사자의 장비 등이 응급대책·복구 또는 긴급구조와 관련하여 고장 또는 파손된 경우에는 수리비용을 그 자원봉사자에게 보상할 수 있다.

③ 제1항의 규정에 의한 치료 및 보상금은 국가 또는 지방자치단체의 부담으로 하며, 그 기준 및 절차 등에 관하여 필요한 사항은 대통령령으로 정한다.

제66조 (국고보조 등)

① 국가는 재난관리의 원활한 실시를 위하여 필요한 때에는 대통령령이 정하는 바에 의하여 그 비용(제65조 제1항의 규정에 의한 보상금을 포함한다)의 전부 또는 일부를 국고에서 부담하거나 지방자치단체 그 밖의 재난관리책임자에게 보조할 수 있다. 다만, 제39조 제1항(제46조 제1항의 시·도지사가 행하는 경우를 포함한다) 또는 제40조 제1항의 대피명령을 방해하거나 위반하여 발생한 피해에 대하여는 그러하지 아니하다.

② 제1항의 규정에 의한 재난복구사업의 재원은 대통령령이 정하는 재난의 구호 및 재난의 복구비용 부담기준에 따라 국고의 부담금 또는 보조금과 지방자치단체의 부담금·의연금 등으로 충당하되, 지방자치단체의 부담금중 시·도 및 시·군·구가 부담하는 기준은 행정자치부령으로 정한다.

③ 국가 및 지방자치단체는 이재민의 생계안정을 위하여 다음 각호의 지원을 할 수 있다.
  1. 이재민의 구호
  2. 중학생 및 고등학생의 학자금 면제
  3. 농림어업자금의 상환기한 연기 및 그 이자의 감면
  4. 정부양곡의 무상지급
  5. 그 밖에 중앙재난안전대책본부회의에서 결정한 사항

제67조 (재난관리기금의 적립)

① 지방자치단체는 재난관리에 소요되는 비용에 충당하기 위하여 매년 재난관리기금을 적립하여야 한다.

② 제1항의 규정에 의한 재난관리기금의 매년도 최저적립액은 최근 3년 동안의 지방세법에 의한 보통세의 수입결산액의 평균연액의 100분의 1에 해당하는 금액으로 한다.

제68조 (재난관리기금의 운용 등)

① 재난관리기금에서 생기는 수입은 그 전액을 재난관리기금에 편입하여야 한다.

② 재난관리기금의 용도·운용 및 관리에 관하여 필요한 사항은 대통령령으로 정한다.

제9장 보칙

제69조 (재난상황의 기록관리)

① 재난관리책임기관의 장은 소관시설·재산 등에 관한 피해상황 등을 기록하고, 이를 보관하여야 한다. 이 경우 시장·군수·구청장을 제외한 재난관리책임기관의 장은 그 기록사항을 시장·군수·구청장에게 통보하여야 한다.

② 재난상황의 작성·보관 및 관리에 관하여 필요한 사항은 대통령령으로 정한다.

제70조 (안전문화활동의 육성·지원)

① 국가 및 지방자치단체는 국민의 안전의식을 높이고 안전문화를 창달하기 위하여 노력하여야 한다.

② 소방방재청장은 국민이 안전문화활동과 응급상황시 구조·구호활동에 참여하고 일상생활에서 안전문화를 실천할 수 있도록 안전관련 자원봉사기관 및 주민 자치활동을 육성·지원할 수 있다.

③ 국가 및 지방자치단체는 국민이 안전을 지키기 위한 활동에 참여하고 일상생활에서 안전문화를 실천할 수 있도록 안전체험에 관한 시설을 설치·운영할 수 있다.

제71조 (안전관리에 필요한 과학기술의 진흥 등)

① 정부는 재난의 예방·원인조사 등을 위한 실험·조사·연구·기술개발 및 전문인력 양성 등 안전관리에 필요한 과학기술의 진흥시책을 강구하여야 한다.

② 정부는 제1항의 규정에 의하여 안전관리에 필요한 학술조사·연구 및

기술개발에 필요한 지원을 할 수 있다.

제72조 (안전관련산업의 육성 및 지원 등)

① 정부는 안전관련산업의 건전한 발전과 육성을 위하여 필요한 시책을 마련하고 이를 시행하여야 한다.

② 소방방재청장은 중소기업기본법 제2조의 규정에 의한 중소기업의 안전관리 등과 관련된 기술의 개발·사업화에 대하여 필요한 지원을 할 수 있다.

③ 소방방재청장은 제2항의 규정에 의하여 개발한 기술을 사업화하여 매출이 발생한 경우에는 그 사업자로부터 기술료를 받을 수 있다. 이 경우 기술료의 납부기준·납부절차·용도 등에 관하여 필요한 사항은 대통령령으로 정한다.

제73조 (재난대비훈련)

① 시·도지사, 시장·군수·구청장 및 긴급구조기관의 장은 대통령령이 정하는 바에 의하여 정기 또는 수시로 재난관리책임기관·긴급구조지원기관 및 군부대 등 관계기관과 합동으로 재난대비훈련을 실시할 수 있다.

② 제1항의 규정에 의한 재난대비훈련에 참여를 요청받은 기관의 장은 특별한 사유가 없는 한 이에 응하여야 한다.

③ 제1항의 규정에 의하여 재난대비훈련을 실시하는 때에는 제54조의 규정에 의한 긴급구조대응계획과 제74조의 규정에 의한 표준화된 재난관리에 관한 사항이 포함되어야 한다.

④ 시장·군수·구청장 및 긴급구조기관의 장은 제1항의 규정에 의한 훈련을 실시한 후에는 그 훈련결과를 대통령령이 정하는 바에 의하여 평가하여 재난관리책임기관의 장 및 관계 긴급구조지원기관의 장에게 이를 통보하여야 한다.

제74조 (재난관리의 표준화 등)

① 소방방재청장은 재난관리업무의 효율적 수행을 위하여 대통령령이 정하는 바에 의하여 재난관리에 단계별로 적용할 수 있는 표준화된 지원프로그램을 개발·보급할 수 있다.

② 제3조 제5호의 규정에 의한 재난관리책임기관과 동조 제7호 및 제8호

의 규정에 의한 긴급구조기관·긴급구조지원기관은 재난의 예방·대비·대응·복구 등의 재난관리업무를 효율적으로 추진하기 위하여 정보통신체계를 구축할 수 있다.

제75조 (안전관리자문단의 구성·운영)

① 지방자치단체의 장은 재난 및 안전관리업무의 기술적 자문을 위하여 민간전문가로 구성된 안전관리자문단을 구성·운영할 수 있다.

② 제1항의 규정에 의한 안전관리자문단의 구성·운영에 관하여는 당해 지방자치단체의 조례로 정한다.

제76조 (재난관련 보험 등의 개발·보급)

① 국가는 국민과 지방자치단체가 자기의 책임과 노력으로 재난에 대비할 수 있도록 재난관련 보험·공제의 개발·보급을 위하여 노력하여야 한다.

② 국가는 예산의 범위안에서 대통령령이 정하는 바에 의하여 보험료와 공제회비의 일부와 보험 및 공제의 운영 및 관리 등에 필요한 비용의 일부를 지원할 수 있다.

제77조 (재난관리에 대한 문책요구 등)

① 소방방재청장, 시·도지사 및 시장·군수·구청장은 재난응급대책·안전점검·재난상황관리 등의 업무를 수행함에 있어서 지시를 위반하거나 부과된 임무를 게을리한 공무원 또는 직원의 명단을 그 소속기관 또는 단체의 장에게 통보할 수 있다.

② 중앙통제단장 및 지역통제단장은 제52조 제5항의 규정에 의한 현장지휘에 불응하거나 부과된 임무를 게을리 한 긴급구조요원의 명단을 그 소속기관 또는 단체의 장에게 통보할 수 있다.

③ 제1항 및 제2항의 규정에 의하여 통보를 받은 소속기관의 장 또는 단체의 장은 해당 공무원 또는 직원에 대한 문책 등 적절한 조치를 취하고 그 결과를 해당 기관의 장에게 통보하여야 한다.

제78조 (권한의 위임 및 위탁)

① 소방방재청장은 이 법에 의한 권한의 일부를 대통령령이 정하는 바에

의하여 시·도지사에게 위임할 수 있다.

② 소방방재청장은 제29조의 규정에 의한 평가 등의 업무의 일부와 제72
조의 규정에 의한 안전관련산업의 육성 및 지원에 관한 업무를 대통령령이 정
하는 바에 의하여 전문기관 등에 위탁할 수 있다.

제10장 벌칙

제79조 (벌칙) 다음 각호의 1에 해당하는 자는 1년 이하의 징역 또는 500
만원 이하의 벌금에 처한다.

1. 정당한 사유없이 제30조 제1항의 규정에 의한 긴급안전점검을 거부 또
는 기피하거나 방해한 자

2. 제31조 제1항의 규정에 의한 안전조치명령을 받고 이를 이행하지 아니
한 자

3. 정당한 사유없이 제41조 제1항 제1호(제46조 제1항의 규정에 의한 경
우를 포함한다)의 규정에 의한 위험구역에의 출입 그 밖의 행위의 금지 또는
제한명령을 위반한 자

제80조 (벌칙) 다음 각호의 1에 해당하는 자는 200만원 이하의 벌금에 처
한다.

1. 제40조 제1항(제46조 제1항의 규정에 의한 경우를 포함한다)의 규정에
의한 대피명령을 위반한 자

2. 제41조 제1항 제2호(제46조 제1항의 규정에 의한 경우를 포함한다)의
규정에 의한 위험구역에서의 퇴거 또는 대피명령을 위반한 자

3. 정당한 사유없이 제45조(제46조 제1항의 규정에 의한 경우를 포함한
다)의 규정에 의한 토지·건축물·공작물 그 밖의 소유물의 일시사용 또는
장애물의 변경이나 제거를 거부 또는 방해한 자

제81조 (양벌규정) 법인의 대표자나 법인 또는 개인의 대리인·사용인 그
밖의 종업원이 그 법인 또는 개인의 업무에 관하여 제79조 또는 제80조의 위
반행위를 한 때에는 행위자를 벌하는 외에 그 법인 또는 개인에 대하여도 각
해당 조의 벌금형을 과한다.

부칙 〈제7188호, 2004.3.11〉

제1조 (시행일) 이 법은 공포한 날부터 3월을 넘지 아니하는 범위에서 대
　　　통령령이 정하는 날부터 시행한다.

제2조 (다른 법률의 폐지) 재난관리법은 이를 폐지한다.

제3조 (처분 등에 관한 경과조치) 이 법 시행 당시 종전의 재난관리법에
　　　의하여 행하여진 처분·조치 그 밖의 행정기관의 행위 또는 행정기
　　　관에 대한 행위는 이 법에 의한 행정기관의 행위 또는 행정기관에
　　　대한 행위로 본다.

제4조 (지역위원회의 구성 등에 관한 경과조치) 제11조 제4항의 규정에
　　　의한 지역위원회 및 실무위원회의 구성·운영에 관하여 필요한 사
　　　항은 이 법 시행일부터 6월 이내의 범위에서 해당 시·도 및 시·군
　　　·구의 조례가 제정될 때까지는 종전의 재난관리법 제9조 제4항의
　　　규정에 의한 대통령령이 정한 바에 의한다.

제5조 (안전관리계획에 관한 경과조치) 이 법 시행 당시 종전의 재난관리
　　　법에 의한 국가재난관리계획, 시·도재난관리계획 및 시·군·구재
　　　난관리계획은 각각 이 법에 의한 국가안전관리계획, 시·도안전관
　　　리계획 및 시·군·구안전관리계획으로 본다.

제6조 (지역위원회의 권한에 속하는 사항의 처리에 관한 경과조치) 지역위
　　　원회가 제12조 제4호의 규정에 의한 조례에 의하여 당해 지역위원
　　　회의 권한에 속하는 사항의 처리를 함에 있어서 이 법 시행일부터 6
　　　월 이내의 범위에서 종전의 재난관리법 제10조 제1항 제3호의 규정
　　　에 의한 해당 시·도 및 시·군·구의 조례가 제정 또는 개정될 때
　　　까지는 종전의 조례에 의한다.

제7조 (지역대책본부의 구성 등에 관한 경과조치) 제16조 제3항의 규정에
　　　의한 지역대책본부의 구성 및 운영에 관하여 필요한 사항은 이 법
　　　시행일부터 6월 이내의 범위에서 해당 시·도 및 시·군·구의 조
　　　례가 제정될 때까지는 종전의 재난관리법 제43조 제3항의 규정에 의
　　　한 대통령령이 정한 바에 의한다.

제8조 (특별재난지역에 관한 경과조치) 이 법 시행 당시 종전의 재난관리
　　　법 제51조의 규정에 의하여 선포된 특별재난지역은 이 법 제60조의
　　　규정에 의하여 선포된 특별재난지역으로 본다.

제9조 (재난관리기금에 관한 경과조치) 이 법 시행 당시 종전의 재난관리
법 제56조의 규정에 의한 재난관리기금 및 종전의 자연재해대책법
제63조의 규정에 의한 재해대책기금은 이 법 제67조의 규정에 의한
재난관리기금으로 본다.

제10조 (다른 법률의 개정)
① 전기사업법 중 다음과 같이 개정한다.
제75조 제2호 중 "재난관리법"을 "재난 및 안전관리기본법"으로 한다.
② 전기통신기본법 중 다음과 같이 개정한다.
제44조의3 제1항 전단중 "재난관리법"을 "재난 및 안전관리기본법"으로 하
고, 같은 항 후단중 "재난관리법 제12조의 규정에 의한 국가재난관리계획"을
"재난 및 안전관리기본법 제22조의 규정에 의한 국가안전관리계획"으로 한다.
③ 방송법중 다음과 같이 개정한다.
제75조 제1항 중 "재난관리법 제2조"를 "재난 및 안전관리기본법 제3조"로
한다.
④ 원자력손해배상법중 다음과 같이 개정한다.
제2조 제2호 나목중 "재난관리법"을 "재난 및 안전관리기본법"으로 한다.
⑤ 자연재해대책법중 다음과 같이 개정한다.
제63조를 삭제한다.
제11조 (다른 법령과의 관계) 이 법 시행 당시 다른 법령에서 종전의 재난
관리법 또는 그 규정을 인용하고 있는 경우 이 법 중 그에 해당하는 규정이
있는 때에는 종전의 규정에 갈음하여 이 법 또는 이 법의 해당 규정을 인용한
것으로 본다.

마. 통합방위법

〔일부개정 2001.12.29 법률 제06548호〕

제1조 (목적) 이 법은 적의 침투·도발이나 그 위협에 있어서 국가총력전의 개념에 입각하여 국가방위요소를 통합·운용하기 위한 통합방위대책을 수립·시행하는데 필요한 사항을 규정함을 목적으로 한다.

제2조 (정의) 이 법에서 사용하는 용어의 정의는 다음 각호와 같다. 〈개정 2001.12.29〉

1. "통합방위"라 함은 적의 침투·도발이나 그 위협에 있어서 각종 국가방위요소를 통합하고 지휘체계를 일원화하여 국가를 방위하는 것을 말한다.

2. "국가방위요소"라 함은 통합방위작전의 수행에 필요한 다음 각목의 방위전력 또는 그 지원요소를 말한다.

가. 국군조직법 제2조의 규정에 의한 국군

나. 경찰청·해양경찰청 및 그 소속기관

다. 국가기관 및 지방자치단체(가목 및 나목의 경우를 제외한다)

라. 향토예비군설치법 제1조의 규정에 의한 향토예비군

마. 민방위기본법 제16조의 규정에 의한 민방위대

바. 제6조의 규정에 의하여 통합방위협의회를 두는 직장

3. "통합방위사태"라 함은 적의 침투·도발이나 그 위협에 대응하여 제6호 내지 제8호의 구분에 따라 선포하는 단계별 사태를 말한다.

4. "통합방위작전"이라 함은 통합방위사태가 선포된 지역에서 그 사태의 구분에 따라 제13조의 규정에 의하여 통합방위본부장·지역군사령관·함대사령관 또는 지방경찰청장(이하 "작전지휘관"이라 한다)이 국가방위요소를 통합하여 지휘·통제하는 방위작전을 말한다.

5. "지역군사령관"이라 함은 통합방위작전 관할구역안에 소재하는 군부대의 여단장급 이상 지휘관중에서 통합방위본부장이 정하는 자를 말한다.

6. "갑종사태"라 함은 일정한 조직체계를 갖춘 적의 대규모 병력 침투 또는 대량살상무기 공격 등의 도발로 인한 비상사태로서 통합방위본부장 또는 지역군사령관의 지휘·통제하에 통합방위작전을 수행하여야 할 사태를 말한다.

7. "을종사태"라 함은 일부 또는 수개지역에서 적의 침투·도발로 인하여

단기간내에 치안회복이 어려워 지역군사령관의 지휘·통제하에 통합방위작전을 수행하여야 할 사태를 말한다.

8. "병종사태"라 함은 적의 침투·도발위협이 예상되거나 소규모의 적이 침투한 때에 지방경찰청장·지역군사령관 또는 함대사령관의 지휘·통제하에 통합방위작전을 수행하여 단기간내에 치안이 회복될 수 있는 사태를 말한다.

9. "침투"라 함은 적이 특정임무를 수행하기 위하여 대한민국영역을 침범한 상태를 말한다.

10. "도발"이라 함은 적이 특정임무를 수행하기 위하여 대한민국 국민 또는 영역에 가하는 일체의 위해행위를 말한다.

11. "위협"이라 함은 침투 및 도발이 예상되는 적의 능력과 기도가 드러난 상태를 말한다.

12. "방호"라 함은 적의 각종 도발과 위협으로부터 인원·시설 및 장비의 피해를 방지하고 제반 기능을 정상적으로 유지할 수 있도록 보호하는 작전활동을 말한다.

13. "국가중요시설"이라 함은 공공기관, 공항·항만, 주요산업시설등 적에 의하여 점령 또는 파괴되거나 기능이 마비될 경우 국가안보 및 국민생활에 심대한 영향을 미치는 시설을 말한다.

제3조 (통합방위태세의 확립 등)

① 정부는 국가방위요소의 육성 및 통합방위태세의 확립을 위하여 필요한 시책을 강구하여야 한다.

② 각급 행정기관 및 군부대의 장은 원활한 통합방위작전의 수행을 위하여 서로 지원과 협조를 하여야 한다.

③ 정부는 통합방위사태의 선포에 따른 국가방위요소의 동원소요비용을 대통령령이 정하는 바에 의하여 예산의 범위안에서 해당 지방자치단체에 지원할 수 있다.

제4조 (중앙통합방위협의회)

① 국무총리 소속하에 중앙통합방위협의회(이하 "중앙협의회"라 한다)를 둔다.

② 중앙협의회의 의장은 국무총리가 되고, 위원은 재정경제부장관·교육

인적자원부장관·통일부장관·외교통상부장관·법무부장관·국방부장관·행정자치부장관·과학기술부장관·문화관광부장관·농림부장관·산업자원부장관·정보통신부장관·보건복지부장관·환경부장관·노동부장관·여성부장관·건설교통부장관·해양수산부장관·기획예산처장관·국무조정실장·법제처장·국정홍보처장·국가보훈처장·비상기획위원회위원장·국가정보원장 및 통합방위본부장과 그밖에 대통령령이 정하는 자가 된다. 〈개정 2001.12.29〉

③ 중앙협의회에 간사 1인을 두되, 간사는 통합방위본부의 부본부장이 된다.

④ 중앙협의회는 다음 각호의 사항을 심의한다.

1. 통합방위정책

2. 통합방위작전·훈련 및 지침

3. 통합방위사태의 선포 또는 해제

4. 기타 통합방위에 관하여 대통령령이 정하는 사항

⑤ 중앙협의회의 운영등에 관하여 필요한 사항은 대통령령으로 정한다.

제5조 (지역통합방위협의회)

① 특별시장·광역시장·도지사(이하 "시·도지사"라 한다) 소속하에 특별시·광역시·도통합방위협의회(이하 "시·도협의회"라 한다)를 두되, 그 의장은 시·도지사가 된다.

② 시장·군수·구청장 소속하에 시·군·구통합방위협의회를 두고, 그 의장은 시장·군수·구청장이 된다.

③ 시·도협의회와 시·군·구통합방위협의회(이하 "지역협의회"라 한다)는 다음 각호의 사항을 심의한다.

1. 통합방위 대비책

2. 을종 및 병종사태의 선포 또는 해제(시·도협의회의 경우에 한한다)

3. 통합방위작전·훈련의 지원대책

4. 국가방위요소의 효율적 육성·운용 및 지원대책

5. 기타 조례로 정하는 사항

④ 지역협의회의 구성 및 운영등에 관하여 필요한 사항은 대통령령이 정하는 기준에 의하여 조례로 정한다.

제6조 (직장통합방위협의회)

① 직장에는 직장통합방위협의회(이하 "직장협의회"라 한다)를 두되, 그 의장은 직장의 장이 된다.

② 직장협의회를 두어야 하는 직장의 범위와 직장협의회의 운영등에 관하여 필요한 사항은 대통령령으로 정한다.

제7조 (협의회의 통합·운영) 중앙협의회·지역협의회 및 직장협의회는 대통령령이 정하는 기준에 의하여 각각 다음 각호의 기구와 통합·운영할 수 있다.

1. 향토예비군설치법 제14조의3 제2항의 규정에 의한 방위협의회
2. 민방위기본법 제5조 또는 제6조의 규정에 의한 중앙민방위협의회 또는 지역민방위협의회

제8조 (통합방위본부)

① 합동참모본부에 통합방위본부를 둔다.

② 통합방위본부는 본부장 및 부본부장 각 1인을 두되, 통합방위본부장은 합동참모의장이 되고, 부본부장은 합동참모본부 작전본부장이 된다. 〈개정 2001.12.29〉

③ 통합방위본부는 다음 각호의 사무를 분장한다.
1. 통합방위정책의 수립·조정
2. 통합방위 대비태세의 확인·감독
3. 통합방위작전상황의 종합분석 및 대비책의 수립
4. 통합방위작전·훈련지침 및 계획의 수립과 그 시행의 조정·통제
5. 통합방위 관계기관간의 업무협조 및 사업집행사항의 협의·조정

④ 통합방위본부에 통합방위에 관한 정부내 업무협조 기타 통합방위업무의 원활한 수행을 위하여 통합방위실무위원회(이하 "실무위원회"라 한다)를 둔다.

⑤ 실무위원회의 구성 및 운영등에 관하여 필요한 사항은 대통령령으로 정한다.

제9조 (통합방위지원본부)

① 시·도지사 소속하에 시·도통합방위지원본부를, 시장·군수·구청장

·읍장·면장·동장 소속하에 시·군·구·읍·면·동통합방위지원본부를 둔다.

② 시·도통합방위지원본부와 시·군·구·읍·면·동통합방위지원본부(이하 "각 통합방위지원본부"라 한다)는 관할지역별로 다음 각호의 사무를 분장한다.

1. 통합방위작전 및 훈련에 대한 지원계획의 수립·시행
2. 통합방위종합상황실의 설치·운영
3. 국가방위요소의 육성·지원
4. 통합방위 취약지의 주민신고체제 확립
5. 기타 대통령령 또는 조례로 정하는 사항

③ 각 통합방위지원본부의 조직 및 운영에 관하여 필요한 사항은 대통령령이 정하는 기준에 의하여 조례로 정한다.

제10조 (통합방위사태의 선포)

① 통합방위사태는 갑종사태·을종사태 또는 병종사태로 구분하여 선포한다.

② 국방부장관은 갑종사태에 해당하는 상황이 발생한 때 또는 2 이상의 특별시·광역시·도(이하 "시·도"라 한다)에 걸쳐 을종사태에 해당하는 상황이 발생한 때에, 행정자치부장관 또는 국방부장관은 2 이상의 시·도에 걸쳐 병종사태에 해당하는 상황이 발생한 때에 즉시 국무총리를 거쳐 대통령에게 통합방위사태의 선포를 건의하여야 한다.〈개정 2001.12.29〉

③ 대통령은 제2항의 건의를 받은 때에는 중앙협의회와 국무회의의 심의를 거쳐 통합방위사태를 선포할 수 있다.

④ 지방경찰청장 또는 지역군사령관은 을종사태나 병종사태에 해당하는 상황이 발생한 때에는 즉시 시·도지사에게 통합방위사태의 선포를 건의하여야 한다.

⑤ 시·도지사는 제4항의 규정에 의한 건의를 받은 때에는 시·도협의회의 심의를 거쳐 을종사태 또는 병종사태를 선포할 수 있다.

⑥ 시·도지사는 제5항의 규정에 의하여 을종사태 또는 병종사태를 선포한 때에는 지체없이 행정자치부장관 및 국방부장관과 국무총리를 거쳐 대통령에게 그 사실을 보고하여야 한다.〈개정 2001.12.29〉

⑦ 제3항 또는 제5항의 규정에 의하여 통합방위사태를 선포할 때에는 그 이유·종류·선포일시·구역 및 작전지휘관에 관한 사항을 공고하여야 한다.

⑧ 시·도지사가 통합방위사태를 선포한 지역에 대하여 대통령이 통합방위사태를 선포한 때에는 그 때부터 시·도지사가 선포한 통합방위사태는 효력을 상실한다.

⑨ 통합방위사태의 구체적인 선포요건 및 절차, 공고방법등에 관하여 기타 필요한 사항은 대통령령으로 정한다.

제11조 (국회 또는 시·도의회에 대한 통고 등)

① 대통령은 통합방위사태를 선포한 때에는 지체없이 그 사실을 국회에 통고하여야 한다.

② 시·도지사는 통합방위사태를 선포한 때에는 지체없이 그 사실을 시·도의회에 통고하여야 한다.

③ 대통령 또는 시·도지사는 제1항 또는 제2항의 규정에 의한 통고를 함에 있어 국회 또는 시·도의회가 폐회중인 때에는 그 집회를 요구하여야 한다.

제12조 (통합방위사태의 해제)

① 대통령은 통합방위사태가 평상상태로 회복되거나 국회가 해제요구를 한 때에는 지체없이 당해 통합방위사태를 해제하고 이를 공고하여야 한다.

② 대통령은 제1항의 규정에 의하여 통합방위사태를 해제하고자 할 때에는 중앙협의회와 국무회의의 심의를 거쳐야 한다. 다만, 국회가 해제요구를 한 때에는 그러하지 아니한다.

③ 국방부장관 또는 행정자치부장관은 통합방위사태가 평상상태로 회복된 때에는 국무총리를 거쳐 대통령에게 통합방위사태의 해제를 건의하여야 한다. 〈개정 2001.12.29〉

④ 시·도지사는 통합방위사태가 평상상태로 회복되거나 시·도의회에서 해제요구를 한 때에는 지체없이 통합방위사태를 해제하고 이를 공고하여야 한다. 이 경우 시·도지사는 그 통합방위사태의 해제사실을 행정자치부장관 및 국방부장관과 국무총리를 거쳐 대통령에게 보고하여야 한다. 〈개정 2001.12.29〉

⑤ 시·도지사가 제4항 전단의 규정에 의하여 통합방위사태를 해제하고자

할 때에는 시·도협의회의 심의를 거쳐야 한다. 다만, 시·도의회가 해제요구를 한 때에는 그러하지 아니한다.

⑥ 지방경찰청장 또는 지역군사령관은 통합방위사태가 평상상태로 회복된 때에는 시·도지사에게 통합방위사태의 해제를 건의하여야 한다.

제13조 (통합방위작전)

① 통합방위작전의 관할구역은 다음 각호와 같이 구분한다.

1. 지상관할구역: 특정경비지역·군관할지역 및 경찰관할지역
2. 해상관할구역: 특정경비해역 및 일반경비해역
3. 공중관할구역: 비행금지공역 및 일반공역

② 지방경찰청장·지역군사령관 또는 함대사령관은 통합방위사태가 선포된 때에는 즉시 다음 각호의 구분에 따라 통합방위작전(공군작전사령관의 경우에는 통합방위지원작전)을 신속하게 수행하여야 한다. 다만, 을종사태가 선포된 경우에는 지역군사령관이, 갑종사태가 선포된 경우에는 통합방위본부장 또는 지역군사령관이 각각 통합방위작전을 수행한다.

1. 경찰관할지역: 지방경찰청장
2. 특정경비지역 및 군관할지역: 지역군사령관
3. 특정경비해역 및 일반경비해역: 함대사령관
4. 비행금지공역 및 일반공역: 공군작전사령관

③ 제1항 및 제2항의 규정에 의한 통합방위작전 관할구역의 세부범위 기타 통합방위작전의 시행등에 관하여 필요한 사항은 실무위원회의 심의를 거쳐 통합방위본부장이 정한다.

④ 통합방위작전의 임무를 수행하는 자는 그 작전지역안에서 대통령령이 정하는 바에 의하여 임무의 수행에 필요한 검문을 할 수 있다.

제14조 (통제구역 등)

① 시·도지사 또는 시장·군수·구청장은 통합방위사태가 선포된 때에는 대통령령이 정하는 바에 의하여 인명·신체에 대한 위해를 방지하기 위하여 필요한 통제구역을 설정하고, 통합방위작전에 관련되지 아니한 자에 대하여는 출입을 금지·제한하거나 그 통제구역으로부터 퇴거할 것을 명할 수 있다.

② 제1항의 규정에 의한 통제구역의 설정기준·절차 및 공고방법등에 관하

여 필요한 사항은 대통령령으로 정한다.

제15조 (대피명령)

① 시·도지사 또는 시장·군수·구청장은 통합방위사태가 선포된 때에는 인명·신체에 대한 위해를 방지하기 위하여 즉시 작전지역안에 있는 주민이나 체재자에 대하여 대피할 것을 명할 수 있다.

② 제1항의 규정에 의한 대피명령(이하 "대피명령"이라 한다)은 방송·확성기·벽보 기타 대통령령이 정하는 방법에 의하여 공고하여야 한다.

③ 안전대피방법과 대피명령의 실시방법·절차등에 관하여 필요한 사항은 대통령령으로 정한다.

제15조의2 (국가중요시설의 경비·보안 및 방호)

① 국가중요시설의 소유자 또는 관리자(이하 "시설주"라 한다)는 경비·보안책임을 지며, 통합방위사태에 대비하여 자체방호계획을 수립하여야 한다. 이 경우 국가중요시설의 시설주는 자체방호계획의 수립에 관하여 필요한 경우에는 지방경찰청장 또는 지역군사령관에게 협조를 요청할 수 있다.

② 지방경찰청장 또는 지역군사령관은 통합방위사태에 대비하여 국가중요시설에 대한 방호지원계획을 수립·시행하여야 한다.

③ 국가중요시설의 평시 경비·보안활동에 대한 지도·감독은 관계행정기관의 장과 국가정보원장이 행한다.

④ 국가중요시설은 국방부장관이 관계행정기관의 장 및 국가정보원장과 협의하여 지정한다.

⑤ 국가중요시설의 자체방호·방호지원계획 및 그 밖에 필요한 사항은 대통령령으로 정한다.

〔본조신설 2001.12.29〕

제16조 (합동보도본부 등)

① 작전지휘관은 대통령령이 정하는 바에 의하여 언론기관의 취재활동을 지원하여야 한다.

② 작전지휘관은 통합방위 진행상황 및 대국민 협조사항등을 알리기 위하여 필요한 경우에는 합동보도본부를 설치·운영할 수 있다.

③ 통합방위작전을 수행함에 있어 병력 또는 장비의 이동·배치·성능이나 작전계획에 관련된 사항은 이를 공개하지 아니한다. 다만, 통합방위작전의 수행에 지장을 주지 아니하는 범위안에서 국민 또는 지역주민에게 알릴 필요가 있는 사항은 그러하지 아니하다.

제17조 (취약지역관리)

① 통합방위본부장은 다음 각호의 1에 해당하는 지역중 실무위원회의 심의를 거쳐 적의 침투 또는 은거활동이 용이한 지역을 취약지역(이하 "취약지역"이라 한다)으로 선정하여 해당 시·도지사에게 통보할 수 있다.

1. 교통 및 통신시설이 낙후되어 즉각적인 통합방위작전이 어려운 오지 또는 벽지

2. 간첩 및 무장공비가 침투한 사실이 있거나 이들의 은거활동이 용이한 지역

3. 적의 저공 또는 저속항공기의 착륙이 용이한 개활지 또는 호수

4. 기타 대통령령이 정하는 지역

② 제1항의 규정에 의한 통보를 받은 시·도지사는 취약지역에 대한 장애물의 설치등 필요한 취약지역 대비책을 강구하여야 한다.

③ 제2항의 규정에 의한 취약지역 대비책에 관한 세부사항은 대통령령이 정하는 기준에 의하여 조례로 정한다.

제17조의2 (검문소의 운용)

① 지방경찰청장·지역군사령관은 관할지역 중에서 적의 침투가 예상되는 곳 등에 검문소를 설치·운용할 수 있다.

② 검문소의 지휘·통신체계 및 운용 등에 관하여 필요한 사항은 대통령령으로 정한다.

〔본조신설 2001.12.29〕

제18조 (신고) 누구든지 적의 침투 또는 출현이나 그에 관한 흔적을 발견한 때에는 이를 지체없이 군부대 또는 행정기관에 신고하여야 한다.

제19조 (문책 및 시정요구 등 〈개정 2001.12.29〉)

① 통합방위본부장은 통합방위업무를 담당하는 공무원 또는 통합방위작전 및 훈련에 참여한 자가 그 직무를 게을리하여 국가안전보장이나 통합방위업무에 중대한 지장을 초래한 때에는 그 소속기관 또는 직장의 장에게 해당자의 명단을 통보할 수 있다.

② 제1항의 규정에 의한 통보를 받은 소속기관 또는 직장의 장은 특별한 사유가 없는 한 징계등 적절한 조치를 하여야 하고, 그 결과를 통합방위본부장에게 통보하여야 한다.

③ 통합방위본부장은 국가중요시설에 대한 방호태세 유지를 위하여 필요한 경우에는 제15조의2 제1항 및 제2항의 규정에 의하여 수립된 국가중요시설의 자체방호계획 및 방호지원계획에 대하여 시정을 요구할 수 있다.〈신설 2001.12.29〉

제20조 (벌칙)

① 제14조 제1항의 규정에 의한 금지·제한 또는 퇴거명령에 위반한 자는 1년 이하의 징역 또는 500만원 이하의 벌금에 처한다.

② 제15조 제1항의 규정에 의한 대피명령에 위반한 자는 300만원 이하의 벌금에 처한다.

부칙 〈제5264호, 1997.1.13〉

이 법은 1997년 6월 1일부터 시행한다.

부칙(국가정보원법) 〈제5681호, 1999.1.21〉

제1조 (시행일) 이 법은 공포한 날부터 시행한다.

제2조 생략

제3조 (다른 법률의 개정) ① 내지 ⑨ 생략

⑩ 통합방위법중 다음과 같이 개정한다.

제4조 제2항 중 "국가안전기획부장"을 "국가정보원장"으로 한다.

⑪ 내지 ⑭ 생략

제4조 생략

부칙(정부조직법) 〈제6400호, 2001.1.29〉
제1조 (시행일) 이 법은 공포한 날부터 시행한다. 〈단서 생략〉
제2조 생략
제3조 (다른 법률의 개정) ① 내지 〈49〉생략
　　〈50〉 통합방위법중 다음과 같이 개정한다.
　　제4조 제2항 중 "재정경제원장관·통일원장관·외무부장관·내무부장관·법무부장관·국방부장관·교육부장관·문화체육부장관·농림부장관·통상산업부장관"을 "재정경제부장관·교육인적자원부장관·통일부장관·외교통상부장관·법무부장관·국방부장관·행정자치부장관·문화관광부장관·농림부장관·산업자원부장관"으로, "총무처장관·공보처장관·국가보훈처장"을 "국정홍보처장 국가보훈처장"으로 한다.
　　〈51〉내지 〈79〉생략
제4조 생략

부칙 〈제6548호, 2001.12.29〉
이 법은 공포후 3월이 경과한 날부터 시행한다.

■ 색 인 ■

지은이 소개

▶▶ 김열수

1977년 육군사관학교를 졸업했으며, 연세대학교에서 행정학 석사 학위를, 서강대학교에서 정치학 박사학위를 취득하였다. 미국 지휘참모대학(Command and General Staff College)을 졸업했으며, 캐나다 Pearson Peace-Keeping Centre에서 연수하기도 했다. 현재 국방대학교 안전보장대학원에서 부교수로 재직하고 있으며 '국가안보론', '국제안보기구론', '위기관리론' 등의 수업을 담당하고 있다.

주요 저서로는『국제기구를 통한 분쟁관리: 국제연합의 평화유지활동』, 제2판(서울: 도서출판 오름, 2001), 그리고 공저로서『21세기의 세계질서: 변혁시대의 적응논리』(서울: 도서출판 오름, 2003) 등과 함께 다수의 논문들이 있다.

21세기 국가위기관리체제론
-한국 및 외국의 사례 비교연구-

인 쇄: 2005년 4월 13일
발 행: 2005년 4월 20일

지은이: 김열수
발행인: 부성옥
발행처: 도서출판 오름
등록번호: 제2-1548호(1993. 5. 11)

서울특별시 서초구 서초동 1420-6 통일시대연구소빌딩 301호
전화: (02) 585-9122, 9123 / 팩스: (02) 584-7952
E-mail: oruem@oruem.co.kr
URL: http://www.oruem.co.kr

ISBN 89-7778-231-7   93390   정가 18,000원

* 잘못된 책은 교환해 드립니다.